中 国 国 家 标 准 汇 编

2014 年修订-13

中国标准出版社　编

中国标准出版社

北　京

图书在版编目(CIP)数据

中国国家标准汇编:2014年修订.13/中国标准出版社编.—北京:中国标准出版社,2015.12
ISBN 978-7-5066-7949-7

Ⅰ.①中… Ⅱ.①中… Ⅲ.①国家标准-汇编-中国-2014 Ⅳ.①T-652.1

中国版本图书馆CIP数据核字(2015)第179930号

中国标准出版社出版发行
北京市朝阳区和平里西街甲2号(100029)
北京市西城区三里河北街16号(100045)

网址 www.spc.net.cn
总编室:(010)68533533 发行中心:(010)51780238
读者服务部:(010)68523946

中国标准出版社秦皇岛印刷厂印刷
各地新华书店经销

*

开本 880×1230 1/16 印张 34 字数 1 053 千字
2015年12月第一版 2015年12月第一次印刷

*

定价 220.00 元

出 版 说 明

1.《中国国家标准汇编》是一部大型综合性国家标准全集。自1983年起，按国家标准顺序号以精装本、平装本两种装帧形式陆续分册汇编出版。它在一定程度上反映了我国建国以来标准化事业发展的基本情况和主要成就，是各级标准化管理机构，工矿企事业单位，农林牧副渔系统，科研、设计、教学等部门必不可少的工具书。

2.《中国国家标准汇编》收入我国每年正式发布的全部国家标准，分为“制定”卷和“修订”卷两种编辑版本。

“制定”卷收入上一年度我国发布的、新制定的国家标准，顺延前年度标准编号分成若干分册，封面和书脊上注明“20××年制定”字样及分册号，分册号一直连续。各分册中的标准是按照标准编号顺序连续排列的，如有标准顺序号缺号的，除特殊情况注明外，暂为空号。

“修订”卷收入上一年度我国发布的、被修订的国家标准，视篇幅分设若干分册，但与“制定”卷分册号无关联，仅在封面和书脊上注明“20××年修订-1，-2，-3，……”字样。“修订”卷各分册中的标准，仍按标准编号顺序排列(但不连续)；如有遗漏的，均在当年最后一分册中补齐。需提请读者注意的是，个别非顺延前年度标准编号的新制定的国家标准没有收入在“制定”卷中，而是收入在“修订”卷中。

读者配套购买《中国国家标准汇编》“制定”卷和“修订”卷则可收齐由我社出版的上一年度我国制定和修订的全部国家标准。

3. 由于读者需求的变化，自1996年起，《中国国家标准汇编》仅出版精装本。

4. 2014年我国制修订国家标准共1 611项。本分册为“2014年修订-13”，收入新制修订的国家标准41项。

中国标准出版社

2015年8月

目　　录

ICS 83.160.10
G 41

中华人民共和国国家标准

GB/T 13203—2014
代替 GB/T 13203—2007

摩托车轮胎性能试验方法

Test methods for verifying capabilities of motorcycle tyres

(ISO 10231:2003, Motorcycle tyres—
Test methods for verifying tyre capabilities, MOD)

2014-07-24 发布 2015-03-01 实施

中华人民共和国国家质量监督检验检疫总局
中国国家标准化管理委员会 发布

前　言

本标准按照 GB/T 1.1—2009 给出的规则起草。

本标准代替 GB/T 13203—2007《摩托车轮胎性能试验方法》，与 GB/T 13203—2007 相比，主要技术变化如下：

——增加了离心胀大试验方法[见第 1 章、4.4、5.1 c)、5.5、6.4、7.4 和附录 C、附录 D]；

——修改了高速性能试验方法的适用范围，最高速度能力由原低于 130 km/h 改为低于 100 km/h 的摩托车轮胎不适用(见第 1 章，2007 年版的第 1 章)；

——增加了试验转鼓“径向跳动≤0.25 mm”的规定(见 4.1.2)；

——修改了强度试验机用压头端部直径公差，由±0.6 mm 改为±0.2 mm(见 4.2.1，2007 年版的 4.2.1)；

——增加了试验方法的通则(见 5.1)；

——删除了轮胎破坏能取所测各试验点破坏能的算术平均值的规定(见 2007 年版的 5.1.2.8)，并对相应的判定规则和试验报告内容作了修改[见 6.1、7.1 e)，2007 年版的 6.1、7.1 e)]；

——增加了使用可自动计算破坏能的装置时的有关补充规定(见 5.2.2.8)；

——增加了高速试验中对 J、L 级的试验条件(见 5.4)；

——对强度试验的报告内容，增加了采用自动计算装置时的注明要求[见 7.1 g)]；

——对耐久试验的报告内容，修改了试验中记录不变参数和变化参数的表述要求[见 7.2 e)，2007 年版的 7.2 e)]；

——对高速试验的报告内容，修改了试验中记录不变参数和变化参数的表述要求[见 7.3 e)，2007 年版的 7.3 e)]。

本标准使用重新起草法修改采用 ISO 10231:2003《摩托车轮胎　检验轮胎性能的试验方法》。

本标准与 ISO 10231:2003 相比在结构上有较多调整，附录 A 列出了本标准与 ISO 10231:2003 的章条编号对照一览表。

本标准与 ISO 10231:2003 相比存在技术性差异，这些差异涉及的条款已通过在其外侧页边空白位置的垂直单线(|)进行了标示，附录 B 给出了相应技术性差异及其原因的一览表。

本标准还做了下列编辑性修改：

——改变了 ISO 10231:2003 的标准名称。

本标准由中国石油和化学工业联合会提出。

本标准由全国轮胎轮辋标准化技术委员会(SAC/TC 19)归口。

本标准起草单位：广州橡胶工业制品研究所有限公司、厦门正新橡胶工业有限公司、杭州中策橡胶有限公司、广州钻石车胎有限公司。

本标准主要起草人：陈秋发、赵艳芬、张垂和、张永承、叶繁、黄耀民、朱泓锁。

GB/T 13203 于 1991 年首次发布，2007 年第一次修订时将 GB/T 13203—1991《摩托车轮胎强度性能试验方法》、GB/T 13204—2002《摩托车轮胎高速性能试验方法　转鼓法》(代替 GB/T 13204—1991)及 GB/T 13205—1991《摩托车轮胎耐久性能试验方法　转鼓法》合并；本次为第二次修订。

摩托车轮胎性能试验方法

1 范围

本标准规定了检验摩托车轮胎性能试验用术语和定义、试验设备与精度、试验方法、判定规则和试验报告。本标准包括摩托车轮胎的强度性能试验方法、耐久性能试验方法、高速性能试验方法和离心胀大试验方法。

本标准适用于新的摩托车充气轮胎。

本标准中的高速性能试验方法不适用于最高速度能力低于 100 km/h 的摩托车充气轮胎。

本标准中的离心胀大试验方法仅适用于速度符号 P 级(最高速度能力为 150 km/h)及以上的摩托车充气轮胎。

2 规范性引用文件

下列文件对于本文件的应用是必不可少的。凡是注日期的引用文件,仅注日期的版本适用于本文件。凡是不注日期的引用文件,其最新版本(包括所有的修改单)适用于本文件。

GB 518　摩托车轮胎

GB/T 2983　摩托车轮胎系列

GB/T 6326　轮胎术语及其定义(GB/T 6326—2005,ISO 4223-1:2002,NEQ)

3 术语和定义

GB/T 6326 界定的以及下列术语和定义适用于本文件。

3.1

试验转鼓速度　test drum speed

钢制试验转鼓外周的表面速度。

3.2

轮胎速度　tyre speed

轮胎胎面的外表面速度。

3.3

最大负荷能力　maximum load rating

轮胎在最高速度下的额定最大负荷。

注:最高速度指轮胎上的速度符号对应的速度或轮胎生产厂规定的轮胎最高速度能力。

4 试验设备与精度

4.1 高速耐久试验机

4.1.1　试验机转鼓直径为 1 700 mm±17 mm。

4.1.2　试验机转鼓的表面应为光滑的钢质面,径向跳动≤0.25 mm,宽度应大于试验轮胎的充气断面总宽度。

4.1.3 试验加载装置的加载能力应满足试验的要求，其精度为满量程的±1.5%。

4.1.4 试验机转鼓的速度能力应满足试验的要求，其精度为满量程的±3%。

4.2 强度试验机

4.2.1 试验机上应具备有一个足够长度的钢质圆柱形压头，压头端部为直径8.0 mm±0.2 mm的半球形。

4.2.2 试验机加载装置的加载能力应不大于2 000 kg。

4.2.3 压头位移和压力的显示精度为满量程的±1%。压头位移速度的控制精度应为满量程的±3%。

4.3 充气压力表

充气压力表最大量程应不低于400 kPa，精度为±10 kPa。

4.4 离心胀大试验装置

4.4.1 试验轴

对轮胎离心胀大试验，当分别在胎圈座及胎圈座圆角正上方的轮辋内凸缘的垂直部分测量时，其试验轴及轮辋应控制到确保径向偏差少于±0.5 mm，横向偏差少于±0.5 mm。

4.4.2 轮廓线绘制装置

可采用如设计坐标、相机等，以获取轮胎横断面外部轮廓变形最大点的清晰轮廓线。该装置应将畸变降低至最小，并确保绘制的轮廓与实际尺寸具有恒定的(已知)比率。

该装置应可用旋转轴心做为轮胎轮廓的参照物。

轮胎离心胀大试验测量设备的精度应为满量程的±1%。

注：对于仅以检测摩托车轮胎离心胀大尺寸在动态下是否符合相关限值为目的的试验，也可选用离心胀大试验的限值检测方法(如：光电控制、轮廓板控制等。见5.5.3)。可建立一包围曲线，或离心半径控制线，即轮胎平分线上的胎面允许最大变形点，作为轮胎离心胀大尺寸的限值装置依据，相关轮廓曲线见附录C。

5 试验方法

5.1 通则

包括三条具有相同特征的轮胎，例如规格标志和使用条件相同，可作为一组试验样品：

a) 第一条轮胎用作强度试验；

b) 第二条轮胎用作耐久试验；

c) 第三条轮胎用作高速试验，视需要加做离心胀大试验。

每个试验样品应分别符合5.2～5.5规定的试验方法要求。

5.2 强度试验

5.2.1 试验条件

5.2.1.1 试验轮胎的外观质量应符合GB 518的规定。

5.2.1.2 将试验轮胎安装在GB/T 2983规定的测量轮辋上，并充入轮胎最大负荷对应的气压。

5.2.1.3 将试验轮胎与轮辋的组合体在25 ℃±10 ℃的实验室温度下至少停放3 h。

5.2.2 试验步骤

5.2.2.1 将停放后的轮胎气压重新调整到5.2.1.2规定的充气压力，并停放15 min以上。

5.2.2.2　将试验轮胎与轮辋组合体安装在试验机的固定架上。

5.2.2.3　沿轮胎周向取大致等距离分布的5个试验点(轮辋名义直径为10及其以下的轮胎,可取大致等距离的3个试验点),逐一做标记、编序号。

5.2.2.4　将半球形压头端尽量靠近胎冠中心线,避开花纹沟,以50 mm/min±2.5 mm/min的速度将压头垂直压入胎面。

5.2.2.5　记录轮胎每个试验点破坏前瞬间的压力和压入深度(行程)。

5.2.2.6　如果压头触及轮辋,轮胎未压穿,且未达到最小破坏能值,则此点应视为达到最小破坏能,并在试验报告中注明"触及轮辋未穿"。

5.2.2.7　除5.2.2.6情况外,其他每个试验点的破坏能按式(1)计算:

$$W=\frac{F\times P}{2\,000} \qquad \cdots\cdots(1)$$

式中:

W ——破坏能,单位为焦耳(J);

F ——压力,单位为牛顿(N);

P ——压入深度(行程),单位为毫米(mm)。

5.2.2.8　使用可自动计算破坏能的装置时,当达到GB 518规定的最小破坏能后,即可停止压头继续压入轮胎,并在试验报告中注明"自动停压"。

使用该装置时,所有试验点的最后一个点可试验至轮胎破坏为止。此时应在试验报告中注明此况。

5.2.2.9　试验过程中,如果无内胎轮胎无法保持充气压力,可采取必要手段(如装入内胎或加封闭物等)进行试验,但应在试验报告中注明。

5.3　耐久试验

5.3.1　试验条件

5.3.1.1　试验轮胎的外观质量应符合GB 518的规定。

5.3.1.2　将试验轮胎安装在GB/T 2983规定的测量轮辋上,并充入轮胎最大负荷能力对应的气压。

5.3.1.3　将试验轮胎与轮辋的组合体在38 ℃±3 ℃的实验室温度下至少停放3 h。

5.3.1.4　试验全过程不应调整轮胎气压,各阶段应保持试验负荷的稳定。

5.3.1.5　试验全过程中,距离轮胎150 mm～1 000 mm的环境温度不应低于35 ℃,不应采用冷却轮胎的装置。

5.3.2　试验步骤

5.3.2.1　将停放后的轮胎气压重新调整到5.3.1.2规定的充气压力。

5.3.2.2　将按上述条件准备好的试验轮胎与轮辋组合体安装在试验轴上,使其垂直于试验转鼓外表面并施加试验负荷,见表1。

表1　耐久性能试验程序

试验阶段	试验负荷(轮胎对应最大负荷能力的百分率) %	试验时间 h
1	100	4
2	108	6
3	117	24

5.3.2.3 按表1所示的试验程序，轻便型系列摩托车轮胎以40 km/h的速度连续进行试验，其他轮胎以80 km/h的速度连续进行试验。

5.3.2.4 试验结束后应立即测量轮胎气压。如果低于初始气压，可用另一条轮胎重新进行试验。

5.4 高速试验

5.4.1 试验条件

5.4.1.1 试验轮胎的外观质量应符合GB 518的规定。

5.4.1.2 将试验轮胎安装在GB/T 2983规定的测量轮辋上，并充以表2中规定的气压。

表2 高速试验充气压力

轮胎型式	速度级别代号	充气压力 kPa
标准型	J～P	最大负荷对应的气压
	Q,R,S	300
	T,U,H,V	350
	W	320
加强型/载重型	J～P	最大负荷对应的气压
	Q～H	390

注：轮胎生产厂有充分理由时，可要求使用不同于表2所示的充气压力。

5.4.1.3 将试验轮胎与轮辋的组合体在38 ℃±3 ℃的实验室温度下至少停放3 h。

5.4.1.4 试验全过程中，距离轮胎150 mm～1 000 mm的环境温度不应低于35 ℃，不应采用冷却轮胎的装置。

5.4.2 试验步骤

5.4.2.1 将停放后的轮胎气压重新调整到表2规定的充气压力。

5.4.2.2 将按上述条件准备好的试验轮胎与轮辋组合体安装在试验轴上，使其垂直于试验转鼓外表面并施加试验负荷，见表3。

表3 高速试验负荷

速度级别代号	试验负荷	
	轮辋直径代号15及其以上，负荷指数65及其以上的加强型/载重型轮胎	其他轮胎
J～P	88%最大负荷能力	
Q～H	75%最大负荷能力	65%最大负荷能力
V	—	65%最大负荷能力[a]
W	—	65%最大负荷能力[b]

[a] 对速度级别代号为V的轮胎，最大负荷能力为额定负荷(负荷指数对应值)的85%(见GB/T 2983)。相关高速试验见附录E。

[b] 对速度级别代号为W的轮胎，最大负荷能力为额定负荷(负荷指数对应值)的75%(见GB/T 2983)。相关高速试验见附录E。

5.4.2.3 速度级别代号 J～P 的试验轮胎，按表 4 的要求分段进行试验。启动后，要在 5 min 内达到规定的预试阶段速度。预试阶段试验完成后，立即将试验轮胎脱离转鼓，待轮胎自然冷却到 5.4.1.3 规定的实验室温度时，将轮胎气压调整到表 2 的规定，再继续进行其他阶段，逐段加速进行试验，该试验期间不应再调整轮胎气压。

表 4 速度级别代号 J～P 的高速试验运行步骤

运行阶段	不同速度级别代号的试验运行条件，速度(km/h)×时间(min)				
	J	L	M	N	P
预试阶段	80×120				
阶段 1	90×90	90×30	100×30	110×30	120×30
阶段 2		100×30	110×30	120×30	130×30
阶段 3		110×30	120×30	130×30	140×30

5.4.2.4 速度级别代号 Q～W 的试验轮胎，根据轮胎速度级别代号的不同，按以下速度不间断地完成试验：

a) 初始速度为轮胎速度等级所对应的速度减少 40 km/h；

b) 启动后，以等加速度在 20 min 内达到初始试验速度并平稳运行；

c) 在初始试验速度下运行 10 min；

d) 按初始试验速度增加 10 km/h 的速度运行 10 min；

e) 按初始试验速度增加 20 km/h 的速度运行 10 min；

f) 按初始试验速度增加 30 km/h 的速度运行 10 min。

该试验期间不应再调整轮胎的气压，试验负荷应保持稳定。

5.4.2.5 各试验阶段(不含 5.4.2.3 的预试阶段)改变速度到稳定速度所需时间应小于 1 min。

5.4.2.6 试验结束后应立即测量轮胎气压。如果低于初始气压，可用另一条轮胎重新进行试验。

5.5 离心胀大试验

5.5.1 试验条件

5.5.1.1 将通过高速性能试验的轮胎安装在 GB/T 2983 规定的测量轮辋上，并充以表 5 中规定的气压。

表 5 离心胀大试验充气压力

速度级别代号	充气压力 kPa
P	225
Q,R,S	250
T,U,H	280
H 以上	290

5.5.1.2 将试验轮胎和轮辋组合体在 38 ℃±3 ℃的实验室温度下至少停放 3 h。

5.5.2 试验步骤

5.5.2.1 将停放后的轮胎气压重新调整到表5规定的充气压力。

5.5.2.2 将按上述条件准备好的试验轮胎和轮辋组合体安装在试验轴上，并确保该组合体可自由转动。

5.5.2.3 安装轮廓线绘制装置，并确定其垂直于试验轮胎的转动胎面。

5.5.2.4 启动组合体不间断地加速，应在5 min内达到轮胎的最大速度能力。

轮胎转动既可通过作用于试验轴上的马达驱动，也可通过将轮胎压在试验转鼓上来带动(见4.1)。

5.5.2.5 校正轮胎速度在轮胎最大速度能力的±2%以内。

设备保持稳定速度至少达5 min，然后检验轮胎轮廓。

5.5.2.6 试验期间，实验室温度应保持在38 ℃±3 ℃。

5.5.3 另一种限值检测方法(可选)

5.5.3.1 按照5.5.1和5.5.2.1～5.5.2.2进行试验准备。

5.5.3.2 安装与待检验轮胎规格在最大速度能力下对应的离心胀大尺寸限值装置，如：光电控制、轮廓板控制等，并确定其垂直于试验轮胎的转动胎面。

5.5.3.3 按照5.5.2.4～5.5.2.6完成试验。

6 判定规则

6.1 强度试验

试验轮胎的各个试验点(5.2.2.6所述的情况除外)的破坏能均不小于GB 518规定的最小破坏能值时，判定“通过试验”；否则判定“未通过试验”。

6.2 耐久试验

试验结束后，试验轮胎不出现下列任一情况时，判定“通过试验”，出现下列任一情况时，判定“未通过试验”。

——试验轮胎气压低于初始气压、脱层、崩花、裂口、接头开裂、帘线裂缝、断裂等现象。

6.3 高速试验

试验结束后，试验轮胎不出现下列任一情况时，判定“通过(某)速度级试验”，出现下列任一情况时，判定“未通过(某)速度级试验”。

——试验轮胎气压低于初始气压、脱层、崩花、裂口、接头开裂、帘线裂缝、断裂等现象。

6.4 离心胀大试验

当轮胎以最大速度运行时，其轮廓不应超越附录C的图C.1中相对于轮胎轴心所限定的封闭曲线(即该曲线的 xx 和 yy 轴线应与标绘的轮胎轮廓的轴线相重合)。

选用限值法时，其离心胀大尺寸不应超出按附录D计算得出的限定值。

满足以上要求时，判定“通过(某)速度级离心胀大试验”，否则判定“未通过(某)速度级离心胀大试验”。

7 试验报告

7.1 强度试验

试验报告至少应包括以下内容：

a) 试验轮胎制造厂名称、商标、规格、生产编号；

b) 试验轮胎负荷指数、层级、最大负荷能力、速度符号；

c) 试验轮辋型式及规格；

d) 试验温度；

e) 试验气压、轮胎各测试点的破坏能；

f) 无内胎轮胎是否装用内胎；

g) 试验结束时，轮胎各测试点的情况："压穿"或"未压穿"；若采用自动计算破坏能的装置，应注明"自动停压"；

h) 试验日期；

i) 结论："通过试验"或"未通过试验"。

7.2 耐久试验

试验报告至少应有以下内容：

a) 试验轮胎制造厂名称、商标、规格、生产编号；

b) 试验轮胎负荷指数、层级、最大负荷能力、速度符号；

c) 试验轮辋型式及规格；

d) 试验温度；

e) 试验气压、试验速度，和试验负荷的变化情况；

f) 试验结束时试验轮胎气压；

g) 试验结束时轮胎情况；

h) 试验日期；

i) 结论："通过试验"或"未通过试验"。

7.3 高速试验

试验报告至少应有以下内容：

a) 试验轮胎制造厂名称、商标、规格、生产编号；

b) 试验轮胎负荷指数、层级、最大负荷能力、速度符号；

c) 试验轮辋型式及规格；

d) 试验温度；

e) 试验气压、试验负荷，和试验速度的变化情况；

f) 试验结束时试验轮胎气压；

g) 试验结束时轮胎情况；

h) 试验日期；

i) 结论："通过(某)速度级试验"或"未通过(某)速度级试验"。

7.4 离心胀大试验

试验报告至少应有以下内容：

a) 试验轮胎制造厂名称、商标、规格、生产编号；
b) 试验轮胎负荷指数、层级、最大负荷能力、速度符号；
c) 试验轮辋型式及规格；
d) 试验温度；
e) 试验气压、试验速度，和试验负荷(仅用作需要靠转鼓带动轮胎的情况)；
f) 试验的轮廓尺寸对照图(方法1——定量方法用)或轮廓尺寸限值(方法2——限值可参照按附录D计算得出的值，定性方法用)；
g) 试验日期；
h) 结论："通过(某)速度级离心胀大试验"或"未通过(某)速度级离心胀大试验"，必要时应注明采用方法1，还是方法2。

附 录 A
（资料性附录）
本标准与 ISO 10231:2003 相比的结构变化情况

本标准与 ISO 10231:2003 相比在结构上有较多调整，具体章条编号对照情况见表 A.1。

表 A.1 本标准与 ISO 10231:2003 的章条编号对照情况

本标准章条编号	对应的 ISO 标准章条编号	本标准章条编号	对应的 ISO 标准章条编号
—	3.1～3.11	5.3.1.5	5.2.2.3
3.1	3.12	5.3.2.1	5.2.2.1
3.2	3.13	5.3.2.2	5.2.2.2
3.3	3.14	5.3.2.3	5.2.2.4
4.1.1	4.1 第一段	5.3.2.4	6.3.2
4.1.2	4.1 第二段	5.4.1.1	—
4.1.3	4.1 第三段	5.4.1.2～5.4.1.3	5.3.1.1～5.3.1.2
4.1.4	4.1 第四段	5.4.1.4	5.3.2.5
4.2.1	4.2 第一段	5.4.2.1、5.4.2.2	5.3.2.1
4.2.2	—	5.4.2.2	5.3.2.2、5.3.2.3
4.2.3	4.2 第二段、第三段	5.4.2.3	—
4.4.1	4.4	5.4.2.4	5.3.2.4、5.3.2.6
4.4.2	4.5 及 4 的第二悬置段	5.4.2.5	—
5.1	6.1	5.4.2.6	6.4.2
5.2.1.1	—	5.5	5.4
5.2.1.2～5.2.1.3	5.1.1.1～5.1.1.2	6.1	6.2
5.2.2.1、5.2.2.2	5.1.2.1	6.2	6.3.1
5.2.2.3、5.2.2.5	5.1.2.3	6.3	6.4.1
5.2.2.4	5.1.2.2	6.4	6.5
5.2.2.6	5.1.2.4	7	—
5.2.2.7	5.1.2.5	附录 A	—
5.2.2.8	5.1.2.6～5.1.2.7	附录 B	—
5.2.2.9	5.1.2.8	附录 C	附录 A
5.3.1.1	—	附录 D	—
5.3.1.2～5.3.1.3	5.2.1.1～5.2.1.2	附录 E	附录 B
5.3.1.4	5.2.2.5	—	参考文献

附 录 B
(资料性附录)
本标准与 ISO 10231:2003 的技术性差异及其原因

表 B.1 给出了本标准与 ISO 10231:2003 的技术性差异及其原因。

表 B.1 本标准与 ISO 10231:2003 的技术性差异及其原因

本标准章条编号	技术性差异	原 因
1	ISO 10231 规定高速试验不适用于最高速度能力低于 130 km/h 的轮胎,本标准修改为低于 100 km/h 时不适用	加严并扩大高速试验的范围
2	删除了 ISO 10231 引用的 ISO 4223-1《轮胎工业用术语定义 第 1 部分:充气轮胎》、ISO 5751-1《摩托车轮胎和轮辋(公制系列) 第 1 部分:设计指南》、ISO 5751-2《摩托车轮胎和轮辋(公制系列) 第 2 部分:轮胎尺寸和负荷能力》,本标准直接引用了 GB 518《摩托车轮胎》、GB/T 2983《摩托车轮胎系列》、GB/T 6326《轮胎术语及其定义》	GB/T 6326 与 ISO 4223-1 的一致性程度为非等效,但是它总共有 410 条术语且包括了 ISO 4223-1 的 58 条术语中的 52 条。本标准所引用的词条均与 ISO 4223-1 等同。同时由于试验方法涉及试验负荷、测量轮辋以及其他要求,根据国情需要,引用了与国际标准 ISO 5751-1、ISO 5751-2 相对应的但没有采标的国家标准 GB 518、GB/T 2983
3	删除了国际标准 ISO 10231 陈述的术语定义 3.1～3.11,保留了 3.12～3.14	GB/T 6326 已经包括了 ISO 10231 陈述的 3.1～3.11 内容,为了简化标准内容,故删除
4.1.1	本标准仅选取直径为 1 700 mm 的转鼓为我国摩托车轮胎耐久性能试验和高速性能试验用转鼓,而 ISO 10231 规定了 1.7 m 和 2.0 m 两种直径的转鼓	我国摩托车轮胎耐久性能试验和高速性能试验一直使用直径为 1.7 m 的试验转鼓,以适应国情
4.1.2	增加了试验转鼓表面径向跳动≤0.25 mm 的要求	对试验转鼓的外表面要求更精确和具体
4.2.1	ISO 10231 规定强度试验机压头端部直径公差为±0.6 mm,本标准修改为±0.2 mm	在加工可控误差范围内加严公差,以提高试验结果的可比性和合理性
4.2.2	较 ISO 10231 增加了强度试验用试验机的加载装置加载能力不大于 2 000 kg 的要求	为适应于摩托车轮胎负荷小的实际情况,以减少试验误差
4.4.2	增加了涉及离心胀大试验的另一类限值装置(可选)	满足主要用以控制轮胎高速下离心胀大尺寸在允许限制内的试验需求
5.2.1.1、5.3.1.1、5.4.1.1	增加了对试验轮胎的外观质量要求	外观质量不符合要求的轮胎,不适宜进行强度试验、耐久试验和高速试验
5.2.1.2、5.3.1.2、5.4.1.2	明确了试验轮辋标准	在轮胎产品国家标准中明确规定了测量轮辋,使用测量轮辋比较科学合理,有利于对试验进行比较

表 B.1（续）

本标准章条编号	技术性差异	原因
5.2.1.3	ISO 10231 仅规定在实验室温度下停放。本标准增加具体温度范围	统一实验室温度为 25 ℃±10 ℃的规定，有利于对试验进行比较
5.2.2.1	增加重新调整轮胎压力后要停放 15 min 以上的规定	有利于轮胎达到稳定的试验状态
5.2.2.8	删除了轮胎破坏能取各点破坏能的算术平均值的规定	试验可操作性和数据可比性更强，试验标准更严格
	增加了使用可自动计算破坏能的装置时，最后一点可压穿，及在相关报告中注明的规定	提高操作可比性和更合理
5.2.2.9	增加了为保持无内胎的规定充气压力而采取相应手段时，应在报告中予以注明的规定	提高操作可行性，并使数据可比性更严谨
5.3.1.3	ISO 10231 规定耐久试验的实验室温度至少为 35 ℃。本标准增加具体温度范围	统一实验室温度 38 ℃±3 ℃的规定，试验温度在 ISO 10231 的认可范围内
5.3.2.3	增加轻便型系列摩托车轮胎的耐久性能试验速度为 40 km/h 的规定	轻便型系列摩托车轮胎的最高速度为 50 km/h，不适宜使用 80 km/h 的速度进行耐久试验，否则与轮胎本身的最高速度相矛盾
5.4.1.2	高速试验的充气压力：对于 M～P 及本标准新增的 J～L 速度级别（标准型及加强型）采用最大负荷对应的内压（ISO 10231 为 250 kPa/330 kPa）	对 P 级及以下速度级别的轮胎，仍参照 1991 年版的高速试验条件适度加严，以适应我国摩托车轮胎大多数仍为 P 级及以下速度级别的安全需要
5.4.1.3、5.4.1.4、5.5.2.6	高速试验的温度采用 38 ℃±3 ℃（ISO 10231 为 20 ℃～30 ℃，或轮胎制造商许可的温度）。（加做的）离心胀大试验其室温也按此修改	仍参照 1991 年版的高速试验条件适度加严试验的温度条件，以适应我国摩托车轮胎的行驶安全需要
5.4.2.2	高速试验的负荷：对于 M～P 及本标准新增的 J～L速度级别采用 88%最大负荷能力（ISO 10231 按 H 及其以下速度级别归类）。其余各速度级别的试验负荷按 ISO 原文。并改为数据表格形式	对 P 级及以下速度级别的轮胎，仍参照 1991 年版的高速试验条件适度加严，以适应我国摩托车轮胎大多数仍为 P 级及以下速度级别的安全需要
5.4.2.3	对 M～P 及本标准新增的 J 和 L 速度级别的高速试验，按各速度级别划分运行步骤（ISO 10231 统一按 5.4.2.4 所示运行步骤）	对 P 级及以下速度级别的轮胎，仍参照 1991 年版的高速试验步骤适度加严，以适应我国摩托车轮胎大多数仍为 P 级及以下速度级别的安全需要
5.4.2.4	本标准只保留了 ISO 10231 中转鼓直径为 1.7 m 的试验条件	适应国情
5.4.2.5	增加高速试验中改变速度到稳定速度所需时间应小于 1 min 的具体要求	使速度变化的表述更为严谨，试验比对性更强
5.5.3	增加了离心胀大试验的另一种限值方法（可选）	满足主要用于控制轮胎高速下离心胀大尺寸在允许限值内的试验需求

表 B.1（续）

本标准章条编号	技术性差异	原　因
6.1	删除了强度试验要求的具体规定，而是引用了 GB 518 的内容。但要求仍然保持一致	引用强制性标准的具体内容，使试验方法更加简洁
	将考核试验点破坏能的算术平均值修改为考核每一点的最小破坏能	试验可操作性和数据可比性更强，试验标准更严格
6.4	增加了离心胀大试验的另一种限值方法（可选）的判定规则	满足主要用于控制轮胎高速下离心胀大尺寸在允许限值内的试验需求
7	增加了试验报告的内容	以适应国情，同时使试验报告内容规范化
附录 D	增加了高速下轮胎离心胀大尺寸允许限值的计算方法	满足主要用以控制轮胎高速下离心胀大尺寸在允许限制内的试验需求
附录 E	ISO 10231 分别规定了直径为 1.7 m 和 2.0 m 转鼓的试验条件，本标准表 E.1 只选取了直径为1.7 m 转鼓的试验条件	适应国情
—	删除了 ISO 10231 的参考文献	ISO 10231 的参考文献，包括 ISO 3877-1、ISO 4249-1、ISO 4249-2、ISO 4249-3、ISO 5751-3、ISO 6054-1 和 ISO 6054-2，已分别被本标准引用的 GB/T 6326 和 GB/T 2983 非等效采用，故删除

附 录 C
(规范性附录)
离心胀大试验的轮胎轮廓封闭曲线

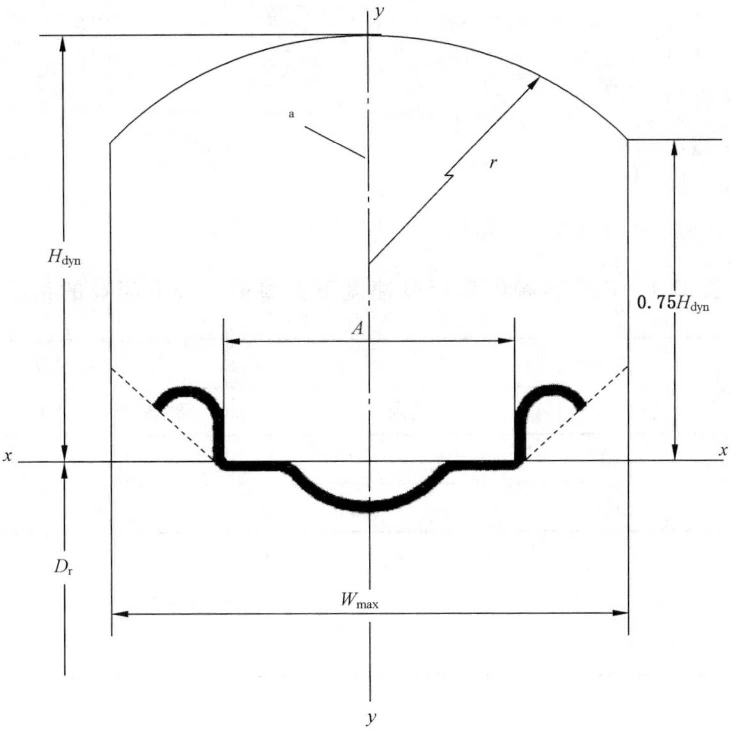

说明:

D_r ——轮辋直径;

H_{dyn}——动态轮胎断面高度[b];

A ——轮辋宽度;

W_{max}——最大使用总宽度(见 GB/T 2983);

r ——半径;

y ——轴垂直于 x 轴,并垂直于转动轴线。

在轮辋凸缘面轮胎有特殊轮廓的情况,向轮胎生产厂咨询清楚。

[a] 中心线。

[b] $H_{dyn}=H\times c$,其中 H 是轮胎设计断面高(见 GB/T 2983),c 是系数(见附录 D)。

图 C.1 离心胀大试验的轮胎轮廓封闭曲线

附 录 D
（规范性附录）
各种最高行驶速度下计算最大使用离心半径的方法

由离心力引起的最大离心半径 R_{dyn} 与车辆的最高速度相关，其计算如式(D.1)：

$$R_{dyn}=0.5D_r+Hc \quad \cdots\cdots (D.1)$$

式中：

D_r ——轮辋名义直径；

H ——轮胎设计断面高度；

c ——适当系数(见表 D.1)。

最高速度超过 240 km/h 的车辆，与轮胎生产厂协商。

表 D.1 用于各种最高行驶速度下计算最大离心半径的系数

胎面轮廓[a]	系数 c			
	最高 150 km/h	最高 180 km/h	最高 210 km/h	最高 240 km/h
A 型和 B 型	1.07[b]	1.10	1.13	1.16
C 型和 D 型	1.12[c]	1.15	1.18	—

[a] 见 GB/T 2983。

[b] 适用于 $Hc-H$ 至少为 3 mm 者。

[c] 适用于 $Hc-H$ 至少为 4 mm 者。

附 录 E
（规范性附录）
最高速度超过 240 km/h 的轮胎的高速试验条件

E.1 最高速度超过 240 km/h 的轮胎，其规格名称中以速度级别代号 V 或 Z 为标记（例如：130/60V16，130/60VR16，130/60VB16，130/60ZR16，130/60ZB16），必须分别进行两种高速试验。

E.1.1 第一种试验相当于本标准所述的试验方法 5.4：

——适用于以速度级别代号 V 为轮胎标记的轮胎（例如：130/60V16，130/60VR16，130/60VB16），取速度记号为 V。

——适用于以速度级别代号 Z 为轮胎标记的轮胎（130/60ZR16，130/60ZB16），取速度记号为 W。额定负荷见 GB/T 2983 的规定。

E.1.2 第二种试验用同样类型的第二条轮胎完成。按本标准所述的试验方法 5.4，其中由 5.4.2.4c）起以下述步骤代替：

——试验转鼓带动试验轮胎与轮胎与轮辋的组合体以表 E.1 的初始试验速度运行 20 min；

——然后以等加速度在 10 min 内提高到轮胎生产厂规定的最高速度；

——最后，以该最高速度运行 5 min。

表 E.1 初始试验速度

试验转鼓直径	初始试验速度	
	V/VB/VR	ZR/ZB
1.7 m	200 km/h	230 km/h

试验负荷取最高速度下轮胎生产厂规定其最大负荷量的 65%。

E.2 轮胎的速度等级是轮胎生产厂规定的最高速度，并可在胎侧清楚地标明（例如：V260 是表示最高速度为 260 km/h）。

ICS 67.080.10
X 74

中华人民共和国国家标准

GB/T 13210—2014
代替 GB/T 13210—1991

柑 橘 罐 头

Canned citrus fruits

(CODEX STAN 254—2007,Standard for canned citrus fruits,NEQ)

2014-07-08 发布 2014-12-01 实施

中华人民共和国国家质量监督检验检疫总局
中国国家标准化管理委员会 发布

前　言

本标准按照 GB/T 1.1—2009 给出的规则起草。

本标准代替 GB/T 13210—1991《糖水桔子罐头》。

本标准与 GB/T 13210—1991 相比，主要变化如下：

——标准名称修改为“柑橘罐头”；

——扩大标准适用范围并调整相应分类和要求；

——取消产品质量分级中的合格品等级；

——增减了部分原料要求；

——按原料分类给出产品感官要求；

——调整了产品的固形物含量、可溶性固形物含量要求，增加了 pH 指标；

——删除了缺陷要求，增加杂质技术要求；

——删除了微生物指标；

——增加了囊胞罐头破碎率检验方法。

本标准使用重新起草法参考国际食品法典委员会(CAC)CODEX STAN 254—2007《柑橘罐头》编制，与 CODEX STAN 254—2007 的一致性程度为非等效。

本标准由全国食品工业标准化技术委员会(SAC/TC 64)提出并归口。

本标准起草单位：中国食品发酵工业研究院、中国罐头工业协会、浙江台州一罐食品有限公司、浙江黄岩第二罐头食品厂、浙江黄岩科技罐头厂、浙江黄罐食品股份有限公司、浙江丰岛食品有限公司、宁波东方九州食品工贸有限公司、深圳市华测检测有限公司。

本标准主要起草人：张蔚、葛双林、仇凯、孙敏华、彭建明、娄德福、戴炜、陈亚妃、钱春萍、万峰、朱平。

本标准所代替标准的历次版本发布情况为：

——GB/T 13210—1991。

柑 橘 罐 头

1 范围

本标准规定了柑橘罐头产品的术语和定义，产品分类及代号，技术要求，试验方法，检验规则，标签、包装、运输和贮存等要求。

本标准适用于以新鲜、冷藏、速冻的柑橘或罐装柑橘为原料，经加工、分级、装罐、加汤汁、排气、密封、杀菌、冷却制成的罐藏食品。

2 规范性引用文件

下列文件对于本文件的应用是必不可少的。凡是注日期的引用文件，仅注日期的版本适用于本文件。凡是不注日期的引用文件，其最新版本(包括所有的修改单)适用于本文件。

GB/T 191 包装储运图示标志

GB 317 白砂糖

GB 5749 生活饮用水卫生标准

GB 7718 食品安全国家标准 预包装食品标签通则

GB 8950 罐头厂卫生规范

GB/T 10786 罐头食品的检验方法

GB 11671 果、蔬罐头卫生标准

GB/T 20882 果葡糖浆

GB/T 20938 罐头食品企业良好操作规范

QB/T 1006 罐头食品检验规则

QB/T 4631 罐头食品包装、标志、运输和贮存

3 术语和定义

下列术语和定义适用于本文件。

3.1

囊衣 sac membrance

橘瓣汁囊外面包着的薄膜。

3.2

全去囊衣橘片 separate membrance from orange

将囊衣全部除去的整瓣橘片。

3.3

白点 white points

橘瓣背部由汁囊柄部产生的以橙皮苷为主的白点。

3.4

白色混浊　white sediment

柑橘罐头糖液中因橙皮苷等白色物质的析出所引起的混浊或沉淀现象。

3.5

破碎片　broken pieces

破碎部分超过柑橘片侧面积三分之一的橘片。

3.6

囊胞　juice sacs

砂囊　juice sacs

汁胞　juice sacs

柑橘去囊衣后,分散成单个饱满的果肉粒。

3.7

瘪子　abortive seeds

囊胞破裂后几乎全无橘汁的一层胞膜。

3.8

破囊胞　broken sacs

囊胞膜破裂后仍有橘汁但不饱满的囊胞。

3.9

颗粒分明　separated clearly in cells

囊胞之间能明显分离。

3.10

破碎率　content of broken sacs

囊胞罐头中破囊胞和瘪子的总和占总囊胞的比例。

4　产品分类及代号

4.1　产品分类

4.1.1　按原料不同分为橘子罐头、柚子罐头、橙子罐头。

4.1.2　按形状不同分整片(全去囊衣)、碎片、囊胞。

4.1.3　按汤汁不同分为:

——糖水型:汤汁为白砂糖或糖浆的水溶液;

——果汁型:汤汁为水和果汁的混合液;

——混合型:汤汁为果汁、白砂糖、果葡糖浆、甜味剂中两种以上(包括两种)物质的水溶液;

——清水型:汤汁为清水。

4.2　产品代号

产品代号见表1。

表1 产品代号

项 目	产品代号			
	糖水型	果汁型	混合型	清水型
全去囊衣橘子罐头	601	601J	601B	601W
碎片橘子罐头	601 2	601J 2	601B 2	601W 2
全去囊衣橙子罐头	649	649J	649B	649W
碎片橙子罐头	649 2	649J 2	649B 2	649W 2
全去囊衣柚子罐头	623	623J	623B	623W
碎片柚子罐头	623 2	623J 2	623B 2	623W 2
囊胞罐头	639	639J	639B	639W

5 技术要求

5.1 原辅材料

5.1.1 柑橘

应新鲜、冷藏或速冻良好，大小适中、成熟适度，风味正常，无严重畸形、干瘪，无病虫害及机械伤所引起的腐烂现象。罐装柑橘应符合本标准质量要求。

可采用适合罐藏加工的速冻柑橘；罐装柑橘应符合本标准质量要求。

5.1.2 白砂糖

应符合 GB 317 的要求。

5.1.3 果葡糖浆

应符合 GB/T 20882 的要求。

5.1.4 水

应符合 GB 5749 的要求。

5.1.5 果汁

应符合相应标准的要求。

5.2 感官要求

产品的感官要求应符合表2的要求。

表 2 感官要求

项 目	优级品	一级品
色泽	橘子罐头和橙子罐头：橘片和橙片呈橙色或橙黄色，色泽较一致，具有与原果肉近似之光泽，汤汁澄清，果肉及囊衣、碎屑等悬浮物甚少。 柚子罐头：柚片呈黄色至金黄色，色泽较一致，具有与原果肉近似之光泽，汤汁澄清，果肉及囊衣、碎屑等悬浮物甚少。 囊胞罐头：囊胞呈金黄色至橙黄色，汤汁清	橘子罐头和橙子罐头：橘片和橙片呈橙色或橙黄色，色泽较一致，具有与原果肉近似之光泽。汤汁尚澄清，允许有极轻微的白色混浊、白点或有少量果肉、橘络、囊衣碎屑。 柚子罐头：柚片呈黄色至金黄色，色泽较一致，具有与原果肉近似之光泽，汤汁尚澄清，允许存在少量果肉及囊衣、碎屑。 囊胞罐头：囊胞呈黄色，汤汁尚清，允许有少量白色沉淀
滋味、气味	应具有产品应有的滋味和气味，酸甜适口，无异味	应具有产品应有的滋味和气味，酸甜适口，允许稍有苦涩味或轻微煮熟味
组织形态	橘子罐头应符合以下要求： 全去囊衣：橘片囊衣去净，无橘络。质嫩，食之有脆感。橘片饱满完整，形态近似半圆形，大小厚薄较均匀。清水型产品的破碎片以质量计不超过固形物质量的 15%，糖水型、果汁型、糖浆型、混合型产品的破碎片以质量计不超过固形物质量的 7%。以 200 g 固形物质量计，残留种子不得超过 1 粒。 碎片：橘片囊衣去净，组织软硬适度，每片完整度应大于整片面积的三分之一；完整度小于三分之一的橘片，以质量计不超过固形物质量的 10%。以 200 g 固形物质量计，残留种子不得超过 1 粒。 柚子罐头和橙子罐头应符合以下要求： 囊衣去净，无筋络，食之有脆感，柚片和橙片基本完整，形态呈长半圆，大小厚薄较均匀。允许形状 3/4 以上断角片作为整片，破碎片以质量计不超过固形物质量的 10%，以 200 g 固形物质量计，残留种子不得超过 1 粒。 囊胞罐头应符合以下要求： 囊胞饱满，颗粒分明；允许橘核不超过固形物含量的 1%，破碎率不超过 20%	橘子罐头应符合以下要求： 全去囊衣：橘片囊衣去净，允许个别橘片有少量残留囊衣、橘络。橘片基本完整，形态近似半圆或长半圆形，大小厚薄较均匀。清水型产品的破碎片以质量计不超过固形物质量的 20%，糖水型、果汁型、糖浆型、混合型产品的破碎片以质量计不超过固形物质量的 10%。以 200 g 固形物质量计，残留种子不得超过 1 粒。 碎片：橘片囊衣去净，组织软硬适度，每片完整度应大于整片面积的三分之一；完整度小于三分之一的橘片，以质量计不超过固形物质量的 15%。以 200 g 固形物质量计，残留种子不得超过 1 粒。 柚子罐头和橙子罐头应符合以下要求： 囊衣去净，无筋络，食之有脆感，柚片和橙片基本完整，形态呈长半圆，大小厚薄尚均匀。允许形状 3/4 以上断角片作为整片，破碎片以质量计不超过固形物质量的 15%，以 200 g 固形物质量计，残留种子不得超过 1 粒。 囊胞罐头应符合以下要求： 囊胞饱满，颗粒尚分明；允许橘核不超过固形物含量的 2%，破碎率不超过 30%
杂质	无外来杂质	

5.3 理化要求

5.3.1 净含量

每批产品平均净含量不低于标示值。

5.3.2 固形物含量

产品的固形物含量应符合表3的规定。

表3 固形物含量

类 型	优级品	一级品
镀锡薄板容器装柑橘罐头	≥55%	
玻璃瓶装柑橘罐头	≥55%	≥50%
软包装柑橘罐头(复合塑料杯、袋、瓶等)	≥55%	≥50%

5.3.3 可溶性固形物含量(20 ℃,按折光计法)

5.3.3.1 糖水型罐头,开罐时要求:

——低浓度:8%~14%;
——中浓度:14%~18%;
——高浓度:18%~22%。

5.3.3.2 果汁型罐头,开罐时要求:

——低浓度:7%~14%;
——中浓度:14%~18%;
——高浓度:18%~22%。

5.3.3.3 混合型罐头,开罐时要求:

——低浓度:10%~14%;
——中浓度:14%~18%;
——高浓度:18%~22%;
——特高浓度:22%~35%。

5.3.4 pH

产品的pH应为3.2~3.8。

注:玻璃瓶罐装产品的pH为3.1~3.8。

5.4 卫生要求

产品卫生要求应符合GB 11671的规定。加工过程卫生要求应符合GB 8950和GB/T 20938的规定。

6 试验方法

6.1 感官要求

按GB/T 10786规定的方法检验。

6.2 破碎率

按附录A规定的方法测定。

6.3 理化指标

6.3.1 净含量

按 GB/T 10786 规定的方法测定。

6.3.2 固形物含量

按 GB/T 10786 规定的方法测定。

6.3.3 可溶性固形物含量

按 GB/T 10786 规定的方法测定。

6.3.4 pH

按 GB/T 10786 规定的方法测定。

6.4 卫生指标

按 GB 11671 规定的方法分别测定。

7 检验规则

应符合 QB/T 1006 的规定。感官要求、净含量、固形物含量、可溶性固形物含量、pH、微生物指标为出厂检验项目。

8 标签、包装、运输和贮存

8.1 产品的标签应符合 GB 7718 及有关规定。产品名称以橘子罐头为例，可标示为“糖水型橘子”、“果汁型橘子”（果汁应标明具体名称）、“混合型橘子”（混合汁的配料应在配料表中标明）、“ 清水型橘子”。

8.2 产品的包装、运输和贮存要求应符合 QB/T 4631 的有关规定，产品包装储运图示标志应符合 GB/T 191 的规定，包装材料应符合相关标准要求。

附 录 A
（规范性附录）
囊胞罐头破碎率检验方法

A.1 仪器和设备

A.1.1 圆筛：直径 205 mm 的圆筛，圆筛用不锈钢丝织成，其直径为 0.8 mm，孔眼为 1.7 mm×1.7 mm（相当于 10 目圆筛）。

A.1.2 白瓷盘。

A.1.3 烧杯。

A.1.4 塑料筛（普通）。

A.1.5 镊子。

A.2 试剂和溶液

1%的亚甲蓝。

A.3 检验步骤

A.3.1 囊胞罐头开罐后，用塑料筛沥水 3 min 后，称量 30 g 囊胞，置于 200 mL 烧杯中，加入浓度为 1%的亚甲蓝到烧杯的 160 mL 刻线，浸染 1 min。

A.3.2 再将浸染后的囊胞缓慢倒入 10 目的筛网中，用 8 L 水清洗掉破碎的囊胞。清洗过程中尽量将大的囊胞块分开，让囊胞尽可能平铺在筛网上。

A.3.3 使筛网以 30°角沥水 3 min（沥水过程中可用镊子剔除剩余部分 100%染色的囊胞）。记录空白瓷盘质量为 m_1。

A.3.4 轻轻翻转筛网，拍打筛网边缘，使大部分囊胞倒入到盘子中，而破碎的囊胞则粘在筛网上。用镊子轻轻的将所有的饱满的囊胞都转移到盘子上，并剔除所有 100%染色的囊胞，记录盘子和囊胞的总质量为 m_2。

A.4 计算

囊胞破碎率按式（A.1）计算：

$$X = \left(1 - \frac{m_2 - m_1}{30}\right) \times 100\% \qquad \cdots\cdots\cdots\cdots(\text{A.1})$$

式中：

X ——囊胞破碎率，%；

m_2 ——盘子和囊胞的总质量，单位为克（g）；

m_1 ——空白瓷盘的质量，单位为克（g）；

30 ——称取样品囊胞的质量，单位为克（g）。

ICS 71.080.10
G 16

中华人民共和国国家标准

GB/T 13289—2014
代替 GB/T 13289—1991

工业用乙烯液态和气态采样法

Ethylene for industrial use—Sampling in the liquid and the gaseous phase

(ISO 7382:1986,NEQ)

2014-07-08 发布　　2014-12-01 实施

中华人民共和国国家质量监督检验检疫总局
中国国家标准化管理委员会　发布

前　言

本标准按照 GB/T 1.1—2009 给出的规则起草。

本标准代替 GB/T 13289—1991《工业用乙烯液态和气态采样法》。

本标准与 GB/T 13289—1991 的主要差异为：

——修改了“规范性引用文件”(见第 2 章)；

——调整了标准的结构(见第 3 章、第 4 章、第 5 章，1991 年版的第 4 章、第 5 章)；

——增加了“采样中的安全要求应符合 GB/T 3723”的规定；

——增加了微量极性化合物分析时采样器及其连接管线内部特殊处理的相关要求(见 4.1.3)；

——将原标准中的采样管线改名为“非密闭采样管线”，修改了示意图(见 4.2.1 和图 2，1991 年版的 3.2 和图 2)，增加了密闭采样管线和示意图(见 4.2.2 和图 3、图 4)；

——修改了非密闭采样采样器置换方式(见 5.1，1991 年版的第 4 章)；

——增加了密闭采样要求(见 5.2)。

本标准使用重新起草法参考 ISO 7382:1986《工业用乙烯　液态和气态采样法》(英文版)，与 ISO 7382:1986 的一致性程度为非等效；

本标准与 ISO 7382:1986 的主要差异为：

——增加了“规范性引用文件”；

——增加了微量极性化合物分析时采样器及其连接管线内部特殊处理的相关要求；

——修改了采样器置换方式；

——增加了密闭采样要求。

本标准由中国石油化工集团公司提出。

本标准由全国化学标准化技术委员会石油化学分技术委员会(SAC/TC 63/SC 4)归口。

本标准起草单位：中国石油化工股份有限公司上海石油化工研究院、中国石油化工股份有限公司北京燕山分公司。

本标准主要起草人：庄海青、叶志良、崔广洪、王川。

本标准所代替标准的历次版本发布情况为：

——GB/T 13289—1991。

工业用乙烯液态和气态采样法

1 范围

本标准适用于工业用乙烯液态和气态采样。本标准规定了采取液态乙烯以及气态乙烯样品的方法和有关注意事项，所采取的样品用于乙烯的各项分析。

本标准并不是旨在说明与其使用有关的所有安全问题。使用者有责任采取适当的安全与健康措施，保证符合国家有关法律法规的规定。

2 规范性引用文件

下列文件对于本文件的应用是必不可少的。凡是注日期的引用文件，仅注日期的版本适用于本文件。凡是不注日期的引用文件，其最新版本（包括所有的修改单）适用于本文件。

GB/T 3723 工业用化学产品采样安全通则（GB/T 3723—1999，idt ISO 3165:1976）

3 安全注意事项

3.1 工业用乙烯为易燃易爆挥发物，采样中的安全要求应符合 GB/T 3723。

3.2 当液态乙烯从金属表面蒸发时，会引起剧冷，如果接触钢瓶表面则会引起冻伤，因此采样器可配置手柄，操作者应佩戴护目镜和防护手套。

3.3 乙烯极易燃烧，能与空气混合形成爆炸气氛。因此，采样现场应保证良好的通风条件。

3.4 由于液态乙烯的沸点为 −103.9 ℃，故试样放空时所产生的大量蒸气会立即蔓延至周围大气中。因此处理液态试样时，应遵守以下规则：

a） 为了消除静电，在样品排空时，采样器应予接地；

b） 如果操作不在露天进行，应使用高风速通风橱；

c） 所用电源、通风橱、风扇、马达电器等设备，均应为防爆型结构，并符合国家的有关规定。

3.5 在清洗采样器、排出采样器内样品、处理废液及蒸气时要注意安全，排放点应有安全设施并符合安全和环境要求。在附录 A 中给出了剩余样品的排放系统的图示说明。

3.6 如果需要运输盛有样品的高压采样器，应遵守危险品运输相关的法律法规。

4 采样装置

4.1 采样器

4.1.1 选用双阀带调整管型专用采样钢瓶（见图 1）。容积为 0.1 L～1 L，工作压力 19.6 MPa（200 kg/cm^2）。为保证采样量不超过容积的 30%，调整管末端的位置应确保采样器内有 70%的预留空间。采样器出口端应设置防爆片。采样器每两年进行一次耐压检验，水压试验压力为 29.4 MPa（300 kg/cm^2）。

注：当采取气态乙烯时，也可采用不带调整管的采样钢瓶。

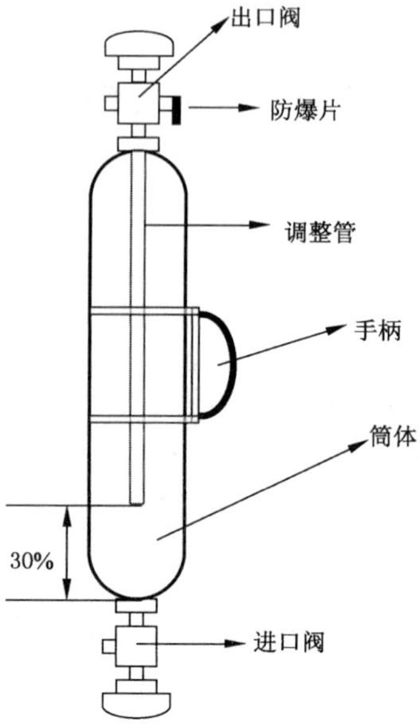

图 1　采样器

4.1.2　乙烯的临界温度是 9.5 ℃，临界压力为 10.5 MPa，在大气压下的沸点为－103.9 ℃，因此所采取的液态乙烯，在室温下不能保持其液体状态，采样器应能承受其完全汽化后的压力。在采样过程中，由于乙烯的上述物性，温度可在 1 min～2 min 内从－100 ℃升至 20 ℃，因此采样设备的结构和材质应能承受温度的急剧变化，应优先选用经钝化处理的不锈钢材质。

4.1.3　为保证样品中微量甲醇和硫化物等极性化合物的有效采集和分析，避免可能引起的测定误差，应使用带有不锈钢阀的惰性采样器，采样器内部、采样管线和固定件可以进行内部涂覆或者钝化处理，以减少裸露的金属表面与微量活泼元素的反应以及对极性化合物的吸附。

4.1.4　采样器的维护保养：采样器在使用了一段时间后可能被油、水或溶剂污染，从而造成分析结果的差异。此时可用过热蒸汽冲洗，并在钢瓶冷却之前立即再用干燥氮气冲洗。对新钢瓶可用氮气等惰性气体冲洗，以驱除空气和水分。

4.2　液态采样系统

4.2.1　非密闭采样系统

由不锈钢管、金属软管和排放阀 B 组成。金属软管一端有螺纹接口以便与采样器进口阀 C 相连接（如图 2 所示）。

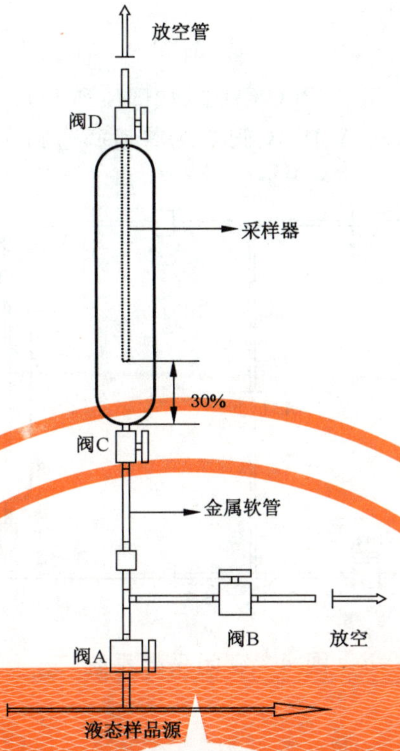

图 2 非密闭采样系统示意图

4.2.2 密闭采样系统

4.2.2.1 密闭采样系统一

由不锈钢管和阀 A、阀 D 组成，并附带压力表(如图 3 所示)。阀 A 为三通阀，阀 D 为普通两通阀。

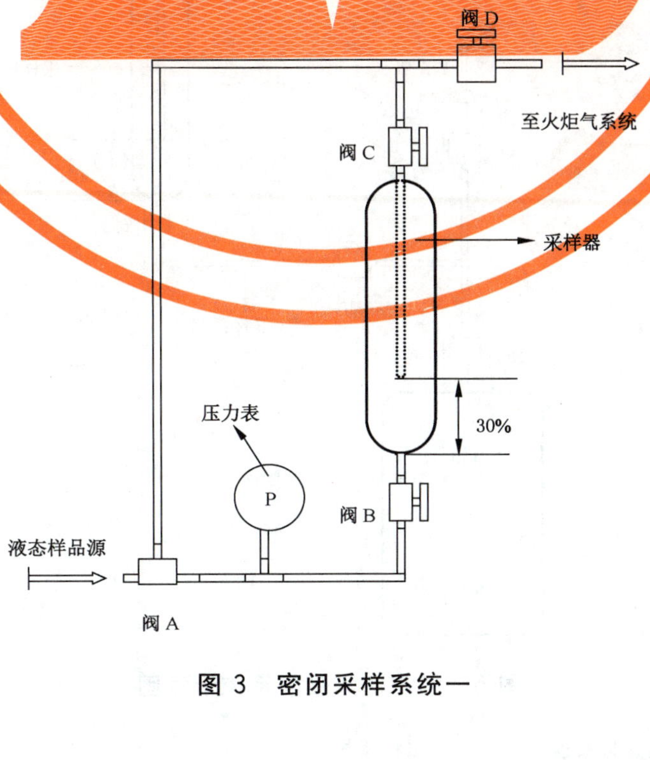

图 3 密闭采样系统一

4.2.2.2 密闭采样系统二

由不锈钢管、金属软管和阀 A、阀 B、阀 C 组成（如图 4 所示）。金属软管一端有螺纹接口以便与采样器进口阀 D 和出口阀 E 相连接，阀 A、阀 B、阀 C 为普通两通阀。

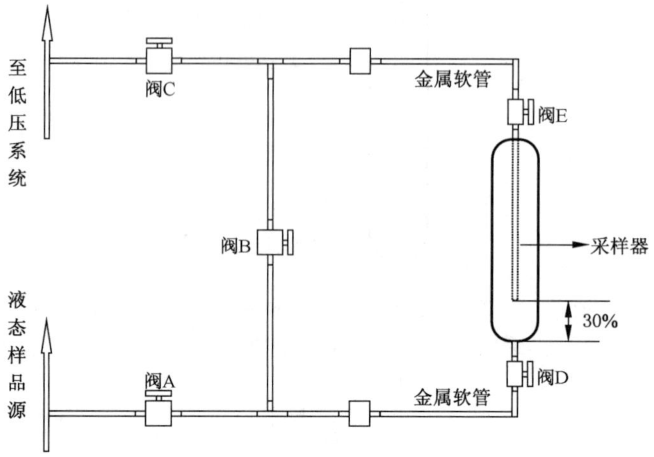

图 4 密闭采样系统二

4.3 气态采样系统

由内径 4 mm、长度不超过 2 m 的不锈钢管和调节阀 B、排放阀 E 组成（如图 5 所示）。不锈钢管一端有螺纹接口与采样器进口阀 C 相连接，不锈钢管另一端与阀 B 相连接。

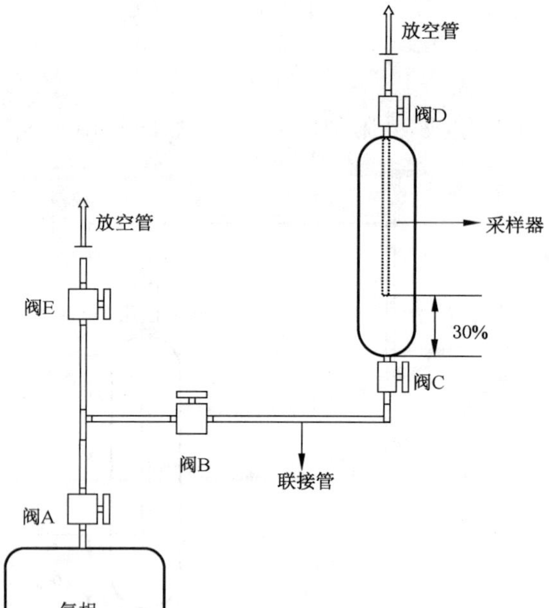

图 5 气态乙烯采样系统示意图

注：4.2、4.3 均可采用快速接头连接采样器和采样系统。

5 采样

将采样器(4.1.1,采样器内如有残留样品应全部放清)用氮气吹扫并干燥。采样器尽可能专样专用。

5.1 液态采样

5.1.1 非密闭采样系统

5.1.1.1 安装

按图 2 所示,用采样管线将采样器与样品源连接。并确认采样器进口阀 C 和出口阀 D 处于关闭位置。

5.1.1.2 置换

5.1.1.2.1 管线置换

打开采样阀 A,然后打开排放阀 B,以冲洗采样管线。当液态试样在阀 B 的放空管末端出现时,立即关闭排放阀 B。

5.1.1.2.2 采样器置换

打开采样器进口阀 C 和出口阀 D,待适量液态样品进入采样器后,关闭阀 D、阀 C 和阀 A,并轻轻摇动采样器,然后开启阀 C 和阀 B,将样品全部排出。重复此操作不应少于三次。

采样器冲洗完毕后,关闭阀 C 和阀 B,准备采样。

5.1.1.3 采样

依次打开阀 A、阀 C 和阀 D,当有液态样品在阀 D 的放空管末端出现时,依次关闭采样器进口阀 C 和出口阀 D,随即关闭阀 A。

开启排放阀 B 排出采样管线内残留的样品。待采样管线完全泄压后,取下采样器。

检查采样器有无泄漏,如发现有泄漏,则弃去该试样,重新取样。

5.1.2 密闭采样系统

5.1.2.1 密闭系统采样一

5.1.2.1.1 安装

按图 3 所示连接采样器。采样前确认阀 A 处于旁通位置(通往阀 D 方向),确认采样器进口阀 B 和出口阀 C 处于关闭位置。

5.1.2.1.2 置换

依次打开物料主管线上的采样阀和阀 D,使样品经过旁通管线冲洗、置换采样管线。

5.1.2.1.3 采样

打开采样器出口阀 C 和进口阀 B,并将阀 A 由旁通位置切换到采样位置,使样品流经采样器,冲洗采样器至少 5 min。将阀 C 开度关小,在采样器中采取适量的样品。

关闭阀 C、阀 B,将阀 A 由采样位置切换到旁通位置。关闭主管线上的采样阀,待采样管线完全泄压后,取下采样器,关闭阀 D,采样结束。

检查采样器有无泄漏,如发现有泄漏,则弃去该试样,重新取样。

5.1.2.2 密闭系统采样二

5.1.2.2.1 安装

按图 4 所示连接采样器。采样前确认采样管线阀 A、阀 B、阀 C 和采样器进口阀 D、采样器出口阀 E 处于关闭位置。

5.1.2.2.2 置换

依次打开阀 A、阀 B、阀 C，使样品经过旁通管线冲洗、置换采样管线。

5.1.2.2.3 采样

打开采样器进口阀 D，出口阀 E，关闭阀 B，对采样器进行冲洗、置换。冲洗采样器至少 5 min 后，将阀 E 开度关小，在采样器中采取适量样品。

依次关闭采样器阀 E、阀 D、阀 A，再打开阀 B，待采样管线完全泄压后，关闭阀 B、阀 C，取下采样器，采样结束。

检查采样器有无泄漏，如发现有泄漏，则弃去该试样，重新取样。

5.1.3 采样器试样量调整

采取液态试样后，应立即将高压采样器直立放置，使带有调整管一端处于顶部。轻轻打开出口阀，放掉过量的液体，当开始出现气态样品时，立即关闭出口阀。

5.2 气态采样

5.2.1 安装

如图 5 所示连接采样装置。采样前确认阀 A、阀 B 和阀 E 处于关闭位置。

5.2.2 置换

5.2.2.1 管线置换

连接管线后，开启样品源采样阀 A 和排放阀 E，充分吹扫、置换采样管线，然后关闭阀 E。

5.2.2.2 采样器置换

打开调节阀 B，然后开启采样器进口阀 C，待适量气态乙烯样品进入采样器后，关闭阀 B，再开启采样器出口阀 D，将样品全部排出，关闭阀 D。重复此操作应不少于 10 次。

5.2.3 采样

打开调节阀 B，再开启采样器出口阀 D 采取样品。采样结束后，依次关闭采样器出口阀 D、采样器进口阀 C、阀 A，打开阀 E，待采样管线完全泄压后，关闭阀 B、阀 E，卸下采样器。

检查采样器有无泄漏，如发现有泄漏，则弃去该试样，重新取样。

6 采样报告

采样报告应写明有关样品的全部资料，至少应包含如下内容：

a) 样品鉴别标记，如：名称和采样器编号等；

b) 采样日期、采样地点和部位；

c) 样品量；

d) 采样者；

e) 异常现象的说明。

附　录　A
（资料性附录）
液态或气态轻质烯烃样品的排放系统

A.1　液态或气态烯烃样品的排放系统如图 A.1 所示。

A.2　根据所使用的采样器，选择合适的软管与排放系统连接。排放之前，应采用合适措施将采样器接地。

A.3　空气喷射器应选择适当型号。

A.4　图 A.1 所示空气和水蒸气压力仅供参考。

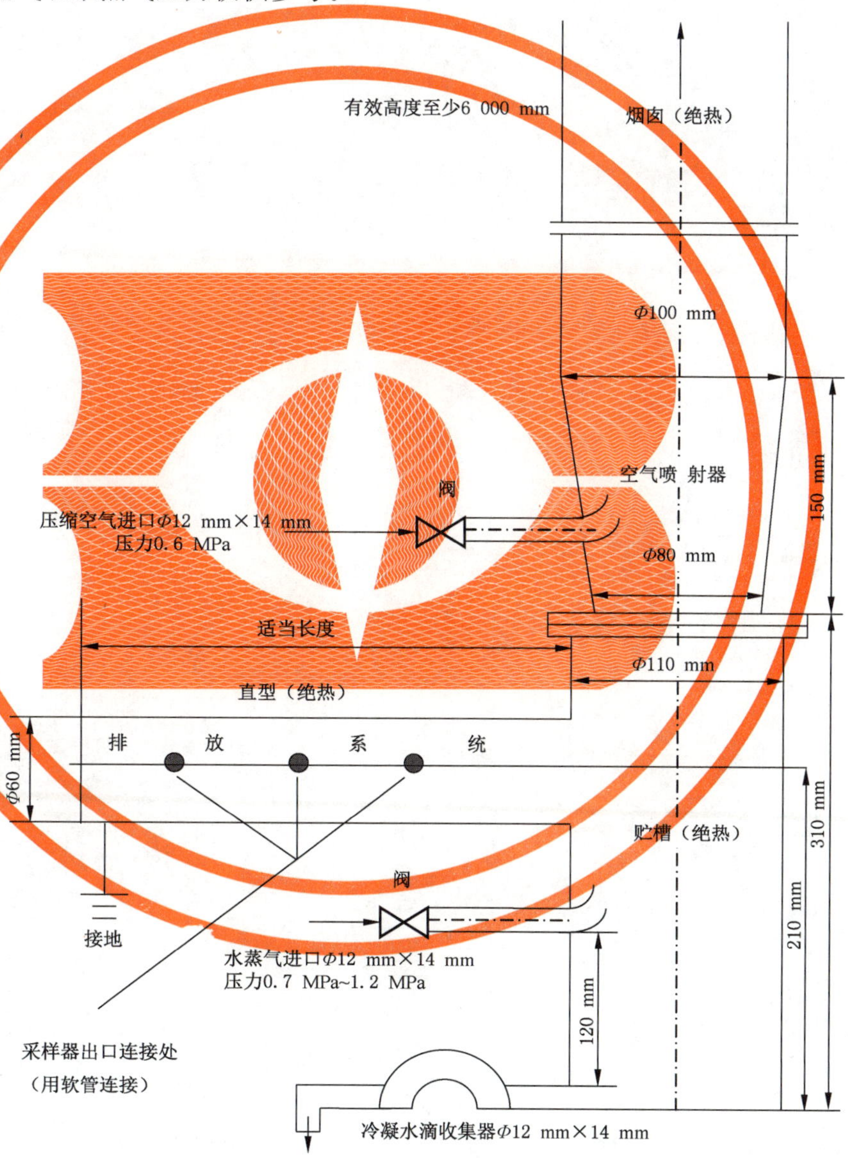

图 A.1　液态或气态烯烃样品的排放系统

ICS 71.080.10
G 16

中华人民共和国国家标准

GB/T 13290—2014
代替 GB/T 13290—1991

工业用丙烯和丁二烯液态采样法

Propylene and butadiene for industrial use—Sampling in the liquid phase

(ISO 8563:1987,NEQ)

2014-07-08 发布　　2014-12-01 实施

中华人民共和国国家质量监督检验检疫总局
中国国家标准化管理委员会　发布

前 言

本标准按照 GB/T 1.1—2009 给出的规则起草。

本标准代替 GB/T 13290—1991《工业用丙烯和丁二烯液态采样法》。

本标准与 GB/T 13290—1991 的主要差异为：

——增加了“规范性引用文件”(见第 2 章)；

——增加了“采样中的安全要求应符合 GB/T 3723”(见 3.1)；

——增加了微量极性化合物分析时采样器及其连接管线内部特殊处理的相关要求(见 4.1.2)；

——将原标准中的采样管线改名为“非密闭采样管线”，修改了示意图(见 4.2.1 和图 2，1991 年版的 3.2 和图 2)，增加了密闭采样管线和示意图(见 4.2.2 和图 3、图 4)；

——修改了非密闭采样采样器置换方式(见 5.1，1991 年版的第 4 章)；

——增加了密闭采样要求(见 5.2)。

本标准使用重新起草法参考 ISO 8563:1987《工业用丙烯和丁二烯—液态采样法》(英文版)，与 ISO 8563:1987 的一致性程度为非等效。

本标准与 ISO 8563:1987 的主要差异为：

——增加了“规范性引用文件”；

——增加了微量极性化合物分析时采样器及其连接管线内部特殊处理的相关要求；

——修改了采样器置换方式；

——增加了密闭采样要求。

本标准由中国石油化工集团公司提出。

本标准由全国化学标准化技术委员会石油化学分技术委员会(SAC/TC 63/SC 4)归口。

本标准起草单位：中国石油化工股份有限公司上海石油化工研究院、中国石油化工股份有限公司北京燕山分公司。

本标准主要起草人：庄海青、叶志良、崔广洪、王川。

本标准所代替标准的历次版本发布情况为：

——GB/T 13290—1991。

工业用丙烯和丁二烯液态采样法

1 范围

本标准规定了采取液态丙烯和丁二烯样品的方法和有关注意事项。所采取的样品适用于丙烯或丁二烯的各项分析。

本标准也适用于液态1-丁烯或异丁烯的采样。

本标准并不是旨在说明与其使用有关的所有安全问题。使用者有责任采取适当的安全与健康措施,保证符合国家有关法律法规的规定。

2 规范性引用文件

下列文件对于本文件的应用是必不可少的。凡是注日期的引用文件,仅注日期的版本适用于本文件。凡是不注日期的引用文件,其最新版本(包括所有的修改单)适用于本文件。

GB/T 3723 工业用化学产品采样安全通则(GB/T 3723—1999,idt ISO 3165:1976)

3 安全注意事项

3.1 工业用丙烯和丁二烯均为易燃易爆挥发物,采样中的安全要求应符合GB/T 3723。

3.2 当液态丙烯或丁二烯从金属表面蒸发时,将会引起剧冷,如果接触钢瓶表面则会引起冻伤,因此采样器可配置手柄,操作者应佩戴护目镜和防护手套。

3.3 丙烯属窒息性物质,丁二烯作为有害物质,在空气中的最高允许浓度为100 mg/m³,而且两者均能与空气混合形成爆炸气氛。因此,采样现场必须保证良好的通风条件。

3.4 由于液态丙烯或丁二烯的蒸气密度比空气大,故试样放空时所产生的大量蒸气会立即蔓延至周围大气中,并聚积在低处。因此处理液态试样时,应遵守以下规则:

a) 为了消除静电,在样品排空时,采样器应予接地。

b) 如果操作不在露天进行,应使用高风速通风橱。

c) 所用电源、通风橱、风扇、马达等电器设备,均应为防爆型结构,并符合国家的有关规定。

3.5 在清洗采样器、排出采样器内样品、处理废液及蒸气时要注意安全,排放点应有安全设施并符合安全和环境要求。在附录A中给出了剩余样品的排放系统的图示说明。

3.6 如果需要运输盛有样品的高压采样器,应遵守危险品运输相关的法律法规。

注:如采取液态1-丁烯或异丁烯样品时,均应遵守以上安全事项。

4 采样装置

4.1 采样器

4.1.1 选用双阀带调整管形采样器(如图1所示)。材质为不锈钢(1Cr18Ni9Ti)或优质碳素钢,容积0.15 L～2.0 L,一般情况下选用0.25 L和1.5 L。用于液态丙烯的采样器,工作压力为4 MPa;用于液态丁二烯的采样器,工作压力为3 MPa。调整管末端的位置应确保采样器内有20%的预留空间。采样器每两年进行一次耐压检验,水压试验分别为5.9 MPa (60 kg/cm²)和4.5 MPa(46 kg/cm²)。

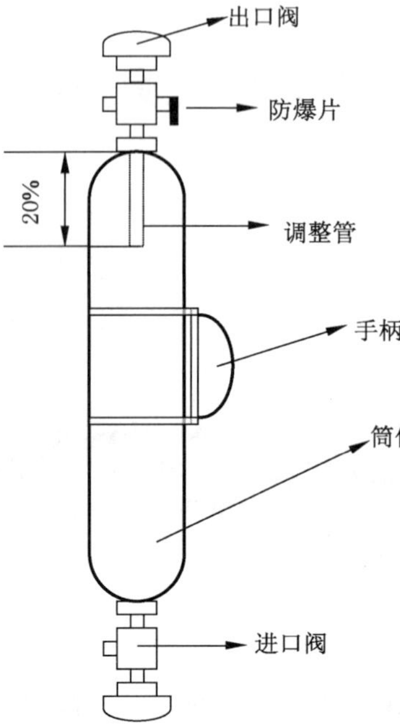

图1 采样器

4.1.2 为保证样品中微量甲醇和硫化物等极性化合物的有效采集和分析，避免可能引起的测定误差，应使用带有不锈钢阀的惰性采样器，采样器内部、采样管线和固定件可以进行内部涂覆或者钝化处理，以减少裸露的金属表面与微量活泼元素的反应以及对极性化合物的吸附。

4.1.3 采样器的维护保养：采样器在使用了一段时间后可被油、水或溶剂污染，从而造成分析结果的差异。此时可用过热蒸汽冲洗，并在钢瓶冷却之前立即再用干燥氮气冲洗。对新钢瓶可用氮气等惰性气体冲洗，以驱除空气和水分。

4.2 液态采样系统

4.2.1 非密闭采样系统

由不锈钢管、金属软管和排放阀B组成。金属软管一端有螺纹接口以便与采样器进口阀C相连接（如图2所示）。

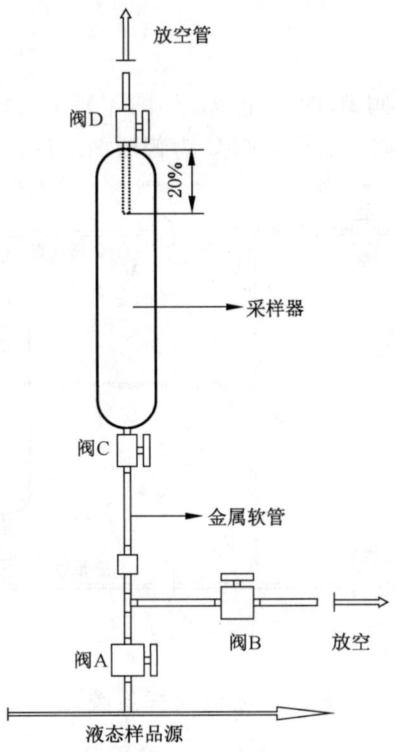

图 2　非密闭采样管线示意图

4.2.2　密闭采样系统

4.2.2.1　密闭采样系统一

由不锈钢管和阀 A、阀 D 组成，并附带压力表（如图 3 所示）。阀 A 为三通阀，阀 D 为普通两通阀。

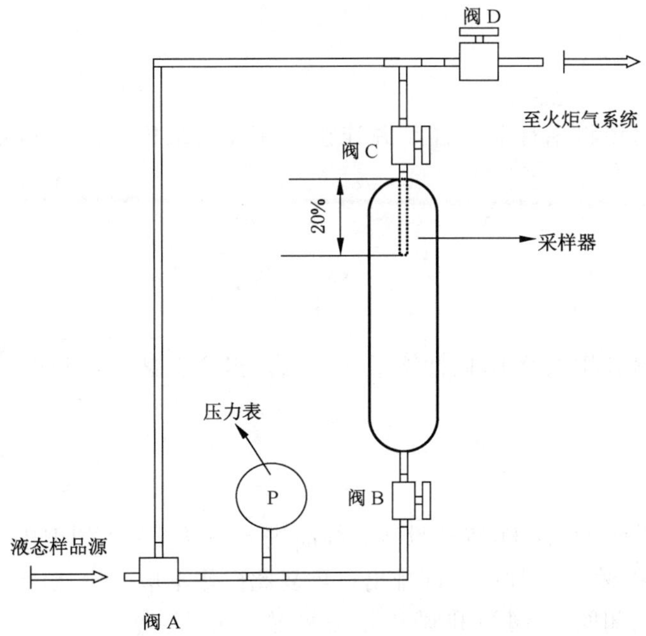

图 3　密闭采样系统一

4.2.2.2　密闭采样系统二

由不锈钢管、金属软管和阀 A、阀 B、阀 C 组成（如图 4 所示）。金属软管一端有螺纹接口以便与采样器进口阀 D 和出口阀 E 相连接，阀 A、阀 B、阀 C 为普通两通阀。

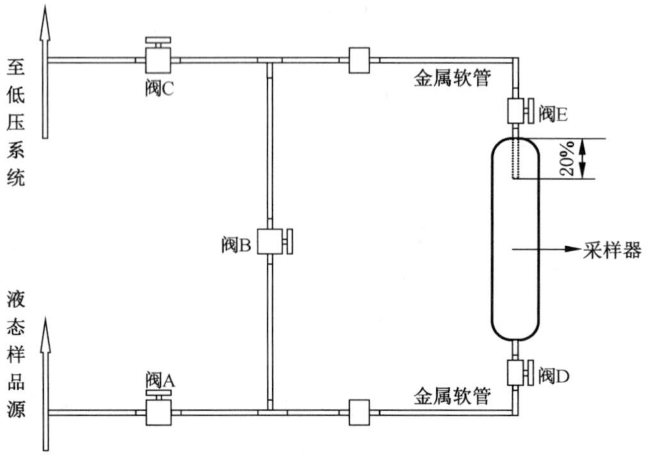

图 4　密闭采样系统二

注：可采用快速接头连接采样器和采样系统。

5　采样

将采样器(4.1.1，采样器内如有残留样品应全部放清)用氮气吹扫并干燥。采样器尽可能专样专用。

5.1　非密闭采样系统

5.1.1　安装

按图 2 所示，用采样管线将采样器与样品源连接。并确认采样器进口阀 C 和出口阀 D 处于关闭位置。

5.1.2　置换

5.1.2.1　管线置换

打开采样阀 A，然后打开排放阀 B，以冲洗采样管线。当液态试样在阀 B 的放空管末端出现时，立即关闭排放阀 B。

5.1.2.2　采样器置换

打开采样器进口阀 C 和出口阀 D，待适量液态样品进入采样器后，关闭阀 D、阀 C 和阀 A，并轻轻摇动采样器，然后开启阀 C 和阀 B，将样品全部排出。重复此操作不应少于三次。

采样器冲洗完毕后，关闭阀 C、阀 D 和阀 B，准备采样。

5.1.3　采样

依次打开阀 A、阀 C 和阀 D，当有液态样品在阀 D 的放空管末端出现时，依次关闭采样器进口阀 C

和出口阀 D,随即关闭阀 A。

开启排放阀 B 排出采样管线内残留的样品。待采样管线完全泄压后,取下采样器。

检查采样器有无泄漏,如发现有泄漏,则弃去该试样,重新取样。

5.2 密闭系统采样

5.2.1 密闭系统采样一

5.2.1.1 安装

按图 3 所示连接采样器。采样前确认阀 A 处于旁通位置(通往阀 D 方向),确认采样器进口阀 B 和出口阀 C 处于关闭位置。

5.2.1.2 置换

依次打开物料主管线上的采样阀和阀 D,使样品经过旁通管线冲洗、置换采样管线。

5.2.1.3 采样

打开采样器出口阀 C 和进口阀 B,并将阀 A 由旁通位置切换到采样位置,使样品流经采样器,冲洗采样器至少 5 min。将阀 C 开度关小,在采样器中采取适量的样品。

关闭阀 C、阀 B,将阀 A 由采样位置切换到旁通位置。关闭主管线上的采样阀,待采样管线完全泄压后,取下采样器,关闭阀 D,采样结束。

检查采样器有无泄漏,如发现有泄漏,则弃去该试样,重新取样。

5.2.2 密闭系统采样二

5.2.2.1 安装

按图 4 所示连接采样器。采样前确认采样管线阀 A、阀 B、阀 C 和采样器进口阀 D、采样器出口阀 E 处于关闭位置。

5.2.2.2 置换

依次打开阀 A、阀 B、阀 C,使样品经过旁通管线冲洗、置换采样管线。

5.2.2.3 采样

然后打开采样器进口阀 D、出口阀 E,关闭阀 B,对采样器进行冲洗、置换。冲洗采样器至少 5 min 后,将阀 E 开度关小,在采样器中采取适量样品。

依次关闭采样器阀 E、阀 D、阀 A,再打开阀 B,待采样管线完全泄压后。关闭阀 B、阀 C,取下采样器,采样结束。

检查采样器有无泄漏,如发现有泄漏,则弃去该试样,重新取样。

5.3 采样器试样量调整

采取试样后,应立即将高压采样器直立放置,使带有调整管一端处于顶部。轻轻打开出口阀,放掉过量的液体,当开始出现气态样品时,立即关闭出口阀。

6 采样报告

采样报告应写明有关样品的全部资料,至少应包含如下内容:

a） 样品鉴别标记，如名称和采样器编号等；

b） 采样日期、采样地点和部位；

c） 样品量；

d） 采样者；

e） 异常现象的说明。

附 录 A
（资料性附录）
液态或气态轻质烯烃样品的排放系统

A.1 液态或气态烯烃样品的排放系统如图 A.1 所示。

A.2 根据所使用的采样器，选择合适的软管与排放系统连接。排放之前，应采用合适措施将采样器接地。

A.3 空气喷射器，应选择适当型号。

A.4 图 A.1 所示空气和水蒸气压力仅供参考。

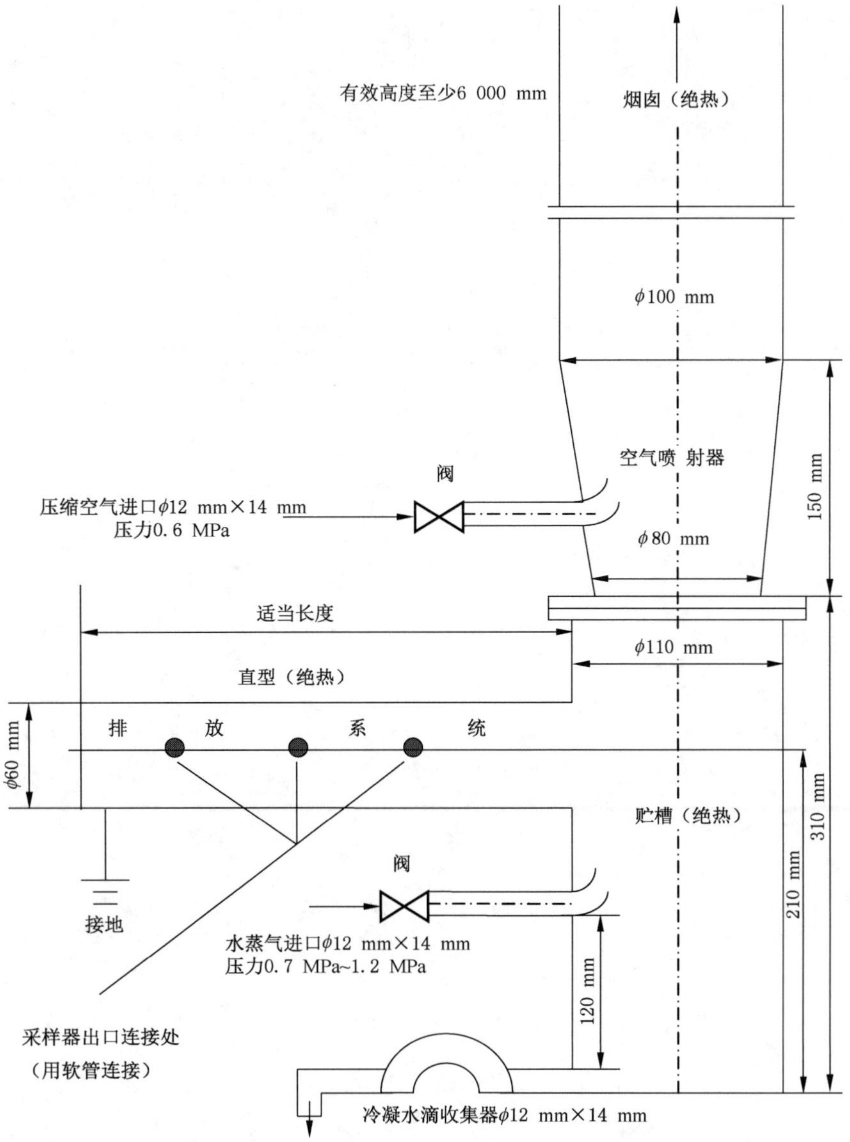

图 A.1 液态或气态烯烃样品的排放系统

ICS 53.100
P 97

中华人民共和国国家标准

GB/T 13331—2014/ISO 10567:2007
代替 GB/T 13331—2005

土方机械　液压挖掘机　起重量

Earth-moving machinery—Hydraulic excavators—Lift capacity

(ISO 10567:2007,IDT)

2014-07-24 发布　　2015-01-01 实施

中华人民共和国国家质量监督检验检疫总局
中国国家标准化管理委员会　发布

前　言

本标准按照GB/T 1.1—2009给出的规则起草。

本标准代替GB/T 13331—2005《土方机械　液压挖掘机　起重量》。本标准与GB/T 13331—2005相比，除编辑性修改外主要技术变化如下：

——增加和删除了部分规范性引用文件；

——修改了若干术语和定义(见3.2、3.3和3.11，2005年版的3.2和3.9)；

——增加了若干术语和定义(见3.11.3、3.14、3.15、3.16、3.17和3.18)；

——修改了部分计算方法(见4.1，2005年版的4.1)；

——删除了部分试验要求(见2005年版的5.3.6)；

——修改了部分试验要求(见5.3.7、5.3.9和5.4，2005年版的5.4、5.5)；

——修改和增加了有关图形[见图2、图3a)和图3b)，2005年版的图2和图3]；

——修改了附录A的有关内容(见表A.1和表A.2，2005年版的表A.1)。

本标准使用翻译法等同采用ISO 10567:2007《土方机械　液压挖掘机　起重量》(英文版)。

与本标准中规范性引用的国际文件有一致性对应关系的我国文件如下：

——GB/T 6572—2014　土方机械　液压挖掘机　术语和商业规格(ISO 7135:2009，IDT)

——GB/T 21153—2007　土方机械　尺寸、性能和参数的单位与测量准确度(ISO 9248:1992，MOD)

本标准由中国机械工业联合会提出。

本标准由全国土方机械标准化技术委员会(SAC/TC 334)归口。

本标准负责起草单位：天津工程机械研究院、厦门厦工机械股份有限公司。

本标准参加起草单位：三一重机有限公司、山重建机有限公司。

本标准主要起草人：李广庆、李蔚苹、朱传宝、张义、王克车。

本标准所代替标准的历次版本发布情况为：

——GB/T 13331—1991、GB/T 13331—2005。

土方机械 液压挖掘机 起重量

1 范围

本标准规定了计算液压挖掘机起重量的统一方法和验证其计算值的试验程序，包括液压挖掘机液压起重量极限和机器倾翻极限以及额定起重量的确定。

本标准适用于ISO 7135定义的液压挖掘机。

2 规范性引用文件

下列文件对于本文件的应用是必不可少的。凡是注日期的引用文件，仅注日期的版本适用于本文件。凡是不注日期的引用文件，其最新版本(包括所有的修改单)适用于本文件。

ISO 7135 土方机械 液压挖掘机 术语和商业规格(Earth-moving machinery—Hydraulic excavators—Terminology and commercial specifications)

ISO 9248 土方机械 尺寸、性能和参数的单位与测量准确度(Earth-moving machinery—Units for dimensions, performance and capacities, and their measurement accuracies)

3 术语和定义

下列术语和定义适用于本文件。

3.1

载荷 load

施加在提升点上的外力，包括附属装置的质量。

3.2

提升点 lift point

LP

〈状态1〉由制造商规定的载荷施加位于铲斗或附属装置支架上的位置。见图1a)。

注：对于铲斗或附属装置支架的载荷，铲斗液压缸不必完全伸展。

3.3

提升点 lift point

LP

〈状态2〉位于斗杆上安装铲斗的销轴中心线上。见图1b)。

3.4

提升点高度 lift point height

LPH

从基准地平面(GRP)到提升点的垂直距离。

见图1。

3.5

提升点半径 lift point radius

LPR

从机器回转轴到垂直提升索或索具的水平距离。见图1。

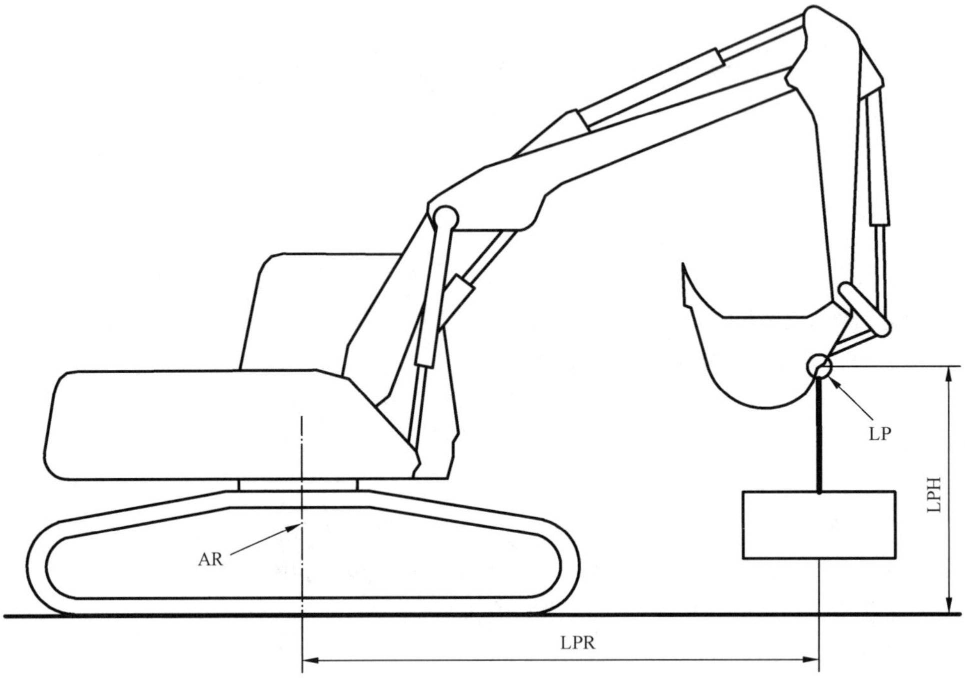

a） 状态 1

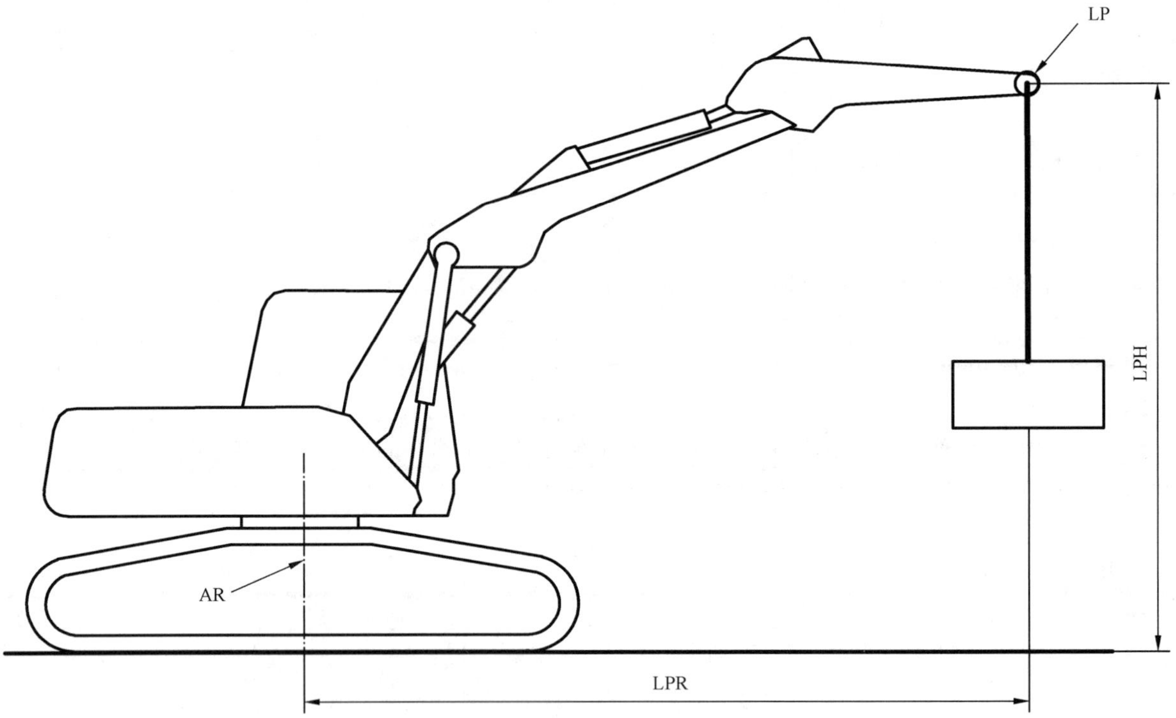

b） 状态 2

说明：

AR ——回转轴；

LP ——提升点；

LPH——提升点高度；

LPR——提升点半径。

图 1 提升点

3.6

平衡位置　balance point

以给定的载荷和提升点半径，使机器倾翻的力矩与机器的反倾翻力矩达到平衡。

3.7

倾翻载荷　tipping load

平衡位置上的固定载荷。

3.8

额定倾翻载荷　rated tipping load

倾翻载荷的 75%。

3.9

工作回路压力　working circuit pressure

在指定回路中，由液压泵提供的标定压力。

3.10

回路保持压力　holding circuit pressure

在指定回路中，由流量不大于回路额定流量 10% 的溢流阀限定的最大静压力。

3.11

液压起重量　hydraulic lift capacity

挖掘机机身处于非倾翻状态，由动臂、斗杆或铲斗的液压缸在提升点能够提升的载荷。

3.11.1

动臂液压起重量　boom hydraulic lift capacity

在其他回路中不超过回路保持压力时，动臂液压缸在回路工作压力下能够提升的载荷。

3.11.2

斗杆液压起重量　arm cylinder hydraulic lift capacity

在其他回路中不超过回路保持压力时，斗杆液压缸在回路工作压力下能够提升的载荷。

3.11.3

铲斗液压起重量　bucket cylinder hydraulic lift capacity

在其他回路中不超过回路保持压力时，铲斗液压缸在回路工作压力下能够提升的载荷。

3.12

额定液压起重量　rated hydraulic lift capacity

在规定的提升点位置，动臂或斗杆液压起重量中较小者的 87%。

3.13

额定起重量　rated lift capacity

额定倾翻载荷或额定液压起重量两者中的较小者。

3.14

最大半径　maximum radius

在给定提升高度的最大提升点半径。

3.15

最大半径额定起重量　maximum radius rated lift capacity

位于最大半径处的额定起重量。

3.16

可调节中间臂　adjustable intermediate boom

由短动臂、中间动臂和液压缸组成的液压可调节中间臂。

3.17

最小半径　minimum radius

在给定提升高度的最小提升点半径。

3.18

最小半径起重量　minimum radius lift capacity

与额定起重量采取同样方式确定的位于最小半径处的额定起重量。

4　计算

4.1　倾翻载荷计算

4.1.1　一般要求

倾翻载荷计算应在挖掘机的工作范围内取一个0.5 m、1 m或2 m的垂直和水平间距网格的交点。网格起点应在基准地平面(GRP)和回转轴的交点。通过计算倾翻载荷来确定机器在3.6规定的平衡位置所能举起的一系列载荷值。当底盘相对回转轴前后两端不对称时,应在最不利的位置计算倾翻载荷值。最大和最小提升半径处的起重量可通过挖掘机制造商指定的每个水平网格线来计算。

4.1.2　计算时的机器配置

4.1.2.1　倾翻载荷应以机器位于水平坚实地面上的状态进行计算。

4.1.2.2　从提升点向下投影的垂线穿过铲斗时,不需要明示载荷值。

4.1.2.3　工作质量应包括主机和工作装置,如制造商规定了3.2定义的提升点则包含空载附属装置或附属支架,以及司机(75 kg)、满载燃油箱和制造商指定液位的所有液体系统。

4.1.2.4　配有可调节中间臂的机器倾翻载荷应通过中间臂位置的最大长度来计算(见图1)。

4.1.2.5　如果工作装置设有可调节的档位,应在最不利的位置进行计算。

4.1.2.6　对装有铲斗的倾翻载荷计算,铲斗后部应与提升点的垂线相切,或尽量相切(当铲斗连杆允许载荷线相切时)。当铲斗连杆不允许载荷线相切时,该线可:

a)　在铲斗后部自由悬挂,不考虑铲斗液压缸影响,载荷线通过提升点[见图1a)];

b)　平滑缠绕铲斗后部,不考虑铲斗液压缸影响,不允许载荷线接触铲斗后方或斗齿边缘任何尖锐的突出部位。

4.1.3　纵向倾翻线平衡位置的计算

4.1.3.1　计算履带底盘机器的平衡位置时,机器前部/后部的倾翻线应为引导轮中心线或驱动轮中心线的连线(见图2)。计算时,臂杆应位于前部/后部最失稳的位置上。

4.1.3.2　计算轮胎底盘机器的平衡位置时,机器前部/后部的倾翻线应为轮轴的中心线、转向轴中心线、或支腿垫块的连线(见图3)。

4.1.3.3　对于铰轴支腿垫块的倾翻线应是在基准地平面(GRP)上、铰轴中心线下方对着垫块上的连线。对于刚性支腿垫块的倾翻线应是垫块与基准地平面(GRP)之间的接触面积中心的连线[见图3a)]。

4.1.3.4　回填铲(完全配置在机器上并能作为支腿来支撑机器)可认为是支腿。回填铲倾翻线的位置应在回填铲所接触的基准地平面(GRP)的直线上[见图3b)]。

4.1.3.5　装有支腿和/或回填铲的机器,应在支腿和/或回填铲收回和支腿和/或回填铲支放时的最有利位置两种状态下进行计算。

4.1.4　侧向倾翻线平衡位置的计算

4.1.4.1　履带底盘机器的侧向倾翻平衡位置计算时,倾翻线由支重轮和履带组件(例如链轨节或导轨)之间的支点确定,如图2和图4所示。

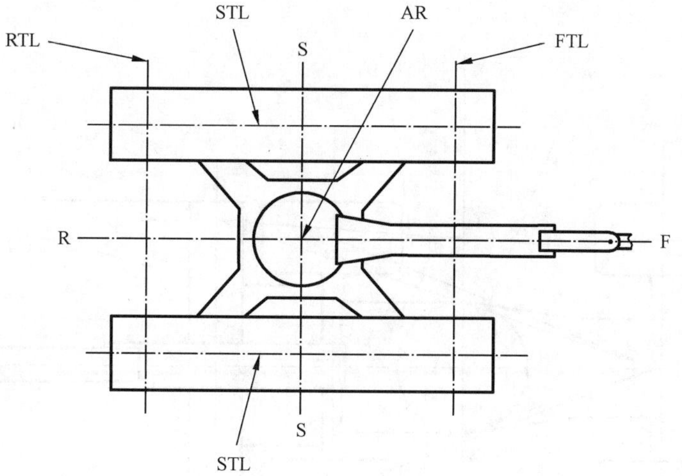

说明：

F ——前端；
R ——后端；
S ——侧向；
AR ——回转轴；
FTL ——前倾翻线；
RTL ——后倾翻线；
STL ——侧向倾翻线。

图 2 履带式底盘倾翻条件

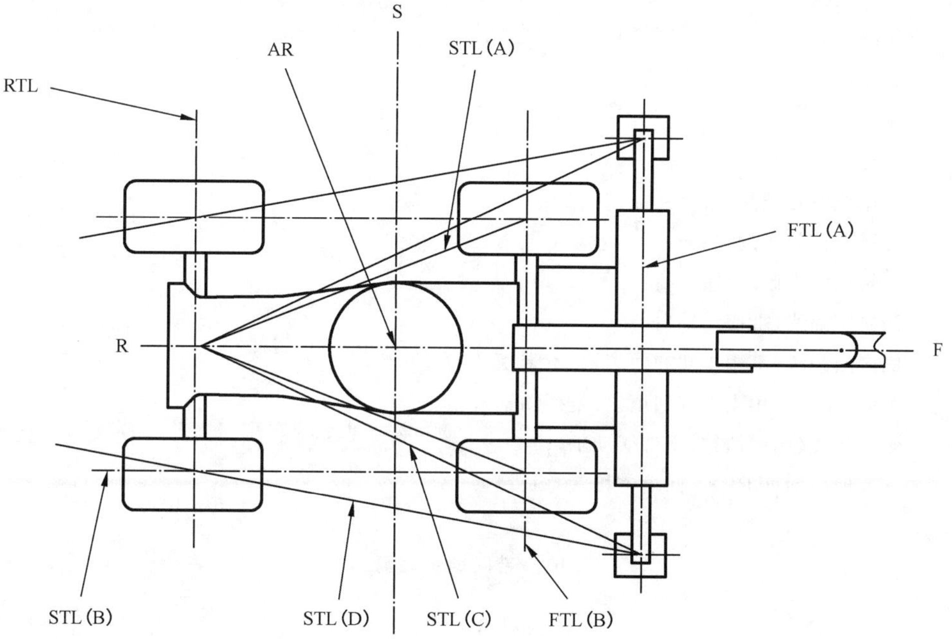

说明：

F ——前端；
R ——后端；
S ——侧向；
AR ——回转轴；
FTL(A)——用支腿时的前倾翻线；
FTL(B)——前轮轴中心倾翻线；
RTL ——后轮轴中心倾翻线；
STL(A)——侧向倾翻线(带摆动轴)；
STL(B)——侧向倾翻线(不用支腿和回填铲、不带摆动轴)；
STL(C)——侧向倾翻线(用支腿或回填铲、带摆动轴)；
STL(D)——侧向倾翻线(用支腿、不带摆动轴)。

a) 带支腿底盘

图 3 橡胶轮胎式底盘倾翻条件

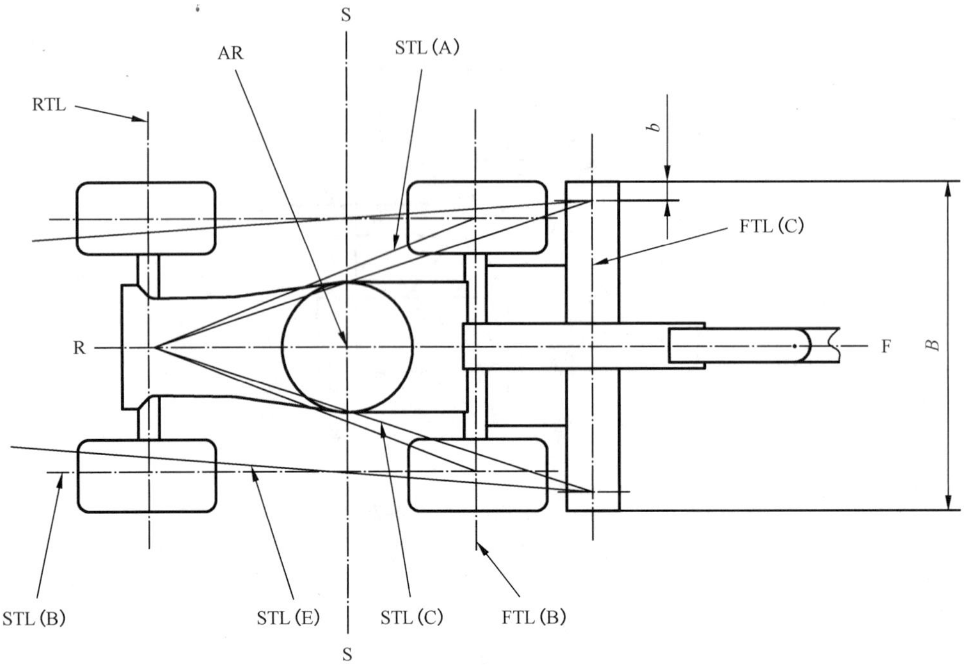

说明：

F ——前端；

R ——后端；

S ——侧向；

AR ——回转轴；

FTL(B)——前轮轴中心倾翻线；

FTL(C)——带回填铲前倾翻线；

RTL ——后轮轴中心倾翻线；

STL(A)——侧向倾翻线(带摆动轴)；

STL(B)——侧向倾翻线(不用支腿和回填铲、不带摆动轴)；

STL(C)——侧向倾翻线(用支腿或回填铲、带摆动轴)；

STL(E)——侧倾翻线(用回填铲、不带摆动轴)；

B ——基准地平面(GRP)上回填铲接触总长。

$b=0.025\times B$

b） 带回填铲底盘

图 3（续）

4.1.4.2 对联动或无摆动轴的橡胶轮胎式底盘机器的平衡位置计算时，倾翻线应是在基准地平面(GRP)上、机器同一侧轮胎接触中心(双轮胎为中点)的连线(见图 3 和图 4)。

4.1.4.3 带有摆动轴的挖掘机倾翻线应是穿过轴支承点和其中一个刚性支承点的直线(见图 3)。

4.1.4.4 如果额定值是基于联动或无摆动轴的条件下得出的，该条件应在额定起重量表和图例中详细说明。

4.1.4.5 当使用支腿时，倾翻线的位置应按 4.1.3.2 和 4.1.3.3 的规定。

4.1.4.6 当使用回填铲时，侧倾翻线的位置应按 4.1.3.4 的规定。

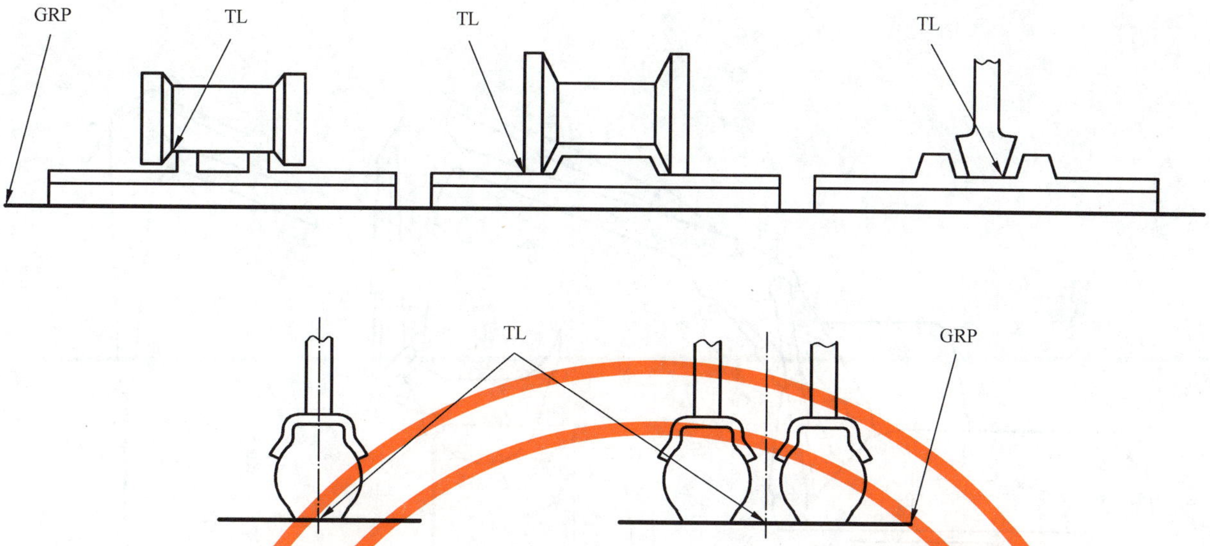

说明：

GRP——基准地平面；

TL ——倾翻线(位于最靠近载荷线的机器一侧)。

图 4 倾翻线

4.2 液压起重量计算

倾翻载荷计算应在挖掘机的工作范围内取一个 0.5 m、1 m 或 2 m 的垂直和水平间距网格的交点。网格起点应在基准地平面(GRP)和回转轴的交点。通过计算确定由 3.11.1、3.11.2 和 3.11.3 规定的动臂、斗杆或铲斗液压起重量产生的力在各提升点上所能提升的一系列载荷值。提升半径的最大和最小位置应通过挖掘机制造商指定的每个水平网格线来确定。

5 验证试验

5.1 试验场地

5.1.1 固定载荷试验场地(不可移动载荷)

固定载荷试验场地应坚固平坦，测力计能够在提升点和固定载荷之间连接。固定载荷可以是一个能在水平轨道上移动的附属装置，或是通过移动挖掘机来得到各种连接提升点的一个定位的重物(见图 5 和图 6)。

5.1.2 移动载荷试验场地(可移动载荷)

移动载荷试验场地应坚固平坦，连接到提升点的吊重块能无阻碍地移动到挖掘机的倾翻载荷或液压能力的极限位置。图 7 为典型的试验场地布置。为减少机器倾翻的可能性，提起的吊重块与地面应保持在 0.5 m 的距离内。

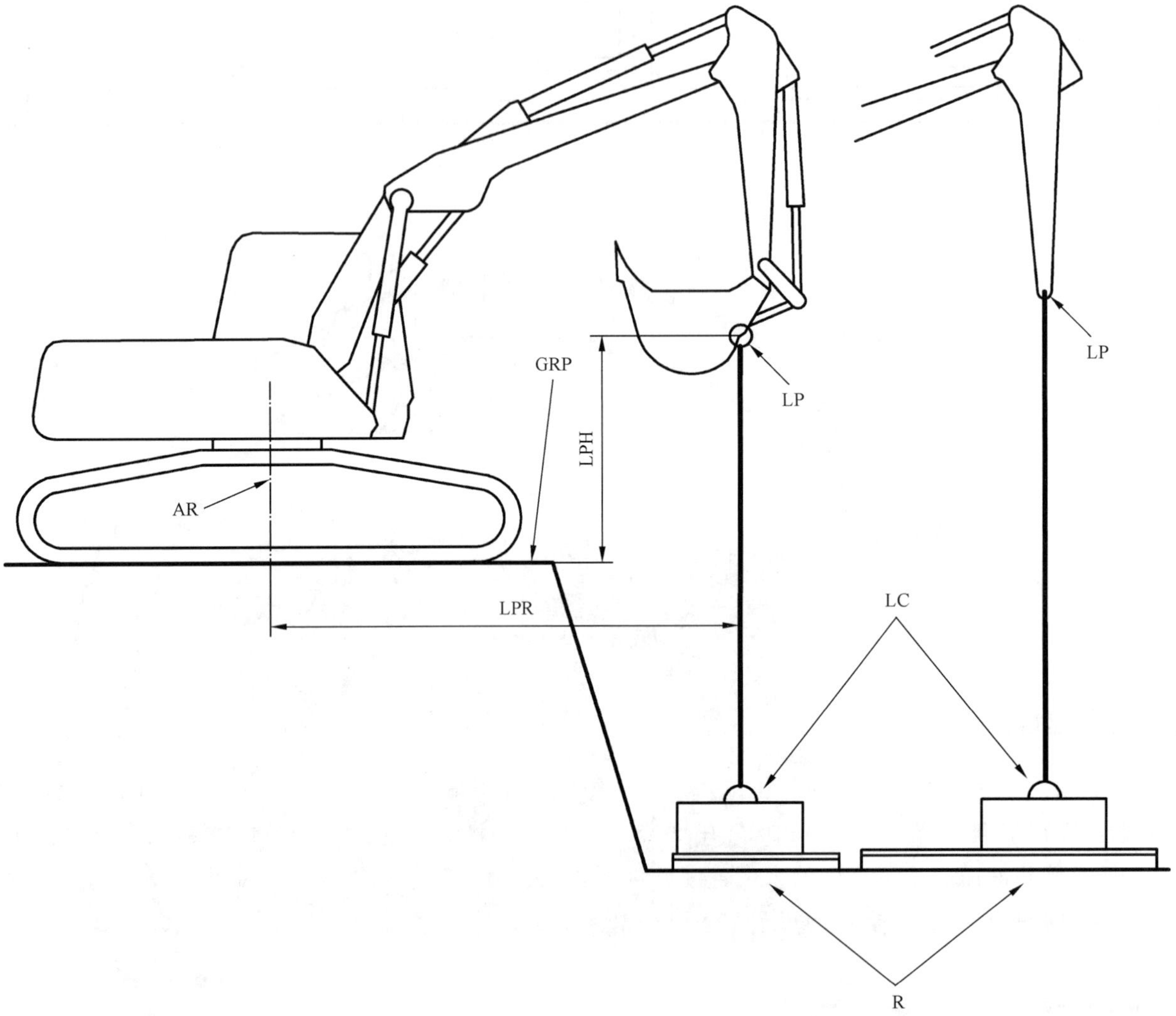

说明：
AR ——回转轴；
GRP——基准地平面；
LC ——载荷测力器；
LP ——提升点；
LPH——提升点高度；
LPR——提升点半径；
R ——轨道。

图 5 自定位固定载荷

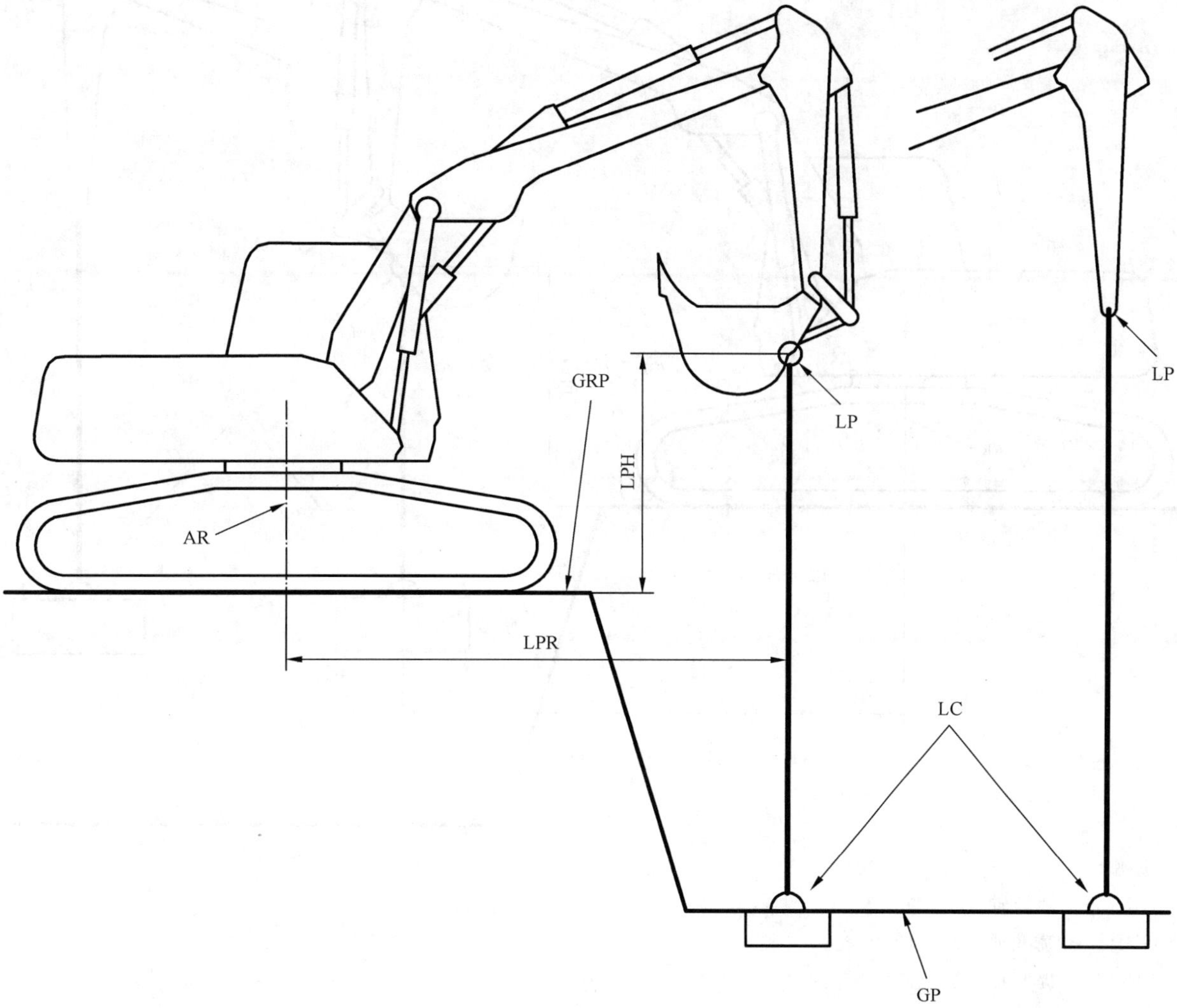

说明：

AR ——回转轴；

GP ——地平面；

GRP——基准地平面；

LC ——载荷测力器；

LP ——提升点；

LPH——提升点高度；

LPR——提升点半径。

图 6 固定载荷

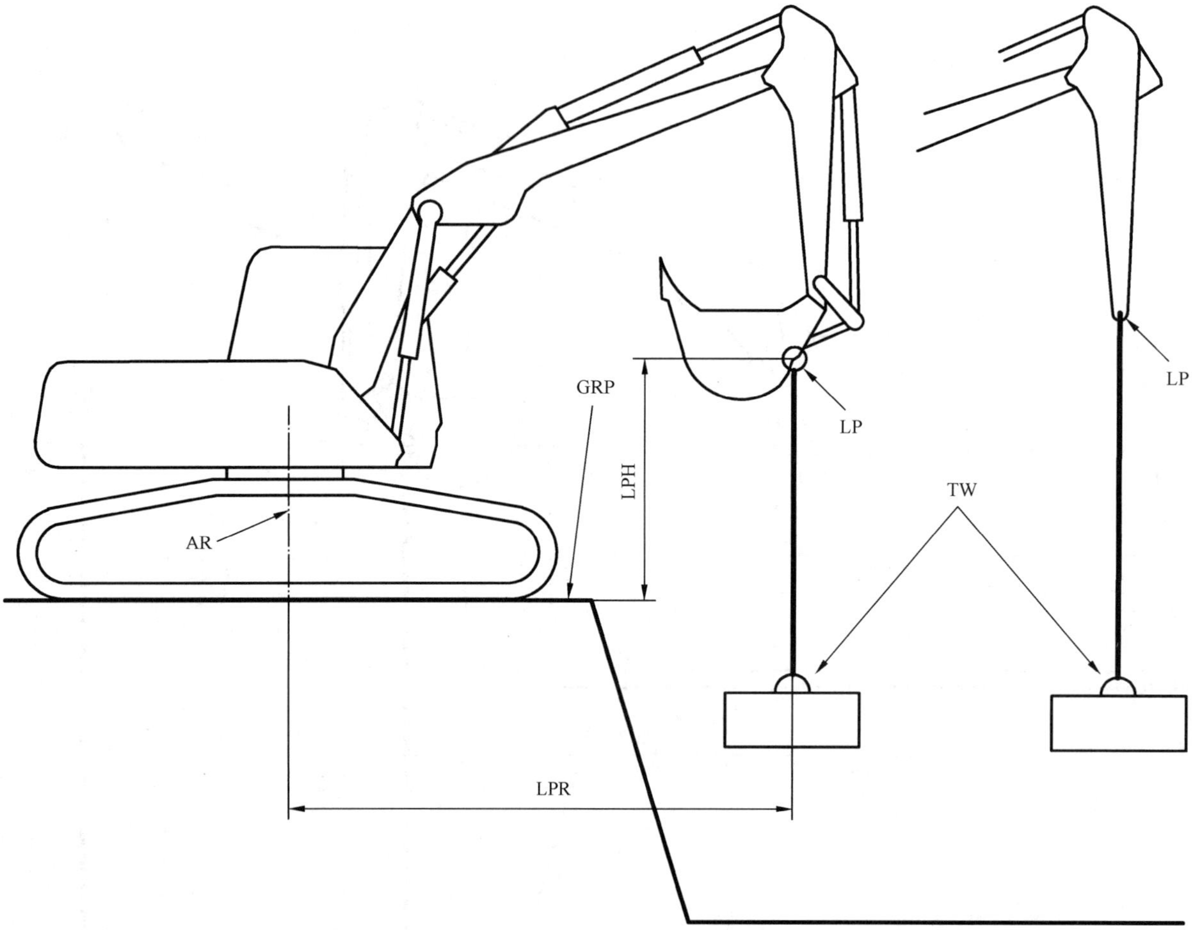

说明：
AR ——回转轴；
GRP——基准地平面；
LP ——提升点；
LPH——提升点高度；
LPR——提升点半径；
TW ——试验用吊重块。

图 7 移动载荷

5.2 试验设备

仪器的精度应符合 ISO 9248 的规定。

5.2.1 测力计(用于固定载荷试验场地)有足够的量程。

5.2.2 已知质量的吊重块(用于移动载荷试验场地)。

5.2.3 测量提升点相对挖掘机回转轴位置的仪器。

5.2.4 当使用固定载荷试验场地时，测定提升索与基准地平面(GRP)相垂直的仪器。

5.2.5 在实际起重量的验证试验中，监视各液压回路压力的仪器。

5.3 试验条件和试验程序

5.3.1 挖掘机应清洗干净，并处于正常工作状态中(燃油箱加到规定容量、所有液体在规定的液面位置、达到正常工作温度)。

5.3.2 在检验测试计算的起重量表时，挖掘机应按制造商的规定配备工作装置和配重。

5.3.3 轮胎底盘机器的轮胎应按制造商推荐的压力值进行充气。

5.3.4 履带底盘机器的履带张紧度应按制造商的推荐值进行调整。

5.3.5 检查液压系统压力，包括检查回路工作压力和回路保持压力，以保证系统处于制造商推荐的正常值状态。

5.3.6 在试验进行中，应配备防止挖掘机倾翻的措施。

5.3.7 在规定的提升点测量倾翻载荷。

装有支腿和/或回填铲的机器，应在支腿和/或回填铲收回和支腿和/或回填铲支放时的最有利位置两种状态下进行计算。

5.3.8 液压起重量应在各规定的起重点处进行测试，以验证液压起重量的计算值。在该试验中，任何液压缸不超过回路工作压力，任何其他回路不超过回路保持压力。

5.3.9 测试点数量至少应包括下列内容：

a) 纵向和侧向倾翻：臂杆处于纵向和侧向达到倾翻载荷；

b) 载荷点在基准地平面(GRP)以上和以下的液压限定的起重量。

5.4 记录试验结果

应记录所测量的倾翻载荷的提升力、提升点高度和提升点半径及液压起重量。

6 计算值的验证

起重量的测量值应达到计算值的95%或以上。如果没达到，起重量表应由测量值确定的修正系数进行修正。

7 额定起重量表

7.1 额定起重量表的两种推荐格式见附录A的表A.1和表A.2。也可以使用符合7.2至7.6要求的其他格式。

7.2 额定起重量表应列出提升点半径和提升点高度处的起重量。如果表中的起重量是由液压起重量限定时，则应注明。

7.3 额定起重量应制成交叉的表格形式，提升点在挖掘机的作业范围内按0.5 m、1 m、1.5 m或2 m的垂直和水平间距列出。试验时，铲斗姿态保持在规定的提升位置。表中应包括最大和最小提升点半径位置。表格的起点在基准地平面(GRP)与回转轴的交点处。

7.4 额定起重量表在操作位置上应清晰可见并能防止损坏或过早失效。

7.5 由于存在大量的附属装置选择和可用机器的变化，如果降低值超过机器额定起重量的5%时，制造商应修订额定起重量表。

7.6 当机器装备具有能提供瞬时增加起重量的液压回路(如：动力提升或加力模式)时，制造商应在额定起重量表中说明是否有此功能。

附 录 A
（资料性附录）
额定起重量表典型示例

额定起重量表示例见表 A.1 和表 A.2。

表 A.1

制造商的液压挖掘机起重量表					
制造商机器的型号					
严禁在规定的提升点半径和高度处，试图提升和保持超过额定起重量值的载荷。 提升点位于铲斗提升孔					
LPH m	额定起重量——纵向 kg				
	LPR				最大半径处起重量
	4.5 m	6.0 m	7.5 m	9.0 m	
6.0			6 000 *		
4.5		7 500 *	6 900 *	3 400 *	
3.0	10 300 *	8 000 *	7 300	4 600 *	位于 10.4 m 时达 3 000 *
1.5	12 800 *	9 400 *	7 000	5 400	位于 10.2 m 时达 3 100
地平面	14 300 *	10 000	6 900	5 300	
−1.5	14 700 *	9 700	6 800		
−3.0		9 600			
由液压能力限定的额定量用（*）标识，见注 2。					
LPH m	额定起重量——侧向 kg				
	LPR				最大半径处起重量
	4.5 m	6.0 m	7.5 m	9.0 m	
6.0			5 000		
4.5		7 000	4 800	3 400	
3.0	10 300 *	6 900	4 600	3 500	位于 10.4 m 时达 2 800
1.5	10 000	6 500	4 400	3 400	位于 10.2 m 时达 2 600
地平面	9 400	6 100	4 200	3 300	
−1.5	9 200	5 900	4 200		
−3.0	9 200	5 900			
标注（*）的起重量由液压起重量限定，见注 2。					
应从额定起重量中减去吊索和其他辅属提升装置的质量，以确定可提升的净载荷。 起重量是基于机器位于坚固平坦的支撑地面上。使用者要对工况(如：松软或不平坦的地面)预期作出适当的预留量。 操作者在操作本机器前，应完全了解由制造商提供的司机手册并始终遵守设备的安全操作规程。					
注 1： 标示的起重量不带动力提升功能。 **注 2：** 标示的起重量不超过最低倾翻载荷的 75% 或液压能力的 87%。 **注 3：** 侧向是最不稳定的位置。 **注 4：** 起重量通常只适用于制造商原始制造的及正常装备的机器。 **注 5：** 机器的总质量为 28 000 kg。其中包括长 800 mm 的三筋履带，6.3 m 的动臂，3.6 m 的斗杆，5 500 kg 的配重，800 kg 的铲斗，所有工作油液和 75 kg 的司机。 **注 6：** 起重量符合本标准的规定。					

表 A.2

制造商的液压挖掘机起重量表												
制造商机器的型号												
严禁在规定的提升点半径和高度处，试图提升和保持超过额定起重量值的载荷。 提升点位于铲斗提升孔												
LPH m	额定起重量 kg											
	LPR											
	3.0 m		4.5 m		6.0 m		7.5 m		9.0 m		10.5 m	
	纵向	侧向	纵向	侧向	纵向	侧向	纵向	侧向	纵向	侧向	纵向	侧向
9.0							3 400 *	3 400 *				
7.5							4 900 *	4 900 *				
6.0							6 000 *	5 000				
4.5					7 500 *	7 000	6 900 *	4 800	3 400 *	3 400 *		
3.0	16 000 *	16 000 *	10 300 *	10 300 *	8 000 *	6 900	7 300	4 600	4 600 *	3 500	3 200 *	3 200 *
1.5	8 500 *	8 500 *	12 800 *	10 000	9 400 *	6 500	7 000	4 400	5 400	3 400	3 300	2 900
地平面	8 300 *	8 300 *	14 300 *	9 400	10 000	6 100	6 900	4 200	5 300	3 300		
−1.5	10 800 *	10 800 *	14 700 *	9 200	9 700	5 900	6 800	4 200				
−3.0	14 600 *	14 600 *	14 000 *	9 200	9 600	5 900						
−4.5	17 000 *	17 000 *	12 100 *	9 300	8 900	5 800						

标注(*)的起重量由液压起重量限定，见注 2。

应从额定起重量中减去吊索和其他辅属提升装置的质量，以确定可提升的净载荷。

起重量是基于机器位于坚固平坦的支撑地面上。使用者要对工况(如：松软或不平坦的地面)预期作出适当的预留量。

操作者在操作本机器前，应完全了解由制造商提供的司机手册并始终遵守设备的安全操作规程。

注 1：标示的起重量不带动力提升功能。

注 2：标示的起重量不超过最低倾翻载荷的 75%或液压能力的 87%。

注 3：侧向是最不稳定的位置。

注 4：起重量通常只适用于制造商原始制造的及正常装备的机器。

注 5：机器的总质量为 28 000 kg。其中包括长 800 mm 的三筋履带，6.3 m 的动臂，3.6 m 的斗杆，5 500 kg 的配重，800 kg 的铲斗，所有工作油液和 75 kg 的司机。

注 6：起重量符合本标准的规定。

参 考 文 献

[1] GB/T 8498—2008 土方机械 基本类型 识别、术语和定义(ISO 6165:2006,IDT)

ICS 29.045
H 80

中华人民共和国国家标准

GB/T 13389—2014
代替 GB/T 13389—1992

掺硼掺磷掺砷硅单晶电阻率与掺杂剂浓度换算规程

Practice for conversion between resistivity and dopant density for boron-doped, phosphorus-doped, and arsenic-doped silicon

2014-12-31 发布　　2015-09-01 实施

中华人民共和国国家质量监督检验检疫总局
中国国家标准化管理委员会　发布

前言

本标准按照 GB/T 1.1—2009 给出的规则起草。

本标准代替 GB/T 13389—1992《掺硼掺磷硅单晶电阻率与掺杂剂浓度换算规程》，参照 SEMI MF723-0307《掺硼掺磷掺砷硅单晶电阻率与掺杂剂浓度换算规程》对 GB/T 13389—1992 进行修订。

本标准与 GB/T 13389—1992 相比，主要有以下变化：

——增加了公式(5)、(6)、(7)，即砷的掺杂剂浓度换算电阻率、掺硼硅单晶电阻率换算空穴浓度和掺磷硅单晶电阻率换算电子浓度的公式以及相应的适用范围；

——由于所有公式都是经验公式或是试验结果，因此本标准中给出了公式的试验依据以便于使用者更好地了解和使用这些换算规程；

——增加干扰因素(见第 6 章)；

——增加了附录和参考文献。

请注意本文件的某些内容可能涉及专利。本文件的发布机构不承担识别这些专利的责任。

本标准由全国半导体设备和材料标准化技术委员会(SAC/TC 203)和全国半导体设备和材料标准化技术委员会材料分会(SAC/TC 203/SC 2)共同提出并归口。

本标准起草单位：有研半导体材料股份有限公司、四川新光硅业科技有限责任公司、中国计量科学研究院、浙江省硅材料质量检验中心、杭州海纳半导体有限公司、浙江金瑞泓科技股份有限公司、西安隆基硅材料股份有限公司。

本标准主要起草人：孙燕、梁洪、高英、楼春兰、张静、王飞尧、曹孜、何良恩、张海英、张群社。

本标准所代替标准的历次版本发布情况为：

——GB/T 13389—1992。

掺硼掺磷掺砷硅单晶电阻率与掺杂剂浓度换算规程

1 范围

本标准规定了掺硼、掺磷、掺砷硅单晶电阻率与掺杂剂浓度之间的换算关系，该换算关系也适用于掺锑硅单晶，还可扩展至硅中激活能与硼、磷相似的其他掺杂剂。

本标准适用于掺硼浓度 $10^{14}\ cm^{-3}\sim1\times10^{20}\ cm^{-3}$，掺磷浓度 $3\times10^{13}\ cm^{-3}\sim1\times10^{20}\ cm^{-3}$，掺砷浓度 $10^{19}\ cm^{-3}\sim6\times10^{20}\ cm^{-3}$。对掺硼、掺磷的硅单晶掺杂剂浓度可扩展到 $10^{12}\ cm^{-3}$。

本标准也可用于在 23 ℃下从硅单晶电阻率到载流子浓度的换算，但不包括对砷掺杂剂的载流子浓度换算，或任何其他载流子浓度的换算。

2 规范性引用文件

下列文件对于本文件的应用是必不可少的。凡是注日期的引用文件，仅注日期的版本适用于本文件。凡是不注明日期的引用文件，其最新版本(包括所有的修改单)适用于本文件。

GB/T 1550　非本征半导体材料导电类型测试方法

GB/T 1551　硅单晶电阻率测定方法

GB/T 4326　非本征半导体单晶霍尔迁移率和霍尔系数测量方法

GB/T 14264　半导体材料术语

3 术语和定义

GB/T 14264 界定的以及下列术语和定义适用于本文件。

3.1

自相容性误差　the self-consistency errors

电阻率与掺杂剂浓度之间的换算公式或表格，是以其中一个为变量，拟合实验数据推导出另一个变量，当使用不同的变量时会产生两个互为补充的公式，例如公式(1)和(2)，公式(3)和(4)。由于这些公式在数学上并不完全等价，因此在使用由此推导出来的公式或表格时将产生微小的差异，该差异称为自相容性误差。

4 方法提要

电阻率与掺杂剂浓度之间的相互换算是基于掺硼、掺磷硅单晶中两者间的综合经验数据得到的，并将其扩展到硅中具有相似激活能的其他掺杂剂，根据相同的方法也给出了电阻率与载流子浓度的换算关系。本标准中将该换算关系表示为公式、曲线以及表格的形式，应用时请特别注意不同公式的适用范围以及相应的误差。

注 1：本标准掺硼、掺磷的换算最初是基于 Thurber et al[1,2,3] 的数据，是在($3\times10^{13}\ cm^{-3}\sim1\times10^{20}\ cm^{-3}$)的掺磷硅单晶和($10^{14}\ cm^{-3}\sim1\times10^{20}\ cm^{-3}$)的掺硼硅单晶中获得的。磷数据基于 Esaki 和 Miyahara[4] 的两个块状样品数据，Fair 和 Tsai[5] 的磷扩散样品数据被用于将数据点扩展到 $10^{20}\ cm^{-3}$ 以上。在 $10^{12}\ cm^{-3}$ 以下增加的虚线部

分是为了提高换算的特性以供低掺杂值的要求。

注 2：硅中砷掺杂(10^{19} cm^{-3}～6×10^{20} cm^{-3})区域呈现了不同于掺磷的换算曲线，但它仅仅指导从掺杂剂浓度到电阻率的换算。它是基于 Fair 和 Tsai6 用霍尔效应测量得到的掺杂剂浓度范围，10^{19} cm^{-3} 以下的掺杂范围亦可应用掺磷的换算曲线。

注 3：无论掺杂剂范围如何，都可以通过测量得到电阻率范围(最常用的电阻率测量方法详见 GB/T 1551)，通过各种技术建立一个完整的掺杂剂数值范围是非常必要的，而这些技术并不一定对半导体中的相同参数都有响应。本标准中提供的这些换算中，在约 10^{18} cm^{-3} 以下的硼、磷样品被假定可以忽略补偿，因此其掺杂剂浓度的数据是可以直接使用电流-电压的测量得到，大于 10^{18} cm^{-3} 的数据是用霍尔效应测量得到的。另外在此范围，中子活化分析和光谱分析也可以用于确定磷浓度，原子示踪技术可用于确定硼浓度，从这些分析技术中得到的数据有些是矛盾的，使用的主要数据是由霍尔效应测量给出的(霍尔系数测量方法详见 GB/T 4326)。

5 换算

5.1 电阻率与掺杂剂浓度的换算

5.1.1 掺硼硅单晶中电阻率换算掺杂剂浓度按式(1)进行：

$$N_A=\frac{1.330\times10^{16}}{\rho}+\frac{1.082\times10^{17}}{\rho[1+(54.56\rho)^{1.105}]} \qquad \cdots\cdots(1)$$

式中：

ρ ——电阻率，单位为欧姆厘米(Ω·cm)；

N_A——硼的掺杂剂浓度，单位为每立方厘米(cm^{-3})。

掺硼硅单晶从电阻率换算掺杂剂浓度见表 A.1。

5.1.2 掺硼硅单晶中掺杂剂浓度换算电阻率按式(2)进行：

$$\rho=\frac{1.305\times10^{16}}{N_A}+\frac{1.133\times10^{17}}{N_A[1+(2.58\times10^{-19}\times N_A)^{-0.737}]} \qquad \cdots\cdots(2)$$

式中：

ρ ——电阻率，单位为欧姆厘米(Ω·cm)；

N_A——硼的掺杂剂浓度，单位为每立方厘米(cm^{-3})。

掺硼硅单晶从掺杂剂浓度换算电阻率见表 A.2。

5.1.3 掺磷硅单晶中电阻率换算掺杂剂浓度按式(3)进行：

$$N_D=\frac{6.242\times10^{18}}{\rho}\times10^{Z} \qquad \cdots\cdots(3)$$

式中：

ρ ——电阻率，单位为欧姆厘米(Ω·cm)；

N_D——磷的掺杂剂浓度，单位为每立方厘米(cm^{-3})；

$Z=\frac{A_0+A_1x+A_2x^2+A_3x^3}{1+B_1x+B_2x^2+B_3x^3}$；

$x=\lg\rho$；

$A_0=-3.108\ 3$；

$A_1=-3.262\ 6$；

$A_2=-1.219\ 6$；

$A_3=-0.139\ 23$；

$B_1=1.026\ 5$；

$B_2=0.387\ 55$；

$B_3=0.041\ 833$。

掺磷硅单晶从电阻率换算掺杂剂浓度见表 A.3。

5.1.4 掺磷硅单晶中掺杂剂浓度换算电阻率按式(4)进行：

$$\rho = \frac{6.242 \times 10^{18}}{N_{\mathrm{D}}} \times 10^{Z} \qquad \cdots\cdots(4)$$

式中：

ρ ——电阻率，单位为欧姆厘米(Ω·cm)；

N_{D}——磷的掺杂剂浓度，单位为每立方厘米(cm^{-3})；

$Z = \dfrac{A_0 + A_1 y + A_2 y^2 + A_3 y^3}{1 + B_1 y + B_2 y^2 + B_3 y^3}$；

$y = (\lg N_{\mathrm{D}}) - 16$；

$A_0 = -3.076\ 9$；

$A_1 = 2.210\ 8$；

$A_2 = -0.622\ 72$；

$A_3 = 0.057\ 501$；

$B_1 = -0.681\ 57$；

$B_2 = 0.198\ 33$；

$B_3 = -0.018\ 376$。

掺磷硅单晶从掺杂剂浓度换算电阻率见表 A.4。

5.1.5 掺砷硅单晶中掺杂剂浓度换算电阻率。

5.1.5.1 当硅单晶中砷的掺杂浓度低于 $10^{19}\ \mathrm{cm}^{-3}$ 时，砷掺杂剂浓度换算电阻率可按掺磷换算公式(4)。

5.1.5.2 当硅单晶中砷的掺杂浓度在($10^{19}\ \mathrm{cm}^{-3} \sim 6 \times 10^{20}\ \mathrm{cm}^{-3}$)范围时，砷的掺杂剂浓度换算电阻率按式(5)进行：

$$\lg\rho = -6\ 633.667 + AX + BX^2 + CX^3 + DX^4 + EX^5 + FX^6 + GX^7 + HX^8 + JX^9 + KX^{10} + \cdots \qquad \cdots\cdots(5)$$

式中：

ρ ——电阻率，单位为欧姆厘米(Ω·cm)；

N_{D}——砷的掺杂剂浓度，单位为每立方厘米(cm^{-3})；

$X = \lg N_{\mathrm{D}}$；

$A = 768.253\ 1$；

$B = -25.773\ 73$；

$C = 0.965\ 817\ 7$；

$D = -0.056\ 434\ 43$；

$E = -8.008\ 543 \times 10^{-4}$；

$F = 9.055\ 838 \times 10^{-5}$；

$G = -1.776\ 701 \times 10^{-6}$；

$H = 1.953\ 279 \times 10^{-7}$；

$J = -5.754\ 599 \times 10^{-9}$；

$K = -1.316\ 57 \times 10^{-11}$。

硅单晶中砷的掺杂浓度在 $10^{19}\ \mathrm{cm}^{-3} \sim 6 \times 10^{20}\ \mathrm{cm}^{-3}$ 范围时，从砷的掺杂剂浓度换算电阻率见表 A.5。

5.1.6 掺硼掺磷掺砷硅单晶电阻率与掺杂剂浓度的关系曲线见图 1。每种掺杂剂与电阻率的对应数据见附录 A。

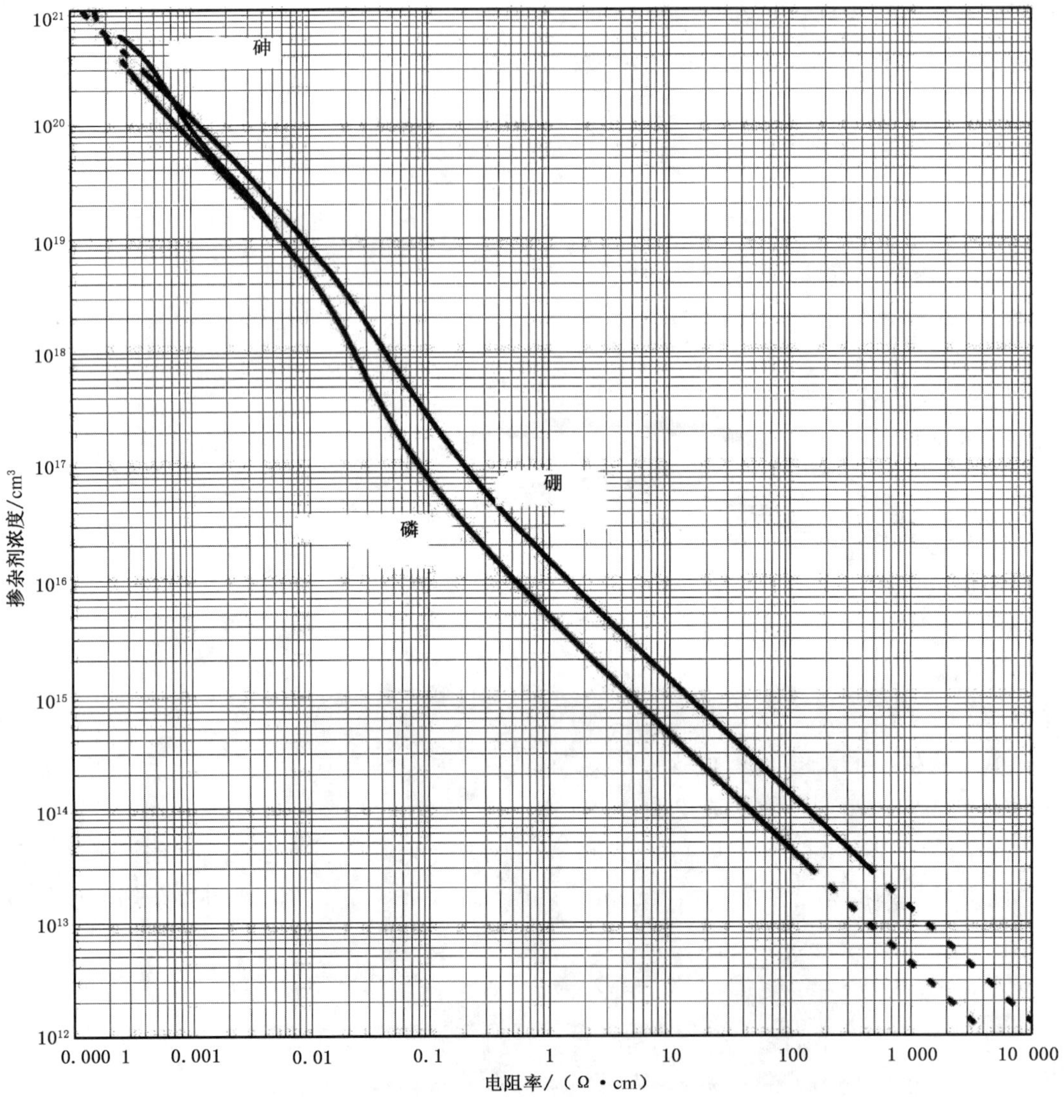

图 1　掺硼掺磷掺砷硅单晶电阻率与掺杂剂浓度的关系曲线

注 1：掺杂剂浓度和电阻率间换算关系如图 1 所示，实线显示了对硅中掺硼、磷、砷有效数据范围的换算，虚线显示的是从硅中硼、磷掺杂数据外推的部分。

注 2：本标准中的换算图呈现的电阻率到掺杂剂浓度和掺杂剂浓度到电阻率的换算是等价的，但是不包括补充方程式给出的数据，因为该部分数据不能精确的相等。

5.2　电阻率与载流子浓度的换算

5.2.1　掺硼硅单晶从电阻率值换算载流子（空穴）浓度按式（6）进行：

$$p=\frac{6.242\times 10^{18}}{\rho V} \qquad \cdots\cdots\cdots\cdots(6)$$

式中：

p——载流子（空穴）浓度，单位为每立方厘米（cm^{-3}）；

ρ——电阻率，单位为欧姆厘米（Ω·cm）；

$V=\frac{482.8}{1+(\rho/0.082\ 5)^{-0.811}}+52.4\exp(-\rho/0.004\ 09)$。

对掺硼硅单晶，当电阻率大于 0.1 Ω·cm 时，第二项非常小，可以忽略，这时 V 简化为：

$$V=\frac{482.8}{1+(\rho/0.0825)^{-0.811}}$$

掺硼硅单晶从电阻率换算载流子(空穴)浓度见表 A.6。

5.2.2 掺磷硅单晶从电阻率换算载流子(电子)浓度按式(7)进行：

$$n=\frac{6.242\times10^{18}\times10^{V}}{\rho} \qquad \cdots\cdots(7)$$

式中：

n——载流子(电子)浓度,单位为每立方厘米(cm^{-3})；

ρ——电阻率,单位为欧姆厘米(Ω·cm)；

$V=\frac{A_0+A_1X+A_2X^2+A_3X^3}{1+B_1X+B_2X^2+B_3X^3}$；

$x=\lg\rho$；

$A_0=-3.1122$；

$A_1=-3.3347$；

$A_2=-1.261$；

$A_3=-0.15701$；

$B_1=1.0463$；

$B_2=0.39941$；

$B_3=0.049746$。

掺磷硅单晶从电阻率换算载流子(电子)浓度见表 A.7。

5.2.3 在图 1 曲线中很难看出电阻率换算载流子浓度和掺杂剂浓度之间的差异,图 2 显示了掺硼的空穴和掺磷的电子浓度的关系。

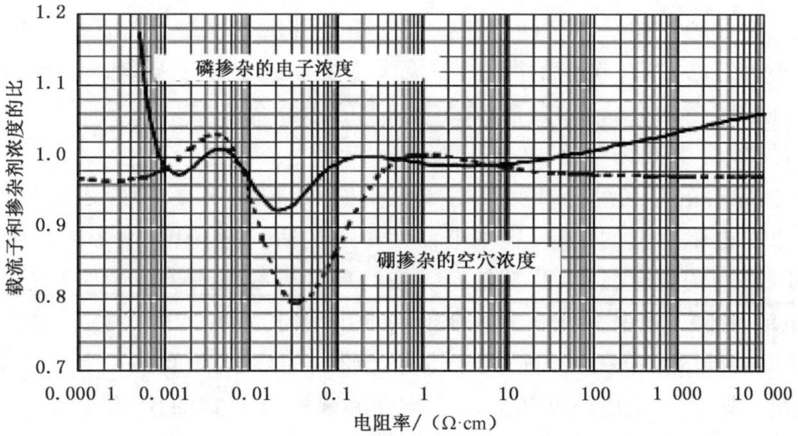

图 2 硼掺杂和磷掺杂下的掺杂剂浓度和载流子浓度的比

注：电阻率和载流子浓度的换算与电阻率和掺杂剂浓度换算的自相容性差异很小。载流子浓度换算的自相容性误差在量级上与图 2 类似,它是假定了在这区域的一些函数上使用适宜的程序,而非物理方法。事实上,在载流子浓度超过掺杂剂浓度的区域不是来自于试验。然而,在 0.007 Ω·cm～0.2 Ω·cm 的磷掺杂和 0.007 Ω·cm～0.5 Ω·cm 以及>10 Ω·cm 的硼掺杂硅单晶中,很接近真实情况。

6 干扰因素

6.1 由于测量硅单晶的电阻率和杂质浓度具有不同的方法,而通常情况下一种方法只能测量两者中的一个参数，因此应采用有效的测量方法避免换算带来的误差。

6.2 由于电阻率是随温度而变化，而掺杂剂浓度与温度关系不大，因此本标准中是以 23 ℃时的硅单晶电阻率作为换算值。

6.3 使用本标准用电阻率值来推算载流子浓度容易带来误差。同样在 23 ℃下，当掺杂剂浓度较低时（约小于 10^{17} cm^{-3}时），掺杂剂浓度和载流子浓度非常接近；当掺杂剂浓度约为 10^{17} cm^{-3}～10^{19} cm^{-3}时，由于杂质的不完全电离，掺杂剂浓度大于载流子浓度，因此在同一样品中，通常两者不是同一数值；当掺杂剂浓度高于 10^{19} cm^{-3}时，由于杂质能级发生简并，载流子浓度一般等于掺杂剂浓度；但是，当浓度更高时，特别是像掺磷或掺砷的硅单晶中，由于形成包含杂质原子在内的化合物或络合物的可能性较大，将妨碍部分掺杂原子变为电活性；当掺杂剂浓度大于固溶度时，则产生沉淀。从电阻率导出载流子浓度应按本标准 5.2 进行。

6.4 本标准对重掺磷硅单晶给出了电阻率与掺杂剂浓度的关系式，其浓度值最初是用霍尔效应测量得到的，由于霍尔效应测量这些重掺样品的载流子浓度时是假定所有原子都被电离，也就是说，霍尔效应测量得到的掺杂剂浓度等于载流子浓度。但在高浓度下，众所周知磷-空位对的形成会减少电活性磷原子，因此霍尔效应测量可能由于磷-空位对的存在而使测量值低于实际的掺杂剂浓度。

6.5 其他掺杂剂的换算影响。到目前为止尚未建立硅中掺硼、掺磷和掺砷以外的电阻率与掺杂剂浓度间的换算关系，但是在轻掺杂范围（小于 10^{17} cm^{-3}）内，对其他掺杂剂换算关系有足够的准确性预期；在 10^{17} cm^{-3}～10^{19} cm^{-3}范围，由于不同掺杂剂的电离能不同，使得相同掺杂剂浓度的样品测出的电阻率值不同，对于 P 型掺杂剂，由于电离能相差较大，测出的电阻率差值要比 N 型掺杂剂的电阻率差值大，对重掺杂（浓度高于 10^{19} cm^{-3}）时，由于包含掺杂原子、晶体缺陷或其他杂质络合物的形成，导致荷电载流子数量的改变。该影响程度取决于特定的杂质种类，可能和掺杂剂浓度与该掺杂剂在硅中的固溶度之比有关。因此在该浓度范围之上，除了硼、磷之外，对其他掺杂剂的换算适用性尚不清楚。

6.6 补偿的影响：补偿通常发生在半导体中存在施主和受主两个掺杂杂质的情况，在这种情况下，净掺杂浓度是受主掺杂浓度和施主掺杂浓度间差异的绝对值。补偿也可以发生在深能级杂质或缺陷的存在数量相比掺杂杂质不可忽略时，在这种情况下，载流子浓度取决于各种参数。用于本标准换算的数据都是在假定样品是非补偿的情况下获得的，在样品中测量的净掺杂浓度是等于样品内的掺杂剂总浓度，对于有明显补偿的样品，本标准换算不适用。

6.7 许多其他电活性中心的存在可能改变自由载流子的数目，或明显的改变载流子迁移率，而这两者中的任一项都会带来对电阻率值的影响，这些电活性中心包括：使用中子嬗变掺杂或离子注入带来的晶格损伤、由化学杂质（典型的重金属）以及其他有害或为控制少数载流子寿命而有意引入的深能级中心、非有意的掺入，如电活性氧。当这些影响中的任何一项出现时，本标准的换算不适用。

6.8 本标准中硅的重掺砷的换算关系仅适用于本标准给出的掺杂浓度范围，因为这时从方程式计算的电阻率值会迅速偏离实际值。使用外推法显示了与硼和磷的方程式的比对，但准确度无法估计。本标准设定了掺杂剂浓度和电阻率的关系，但浓度的数值范围是由霍尔效应测量得到的，因此与重掺磷的换算有同样的限制。与硼、磷基本数据使用的直拉掺杂硅片不同，本标准中砷的换算关系是在向硅片中扩散或注入砷的样品上获得的。

注：掺砷的掺杂剂浓度间的关系的研究是在直拉掺杂单晶生长的硅片上进行的，1×10^{18} cm^{-3}～1×10^{19} cm^{-3}区域的数据是由 Newman[8] 提供的，Newman 使用中子活化测量掺杂浓度，霍尔效应测量载流子浓度。在大于6×10^{20} cm^{-3}区域应用了 Masetti[9] 的讨论。对于 2×10^{19} cm^{-3}～10^{20} cm^{-3}范围的掺砷样品是由 Fair 和 Tsai 向硅片中扩散或注入砷得到的[9,10,11,12]，该换算关系与 Irvin[13] 在 n 型样品中获得的换算关系一致，见附录 B。

7 精密度

7.1 对掺硼（0.000 1～10 000）Ω · cm，即（10^{12} cm^{-3}～10^{21} cm^{-3}）范围，从电阻率换算掺杂剂浓度及从

掺杂剂浓度换算电阻率的自相容性误差在3%以内;对掺磷(0.000 2～4 000)Ω·cm,即10^{13} cm^{-3}～10^{20} cm^{-3}范围,从电阻率换算掺杂剂浓度及从掺杂剂浓度换算电阻率的自相容性误差在4.5%以内。当磷的浓度大于5×10^{20} cm^{-3}时,误差将迅速增加。硅单晶中硼、磷换算的自相容性误差在图3中给出。

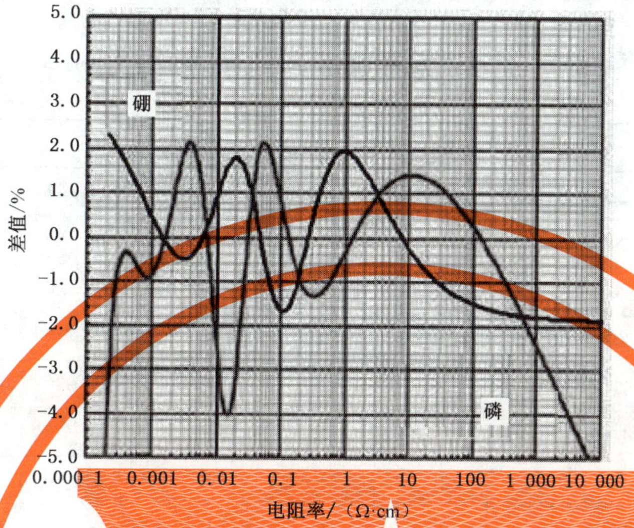

图3 换算引入的相对误差

注:对于一给定的电阻率值(如1.00 Ω·cm的P型掺硼硅),通过公式(1)换算得到的掺杂剂浓度值为(1.46×10^{16} cm^{-3}),但是使用公式(2)的掺杂剂浓度导出的电阻率值不等于最初值(1.02 Ω·cm),两者之间产生了2%的自相容性误差。

7.2 对掺砷硅单晶,只有从掺杂剂浓度换算电阻率的关系,因此不存在自相容的问题。

附　录　A
（规范性附录）
硅单晶电阻率与掺杂剂浓度、载流子浓度的换算

表 A.1　掺硼硅单晶从电阻率换算掺杂剂浓度

电阻率	0	0.1	0.2	0.3	0.4	0.5	0.6	0.7	0.8	0.9
1.00E−04	1.21E+21	1.10E+21	1.01E+21	9.31E+20	8.64E+20	8.06E+20	7.56E+20	7.11E+20	6.71E+20	6.36E+20
2.00E−04	6.04E+20	5.75E+20	5.49E+20	5.25E+20	5.03E+20	4.82E+20	4.64E+20	4.46E+20	4.30E+20	4.15E+20
3.00E−04	4.01E+20	3.88E+20	3.76E+20	3.64E+20	3.54E+20	3.43E+20	3.34E+20	3.25E+20	3.16E+20	3.08E+20
4.00E−04	3.00E+20	2.92E+20	2.85E+20	2.79E+20	2.72E+20	2.66E+20	2.60E+20	2.55E+20	2.49E+20	2.44E+20
5.00E−04	2.39E+20	2.34E+20	2.30E+20	2.25E+20	2.21E+20	2.17E+20	2.13E+20	2.09E+20	2.05E+20	2.02E+20
6.00E−04	1.98E+20	1.95E+20	1.92E+20	1.89E+20	1.86E+20	1.83E+20	1.80E+20	1.77E+20	1.75E+20	1.72E+20
7.00E−04	1.69E+20	1.67E+20	1.65E+20	1.62E+20	1.60E+20	1.58E+20	1.56E+20	1.54E+20	1.52E+20	1.50E+20
8.00E−04	1.48E+20	1.46E+20	1.44E+20	1.42E+20	1.41E+20	1.39E+20	1.37E+20	1.36E+20	1.34E+20	1.32E+20
9.00E−04	1.31E+20	1.29E+20	1.28E+20	1.26E+20	1.25E+20	1.24E+20	1.22E+20	1.21E+20	1.20E+20	1.19E+20
1.00E−03	1.17E+20	1.06E+20	9.70E+19	8.92E+19	8.25E+19	7.67E+19	7.17E+19	6.72E+19	6.32E+19	5.96E+19
2.00E−03	5.64E+19	5.35E+19	5.09E+19	4.85E+19	4.63E+19	4.43E+19	4.24E+19	4.07E+19	3.91E+19	3.76E+19
3.00E−03	3.62E+19	3.49E+19	3.37E+19	3.25E+19	3.15E+19	3.04E+19	2.95E+19	2.86E+19	2.77E+19	2.69E+19
4.00E−03	2.61E+19	2.54E+19	2.47E+19	2.40E+19	2.34E+19	2.28E+19	2.22E+19	2.17E+19	2.11E+19	2.06E+19
5.00E−03	2.01E+19	1.97E+19	1.92E+19	1.88E+19	1.84E+19	1.80E+19	1.76E+19	1.72E+19	1.69E+19	1.65E+19
6.00E−03	1.62E+19	1.59E+19	1.56E+19	1.52E+19	1.50E+19	1.47E+19	1.44E+19	1.41E+19	1.39E+19	1.36E+19
7.00E−03	1.34E+19	1.32E+19	1.29E+19	1.27E+19	1.25E+19	1.23E+19	1.21E+19	1.19E+19	1.17E+19	1.15E+19
8.00E−03	1.13E+19	1.11E+19	1.10E+19	1.08E+19	1.06E+19	1.05E+19	1.03E+19	1.02E+19	1.00E+19	9.88E+18
9.00E−03	9.74E+18	9.60E+18	9.46E+18	9.33E+18	9.20E+18	9.08E+18	8.95E+18	8.83E+18	8.71E+18	8.60E+18
1.00E−02	8.49E+18	7.48E+18	6.65E+18	5.97E+18	5.39E+18	4.89E+18	4.47E+18	4.10E+18	3.77E+18	3.49E+18
2.00E−02	3.24E+18	3.02E+18	2.82E+18	2.64E+18	2.48E+18	2.33E+18	2.20E+18	2.07E+18	1.96E+18	1.86E+18
3.00E−02	1.77E+18	1.68E+18	1.60E+18	1.53E+18	1.46E+18	1.40E+18	1.34E+18	1.28E+18	1.23E+18	1.18E+18
4.00E−02	1.14E+18	1.09E+18	1.05E+18	1.01E+18	9.79E+17	9.46E+17	9.14E+17	8.84E+17	8.55E+17	8.28E+17
5.00E−02	8.03E+17	7.78E+17	7.55E+17	7.33E+17	7.12E+17	6.92E+17	6.73E+17	6.55E+17	6.37E+17	6.21E+17
6.00E−02	6.05E+17	5.89E+17	5.75E+17	5.61E+17	5.47E+17	5.34E+17	5.22E+17	5.10E+17	4.98E+17	4.87E+17
7.00E−02	4.76E+17	4.66E+17	4.56E+17	4.47E+17	4.37E+17	4.28E+17	4.20E+17	4.12E+17	4.03E+17	3.96E+17
8.00E−02	3.88E+17	3.81E+17	3.74E+17	3.67E+17	3.60E+17	3.54E+17	3.48E+17	3.42E+17	3.36E+17	3.30E+17
9.00E−02	3.24E+17	3.19E+17	3.14E+17	3.09E+17	3.04E+17	2.99E+17	2.94E+17	2.90E+17	2.85E+17	2.81E+17
1.00E−01	2.77E+17	2.40E+17	2.11E+17	1.88E+17	1.69E+17	1.53E+17	1.40E+17	1.28E+17	1.18E+17	1.10E+17
2.00E−01	1.03E+17	9.59E+16	9.01E+16	8.49E+16	8.02E+16	7.60E+16	7.22E+16	6.88E+16	6.56E+16	6.27E+16
3.00E−01	6.00E+16	5.76E+16	5.53E+16	5.32E+16	5.13E+16	4.94E+16	4.77E+16	4.61E+16	4.47E+16	4.32E+16

表 A.1（续）

电阻率	0	0.1	0.2	0.3	0.4	0.5	0.6	0.7	0.8	0.9
4.00E−01	4.19E+16	4.07E+16	3.95E+16	3.84E+16	3.74E+16	3.64E+16	3.54E+16	3.45E+16	3.37E+16	3.28E+16
5.00E−01	3.21E+16	3.13E+16	3.06E+16	2.99E+16	2.93E+16	2.87E+16	2.81E+16	2.75E+16	2.69E+16	2.64E+16
6.00E−01	2.59E+16	2.54E+16	2.49E+16	2.45E+16	2.41E+16	2.36E+16	2.32E+16	2.28E+16	2.24E+16	2.21E+16
7.00E−01	2.17E+16	2.14E+16	2.10E+16	2.07E+16	2.04E+16	2.01E+16	1.98E+16	1.95E+16	1.92E+16	1.89E+16
8.00E−01	1.87E+16	1.84E+16	1.82E+16	1.79E+16	1.77E+16	1.75E+16	1.72E+16	1.70E+16	1.68E+16	1.66E+16
9.00E−01	1.64E+16	1.62E+16	1.60E+16	1.58E+16	1.56E+16	1.54E+16	1.53E+16	1.51E+16	1.49E+16	1.47E+16
1.00E+00	1.46E+16	1.31E+16	1.20E+16	1.10E+16	1.01E+16	9.42E+15	8.79E+15	8.25E+15	7.76E+15	7.34E+15
2.00E+00	6.95E+15	6.61E+15	6.29E+15	6.01E+15	5.75E+15	5.51E+15	5.29E+15	5.09E+15	4.90E+15	4.72E+15
3.00E+00	4.56E+15	4.41E+15	4.27E+15	4.14E+15	4.01E+15	3.89E+15	3.78E+15	3.68E+15	3.58E+15	3.48E+15
4.00E+00	3.40E+15	3.31E+15	3.23E+15	3.15E+15	3.08E+15	3.01E+15	2.94E+15	2.88E+15	2.82E+15	2.76E+15
5.00E+00	2.70E+15	2.65E+15	2.60E+15	2.55E+15	2.50E+15	2.45E+15	2.41E+15	2.37E+15	2.33E+15	2.29E+15
6.00E+00	2.25E+15	2.21E+15	2.17E+15	2.14E+15	2.10E+15	2.07E+15	2.04E+15	2.01E+15	1.98E+15	1.95E+15
7.00E+00	1.92E+15	1.89E+15	1.87E+15	1.84E+15	1.82E+15	1.79E+15	1.77E+15	1.74E+15	1.72E+15	1.70E+15
8.00E+00	1.68E+15	1.66E+15	1.64E+15	1.62E+15	1.60E+15	1.58E+15	1.56E+15	1.54E+15	1.52E+15	1.51E+15
9.00E+00	1.49E+15	1.47E+15	1.46E+15	1.44E+15	1.43E+15	1.41E+15	1.40E+15	1.38E+15	1.37E+15	1.35E+15
1.00E+01	1.34E+15	1.22E+15	1.12E+15	1.03E+15	9.55E+14	8.91E+14	8.35E+14	7.86E+14	7.42E+14	7.03E+14
2.00E+01	6.67E+14	6.35E+14	6.06E+14	5.80E+14	5.56E+14	5.33E+14	5.13E+14	4.94E+14	4.76E+14	4.60E+14
3.00E+01	4.44E+14	4.30E+14	4.17E+14	4.04E+14	3.92E+14	3.81E+14	3.70E+14	3.60E+14	3.51E+14	3.42E+14
4.00E+01	3.33E+14	3.25E+14	3.17E+14	3.10E+14	3.03E+14	2.96E+14	2.90E+14	2.83E+14	2.77E+14	2.72E+14
5.00E+01	2.66E+14	2.61E+14	2.56E+14	2.51E+14	2.47E+14	2.42E+14	2.38E+14	2.34E+14	2.30E+14	2.26E+14
6.00E+01	2.22E+14	2.18E+14	2.15E+14	2.11E+14	2.08E+14	2.05E+14	2.02E+14	1.99E+14	1.96E+14	1.93E+14
7.00E+01	1.90E+14	1.87E+14	1.85E+14	1.82E+14	1.80E+14	1.77E+14	1.75E+14	1.73E+14	1.71E+14	1.68E+14
8.00E+01	1.66E+14	1.64E+14	1.62E+14	1.60E+14	1.58E+14	1.57E+14	1.55E+14	1.53E+14	1.51E+14	1.50E+14
9.00E+01	1.48E+14	1.46E+14	1.45E+14	1.43E+14	1.42E+14	1.40E+14	1.39E+14	1.37E+14	1.36E+14	1.34E+14
1.00E+02	1.33E+14	1.21E+14	1.11E+14	1.02E+14	9.50E+13	8.87E+13	8.32E+13	7.83E+13	7.39E+13	7.00E+13
2.00E+02	6.65E+13	6.34E+13	6.05E+13	5.78E+13	5.54E+13	5.32E+13	5.12E+13	4.93E+13	4.75E+13	4.59E+13
3.00E+02	4.43E+13	4.29E+13	4.16E+13	4.03E+13	3.91E+13	3.80E+13	3.69E+13	3.60E+13	3.50E+13	3.41E+13
4.00E+02	3.33E+13	3.24E+13	3.17E+13	3.09E+13	3.02E+13	2.96E+13	2.89E+13	2.83E+13	2.77E+13	2.71E+13
5.00E+02	2.66E+13	2.61E+13	2.56E+13	2.51E+13	2.46E+13	2.42E+13	2.38E+13	2.33E+13	2.29E+13	2.25E+13
6.00E+02	2.22E+13	2.18E+13	2.15E+13	2.11E+13	2.08E+13	2.05E+13	2.02E+13	1.99E+13	1.96E+13	1.93E+13
7.00E+02	1.90E+13	1.87E+13	1.85E+13	1.82E+13	1.80E+13	1.77E+13	1.75E+13	1.73E+13	1.71E+13	1.68E+13
8.00E+02	1.66E+13	1.64E+13	1.62E+13	1.60E+13	1.58E+13	1.56E+13	1.55E+13	1.53E+13	1.51E+13	1.49E+13
9.00E+02	1.48E+13	1.46E+13	1.45E+13	1.43E+13	1.41E+13	1.40E+13	1.39E+13	1.37E+13	1.36E+13	1.34E+13
1.00E+03	1.33E+13	1.21E+13	1.11E+13	1.02E+13	9.50E+12	8.87E+12	8.31E+12	7.82E+12	7.39E+12	7.00E+12

表 A.1（续）

电阻率	0	0.1	0.2	0.3	0.4	0.5	0.6	0.7	0.8	0.9
2.00E+03	6.65E+12	6.33E+12	6.05E+12	5.78E+12	5.54E+12	5.32E+12	5.12E+12	4.93E+12	4.75E+12	4.59E+12
3.00E+03	4.43E+12	4.29E+12	4.16E+12	4.03E+12	3.91E+12	3.80E+12	3.69E+12	3.59E+12	3.50E+12	3.41E+12
4.00E+03	3.33E+12	3.24E+12	3.17E+12	3.09E+12	3.02E+12	2.96E+12	2.89E+12	2.83E+12	2.77E+12	2.71E+12
5.00E+03	2.66E+12	2.61E+12	2.56E+12	2.51E+12	2.46E+12	2.42E+12	2.38E+12	2.33E+12	2.29E+12	2.25E+12
6.00E+03	2.22E+12	2.18E+12	2.15E+12	2.11E+12	2.08E+12	2.05E+12	2.02E+12	1.99E+12	1.96E+12	1.93E+12
7.00E+03	1.90E+12	1.87E+12	1.85E+12	1.82E+12	1.80E+12	1.77E+12	1.75E+12	1.73E+12	1.71E+12	1.68E+12
8.00E+03	1.66E+12	1.64E+12	1.62E+12	1.60E+12	1.58E+12	1.56E+12	1.55E+12	1.53E+12	1.51E+12	1.49E+12
9.00E+03	1.48E+12	1.46E+12	1.45E+12	1.43E+12	1.41E+12	1.40E+12	1.39E+12	1.37E+12	1.36E+12	1.34E+12
1.00E+04	1.33E+12	1.21E+12	1.11E+12	1.02E+12	9.50E+11	8.87E+11	8.31E+11	7.82E+11	7.39E+11	7.00E+11
2.00E+04	6.65E+11	6.33E+11	6.05E+11	5.78E+11	5.54E+11	5.32E+11	5.12E+11	4.93E+11	4.75E+11	4.59E+11
3.00E+04	4.43E+11	4.29E+11	4.16E+11	4.03E+11	3.91E+11	3.80E+11	3.69E+11	3.59E+11	3.50E+11	3.41E+11
4.00E+04	3.33E+11	3.24E+11	3.17E+11	3.09E+11	3.02E+11	2.96E+11	2.89E+11	2.83E+11	2.77E+11	2.71E+11
5.00E+04	2.66E+11	2.61E+11	2.56E+11	2.51E+11	2.46E+11	2.42E+11	2.38E+11	2.33E+11	2.29E+11	2.25E+11
6.00E+04	2.22E+11	2.18E+11	2.15E+11	2.11E+11	2.08E+11	2.05E+11	2.02E+11	1.99E+11	1.96E+11	1.93E+11
7.00E+04	1.90E+11	1.87E+11	1.85E+11	1.82E+11	1.80E+11	1.77E+11	1.75E+11	1.73E+11	1.71E+11	1.68E+11
8.00E+04	1.66E+11	1.64E+11	1.62E+11	1.60E+11	1.58E+11	1.56E+11	1.55E+11	1.53E+11	1.51E+11	1.49E+11
9.00E+04	1.48E+11	1.46E+11	1.45E+11	1.43E+11	1.41E+11	1.40E+11	1.39E+11	1.37E+11	1.36E+11	1.34E+11

表 A.2　掺硼硅单晶从掺杂剂浓度换算电阻率

浓度	0.0	0.1	0.2	0.3	0.4	0.5	0.6	0.7	0.8	0.9
1E+12	1.31E+04	1.19E+04	1.09E+04	1.00E+04	9.32E+03	8.70E+03	8.16E+03	7.68E+03	7.25E+03	6.87E+03
2E+12	6.53E+03	6.22E+03	5.93E+03	5.68E+03	5.44E+03	5.22E+03	5.02E+03	4.83E+03	4.66E+03	4.50E+03
3E+12	4.35E+03	4.21E+03	4.08E+03	3.96E+03	3.84E+03	3.73E+03	3.63E+03	3.53E+03	3.44E+03	3.35E+03
4E+12	3.26E+03	3.18E+03	3.11E+03	3.04E+03	2.97E+03	2.90E+03	2.84E+03	2.78E+03	2.72E+03	2.66E+03
5E+12	2.61E+03	2.56E+03	2.51E+03	2.46E+03	2.42E+03	2.37E+03	2.33E+03	2.29E+03	2.25E+03	2.21E+03
6E+12	2.18E+03	2.14E+03	2.11E+03	2.07E+03	2.04E+03	2.01E+03	1.98E+03	1.95E+03	1.92E+03	1.89E+03
7E+12	1.87E+03	1.84E+03	1.81E+03	1.79E+03	1.76E+03	1.74E+03	1.72E+03	1.70E+03	1.67E+03	1.65E+03
8E+12	1.63E+03	1.61E+03	1.59E+03	1.57E+03	1.55E+03	1.54E+03	1.52E+03	1.50E+03	1.48E+03	1.47E+03
9E+12	1.45E+03	1.43E+03	1.42E+03	1.40E+03	1.39E+03	1.37E+03	1.36E+03	1.35E+03	1.33E+03	1.32E+03
1E+13	1.31E+03	1.19E+03	1.09E+03	1.00E+03	9.33E+02	8.71E+02	8.16E+02	7.68E+02	7.26E+02	6.88E+02
2E+13	6.53E+02	6.22E+02	5.94E+02	5.68E+02	5.44E+02	5.23E+02	5.03E+02	4.84E+02	4.67E+02	4.51E+02
3E+13	4.36E+02	4.22E+02	4.08E+02	3.96E+02	3.84E+02	3.74E+02	3.63E+02	3.53E+02	3.44E+02	3.35E+02
4E+13	3.27E+02	3.19E+02	3.11E+02	3.04E+02	2.97E+02	2.91E+02	2.84E+02	2.78E+02	2.72E+02	2.67E+02

表 A.2（续）

浓度	0.0	0.1	0.2	0.3	0.4	0.5	0.6	0.7	0.8	0.9
5E+13	2.62E+02	2.56E+02	2.52E+02	2.47E+02	2.42E+02	2.38E+02	2.34E+02	2.29E+02	2.26E+02	2.22E+02
6E+13	2.18E+02	2.14E+02	2.11E+02	2.08E+02	2.04E+02	2.01E+02	1.98E+02	1.95E+02	1.92E+02	1.90E+02
7E+13	1.87E+02	1.84E+02	1.82E+02	1.79E+02	1.77E+02	1.75E+02	1.72E+02	1.70E+02	1.68E+02	1.66E+02
8E+13	1.64E+02	1.62E+02	1.60E+02	1.58E+02	1.56E+02	1.54E+02	1.52E+02	1.50E+02	1.49E+02	1.47E+02
9E+13	1.45E+02	1.44E+02	1.42E+02	1.41E+02	1.39E+02	1.38E+02	1.36E+02	1.35E+02	1.34E+02	1.32E+02
1E+14	1.31E+02	1.19E+02	1.09E+02	1.01E+02	9.36E+01	8.74E+01	8.20E+01	7.72E+01	7.29E+01	6.91E+01
2E+14	6.56E+01	6.25E+01	5.97E+01	5.71E+01	5.47E+01	5.26E+01	5.06E+01	4.87E+01	4.70E+01	4.54E+01
3E+14	4.39E+01	4.24E+01	4.11E+01	3.99E+01	3.87E+01	3.76E+01	3.66E+01	3.56E+01	3.47E+01	3.38E+01
4E+14	3.30E+01	3.22E+01	3.14E+01	3.07E+01	3.00E+01	2.93E+01	2.87E+01	2.81E+01	2.75E+01	2.69E+01
5E+14	2.64E+01	2.59E+01	2.54E+01	2.49E+01	2.45E+01	2.40E+01	2.36E+01	2.32E+01	2.28E+01	2.24E+01
6E+14	2.20E+01	2.17E+01	2.13E+01	2.10E+01	2.07E+01	2.04E+01	2.01E+01	1.98E+01	1.95E+01	1.92E+01
7E+14	1.89E+01	1.87E+01	1.84E+01	1.82E+01	1.79E+01	1.77E+01	1.74E+01	1.72E+01	1.70E+01	1.68E+01
8E+14	1.66E+01	1.64E+01	1.62E+01	1.60E+01	1.58E+01	1.56E+01	1.54E+01	1.53E+01	1.51E+01	1.49E+01
9E+14	1.48E+01	1.46E+01	1.44E+01	1.43E+01	1.41E+01	1.40E+01	1.39E+01	1.37E+01	1.36E+01	1.34E+01
1E+15	1.33E+01	1.21E+01	1.11E+01	1.03E+01	9.56E+00	8.93E+00	8.38E+00	7.90E+00	7.47E+00	7.08E+00
2E+15	6.74E+00	6.42E+00	6.14E+00	5.88E+00	5.64E+00	5.42E+00	5.22E+00	5.03E+00	4.86E+00	4.69E+00
3E+15	4.54E+00	4.40E+00	4.27E+00	4.14E+00	4.02E+00	3.91E+00	3.81E+00	3.71E+00	3.61E+00	3.52E+00
4E+15	3.44E+00	3.36E+00	3.28E+00	3.21E+00	3.14E+00	3.07E+00	3.01E+00	2.95E+00	2.89E+00	2.83E+00
5E+15	2.78E+00	2.72E+00	2.67E+00	2.63E+00	2.58E+00	2.54E+00	2.49E+00	2.45E+00	2.41E+00	2.37E+00
6E+15	2.33E+00	2.30E+00	2.26E+00	2.23E+00	2.20E+00	2.16E+00	2.13E+00	2.10E+00	2.07E+00	2.04E+00
7E+15	2.02E+00	1.99E+00	1.96E+00	1.94E+00	1.91E+00	1.89E+00	1.87E+00	1.84E+00	1.82E+00	1.80E+00
8E+15	1.78E+00	1.76E+00	1.74E+00	1.72E+00	1.70E+00	1.68E+00	1.66E+00	1.64E+00	1.63E+00	1.61E+00
9E+15	1.59E+00	1.58E+00	1.56E+00	1.54E+00	1.53E+00	1.51E+00	1.50E+00	1.48E+00	1.47E+00	1.46E+00
1E+16	1.44E+00	1.32E+00	1.22E+00	1.13E+00	1.06E+00	9.94E−01	9.37E−01	8.87E−01	8.43E−01	8.03E−01
2E+16	7.67E−01	7.34E−01	7.05E−01	6.77E−01	6.53E−01	6.30E−01	6.08E−01	5.89E−01	5.70E−01	5.53E−01
3E+16	5.37E−01	5.22E−01	5.08E−01	4.95E−01	4.82E−01	4.71E−01	4.59E−01	4.49E−01	4.39E−01	4.29E−01
4E+16	4.20E−01	4.12E−01	4.03E−01	3.96E−01	3.88E−01	3.81E−01	3.74E−01	3.67E−01	3.61E−01	3.55E−01
5E+16	3.49E−01	3.44E−01	3.38E−01	3.33E−01	3.28E−01	3.23E−01	3.18E−01	3.14E−01	3.09E−01	3.05E−01
6E+16	3.01E−01	2.97E−01	2.93E−01	2.90E−01	2.86E−01	2.82E−01	2.79E−01	2.76E−01	2.72E−01	2.69E−01
7E+16	2.66E−01	2.63E−01	2.60E−01	2.58E−01	2.55E−01	2.52E−01	2.50E−01	2.47E−01	2.45E−01	2.42E−01
8E+16	2.40E−01	2.38E−01	2.35E−01	2.33E−01	2.31E−01	2.29E−01	2.27E−01	2.25E−01	2.23E−01	2.21E−01
9E+16	2.19E−01	2.17E−01	2.15E−01	2.14E−01	2.12E−01	2.10E−01	2.08E−01	2.07E−01	2.05E−01	2.04E−01
1E+17	2.02E−01	1.88E−01	1.76E−01	1.66E−01	1.58E−01	1.50E−01	1.43E−01	1.37E−01	1.32E−01	1.27E−01
2E+17	1.23E−01	1.18E−01	1.15E−01	1.11E−01	1.08E−01	1.05E−01	1.03E−01	1.00E−01	9.76E−02	9.54E−02

表 A.2（续）

浓度	0.0	0.1	0.2	0.3	0.4	0.5	0.6	0.7	0.8	0.9
3E+17	9.32E−02	9.13E−02	8.94E−02	8.76E−02	8.59E−02	8.43E−02	8.28E−02	8.13E−02	7.99E−02	7.86E−02
4E+17	7.74E−02	7.61E−02	7.50E−02	7.39E−02	7.28E−02	7.18E−02	7.08E−02	6.98E−02	6.89E−02	6.80E−02
5E+17	6.71E−02	6.63E−02	6.55E−02	6.47E−02	6.39E−02	6.32E−02	6.25E−02	6.18E−02	6.11E−02	6.05E−02
6E+17	5.99E−02	5.92E−02	5.86E−02	5.81E−02	5.75E−02	5.69E−02	5.64E−02	5.59E−02	5.54E−02	5.49E−02
7E+17	5.44E−02	5.39E−02	5.34E−02	5.30E−02	5.25E−02	5.21E−02	5.17E−02	5.12E−02	5.08E−02	5.04E−02
8E+17	5.00E−02	4.97E−02	4.93E−02	4.89E−02	4.85E−02	4.82E−02	4.78E−02	4.75E−02	4.72E−02	4.68E−02
9E+17	4.65E−02	4.62E−02	4.59E−02	4.56E−02	4.53E−02	4.50E−02	4.47E−02	4.44E−02	4.41E−02	4.38E−02
1E+18	4.36E−02	4.10E−02	3.89E−02	3.70E−02	3.53E−02	3.38E−02	3.24E−02	3.12E−02	3.01E−02	2.90E−02
2E+18	2.81E−02	2.72E−02	2.64E−02	2.56E−02	2.49E−02	2.42E−02	2.36E−02	2.30E−02	2.25E−02	2.20E−02
3E+18	2.15E−02	2.10E−02	2.05E−02	2.01E−02	1.97E−02	1.93E−02	1.89E−02	1.86E−02	1.82E−02	1.79E−02
4E+18	1.76E−02	1.73E−02	1.70E−02	1.67E−02	1.64E−02	1.62E−02	1.59E−02	1.57E−02	1.54E−02	1.52E−02
5E+18	1.50E−02	1.48E−02	1.46E−02	1.44E−02	1.42E−02	1.40E−02	1.38E−02	1.36E−02	1.35E−02	1.33E−02
6E+18	1.31E−02	1.30E−02	1.28E−02	1.27E−02	1.25E−02	1.24E−02	1.22E−02	1.21E−02	1.20E−02	1.18E−02
7E+18	1.17E−02	1.16E−02	1.14E−02	1.13E−02	1.12E−02	1.11E−02	1.10E−02	1.09E−02	1.08E−02	1.07E−02
8E+18	1.06E−02	1.05E−02	1.04E−02	1.03E−02	1.02E−02	1.01E−02	9.99E−03	9.90E−03	9.81E−03	9.72E−03
9E+18	9.64E−03	9.56E−03	9.47E−03	9.39E−03	9.32E−03	9.24E−03	9.16E−03	9.09E−03	9.01E−03	8.94E−03
1E+19	8.87E−03	8.22E−03	7.67E−03	7.19E−03	6.76E−03	6.39E−03	6.05E−03	5.75E−03	5.48E−03	5.24E−03
2E+19	5.02E−03	4.81E−03	4.62E−03	4.45E−03	4.29E−03	4.14E−03	4.00E−03	3.87E−03	3.75E−03	3.63E−03
3E+19	3.53E−03	3.43E−03	3.33E−03	3.24E−03	3.16E−03	3.08E−03	3.00E−03	2.93E−03	2.86E−03	2.79E−03
4E+19	2.73E−03	2.67E−03	2.61E−03	2.56E−03	2.50E−03	2.45E−03	2.40E−03	2.36E−03	2.31E−03	2.27E−03
5E+19	2.23E−03	2.19E−03	2.15E−03	2.11E−03	2.08E−03	2.04E−03	2.01E−03	1.98E−03	1.94E−03	1.91E−03
6E+19	1.88E−03	1.86E−03	1.83E−03	1.80E−03	1.78E−03	1.75E−03	1.73E−03	1.70E−03	1.68E−03	1.66E−03
7E+19	1.63E−03	1.61E−03	1.59E−03	1.57E−03	1.55E−03	1.53E−03	1.51E−03	1.49E−03	1.48E−03	1.46E−03
8E+19	1.44E−03	1.43E−03	1.41E−03	1.39E−03	1.38E−03	1.36E−03	1.35E−03	1.33E−03	1.32E−03	1.30E−03
9E+19	1.29E−03	1.28E−03	1.26E−03	1.25E−03	1.24E−03	1.23E−03	1.21E−03	1.20E−03	1.19E−03	1.18E−03
1E+20	1.17E−03	1.07E−03	9.83E−04	9.11E−04	8.49E−04	7.95E−04	7.47E−04	7.05E−04	6.67E−04	6.33E−04
2E+20	6.02E−04	5.75E−04	5.49E−04	5.26E−04	5.05E−04	4.85E−04	4.67E−04	4.50E−04	4.35E−04	4.20E−04
3E+20	4.06E−04	3.94E−04	3.82E−04	3.70E−04	3.60E−04	3.50E−04	3.40E−04	3.31E−04	3.23E−04	3.15E−04
4E+20	3.07E−04	3.00E−04	2.93E−04	2.86E−04	2.80E−04	2.73E−04	2.68E−04	2.62E−04	2.57E−04	2.52E−04
5E+20	2.47E−04	2.42E−04	2.37E−04	2.33E−04	2.29E−04	2.25E−04	2.21E−04	2.17E−04	2.13E−04	2.10E−04
6E+20	2.06E−04	2.03E−04	2.00E−04	1.96E−04	1.93E−04	1.90E−04	1.88E−04	1.85E−04	1.82E−04	1.80E−04
7E+20	1.77E−04	1.75E−04	1.72E−04	1.70E−04	1.68E−04	1.65E−04	1.63E−04	1.61E−04	1.59E−04	1.57E−04
8E+20	1.55E−04	1.53E−04	1.51E−04	1.50E−04	1.48E−04	1.46E−04	1.45E−04	1.43E−04	1.41E−04	1.40E−04
9E+20	1.38E−04	1.37E−04	1.35E−04	1.34E−04	1.32E−04	1.31E−04	1.30E−04	1.28E−04	1.27E−04	1.26E−04

表 A.3 掺磷硅单晶从电阻率换算掺杂剂浓度

电阻率	0	0.1	0.3	0.4	0.5	0.6	0.7	0.8	0.9
1.00E−04	1.63E+21	1.39E+21	1.06E+21	9.43E+20	8.47E+20	7.68E+20	7.01E+20	6.44E+20	5.95E+20
2.00E−04	5.52E+20	5.15E+20	4.53E+20	4.27E+20	4.03E+20	3.82E+20	3.63E+20	3.46E+20	3.30E+20
3.00E−04	3.15E+20	3.02E+20	2.78E+20	2.67E+20	2.58E+20	2.48E+20	2.40E+20	2.32E+20	2.24E+20
4.00E−04	2.17E+20	2.11E+20	1.98E+20	1.93E+20	1.87E+20	1.82E+20	1.78E+20	1.73E+20	1.69E+20
5.00E−04	1.65E+20	1.61E+20	1.53E+20	1.50E+20	1.47E+20	1.44E+20	1.41E+20	1.38E+20	1.35E+20
6.00E−04	1.32E+20	1.30E+20	1.25E+20	1.23E+20	1.20E+20	1.18E+20	1.16E+20	1.14E+20	1.12E+20
7.00E−04	1.10E+20	1.09E+20	1.05E+20	1.04E+20	1.02E+20	1.00E+20	9.90E+19	9.75E+19	9.61E+19
8.00E−04	9.48E+19	9.34E+19	9.09E+19	8.97E+19	8.85E+19	8.73E+19	8.62E+19	8.51E+19	8.40E+19
9.00E−04	8.30E+19	8.19E+19	8.00E+19	7.90E+19	7.81E+19	7.72E+19	7.63E+19	7.54E+19	7.46E+19
1.00E−03	7.38E+19	6.64E+19	5.53E+19	5.11E+19	4.74E+19	4.42E+19	4.14E+19	3.90E+19	3.68E+19
2.00E−03	3.48E+19	3.30E+19	2.99E+19	2.86E+19	2.73E+19	2.62E+19	2.51E+19	2.41E+19	2.32E+19
3.00E−03	2.24E+19	2.16E+19	2.01E+19	1.94E+19	1.88E+19	1.82E+19	1.76E+19	1.71E+19	1.66E+19
4.00E−03	1.61E+19	1.56E+19	1.47E+19	1.43E+19	1.40E+19	1.36E+19	1.32E+19	1.29E+19	1.26E+19
5.00E−03	1.22E+19	1.19E+19	1.14E+19	1.11E+19	1.08E+19	1.06E+19	1.03E+19	1.01E+19	9.88E+18
6.00E−03	9.66E+18	9.44E+18	9.04E+18	8.84E+18	8.66E+18	8.48E+18	8.30E+18	8.13E+18	7.96E+18
7.00E−03	7.80E+18	7.65E+18	7.35E+18	7.20E+18	7.06E+18	6.93E+18	6.80E+18	6.67E+18	6.54E+18
8.00E−03	6.42E+18	6.30E+18	6.07E+18	5.96E+18	5.86E+18	5.75E+18	5.65E+18	5.55E+18	5.46E+18
9.00E−03	5.36E+18	5.27E+18	5.09E+18	5.01E+18	4.92E+18	4.84E+18	4.76E+18	4.68E+18	4.61E+18
1.00E−02	4.53E+18	3.87E+18	2.91E+18	2.55E+18	2.25E+18	2.00E+18	1.78E+18	1.60E+18	1.45E+18
2.00E−02	1.31E+18	1.20E+18	1.00E+18	9.26E+17	8.56E+17	7.94E+17	7.39E+17	6.89E+17	6.44E+17
3.00E−02	6.04E+17	5.68E+17	5.05E+17	4.77E+17	4.52E+17	4.29E+17	4.08E+17	3.88E+17	3.70E+17
4.00E−02	3.53E+17	3.38E+17	3.10E+17	2.98E+17	2.86E+17	2.75E+17	2.65E+17	2.55E+17	2.46E+17
5.00E−02	2.37E+17	2.29E+17	2.15E+17	2.08E+17	2.02E+17	1.95E+17	1.90E+17	1.84E+17	1.79E+17
6.00E−02	1.74E+17	1.69E+17	1.61E+17	1.56E+17	1.53E+17	1.49E+17	1.45E+17	1.42E+17	1.38E+17
7.00E−02	1.35E+17	1.32E+17	1.27E+17	1.24E+17	1.21E+17	1.19E+17	1.16E+17	1.14E+17	1.12E+17
8.00E−02	1.10E+17	1.08E+17	1.04E+17	1.02E+17	9.99E+16	9.81E+16	9.64E+16	9.48E+16	9.32E+16
9.00E−02	9.16E+16	9.01E+16	8.73E+16	8.59E+16	8.45E+16	8.32E+16	8.20E+16	8.07E+16	7.96E+16
1.00E−01	7.84E+16	6.83E+16	5.40E+16	4.88E+16	4.45E+16	4.09E+16	3.78E+16	3.51E+16	3.27E+16
2.00E−01	3.07E+16	2.88E+16	2.58E+16	2.45E+16	2.33E+16	2.22E+16	2.12E+16	2.03E+16	1.95E+16
3.00E−01	1.87E+16	1.80E+16	1.67E+16	1.61E+16	1.56E+16	1.51E+16	1.46E+16	1.42E+16	1.38E+16
4.00E−01	1.34E+16	1.30E+16	1.23E+16	1.20E+16	1.17E+16	1.14E+16	1.11E+16	1.09E+16	1.06E+16
5.00E−01	1.04E+16	1.02E+16	9.73E+15	9.53E+15	9.34E+15	9.15E+15	8.97E+15	8.80E+15	8.64E+15
6.00E−01	8.48E+15	8.32E+15	8.03E+15	7.89E+15	7.76E+15	7.63E+15	7.51E+15	7.39E+15	7.27E+15
7.00E−01	7.16E+15	7.05E+15	6.84E+15	6.73E+15	6.64E+15	6.54E+15	6.45E+15	6.36E+15	6.27E+15

表 A.3（续）

电阻率	0	0.1	0.3	0.4	0.5	0.6	0.7	0.8	0.9
8.00E−01	6.19E+15	6.10E+15	5.95E+15	5.87E+15	5.79E+15	5.72E+15	5.65E+15	5.58E+15	5.51E+15
9.00E−01	5.45E+15	5.38E+15	5.26E+15	5.20E+15	5.14E+15	5.08E+15	5.03E+15	4.97E+15	4.92E+15
1.00E+00	4.86E+15	4.39E+15	3.68E+15	3.40E+15	3.16E+15	2.95E+15	2.77E+15	2.61E+15	2.47E+15
2.00E+00	2.34E+15	2.22E+15	2.02E+15	1.93E+15	1.85E+15	1.78E+15	1.71E+15	1.65E+15	1.59E+15
3.00E+00	1.53E+15	1.48E+15	1.39E+15	1.35E+15	1.31E+15	1.27E+15	1.23E+15	1.20E+15	1.17E+15
4.00E+00	1.14E+15	1.11E+15	1.06E+15	1.03E+15	1.01E+15	9.86E+14	9.64E+14	9.43E+14	9.24E+14
5.00E+00	9.05E+14	8.86E+14	8.52E+14	8.36E+14	8.20E+14	8.05E+14	7.91E+14	7.77E+14	7.63E+14
6.00E+00	7.50E+14	7.37E+14	7.13E+14	7.02E+14	6.91E+14	6.80E+14	6.70E+14	6.60E+14	6.50E+14
7.00E+00	6.40E+14	6.31E+14	6.13E+14	6.05E+14	5.97E+14	5.89E+14	5.81E+14	5.73E+14	5.66E+14
8.00E+00	5.58E+14	5.51E+14	5.38E+14	5.31E+14	5.25E+14	5.19E+14	5.13E+14	5.07E+14	5.01E+14
9.00E+00	4.95E+14	4.90E+14	4.79E+14	4.74E+14	4.68E+14	4.63E+14	4.59E+14	4.54E+14	4.49E+14
1.00E+01	4.45E+14	4.03E+14	3.40E+14	3.15E+14	2.94E+14	2.75E+14	2.59E+14	2.44E+14	2.31E+14
2.00E+01	2.19E+14	2.09E+14	1.90E+14	1.82E+14	1.75E+14	1.68E+14	1.62E+14	1.56E+14	1.50E+14
3.00E+01	1.45E+14	1.40E+14	1.32E+14	1.28E+14	1.24E+14	1.21E+14	1.17E+14	1.14E+14	1.11E+14
4.00E+01	1.08E+14	1.06E+14	1.01E+14	9.83E+13	9.61E+13	9.40E+13	9.20E+13	9.00E+13	8.81E+13
5.00E+01	8.64E+13	8.46E+13	8.14E+13	7.99E+13	7.84E+13	7.70E+13	7.56E+13	7.43E+13	7.30E+13
6.00E+01	7.18E+13	7.06E+13	6.83E+13	6.72E+13	6.62E+13	6.51E+13	6.42E+13	6.32E+13	6.23E+13
7.00E+01	6.14E+13	6.05E+13	5.88E+13	5.80E+13	5.72E+13	5.65E+13	5.57E+13	5.50E+13	5.43E+13
8.00E+01	5.36E+13	5.29E+13	5.16E+13	5.10E+13	5.04E+13	4.98E+13	4.92E+13	4.87E+13	4.81E+13
9.00E+01	4.76E+13	4.70E+13	4.60E+13	4.55E+13	4.50E+13	4.45E+13	4.41E+13	4.36E+13	4.32E+13
1.00E+02	4.27E+13	3.88E+13	3.28E+13	3.04E+13	2.83E+13	2.65E+13	2.50E+13	2.36E+13	2.23E+13
2.00E+02	2.12E+13	2.02E+13	1.84E+13	1.76E+13	1.69E+13	1.62E+13	1.56E+13	1.51E+13	1.45E+13
3.00E+02	1.40E+13	1.36E+13	1.27E+13	1.24E+13	1.20E+13	1.17E+13	1.14E+13	1.11E+13	1.08E+13
4.00E+02	1.05E+13	1.02E+13	9.75E+12	9.53E+12	9.31E+12	9.11E+12	8.91E+12	8.72E+12	8.54E+12
5.00E+02	8.37E+12	8.20E+12	7.89E+12	7.74E+12	7.60E+12	7.46E+12	7.33E+12	7.20E+12	7.08E+12
6.00E+02	6.96E+12	6.84E+12	6.62E+12	6.52E+12	6.42E+12	6.32E+12	6.22E+12	6.13E+12	6.04E+12
7.00E+02	5.95E+12	5.87E+12	5.71E+12	5.63E+12	5.55E+12	5.48E+12	5.41E+12	5.34E+12	5.27E+12
8.00E+02	5.20E+12	5.14E+12	5.01E+12	4.95E+12	4.89E+12	4.84E+12	4.78E+12	4.72E+12	4.67E+12
9.00E+02	4.62E+12	4.57E+12	4.47E+12	4.42E+12	4.37E+12	4.33E+12	4.28E+12	4.24E+12	4.19E+12
1.00E+03	4.15E+12	3.77E+12	3.18E+12	2.95E+12	2.75E+12	2.58E+12	2.43E+12	2.29E+12	2.17E+12
2.00E+03	2.06E+12	1.96E+12	1.79E+12	1.71E+12	1.64E+12	1.58E+12	1.52E+12	1.47E+12	1.41E+12
3.00E+03	1.37E+12	1.32E+12	1.24E+12	1.20E+12	1.17E+12	1.14E+12	1.11E+12	1.08E+12	1.05E+12
4.00E+03	1.02E+12	9.97E+11	9.50E+11	9.28E+11	9.07E+11	8.87E+11	8.68E+11	8.50E+11	8.32E+11
5.00E+03	8.15E+11	7.99E+11	7.69E+11	7.54E+11	7.41E+11	7.27E+11	7.14E+11	7.02E+11	6.90E+11

表 A.3（续）

电阻率	0	0.1	0.3	0.4	0.5	0.6	0.7	0.8	0.9
6.00E+03	6.78E+11	6.67E+11	6.46E+11	6.35E+11	6.26E+11	6.16E+11	6.07E+11	5.98E+11	5.89E+11
7.00E+03	5.80E+11	5.72E+11	5.56E+11	5.49E+11	5.41E+11	5.34E+11	5.27E+11	5.20E+11	5.14E+11
8.00E+03	5.07E+11	5.01E+11	4.89E+11	4.83E+11	4.77E+11	4.71E+11	4.66E+11	4.61E+11	4.55E+11
9.00E+03	4.50E+11	4.45E+11	4.36E+11	4.31E+11	4.26E+11	4.22E+11	4.17E+11	4.13E+11	4.09E+11
1.00E+04	4.05E+11	3.68E+11	3.11E+11	2.88E+11	2.69E+11	2.52E+11	2.37E+11	2.24E+11	2.12E+11
2.00E+04	2.01E+11	1.91E+11	1.75E+11	1.67E+11	1.60E+11	1.54E+11	1.48E+11	1.43E+11	1.38E+11
3.00E+04	1.33E+11	1.29E+11	1.21E+11	1.18E+11	1.14E+11	1.11E+11	1.08E+11	1.05E+11	1.02E+11
4.00E+04	9.98E+10	9.74E+10	9.28E+10	9.07E+10	8.86E+10	8.67E+10	8.48E+10	8.30E+10	8.13E+10
5.00E+04	7.97E+10	7.81E+10	7.51E+10	7.37E+10	7.24E+10	7.11E+10	6.98E+10	6.86E+10	6.74E+10
6.00E+04	6.63E+10	6.52E+10	6.31E+10	6.21E+10	6.11E+10	6.02E+10	5.93E+10	5.84E+10	5.76E+10
7.00E+04	5.67E+10	5.59E+10	5.44E+10	5.36E+10	5.29E+10	5.22E+10	5.15E+10	5.09E+10	5.02E+10
8.00E+04	4.96E+10	4.90E+10	4.78E+10	4.72E+10	4.66E+10	4.61E+10	4.56E+10	4.50E+10	4.45E+10
9.00E+04	4.40E+10	4.35E+10	4.26E+10	4.21E+10	4.17E+10	4.12E+10	4.08E+10	4.04E+10	4.00E+10

表 A.4　掺磷硅单晶从掺杂剂浓度换算电阻率

浓度	0.00	0.10	0.20	0.30	0.40	0.50	0.60	0.70	0.80	0.90
1E+12	4.26E+03	3.88E+03	3.55E+03	3.28E+03	3.04E+03	2.84E+03	2.66E+03	2.51E+03	2.37E+03	2.24E+03
2E+12	2.13E+03	2.03E+03	1.93E+03	1.85E+03	1.77E+03	1.70E+03	1.64E+03	1.58E+03	1.52E+03	1.47E+03
3E+12	1.42E+03	1.37E+03	1.33E+03	1.29E+03	1.25E+03	1.22E+03	1.18E+03	1.15E+03	1.12E+03	1.09E+03
4E+12	1.06E+03	1.04E+03	1.01E+03	9.89E+02	9.66E+02	9.45E+02	9.24E+02	9.05E+02	8.86E+02	8.68E+02
5E+12	8.50E+02	8.34E+02	8.18E+02	8.02E+02	7.87E+02	7.73E+02	7.59E+02	7.46E+02	7.33E+02	7.21E+02
6E+12	7.08E+02	6.97E+02	6.86E+02	6.75E+02	6.64E+02	6.54E+02	6.44E+02	6.34E+02	6.25E+02	6.16E+02
7E+12	6.07E+02	5.99E+02	5.90E+02	5.82E+02	5.74E+02	5.67E+02	5.59E+02	5.52E+02	5.45E+02	5.38E+02
8E+12	5.31E+02	5.25E+02	5.18E+02	5.12E+02	5.06E+02	5.00E+02	4.94E+02	4.89E+02	4.83E+02	4.78E+02
9E+12	4.72E+02	4.67E+02	4.62E+02	4.57E+02	4.52E+02	4.47E+02	4.43E+02	4.38E+02	4.34E+02	4.29E+02
1E+13	4.25E+02	3.86E+02	3.54E+02	3.27E+02	3.04E+02	2.83E+02	2.66E+02	2.50E+02	2.36E+02	2.24E+02
2E+13	2.13E+02	2.03E+02	1.93E+02	1.85E+02	1.77E+02	1.70E+02	1.64E+02	1.58E+02	1.52E+02	1.47E+02
3E+13	1.42E+02	1.37E+02	1.33E+02	1.29E+02	1.25E+02	1.22E+02	1.18E+02	1.15E+02	1.12E+02	1.09E+02
4E+13	1.07E+02	1.04E+02	1.02E+02	9.92E+01	9.69E+01	9.48E+01	9.27E+01	9.08E+01	8.89E+01	8.71E+01
5E+13	8.53E+01	8.37E+01	8.21E+01	8.05E+01	7.90E+01	7.76E+01	7.62E+01	7.49E+01	7.36E+01	7.24E+01
6E+13	7.12E+01	7.00E+01	6.89E+01	6.78E+01	6.68E+01	6.57E+01	6.48E+01	6.38E+01	6.29E+01	6.20E+01
7E+13	6.11E+01	6.02E+01	5.94E+01	5.86E+01	5.78E+01	5.70E+01	5.63E+01	5.56E+01	5.49E+01	5.42E+01
8E+13	5.35E+01	5.28E+01	5.22E+01	5.16E+01	5.10E+01	5.04E+01	4.98E+01	4.92E+01	4.87E+01	4.81E+01

表 A.4（续）

浓度	0.00	0.10	0.20	0.30	0.40	0.50	0.60	0.70	0.80	0.90
9E+13	4.76E+01	4.71E+01	4.66E+01	4.61E+01	4.56E+01	4.51E+01	4.46E+01	4.42E+01	4.37E+01	4.33E+01
1E+14	4.29E+01	3.90E+01	3.58E+01	3.31E+01	3.07E+01	2.87E+01	2.69E+01	2.54E+01	2.40E+01	2.27E+01
2E+14	2.16E+01	2.06E+01	1.97E+01	1.88E+01	1.80E+01	1.73E+01	1.67E+01	1.61E+01	1.55E+01	1.50E+01
3E+14	1.45E+01	1.40E+01	1.36E+01	1.32E+01	1.28E+01	1.25E+01	1.21E+01	1.18E+01	1.15E+01	1.12E+01
4E+14	1.09E+01	1.07E+01	1.04E+01	1.02E+01	9.96E+00	9.74E+00	9.53E+00	9.33E+00	9.14E+00	8.96E+00
5E+14	8.79E+00	8.62E+00	8.46E+00	8.30E+00	8.15E+00	8.01E+00	7.87E+00	7.73E+00	7.60E+00	7.48E+00
6E+14	7.36E+00	7.24E+00	7.12E+00	7.01E+00	6.91E+00	6.80E+00	6.70E+00	6.61E+00	6.51E+00	6.42E+00
7E+14	6.33E+00	6.24E+00	6.16E+00	6.08E+00	6.00E+00	5.92E+00	5.85E+00	5.77E+00	5.70E+00	5.63E+00
8E+14	5.56E+00	5.50E+00	5.43E+00	5.37E+00	5.30E+00	5.24E+00	5.19E+00	5.13E+00	5.07E+00	5.02E+00
9E+14	4.96E+00	4.91E+00	4.86E+00	4.81E+00	4.76E+00	4.71E+00	4.66E+00	4.62E+00	4.57E+00	4.53E+00
1E+15	4.48E+00	4.09E+00	3.76E+00	3.48E+00	3.24E+00	3.04E+00	2.85E+00	2.69E+00	2.55E+00	2.42E+00
2E+15	2.31E+00	2.20E+00	2.11E+00	2.02E+00	1.94E+00	1.87E+00	1.80E+00	1.74E+00	1.68E+00	1.62E+00
3E+15	1.57E+00	1.53E+00	1.48E+00	1.44E+00	1.40E+00	1.36E+00	1.33E+00	1.29E+00	1.26E+00	1.23E+00
4E+15	1.20E+00	1.18E+00	1.15E+00	1.12E+00	1.10E+00	1.08E+00	1.06E+00	1.04E+00	1.02E+00	9.97E−01
5E+15	9.78E−01	9.61E−01	9.44E−01	9.27E−01	9.12E−01	8.97E−01	8.82E−01	8.68E−01	8.54E−01	8.41E−01
6E+15	8.28E−01	8.16E−01	8.04E−01	7.92E−01	7.81E−01	7.70E−01	7.59E−01	7.49E−01	7.39E−01	7.29E−01
7E+15	7.20E−01	7.11E−01	7.02E−01	6.93E−01	6.85E−01	6.76E−01	6.68E−01	6.60E−01	6.53E−01	6.45E−01
8E+15	6.38E−01	6.31E−01	6.24E−01	6.17E−01	6.11E−01	6.04E−01	5.98E−01	5.92E−01	5.86E−01	5.80E−01
9E+15	5.74E−01	5.69E−01	5.63E−01	5.58E−01	5.52E−01	5.47E−01	5.42E−01	5.37E−01	5.32E−01	5.28E−01
1E+16	5.23E−01	4.81E−01	4.45E−01	4.15E−01	3.89E−01	3.67E−01	3.47E−01	3.30E−01	3.14E−01	3.00E−01
2E+16	2.87E−01	2.76E−01	2.65E−01	2.56E−01	2.47E−01	2.39E−01	2.31E−01	2.24E−01	2.17E−01	2.11E−01
3E+16	2.06E−01	2.00E−01	1.95E−01	1.90E−01	1.86E−01	1.82E−01	1.78E−01	1.74E−01	1.70E−01	1.67E−01
4E+16	1.64E−01	1.61E−01	1.58E−01	1.55E−01	1.52E−01	1.49E−01	1.47E−01	1.44E−01	1.42E−01	1.40E−01
5E+16	1.38E−01	1.36E−01	1.34E−01	1.32E−01	1.30E−01	1.28E−01	1.27E−01	1.25E−01	1.23E−01	1.22E−01
6E+16	1.20E−01	1.19E−01	1.17E−01	1.16E−01	1.15E−01	1.13E−01	1.12E−01	1.11E−01	1.10E−01	1.09E−01
7E+16	1.08E−01	1.06E−01	1.05E−01	1.04E−01	1.03E−01	1.02E−01	1.01E−01	1.00E−01	9.95E−02	9.87E−02
8E+16	9.78E−02	9.69E−02	9.61E−02	9.53E−02	9.45E−02	9.37E−02	9.30E−02	9.22E−02	9.15E−02	9.08E−02
9E+16	9.01E−02	8.94E−02	8.87E−02	8.81E−02	8.74E−02	8.68E−02	8.62E−02	8.56E−02	8.50E−02	8.44E−02
1E+17	8.38E−02	7.86E−02	7.43E−02	7.05E−02	6.72E−02	6.44E−02	6.19E−02	5.96E−02	5.76E−02	5.57E−02
2E+17	5.41E−02	5.25E−02	5.11E−02	4.98E−02	4.87E−02	4.75E−02	4.65E−02	4.55E−02	4.46E−02	4.38E−02
3E+17	4.30E−02	4.22E−02	4.15E−02	4.08E−02	4.02E−02	3.96E−02	3.90E−02	3.85E−02	3.79E−02	3.74E−02
4E+17	3.69E−02	3.65E−02	3.60E−02	3.56E−02	3.52E−02	3.48E−02	3.44E−02	3.40E−02	3.37E−02	3.33E−02
5E+17	3.30E−02	3.27E−02	3.23E−02	3.20E−02	3.17E−02	3.15E−02	3.12E−02	3.09E−02	3.07E−02	3.04E−02
6E+17	3.01E−02	2.99E−02	2.97E−02	2.94E−02	2.92E−02	2.90E−02	2.88E−02	2.86E−02	2.84E−02	2.82E−02

表 A.4（续）

浓度	0.00	0.10	0.20	0.30	0.40	0.50	0.60	0.70	0.80	0.90
7E+17	2.80E−02	2.78E−02	2.76E−02	2.74E−02	2.72E−02	2.71E−02	2.69E−02	2.67E−02	2.66E−02	2.64E−02
8E+17	2.62E−02	2.61E−02	2.59E−02	2.58E−02	2.56E−02	2.55E−02	2.53E−02	2.52E−02	2.51E−02	2.49E−02
9E+17	2.48E−02	2.47E−02	2.45E−02	2.44E−02	2.43E−02	2.41E−02	2.40E−02	2.39E−02	2.38E−02	2.37E−02
1E+18	2.36E−02	2.25E−02	2.16E−02	2.07E−02	2.00E−02	1.93E−02	1.87E−02	1.81E−02	1.76E−02	1.71E−02
2E+18	1.66E−02	1.62E−02	1.58E−02	1.54E−02	1.51E−02	1.47E−02	1.44E−02	1.41E−02	1.38E−02	1.35E−02
3E+18	1.32E−02	1.30E−02	1.27E−02	1.25E−02	1.23E−02	1.21E−02	1.19E−02	1.17E−02	1.15E−02	1.13E−02
4E+18	1.11E−02	1.09E−02	1.08E−02	1.06E−02	1.04E−02	1.03E−02	1.01E−02	1.00E−02	9.86E−03	9.73E−03
5E+18	9.60E−03	9.47E−03	9.34E−03	9.22E−03	9.11E−03	8.99E−03	8.88E−03	8.77E−03	8.66E−03	8.56E−03
6E+18	8.46E−03	8.36E−03	8.27E−03	8.17E−03	8.08E−03	7.99E−03	7.90E−03	7.82E−03	7.74E−03	7.65E−03
7E+18	7.57E−03	7.50E−03	7.42E−03	7.34E−03	7.27E−03	7.20E−03	7.13E−03	7.06E−03	6.99E−03	6.92E−03
8E+18	6.86E−03	6.79E−03	6.73E−03	6.67E−03	6.61E−03	6.55E−03	6.49E−03	6.44E−03	6.38E−03	6.32E−03
9E+18	6.27E−03	6.22E−03	6.16E−03	6.11E−03	6.06E−03	6.01E−03	5.96E−03	5.92E−03	5.87E−03	5.82E−03
1E+19	5.78E−03	5.35E−03	4.99E−03	4.68E−03	4.40E−03	4.15E−03	3.93E−03	3.73E−03	3.56E−03	3.39E−03
2E+19	3.25E−03	3.11E−03	2.99E−03	2.87E−03	2.77E−03	2.67E−03	2.58E−03	2.49E−03	2.41E−03	2.34E−03
3E+19	2.27E−03	2.20E−03	2.14E−03	2.08E−03	2.03E−03	1.98E−03	1.93E−03	1.88E−03	1.84E−03	1.79E−03
4E+19	1.75E−03	1.71E−03	1.68E−03	1.64E−03	1.61E−03	1.58E−03	1.54E−03	1.51E−03	1.49E−03	1.46E−03
5E+19	1.43E−03	1.41E−03	1.38E−03	1.36E−03	1.34E−03	1.31E−03	1.29E−03	1.27E−03	1.25E−03	1.23E−03
6E+19	1.21E−03	1.20E−03	1.18E−03	1.16E−03	1.15E−03	1.13E−03	1.11E−03	1.10E−03	1.09E−03	1.07E−03
7E+19	1.06E−03	1.04E−03	1.03E−03	1.02E−03	1.01E−03	9.94E−04	9.82E−04	9.71E−04	9.60E−04	9.49E−04
8E+19	9.38E−04	9.28E−04	9.18E−04	9.08E−04	8.98E−04	8.89E−04	8.80E−04	8.71E−04	8.62E−04	8.53E−04
9E+19	8.45E−04	8.37E−04	8.29E−04	8.21E−04	8.13E−04	8.06E−04	7.98E−04	7.91E−04	7.84E−04	7.77E−04
1E+20	7.70E−04	7.09E−04	6.57E−04	6.13E−04	5.76E−04	5.43E−04	5.15E−04	4.89E−04	4.67E−04	4.47E−04
2E+20	4.29E−04	4.12E−04	3.97E−04	3.84E−04	3.71E−04	3.60E−04	3.49E−04	3.39E−04	3.30E−04	3.21E−04
3E+20	3.14E−04	3.06E−04	2.99E−04	2.93E−04	2.86E−04	2.81E−04	2.75E−04	2.70E−04	2.65E−04	2.61E−04
4E+20	2.56E−04	2.52E−04	2.48E−04	2.44E−04	2.41E−04	2.37E−04	2.34E−04	2.31E−04	2.28E−04	2.25E−04
5E+20	2.22E−04	2.20E−04	2.17E−04	2.15E−04	2.12E−04	2.10E−04	2.08E−04	2.06E−04	2.04E−04	2.02E−04
6E+20	2.00E−04	1.98E−04	1.96E−04	1.95E−04	1.93E−04	1.92E−04	1.90E−04	1.89E−04	1.87E−04	1.86E−04
7E+20	1.85E−04	1.83E−04	1.82E−04	1.81E−04	1.80E−04	1.79E−04	1.78E−04	1.77E−04	1.76E−04	1.75E−04
8E+20	1.74E−04	1.73E−04	1.72E−04	1.71E−04	1.70E−04	1.69E−04	1.69E−04	1.68E−04	1.67E−04	1.66E−04
9E+20	1.66E−04	1.65E−04	1.64E−04	1.64E−04	1.63E−04	1.63E−04	1.62E−04	1.61E−04	1.61E−04	1.60E−04

表 A.5 掺砷硅单晶从掺杂剂浓度换算电阻率

掺杂剂浓度	0	0.1	0.2	0.3	0.4	0.5	0.6	0.7	0.8	0.9
1.00E+19	5.55E−03	5.34E−03	5.12E−03	4.89E−03	4.67E−03	4.46E−03	4.26E−03	4.08E−03	3.90E−03	3.74E−03
2.00E+19	3.59E−03	3.44E−03	3.31E−03	3.19E−03	3.07E−03	2.97E−03	2.87E−03	2.77E−03	2.68E−03	2.60E−03
3.00E+19	2.52E−03	2.45E−03	2.38E−03	2.32E−03	2.26E−03	2.20E−03	2.15E−03	2.10E−03	2.05E−03	2.00E−03
4.00E+19	1.96E−03	1.91E−03	1.88E−03	1.84E−03	1.80E−03	1.77E−03	1.73E−03	1.70E−03	1.67E−03	1.64E−03
5.00E+19	1.62E−03	1.59E−03	1.56E−03	1.54E−03	1.52E−03	1.49E−03	1.47E−03	1.45E−03	1.43E−03	1.41E−03
6.00E+19	1.39E−03	1.38E−03	1.36E−03	1.34E−03	1.32E−03	1.31E−03	1.29E−03	1.28E−03	1.26E−03	1.25E−03
7.00E+19	1.24E−03	1.22E−03	1.21E−03	1.20E−03	1.19E−03	1.18E−03	1.16E−03	1.15E−03	1.14E−03	1.13E−03
8.00E+19	1.12E−03	1.11E−03	1.10E−03	1.09E−03	1.08E−03	1.07E−03	1.07E−03	1.06E−03	1.05E−03	1.04E−03
9.00E+19	1.03E−03	1.03E−03	1.02E−03	1.01E−03	1.00E−03	9.97E−04	9.90E−04	9.83E−04	9.76E−04	9.70E−04
1.00E+20	9.64E−04	9.07E−04	8.59E−04	8.19E−04	7.84E−04	7.54E−04	7.26E−04	7.02E−04	6.80E−04	6.60E−04
2.00E+20	6.41E−04	6.24E−04	6.07E−04	5.92E−04	5.77E−04	5.63E−04	5.50E−04	5.38E−04	5.25E−04	5.14E−04
3.00E+20	5.02E−04	4.91E−04	4.81E−04	4.70E−04	4.60E−04	4.50E−04	4.41E−04	4.31E−04	4.22E−04	4.13E−04
4.00E+20	4.05E−04	3.96E−04	3.88E−04	3.79E−04	3.71E−04	3.64E−04	3.56E−04	3.48E−04	3.41E−04	3.34E−04
5.00E+20	3.26E−04	3.19E−04	3.13E−04	3.06E−04	2.99E−04	2.93E−04	2.86E−04	2.80E−04	2.74E−04	2.68E−04
6.00E+20	2.62E−04	2.56E−04	2.51E−04	2.45E−04	2.40E−04	2.34E−04	2.29E−04	2.24E−04	2.19E−04	2.14E−04

注：当砷的掺杂浓度低于 10^{19} cm^{-3} 时，砷掺杂剂浓度换算电阻率可按掺磷。

表 A.6 掺硼硅单晶电阻率与载流子(空穴)浓度的换算

电阻率	0	0.1	0.2	0.3	0.4	0.5	0.6	0.7	0.8	0.9
1.00E−04	1.17E+21	1.07E+21	9.76E+20	9.00E+20	8.36E+20	7.79E+20	7.30E+20	6.87E+20	6.48E+20	6.14E+20
2.00E−04	5.83E+20	5.55E+20	5.30E+20	5.06E+20	4.85E+20	4.66E+20	4.47E+20	4.31E+20	4.15E+20	4.01E+20
3.00E−04	3.87E+20	3.75E+20	3.63E+20	3.52E+20	3.41E+20	3.32E+20	3.22E+20	3.14E+20	3.05E+20	2.97E+20
4.00E−04	2.90E+20	2.83E+20	2.76E+20	2.69E+20	2.63E+20	2.57E+20	2.52E+20	2.46E+20	2.41E+20	2.36E+20
5.00E−04	2.31E+20	2.27E+20	2.23E+20	2.18E+20	2.14E+20	2.10E+20	2.07E+20	2.03E+20	1.99E+20	1.96E+20
6.00E−04	1.93E+20	1.90E+20	1.86E+20	1.83E+20	1.81E+20	1.78E+20	1.75E+20	1.72E+20	1.70E+20	1.67E+20
7.00E−04	1.65E+20	1.63E+20	1.60E+20	1.58E+20	1.56E+20	1.54E+20	1.52E+20	1.50E+20	1.48E+20	1.46E+20
8.00E−04	1.44E+20	1.42E+20	1.41E+20	1.39E+20	1.37E+20	1.36E+20	1.34E+20	1.33E+20	1.31E+20	1.30E+20
9.00E−04	1.28E+20	1.27E+20	1.25E+20	1.24E+20	1.23E+20	1.21E+20	1.20E+20	1.19E+20	1.18E+20	1.16E+20
1.00E−03	1.15E+20	1.05E+20	9.60E+19	8.85E+19	8.21E+19	7.66E+19	7.17E+19	6.74E+19	6.36E+19	6.02E+19
2.00E−03	5.71E+19	5.43E+19	5.17E+19	4.94E+19	4.72E+19	4.52E+19	4.34E+19	4.17E+19	4.01E+19	3.86E+19
3.00E−03	3.72E+19	3.59E+19	3.47E+19	3.35E+19	3.24E+19	3.14E+19	3.04E+19	2.95E+19	2.86E+19	2.78E+19
4.00E−03	2.70E+19	2.62E+19	2.55E+19	2.48E+19	2.41E+19	2.35E+19	2.28E+19	2.23E+19	2.17E+19	2.12E+19
5.00E−03	2.06E+19	2.01E+19	1.97E+19	1.92E+19	1.87E+19	1.83E+19	1.79E+19	1.75E+19	1.71E+19	1.67E+19

表 A.6（续）

电阻率	0	0.1	0.2	0.3	0.4	0.5	0.6	0.7	0.8	0.9
6.00E−03	1.64E+19	1.60E+19	1.57E+19	1.53E+19	1.50E+19	1.47E+19	1.44E+19	1.41E+19	1.39E+19	1.36E+19
7.00E−03	1.33E+19	1.31E+19	1.28E+19	1.26E+19	1.23E+19	1.21E+19	1.19E+19	1.17E+19	1.14E+19	1.12E+19
8.00E−03	1.10E+19	1.09E+19	1.07E+19	1.05E+19	1.03E+19	1.01E+19	9.95E+18	9.79E+18	9.62E+18	9.47E+18
9.00E−03	9.31E+18	9.16E+18	9.02E+18	8.87E+18	8.73E+18	8.60E+18	8.46E+18	8.33E+18	8.21E+18	8.08E+18
1.00E−02	7.96E+18	6.89E+18	6.02E+18	5.31E+18	4.73E+18	4.24E+18	3.82E+18	3.47E+18	3.17E+18	2.91E+18
2.00E−02	2.68E+18	2.48E+18	2.30E+18	2.14E+18	2.00E+18	1.88E+18	1.76E+18	1.66E+18	1.57E+18	1.49E+18
3.00E−02	1.41E+18	1.34E+18	1.27E+18	1.22E+18	1.16E+18	1.11E+18	1.06E+18	1.02E+18	9.78E+17	9.40E+17
4.00E−02	9.05E+17	8.71E+17	8.40E+17	8.11E+17	7.83E+17	7.57E+17	7.32E+17	7.09E+17	6.87E+17	6.66E+17
5.00E−02	6.47E+17	6.28E+17	6.10E+17	5.93E+17	5.77E+17	5.62E+17	5.47E+17	5.33E+17	5.20E+17	5.07E+17
6.00E−02	4.94E+17	4.83E+17	4.71E+17	4.61E+17	4.50E+17	4.40E+17	4.31E+17	4.21E+17	4.13E+17	4.04E+17
7.00E−02	3.96E+17	3.88E+17	3.80E+17	3.73E+17	3.66E+17	3.59E+17	3.52E+17	3.45E+17	3.39E+17	3.33E+17
8.00E−02	3.27E+17	3.22E+17	3.16E+17	3.11E+17	3.06E+17	3.01E+17	2.96E+17	2.91E+17	2.86E+17	2.82E+17
9.00E−02	2.78E+17	2.73E+17	2.69E+17	2.65E+17	2.61E+17	2.57E+17	2.54E+17	2.50E+17	2.47E+17	2.43E+17
1.00E−01	2.40E+17	2.11E+17	1.87E+17	1.68E+17	1.52E+17	1.39E+17	1.28E+17	1.18E+17	1.10E+17	1.03E+17
2.00E−01	9.62E+16	9.04E+16	8.53E+16	8.07E+16	7.65E+16	7.28E+16	6.93E+16	6.62E+16	6.33E+16	6.07E+16
3.00E−01	5.82E+16	5.60E+16	5.39E+16	5.19E+16	5.01E+16	4.84E+16	4.68E+16	4.53E+16	4.39E+16	4.26E+16
4.00E−01	4.13E+16	4.01E+16	3.90E+16	3.79E+16	3.69E+16	3.60E+16	3.51E+16	3.42E+16	3.34E+16	3.26E+16
5.00E−01	3.19E+16	3.11E+16	3.04E+16	2.98E+16	2.92E+16	2.86E+16	2.80E+16	2.74E+16	2.69E+16	2.64E+16
6.00E−01	2.59E+16	2.54E+16	2.49E+16	2.45E+16	2.40E+16	2.36E+16	2.32E+16	2.28E+16	2.24E+16	2.21E+16
7.00E−01	2.17E+16	2.14E+16	2.11E+16	2.07E+16	2.04E+16	2.01E+16	1.98E+16	1.95E+16	1.93E+16	1.90E+16
8.00E−01	1.87E+16	1.85E+16	1.82E+16	1.80E+16	1.77E+16	1.75E+16	1.73E+16	1.71E+16	1.68E+16	1.66E+16
9.00E−01	1.64E+16	1.62E+16	1.60E+16	1.59E+16	1.57E+16	1.55E+16	1.53E+16	1.51E+16	1.50E+16	1.48E+16
1.00E+00	1.46E+16	1.32E+16	1.20E+16	1.10E+16	1.02E+16	9.44E+15	8.81E+15	8.26E+15	7.77E+15	7.34E+15
2.00E+00	6.95E+15	6.60E+15	6.29E+15	6.00E+15	5.74E+15	5.50E+15	5.28E+15	5.07E+15	4.88E+15	4.71E+15
3.00E+00	4.54E+15	4.39E+15	4.25E+15	4.11E+15	3.99E+15	3.87E+15	3.76E+15	3.65E+15	3.55E+15	3.46E+15
4.00E+00	3.37E+15	3.29E+15	3.21E+15	3.13E+15	3.06E+15	2.99E+15	2.92E+15	2.85E+15	2.79E+15	2.73E+15
5.00E+00	2.68E+15	2.62E+15	2.57E+15	2.52E+15	2.47E+15	2.43E+15	2.38E+15	2.34E+15	2.30E+15	2.26E+15
6.00E+00	2.22E+15	2.18E+15	2.15E+15	2.11E+15	2.08E+15	2.05E+15	2.01E+15	1.98E+15	1.95E+15	1.93E+15
7.00E+00	1.90E+15	1.87E+15	1.84E+15	1.82E+15	1.79E+15	1.77E+15	1.74E+15	1.72E+15	1.70E+15	1.68E+15
8.00E+00	1.66E+15	1.63E+15	1.61E+15	1.59E+15	1.58E+15	1.56E+15	1.54E+15	1.52E+15	1.50E+15	1.49E+15
9.00E+00	1.47E+15	1.45E+15	1.44E+15	1.42E+15	1.40E+15	1.39E+15	1.38E+15	1.36E+15	1.35E+15	1.33E+15
1.00E+01	1.32E+15	1.20E+15	1.10E+15	1.01E+15	9.38E+14	8.75E+14	8.19E+14	7.71E+14	7.27E+14	6.89E+14
2.00E+01	6.54E+14	6.23E+14	5.94E+14	5.68E+14	5.44E+14	5.22E+14	5.02E+14	4.83E+14	4.66E+14	4.50E+14
3.00E+01	4.35E+14	4.20E+14	4.07E+14	3.95E+14	3.83E+14	3.72E+14	3.62E+14	3.52E+14	3.43E+14	3.34E+14

表 A.6（续）

电阻率	0	0.1	0.2	0.3	0.4	0.5	0.6	0.7	0.8	0.9
4.00E+01	3.25E+14	3.17E+14	3.10E+14	3.03E+14	2.96E+14	2.89E+14	2.83E+14	2.77E+14	2.71E+14	2.65E+14
5.00E+01	2.60E+14	2.55E+14	2.50E+14	2.45E+14	2.41E+14	2.36E+14	2.32E+14	2.28E+14	2.24E+14	2.20E+14
6.00E+01	2.17E+14	2.13E+14	2.09E+14	2.06E+14	2.03E+14	2.00E+14	1.97E+14	1.94E+14	1.91E+14	1.88E+14
7.00E+01	1.85E+14	1.83E+14	1.80E+14	1.78E+14	1.75E+14	1.73E+14	1.71E+14	1.69E+14	1.66E+14	1.64E+14
8.00E+01	1.62E+14	1.60E+14	1.58E+14	1.56E+14	1.54E+14	1.53E+14	1.51E+14	1.49E+14	1.47E+14	1.46E+14
9.00E+01	1.44E+14	1.43E+14	1.41E+14	1.39E+14	1.38E+14	1.37E+14	1.35E+14	1.34E+14	1.32E+14	1.31E+14
1.00E+02	1.30E+14	1.18E+14	1.08E+14	9.97E+13	9.26E+13	8.64E+13	8.10E+13	7.62E+13	7.20E+13	6.82E+13
2.00E+02	6.48E+13	6.17E+13	5.89E+13	5.63E+13	5.40E+13	5.18E+13	4.98E+13	4.80E+13	4.62E+13	4.46E+13
3.00E+02	4.32E+13	4.18E+13	4.05E+13	3.92E+13	3.81E+13	3.70E+13	3.60E+13	3.50E+13	3.41E+13	3.32E+13
4.00E+02	3.24E+13	3.16E+13	3.08E+13	3.01E+13	2.94E+13	2.88E+13	2.81E+13	2.75E+13	2.70E+13	2.64E+13
5.00E+02	2.59E+13	2.54E+13	2.49E+13	2.44E+13	2.40E+13	2.35E+13	2.31E+13	2.27E+13	2.23E+13	2.19E+13
6.00E+02	2.16E+13	2.12E+13	2.09E+13	2.05E+13	2.02E+13	1.99E+13	1.96E+13	1.93E+13	1.90E+13	1.87E+13
7.00E+02	1.85E+13	1.82E+13	1.80E+13	1.77E+13	1.75E+13	1.72E+13	1.70E+13	1.68E+13	1.66E+13	1.64E+13
8.00E+02	1.62E+13	1.60E+13	1.58E+13	1.56E+13	1.54E+13	1.52E+13	1.50E+13	1.49E+13	1.47E+13	1.45E+13
9.00E+02	1.44E+13	1.42E+13	1.41E+13	1.39E+13	1.38E+13	1.36E+13	1.35E+13	1.33E+13	1.32E+13	1.31E+13
1.00E+03	1.29E+13	1.18E+13	1.08E+13	9.95E+12	9.24E+12	8.62E+12	8.08E+12	7.61E+12	7.18E+12	6.81E+12
2.00E+03	6.47E+12	6.16E+12	5.88E+12	5.62E+12	5.39E+12	5.17E+12	4.97E+12	4.79E+12	4.62E+12	4.46E+12
3.00E+03	4.31E+12	4.17E+12	4.04E+12	3.92E+12	3.80E+12	3.69E+12	3.59E+12	3.49E+12	3.40E+12	3.32E+12
4.00E+03	3.23E+12	3.15E+12	3.08E+12	3.01E+12	2.94E+12	2.87E+12	2.81E+12	2.75E+12	2.69E+12	2.64E+12
5.00E+03	2.59E+12	2.54E+12	2.49E+12	2.44E+12	2.39E+12	2.35E+12	2.31E+12	2.27E+12	2.23E+12	2.19E+12
6.00E+03	2.16E+12	2.12E+12	2.09E+12	2.05E+12	2.02E+12	1.99E+12	1.96E+12	1.93E+12	1.90E+12	1.87E+12
7.00E+03	1.85E+12	1.82E+12	1.80E+12	1.77E+12	1.75E+12	1.72E+12	1.70E+12	1.68E+12	1.66E+12	1.64E+12
8.00E+03	1.62E+12	1.60E+12	1.58E+12	1.56E+12	1.54E+12	1.52E+12	1.50E+12	1.49E+12	1.47E+12	1.45E+12
9.00E+03	1.44E+12	1.42E+12	1.41E+12	1.39E+12	1.38E+12	1.36E+12	1.35E+12	1.33E+12	1.32E+12	1.31E+12
1.00E+04	1.29E+12	1.18E+12	1.08E+12	9.95E+11	9.24E+11	8.62E+11	8.08E+11	7.61E+11	7.18E+11	6.80E+11
2.00E+04	6.46E+11	6.16E+11	5.88E+11	5.62E+11	5.39E+11	5.17E+11	4.97E+11	4.79E+11	4.62E+11	4.46E+11
3.00E+04	4.31E+11	4.17E+11	4.04E+11	3.92E+11	3.80E+11	3.69E+11	3.59E+11	3.49E+11	3.40E+11	3.32E+11
4.00E+04	3.23E+11	3.15E+11	3.08E+11	3.01E+11	2.94E+11	2.87E+11	2.81E+11	2.75E+11	2.69E+11	2.64E+11
5.00E+04	2.59E+11	2.54E+11	2.49E+11	2.44E+11	2.39E+11	2.35E+11	2.31E+11	2.27E+11	2.23E+11	2.19E+11
6.00E+04	2.15E+11	2.12E+11	2.09E+11	2.05E+11	2.02E+11	1.99E+11	1.96E+11	1.93E+11	1.90E+11	1.87E+11
7.00E+04	1.85E+11	1.82E+11	1.80E+11	1.77E+11	1.75E+11	1.72E+11	1.70E+11	1.68E+11	1.66E+11	1.64E+11
8.00E+04	1.62E+11	1.60E+11	1.58E+11	1.56E+11	1.54E+11	1.52E+11	1.50E+11	1.49E+11	1.47E+11	1.45E+11
9.00E+04	1.44E+11	1.42E+11	1.41E+11	1.39E+11	1.38E+11	1.36E+11	1.35E+11	1.33E+11	1.32E+11	1.31E+11

表 A.7　掺磷硅单晶电阻率与载流子(电子)浓度的换算

电阻率	0.00E+00	0.1	0.2	0.3	0.4	0.5	0.6	0.7	0.8	0.9
1.00E−04	2.43E+27	8.55E+24	5.76E+23	1.17E+23	4.01E+22	1.86E+22	1.04E+22	6.53E+21	4.48E+21	3.27E+21
2.00E−04	2.50E+21	1.99E+21	1.62E+21	1.36E+21	1.16E+21	1.00E+21	8.78E+20	7.79E+20	6.99E+20	6.31E+20
3.00E−04	5.75E+20	5.27E+20	4.85E+20	4.50E+20	4.19E+20	3.91E+20	3.67E+20	3.45E+20	3.26E+20	3.09E+20
4.00E−04	2.93E+20	2.79E+20	2.66E+20	2.54E+20	2.43E+20	2.33E+20	2.24E+20	2.15E+20	2.07E+20	2.00E+20
5.00E−04	1.93E+20	1.87E+20	1.81E+20	1.75E+20	1.70E+20	1.65E+20	1.60E+20	1.56E+20	1.52E+20	1.48E+20
6.00E−04	1.44E+20	1.40E+20	1.37E+20	1.34E+20	1.31E+20	1.28E+20	1.25E+20	1.22E+20	1.20E+20	1.17E+20
7.00E−04	1.15E+20	1.13E+20	1.11E+20	1.09E+20	1.07E+20	1.05E+20	1.03E+20	1.01E+20	9.93E+19	9.76E+19
8.00E−04	9.60E+19	9.45E+19	9.30E+19	9.15E+19	9.02E+19	8.88E+19	8.75E+19	8.62E+19	8.50E+19	8.38E+19
9.00E−04	8.26E+19	8.15E+19	8.04E+19	7.94E+19	7.83E+19	7.73E+19	7.64E+19	7.54E+19	7.45E+19	7.36E+19
1.00E−03	7.27E+19	6.50E+19	5.89E+19	5.39E+19	4.97E+19	4.62E+19	4.31E+19	4.05E+19	3.82E+19	3.61E+19
2.00E−03	3.42E+19	3.25E+19	3.10E+19	2.96E+19	2.83E+19	2.72E+19	2.61E+19	2.51E+19	2.41E+19	2.32E+19
3.00E−03	2.24E+19	2.16E+19	2.09E+19	2.02E+19	1.96E+19	1.89E+19	1.83E+19	1.78E+19	1.72E+19	1.67E+19
4.00E−03	1.62E+19	1.58E+19	1.53E+19	1.49E+19	1.45E+19	1.41E+19	1.37E+19	1.34E+19	1.30E+19	1.27E+19
5.00E−03	1.24E+19	1.20E+19	1.17E+19	1.15E+19	1.12E+19	1.09E+19	1.06E+19	1.04E+19	1.01E+19	9.91E+18
6.00E−03	9.68E+18	9.46E+18	9.25E+18	9.04E+18	8.84E+18	8.64E+18	8.45E+18	8.27E+18	8.09E+18	7.92E+18
7.00E−03	7.75E+18	7.59E+18	7.43E+18	7.28E+18	7.13E+18	6.98E+18	6.84E+18	6.70E+18	6.57E+18	6.44E+18
8.00E−03	6.31E+18	6.19E+18	6.07E+18	5.95E+18	5.84E+18	5.73E+18	5.62E+18	5.52E+18	5.42E+18	5.32E+18
9.00E−03	5.22E+18	5.12E+18	5.03E+18	4.94E+18	4.85E+18	4.77E+18	4.68E+18	4.60E+18	4.52E+18	4.45E+18
1.00E−02	4.37E+18	3.70E+18	3.17E+18	2.74E+18	2.39E+18	2.10E+18	1.86E+18	1.65E+18	1.48E+18	1.34E+18
2.00E−02	1.21E+18	1.10E+18	1.01E+18	9.28E+17	8.55E+17	7.92E+17	7.35E+17	6.84E+17	6.39E+17	5.99E+17
3.00E−02	5.62E+17	5.29E+17	4.99E+17	4.72E+17	4.47E+17	4.24E+17	4.03E+17	3.83E+17	3.66E+17	3.49E+17
4.00E−02	3.34E+17	3.20E+17	3.06E+17	2.94E+17	2.83E+17	2.72E+17	2.62E+17	2.52E+17	2.43E+17	2.35E+17
5.00E−02	2.27E+17	2.20E+17	2.13E+17	2.06E+17	2.00E+17	1.94E+17	1.88E+17	1.83E+17	1.78E+17	1.73E+17
6.00E−02	1.68E+17	1.64E+17	1.60E+17	1.56E+17	1.52E+17	1.48E+17	1.45E+17	1.41E+17	1.38E+17	1.35E+17
7.00E−02	1.32E+17	1.29E+17	1.26E+17	1.24E+17	1.21E+17	1.19E+17	1.16E+17	1.14E+17	1.12E+17	1.10E+17
8.00E−02	1.08E+17	1.06E+17	1.04E+17	1.02E+17	1.00E+17	9.83E+16	9.66E+16	9.50E+16	9.34E+16	9.18E+16
9.00E−02	9.03E+16	8.89E+16	8.75E+16	8.61E+16	8.48E+16	8.35E+16	8.22E+16	8.10E+16	7.98E+16	7.87E+16
1.00E−01	7.76E+16	6.78E+16	6.00E+16	5.38E+16	4.87E+16	4.44E+16	4.08E+16	3.77E+16	3.51E+16	3.27E+16
2.00E−01	3.07E+16	2.89E+16	2.72E+16	2.58E+16	2.45E+16	2.33E+16	2.22E+16	2.12E+16	2.03E+16	1.95E+16
3.00E−01	1.87E+16	1.80E+16	1.73E+16	1.67E+16	1.61E+16	1.56E+16	1.51E+16	1.46E+16	1.42E+16	1.37E+16
4.00E−01	1.33E+16	1.30E+16	1.26E+16	1.23E+16	1.20E+16	1.17E+16	1.14E+16	1.11E+16	1.08E+16	1.06E+16
5.00E−01	1.03E+16	1.01E+16	9.90E+15	9.69E+15	9.49E+15	9.29E+15	9.11E+15	8.93E+15	8.76E+15	8.59E+15
6.00E−01	8.43E+15	8.28E+15	8.13E+15	7.99E+15	7.85E+15	7.72E+15	7.59E+15	7.46E+15	7.34E+15	7.22E+15
7.00E−01	7.11E+15	7.00E+15	6.89E+15	6.79E+15	6.69E+15	6.59E+15	6.50E+15	6.40E+15	6.31E+15	6.23E+15

表 A.7（续）

电阻率	0.00E+00	0.1	0.2	0.3	0.4	0.5	0.6	0.7	0.8	0.9
8.00E−01	6.14E+15	6.06E+15	5.98E+15	5.90E+15	5.82E+15	5.75E+15	5.68E+15	5.61E+15	5.54E+15	5.47E+15
9.00E−01	5.40E+15	5.34E+15	5.28E+15	5.21E+15	5.15E+15	5.10E+15	5.04E+15	4.98E+15	4.93E+15	4.87E+15
1.00E+00	4.82E+15	4.35E+15	3.96E+15	3.64E+15	3.36E+15	3.13E+15	2.92E+15	2.74E+15	2.58E+15	2.44E+15
2.00E+00	2.31E+15	2.19E+15	2.09E+15	1.99E+15	1.91E+15	1.83E+15	1.76E+15	1.69E+15	1.63E+15	1.57E+15
3.00E+00	1.51E+15	1.46E+15	1.42E+15	1.37E+15	1.33E+15	1.29E+15	1.25E+15	1.22E+15	1.18E+15	1.15E+15
4.00E+00	1.12E+15	1.10E+15	1.07E+15	1.04E+15	1.02E+15	9.96E+14	9.73E+14	9.52E+14	9.32E+14	9.12E+14
5.00E+00	8.93E+14	8.75E+14	8.58E+14	8.42E+14	8.26E+14	8.10E+14	7.95E+14	7.81E+14	7.67E+14	7.54E+14
6.00E+00	7.41E+14	7.29E+14	7.17E+14	7.05E+14	6.94E+14	6.83E+14	6.72E+14	6.62E+14	6.52E+14	6.42E+14
7.00E+00	6.33E+14	6.24E+14	6.15E+14	6.07E+14	5.98E+14	5.90E+14	5.82E+14	5.74E+14	5.67E+14	5.60E+14
8.00E+00	5.52E+14	5.46E+14	5.39E+14	5.32E+14	5.26E+14	5.19E+14	5.13E+14	5.07E+14	5.01E+14	4.96E+14
9.00E+00	4.90E+14	4.85E+14	4.79E+14	4.74E+14	4.69E+14	4.64E+14	4.59E+14	4.54E+14	4.49E+14	4.45E+14
1.00E+01	4.40E+14	4.00E+14	3.66E+14	3.37E+14	3.13E+14	2.92E+14	2.73E+14	2.57E+14	2.43E+14	2.30E+14
2.00E+01	2.18E+14	2.08E+14	1.98E+14	1.89E+14	1.81E+14	1.74E+14	1.67E+14	1.61E+14	1.55E+14	1.50E+14
3.00E+01	1.45E+14	1.40E+14	1.36E+14	1.32E+14	1.28E+14	1.24E+14	1.20E+14	1.17E+14	1.14E+14	1.11E+14
4.00E+01	1.08E+14	1.06E+14	1.03E+14	1.01E+14	9.84E+13	9.62E+13	9.41E+13	9.21E+13	9.02E+13	8.83E+13
5.00E+01	8.65E+13	8.48E+13	8.32E+13	8.16E+13	8.01E+13	7.86E+13	7.72E+13	7.59E+13	7.45E+13	7.33E+13
6.00E+01	7.20E+13	7.09E+13	6.97E+13	6.86E+13	6.75E+13	6.65E+13	6.55E+13	6.45E+13	6.35E+13	6.26E+13
7.00E+01	6.17E+13	6.08E+13	6.00E+13	5.92E+13	5.84E+13	5.76E+13	5.68E+13	5.61E+13	5.53E+13	5.46E+13
8.00E+01	5.40E+13	5.33E+13	5.26E+13	5.20E+13	5.14E+13	5.08E+13	5.02E+13	4.96E+13	4.90E+13	4.85E+13
9.00E+01	4.79E+13	4.74E+13	4.69E+13	4.64E+13	4.59E+13	4.54E+13	4.49E+13	4.45E+13	4.40E+13	4.36E+13
1.00E+02	4.31E+13	3.92E+13	3.59E+13	3.31E+13	3.08E+13	2.87E+13	2.69E+13	2.53E+13	2.39E+13	2.27E+13
2.00E+02	2.15E+13	2.05E+13	1.96E+13	1.87E+13	1.79E+13	1.72E+13	1.65E+13	1.59E+13	1.54E+13	1.48E+13
3.00E+02	1.43E+13	1.39E+13	1.34E+13	1.30E+13	1.26E+13	1.23E+13	1.19E+13	1.16E+13	1.13E+13	1.10E+13
4.00E+02	1.07E+13	1.05E+13	1.02E+13	9.99E+12	9.77E+12	9.55E+12	9.34E+12	9.14E+12	8.95E+12	8.77E+12
5.00E+02	8.59E+12	8.42E+12	8.26E+12	8.11E+12	7.96E+12	7.81E+12	7.67E+12	7.54E+12	7.41E+12	7.28E+12
6.00E+02	7.16E+12	7.04E+12	6.93E+12	6.82E+12	6.71E+12	6.61E+12	6.51E+12	6.41E+12	6.32E+12	6.23E+12
7.00E+02	6.14E+12	6.05E+12	5.97E+12	5.88E+12	5.80E+12	5.73E+12	5.65E+12	5.58E+12	5.51E+12	5.44E+12
8.00E+02	5.37E+12	5.30E+12	5.24E+12	5.17E+12	5.11E+12	5.05E+12	4.99E+12	4.94E+12	4.88E+12	4.83E+12
9.00E+02	4.77E+12	4.72E+12	4.67E+12	4.62E+12	4.57E+12	4.52E+12	4.47E+12	4.43E+12	4.38E+12	4.34E+12
1.00E+03	4.29E+12	3.90E+12	3.58E+12	3.30E+12	3.07E+12	2.86E+12	2.68E+12	2.53E+12	2.39E+12	2.26E+12
2.00E+03	2.15E+12	2.04E+12	1.95E+12	1.87E+12	1.79E+12	1.72E+12	1.65E+12	1.59E+12	1.53E+12	1.48E+12
3.00E+03	1.43E+12	1.38E+12	1.34E+12	1.30E+12	1.26E+12	1.23E+12	1.19E+12	1.16E+12	1.13E+12	1.10E+12
4.00E+03	1.07E+12	1.05E+12	1.02E+12	9.98E+11	9.76E+11	9.54E+11	9.33E+11	9.14E+11	8.94E+11	8.76E+11
5.00E+03	8.59E+11	8.42E+11	8.26E+11	8.10E+11	7.95E+11	7.81E+11	7.67E+11	7.53E+11	7.40E+11	7.28E+11

表 A.7（续）

电阻率	0.00E+00	0.1	0.2	0.3	0.4	0.5	0.6	0.7	0.8	0.9
6.00E+03	7.16E+11	7.04E+11	6.93E+11	6.82E+11	6.71E+11	6.61E+11	6.51E+11	6.41E+11	6.31E+11	6.22E+11
7.00E+03	6.13E+11	6.05E+11	5.96E+11	5.88E+11	5.80E+11	5.73E+11	5.65E+11	5.58E+11	5.51E+11	5.44E+11
8.00E+03	5.37E+11	5.30E+11	5.24E+11	5.17E+11	5.11E+11	5.05E+11	4.99E+11	4.94E+11	4.88E+11	4.83E+11
9.00E+03	4.77E+11	4.72E+11	4.67E+11	4.62E+11	4.57E+11	4.52E+11	4.47E+11	4.43E+11	4.38E+11	4.34E+11
1.00E+04	4.29E+11	3.90E+11	3.58E+11	3.30E+11	3.07E+11	2.86E+11	2.68E+11	2.53E+11	2.39E+11	2.26E+11
2.00E+04	2.15E+11	2.05E+11	1.95E+11	1.87E+11	1.79E+11	1.72E+11	1.65E+11	1.59E+11	1.53E+11	1.48E+11
3.00E+04	1.43E+11	1.39E+11	1.34E+11	1.30E+11	1.26E+11	1.23E+11	1.19E+11	1.16E+11	1.13E+11	1.10E+11
4.00E+04	1.07E+11	1.05E+11	1.02E+11	9.99E+10	9.77E+10	9.55E+10	9.34E+10	9.14E+10	8.95E+10	8.77E+10
5.00E+04	8.60E+10	8.43E+10	8.27E+10	8.11E+10	7.96E+10	7.81E+10	7.68E+10	7.54E+10	7.41E+10	7.29E+10
6.00E+04	7.16E+10	7.05E+10	6.93E+10	6.82E+10	6.72E+10	6.61E+10	6.51E+10	6.42E+10	6.32E+10	6.23E+10
7.00E+04	6.14E+10	6.05E+10	5.97E+10	5.89E+10	5.81E+10	5.73E+10	5.66E+10	5.58E+10	5.51E+10	5.44E+10
8.00E+04	5.37E+10	5.31E+10	5.24E+10	5.18E+10	5.12E+10	5.06E+10	5.00E+10	4.94E+10	4.89E+10	4.83E+10
9.00E+04	4.78E+10	4.72E+10	4.67E+10	4.62E+10	4.57E+10	4.53E+10	4.48E+10	4.43E+10	4.39E+10	4.34E+10

附 录 B
（资料性附录）
IRVIN 的比较试验

B.1 Irvin 报告了 300 K 的 N 型和 P 型硅单晶电阻率与掺杂剂浓度间的换算关系（导电类型的测试方法详见 GB/T 1550），并且用杂质浓度代替掺杂剂浓度。Irvin 的分析是基于几个在硅中施主和受主的数据，这数据是由 Irvin 在重掺砷和重掺硼样品上补充。

B.2 所有样品都是假定没有补偿的，但实际上在直拉单晶中因为氧的热激活，补偿的可能性是公认的。

B.3 Irvin 对 N 型和 P 型硅单晶提供的数据的一系列线性近似拟合，得到式 B.1：

$$\rho=(1/BN_{\mathrm{I}}^{\alpha}) \qquad \cdots\cdots\cdots\cdots\cdots\cdots \text{(B.1)}$$

式中：

ρ ——电阻率，单位为欧姆厘米（Ω·cm）；

N_{I} ——净施主或受主浓度，单位为每立方厘米（cm^{-3}）；

α 和 B 分别是在表 B.1 和表 B.2 中对 N 型和 P 型硅单晶给出的各种掺杂范围。

表 B.1 N 型硅单晶的 α 和 B 常数数值

净施主掺杂剂范围 cm^{-3}	α	B
$2.35\times10^{20}\leqslant N_{\mathrm{D}}$	0.456	1.04×10^{-6}
$6\times10^{19}\leqslant N_{\mathrm{D}}\leqslant2.35\times10^{20}$	0.744	1.43×10^{-12}
$9.5\times10^{18}\leqslant N_{\mathrm{D}}\leqslant6\times10^{19}$	0.940	2×10^{-16}
$1\times10^{17}\leqslant N_{\mathrm{D}}\leqslant9.50\times10^{18}$	0.543	6.93×10^{-9}
$3.50\times10^{15}\leqslant N_{\mathrm{D}}\leqslant1\times10^{17}$	0.837	6.97×10^{-14}
$N_{\mathrm{D}}\leqslant3.50\times10^{15}$	1	2×10^{-16}

表 B.2 P 型硅单晶的 α 和 B 常数数值

净受主掺杂剂范围 cm^{-3}	α	B
$1.50\times10^{19}\leqslant N_{\mathrm{A}}$	0.966	-4×10^{-17}
$2.40\times10^{18}\leqslant N_{\mathrm{A}}\leqslant1.50\times10^{19}$	0.832	1.47×10^{-14}
$1.50\times10^{16}\leqslant N_{\mathrm{A}}\leqslant2.40\times10^{18}$	0.650	3.30×10^{-11}
$N_{\mathrm{A}}\leqslant1.50\times10^{16}$	1	7.20×10^{-17}

B.4 由 Irvin 在图 B.1 中给出的是依据实践给出的换算与通过掺杂剂给出的电阻率间的比较。其中的曲线是由公式 B.1 得到电阻率，通过式(4)或式(2)从掺杂剂浓度计算电阻率，计算两者间的差异，然后将这些差异绘出。

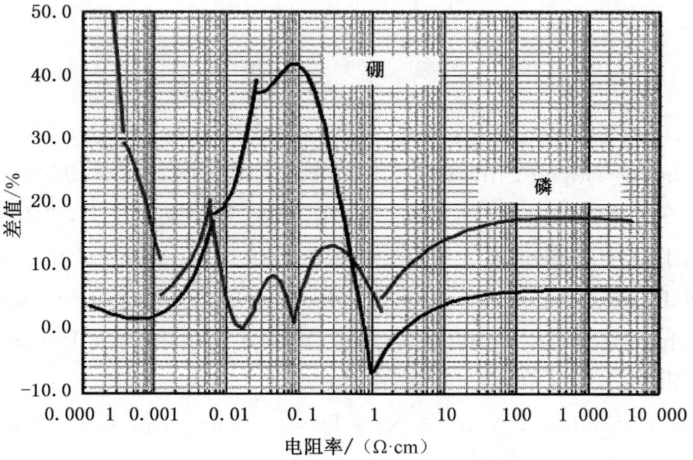

图 B.1 在实践的基础上从掺杂剂浓度换算电阻率与本标准中公式换算的比较

B.5 曲线上出现的不连续是因为使用了一系列的直线近似，经过验证，在转换点偏离真值超过 10%。

B.6 注意对掺硼最大的矛盾约在电阻率范围 0.08 Ω·cm。这是由于事实上 Irvin 的样品是掺铝的，它不同于硼有足够的激活能，这两个掺杂剂在室温下电离能差异值得注意。

参 考 文 献

[1] Thurber, W.R., Mattis, R.L., Liu, Y.M., and Filliben, J.J., "Resistivity-Dopant Density Relationship for Phosphorus-Doped Silicon," J.Electrochem.Soc.127, (1980): pp.1807-1812

[2] Thurber, W.R., Mattis, R.L., Liu, Y.M., and Filliben, J.J., "Resistivity-Dopant Density Relationship for Boron-Doped Silicon," J.Electrochem.Soc.127, (1980): pp.2291-2294

[3] Thurber, W.R., Mattis, R.L., Liu, Y.M., and Filliben, J.J., Semiconductor Measurement Technology,"Relationship Between Resistivity and Dopant Density for Phosphorus-and Boron-Doped Silicon," NBS Special Publication 400-64 (April 1981)

[4] Esaki, L., and Miyahara, Y., "A New Device Using the Tunneling Process in Narrow p-n Junction," Solid-State Electron.1, (1960): pp.13-21

[5] Fair, R.B., and Tsai, J.C.C., "A Quantitative Model for the Diffusing of Phosphorus in Silicon and the Emitter Dip Effect," J.Electrochem.Soc.124, (1977): pp.1107-1118

[6] Fair, R.B., and Tsai, J.C.C., "The Diffusion of Ion-Implanted Arsenic in Silicon," J.Electrochem.Soc.122, (1975) p.1689

[7] Blakemore, J.S., Semiconductor Statistics (Dover Publications, New York, 1987) § 3.3

[8] Newman, P.F., Hirsch, M.J., and Holcomb, D.F., "A Calibration Curve for Room-Temperature Resistivity versus Donor Atom Concentration in Si:As," J.Appl.Phys.58, (1985): p.3779

[9] Masetti, G., Severi, M., and Solmi, S., "Modeling of Carrier Mobility Against Carrier Concentration in Arsenic-, Phosphorus-, and Boron-Doped Silicon," IEEE Trans.Elec.Dev.ED-30, (1983): p.764

[10] Furukawa, Y., "Impurity Effect Upon Mobility in Heavily Doped Silicon," J.Phys.Soc., Japan 16, (1961): p.577

[11] Murota, J., Arai, E., Kobayashi, K., and Kudo, K., "Relationship Between Total Arsenic and Electrically Active Arsenic Concentrations in Silicon Produced by the Diffusion Process," J. Appl.Phys.50, (1979): p.804

[12] Matsumoto, S., Niimi, T., Murota, J., and Arai, E., "Carrier Concentration and Hall Mobility in Heavily Arsenic-Diffused Silicon," J.Electrochem.Soc.127, (1980): p.1650

[13] Irvin, J.C., "Resistivity of Bulk Silicon and of Diffused Layers in Silicon," Bell System Tech.J.41, (1962): pp.387-410

ICS 71.120
G 94

中华人民共和国国家标准

GB/T 13465.1—2014
代替 GB/T 13465.1—2002

不透性石墨材料试验方法 第1部分:力学性能试验方法总则

Test method of impermeable graphite materials—Part 1:General of test method for mechanical properties

2014-09-03 发布　　　　2015-03-01 实施

中华人民共和国国家质量监督检验检疫总局
中国国家标准化管理委员会　发布

前　言

GB/T 13465《不透性石墨材料试验方法》分为10个部分：

——第1部分：力学性能试验方法总则；

——第2部分：抗弯强度；

——第3部分：抗压强度；

——第4部分：冲击强度；

——第5部分：酚醛粘接剂收缩率；

——第6部分：石墨管水压爆破；

——第7部分：增重率和填孔率；

——第8部分：粘接剂粘接剪切强度；

——第9部分：粘接剂粘接抗拉强度；

——第10部分：抗拉强度。

本部分为GB/T 13465的第1部分。

本部分按照GB/T 1.1—2009给出的规则起草。

本部分代替GB/T 13465.1—2002《不透性石墨材料力学性能试验方法　总则》，与GB/T 13465.1—2002相比，主要技术变化如下：

——增加了单个试样测试值与平均值的偏差超出−20%范围时的处理规则。

本部分由中国石油和化学工业联合会提出。

本部分由全国非金属化工设备标准化技术委员会(SAC/TC 162)归口。

本部分起草单位：天华化工机械及自动化研究设计院有限公司、西安特种设备检验检测院、南通京通石墨设备有限公司、辽阳炭素依渤石墨设备有限公司、南通星球石墨设备有限公司、南通扬子江石墨设备有限公司、青岛环球石墨制品有限公司、南通华耐特石墨设备有限公司。

本部分主要起草人：周杰、杨育伟、李洪发、陈汉军、李志刚、夏斌、陈洪林、吴旭光、季新忠。

本部分所代替标准的历次版本发布情况为：

——GB/T 13465.1—1992、GB/T 13465.1—2002。

不透性石墨材料试验方法
第1部分：力学性能试验方法总则

1 范围

GB/T 13465 的本部分规定了不透性石墨材料力学性能试验的取样、试样加工方法，以及对仪器设备、数据处理、试验报告等的基本要求。

本部分适用于不透性石墨材料（块材、管材、浇铸件）的抗拉强度、抗压强度、抗弯强度、抗冲击强度、水压爆破强度等力学性能的测定，也适用于石墨粘接剂材料的抗拉强度、抗压强度、抗弯强度、抗剪切强度等力学性能的测定。

2 规范性引用文件

下列文件对于本文件的应用是必不可少的。凡是注日期的引用文件，仅注日期的版本适用于本文件。凡是不注日期的引用文件，其最新版本（包括所有的修改单）适用于本文件。

GB/T 2611 试验机 通用技术要求

3 术语和定义

下列术语和定义适用于本文件。

3.1

不透性石墨 impervious graphite

用人造石墨和合成树脂等材料，按一定生产工艺制成的介质难以渗透的石墨材料。

按照制造工艺的不同可分为三类：浸渍类不透性石墨、压制类不透性石墨、浇铸类不透性石墨。

3.2

有效试验数据 effective experimental datd

试验时在试样规定部位破坏所得到的试验数据，简称有效数据。

4 试样制备

4.1 取样

4.1.1 块材

4.1.1.1 以相同原料、配方及生产工艺生产的同一规格不多于 30 t 的石墨块作为一批，随机抽样，抽样数量不少于 3 块。

4.1.1.2 外购材料以同一时间，从同一生产厂家购进的同一规格材料为一批，随机抽样，抽样数量不少于 3 块。

4.1.1.3 最小截面积不大于 200 mm×200 mm 的材料，在端部截去 50 mm，其余部分均可加工试样。

4.1.1.4 最小截面积大于 200 mm×200 mm 的材料，在各表层刨去 50 mm，其余部分均可加工试样。

4.1.1.5 直径不大于 350 mm 的材料，在端部截去 50 mm，然后在中心直径为 100 mm 的圆柱体内取材加工试样。

4.1.1.6 直径大于 350 mm 的材料,在端部截去 50 mm,然后在中心直径为 200 mm 的圆柱体内取材加工试样。

4.1.2 管材

4.1.2.1 以同批原料、相同生产工艺生产的同一规格不透性石墨管为一批,随机抽样 3 根～5 根。

4.1.2.2 外购不透性石墨管以同一时间,从同一生产厂家购进的同一规格材料为一批,随机抽样 3 根～5 根。

4.1.2.3 将不透性石墨管的两端截去 50 mm,剩余部分用于加工试样。

4.1.3 浇铸件

按配方抽取所需原料,按生产工艺配制并浇铸成石墨试样。

4.1.4 粘接剂

4.1.4.1 按配方抽取所需原料,按生产工艺配制并浇铸成石墨粘接剂浇铸试样。

4.1.4.2 按配方抽取所需原料,按生产工艺配制并将石墨件粘接成石墨粘接件试样。

4.2 试样加工

4.2.1 试样须以 4.1 所取石墨材料样品中制取。

4.2.2 浇铸试样应进行热固化处理,热处理温度按产品要求确定。

4.2.3 试样加工时,除特殊要求外,应使抗拉、抗压试样试验时的受力方向与材料的成型压力方向平行;使抗弯、抗冲击试样试验时的受力方向与材料的成型压力方向垂直。

4.2.4 先对所取石墨材料进行粗加工、然后按生产工艺进行浸渍,加工成试样。

4.2.5 试样加工(或浇铸)尺寸按有关试验方法标准确定。

4.2.6 加工后试样表面粗糙度须达到 $Ra \leqslant 3.2\ \mu m$。

4.2.7 石墨粘接剂试样成型后不需要再加工。

4.2.8 试样表面应无气泡、裂纹、砂眼、树脂瘤等明显缺陷。

4.2.9 试样外观棱角完整、表面不得有分离层。

5 仪器、设备

5.1 材料试验机应符合 GB/T 2611 规定,测量精度不低于 1 级。

5.2 材料试验机载荷相对误差不应超过±1%。

5.3 材料试验机的量程应使试验结果在全量程的 10%～90%之间。

5.4 试验所用的压力表精度等级不低于 0.4 级。

5.5 游标卡尺:量程 0 mm～150 mm,分度值 0.01 mm 或 0.02 mm。

5.6 试验时所用的仪器和设备、量具须定期经具有相应资格的计量部门进行校准。

6 试验

6.1 将试样用有色颜料或油漆作标记编号。

6.2 试样尺寸测量精确到 0.02 mm。

6.3 如无特殊要求,试验应在室温下进行。

6.4 每组试样数量应多于5个，以保障有5个有效数据。

7 试验结果

7.1 按式(1)计算有效数据的算术平均值 $\overline{X}$，修约到三位有效数字。

$$\overline{X}=\frac{\sum_{i=1}^{n}X_i}{n} \quad \cdots\cdots(1)$$

式中：

X_i ——某一试样的试验值；

n ——有效数据数量。

7.2 用式(2)计算有效数据的标准差 S，保留三位有效数字。

$$S=\left[\frac{\sum_{i=1}^{n}(X_i-\overline{X})^2}{n-1}\right]^{\frac{1}{2}} \quad \cdots\cdots(2)$$

式中符号含义同式(1)。

7.3 用式(3)计算有效数据的变异系数 CV，保留两位有效数字。

$$CV=\left(\frac{S}{\overline{X}}\right)\times 100\% \quad \cdots\cdots(3)$$

式中符号含义同式(1)和式(2)。

7.4 单个试样测试值与平均值的偏差应不超过−20%。若单个试样测试值超过平均值的−20%时，此试样测试值无效，另取一个试样进行补测，补测试样值符合偏差允许范围内，以补测试样值计算算术平均值。

7.5 若一组试样中有2个试样测试值超过平均值的−20%时，则该组试样测试值全部无效，另取一组试样重新进行测试。

8 试验报告

试验报告应包括以下内容：

a) 试验项目名称及执行标准号；
b) 试样来源、试样品种及规格，收样日期；
c) 试验仪器设备名称、型号、量程等；
d) 试样编号、形状、尺寸、数量；
e) 试验加载速度；
f) 每个试样的破坏载荷及破坏部位；
g) 试验结果：算术平均值 $\overline{X}$、标准差 S、变异系数 CV；
h) 试验单位名称、试验日期及试验人员。

ICS 71.120
G 94

中华人民共和国国家标准

GB/T 13465.2—2014
代替 GB/T 13465.2—2002

不透性石墨材料试验方法 第2部分:抗弯强度

Test method of impermeable graphite materials—Part 2:Flexure strength

2014-09-03 发布

2015-03-01 实施

中华人民共和国国家质量监督检验检疫总局
中国国家标准化管理委员会
发布

前　言

GB/T 13465《不透性石墨材料试验方法》分为10个部分：

——第1部分：力学性能试验方法总则；

——第2部分：抗弯强度；

——第3部分：抗压强度；

——第4部分：冲击强度；

——第5部分：酚醛粘接剂收缩率；

——第6部分：石墨管水压爆破；

——第7部分：增重率和填孔率；

——第8部分：粘接剂粘接剪切强度；

——第9部分：粘接剂粘接抗拉强度；

——第10部分：抗拉强度。

本部分是GB/T 13465的第2部分。

本部分按照GB/T 1.1—2009给出的规则起草。

本部分代替GB/T 13465.2—2002《不透性石墨材料抗弯强度试验方法》，与GB/T 13465.2—2002相比较，主要技术变化如下：

——增加了尺寸为(Φ35 mm±0.1 mm)×(200 mm±0.1 mm)的不透性石墨块材抗弯试样。

本部分由中国石油和化学工业联合会提出。

本部分由全国非金属化工设备标准化技术委员会(SAC/TC 162)归口。

本部分起草单位：天华化工机械及自动化研究设计院有限公司、南通扬子江石墨设备有限公司、南通晨光石墨设备有限公司、南通京通石墨设备有限公司、南通星球石墨设备有限公司、江苏福华环境工程设备有限公司、泰安盛通化工设备有限公司。

本部分主要起草人：周杰、侯一兵、陈洪林、蒋锦峰、陈汉明、张进尧、陈福华、张红梅。

本部分所代替标准的历次版本发布情况为：

——GB/T 13465.2—1992、GB/T 13465.2—2002。

不透性石墨材料试验方法 第2部分:抗弯强度

1 范围

GB/T 13465 的本部分规定了测定不透性石墨材料抗弯强度时所用的试验装置、试样、试验程序和结果计算方法。

本部分适用于不透性石墨材料抗弯强度测定。

2 规范性引用文件

下列文件对于本文件的应用是必不可少的。凡是注日期的引用文件,仅注日期的版本适用于本文件。凡是不注日期的引用文件,其最新版本(包括所有的修改单)适用于本文件。

GB/T 13465.1 不透性石墨材料试验方法 第1部分:力学性能试验方法总则

3 术语和定义

GB/T 13465.1 界定的以及下列术语和定义适用于本文件。

3.1

抗弯强度 flexure strength

把石墨试样放置在标准间距支座上,在中间部位受载状态下,样品能承受的极限载荷值。

4 仪器、设备

仪器和设备应符合 GB/T 13465.1 的有关规定。

5 试样

5.1 取样及试样制备按 GB/T 13465.1 的有关规定。

5.2 试样尺寸:

a) 块材:(Φ20 mm±0.1 mm)×(120 mm±0.5 mm)或(Φ35 mm±0.1 mm)×(200 mm±0.5 mm);

b) 石墨管:直径、壁厚及偏差均按产品规格规定,长度等于管外径的5倍加30 mm;

c) 粘接剂浇铸件:(120 mm±0.5 mm)×(20 mm±0.2 mm)×(20 mm±0.2 mm)。

5.3 试样表面粗糙度 $Ra \leqslant 3.2\ \mu m$。

5.4 每组试样不少于5个。

6 试验装置

6.1 试验装置

抗弯试验装置如图1。

单位为毫米

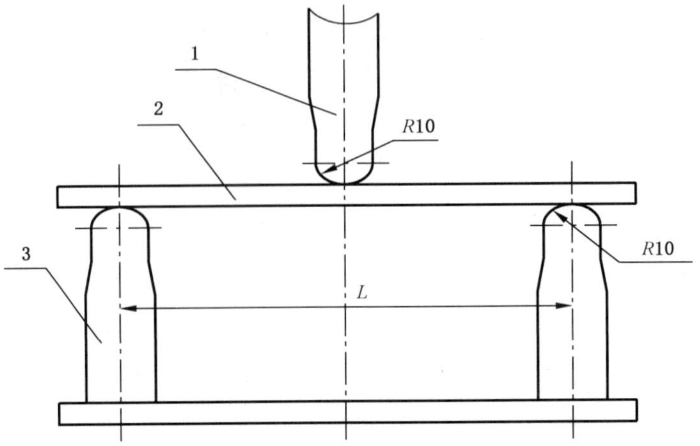

说明：

1——上压头；

2——试样；

3——支座。

图 1 抗弯试验装置

6.1.1 上压头宽度应大于或等于石墨块材试样直径，上压头长度应不小于 80 mm。

6.1.2 石墨管试样试验用上压头(图 2)，其半径 R 与石墨管试样半径名义尺寸及偏差相同，宽度 b 不小于 15 mm。

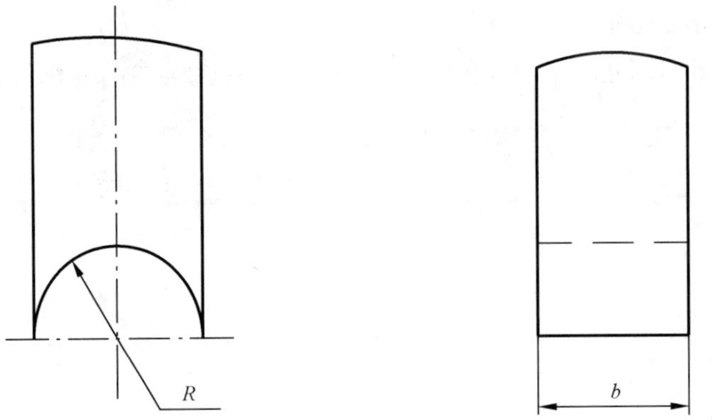

图 2 石墨管试验用上压头

6.2 支座跨距

6.2.1 块材支座跨距：支座跨距 L 分别为 100 mm±0.5 mm 和 175 mm±0.5 mm。

6.2.2 石墨管支座跨距：支座跨距 L 等于试样外径的 5 倍。

6.2.3 粘接剂浇铸件支座跨距：支座跨距 L 为 100 mm±0.5 mm。

7 试验步骤

7.1 块材测量：沿试样轴向测 3 处，每处测互相垂直的直径各 1 次，取所得 6 个数据的算术平均值。

7.2 石墨管测量：

a) 外径测量:沿试样轴向测 3 处,每处测互相垂直的直径各 1 次,取所得 6 个数据的算术平均值;

b) 内径测量:测量试样内径两端管口处,每处测互相垂直的直径各 1 次,取所得 4 个数据的算术平均值。

7.3 粘接剂浇铸件测量:沿轴向测量宽度和厚度各 3 次,分别取其算术平均值。

7.4 按要求调整好支座跨距,放好试样,且使压头、支座轴向皆垂直于试样轴。

7.5 压头压在试样上,以 5 mm/min～10 mm/min 的加载速度均匀、无冲击地施加载荷,直至试样断裂,读取断裂负荷值。

8 结果计算

8.1 计算方法

8.1.1 按式(1)计算石墨块材抗弯强度 σ,单位为兆帕(MPa)。

$$\sigma = \frac{8PL}{\pi d^3} \quad \cdots\cdots(1)$$

式中:

P ——断裂负荷值,单位为牛顿(N);

L ——支座跨距,单位为毫米(mm);

d ——试样直径,单位为毫米(mm)。

8.1.2 按式(2)计算石墨管抗弯强度 σ,单位为兆帕(MPa)。

$$\sigma = \frac{8PLD}{\pi(D^4 - d^4)} \quad \cdots\cdots(2)$$

式中:

P ——断裂负荷值,单位为牛顿(N);

L ——支座跨距,单位为毫米(mm);

D ——石墨管外径,单位为毫米(mm);

d ——石墨管内径,单位为毫米(mm)。

8.1.3 按式(3)计算粘接剂浇铸件抗弯强度 σ,单位为兆帕(MPa)。

$$\sigma = \frac{3PL}{2bh^2} \quad \cdots\cdots(3)$$

式中:

P ——断裂负荷值,单位为牛顿(N);

L ——支座跨距,单位为毫米(mm);

b ——试样宽度,单位为毫米(mm);

h ——试样厚度,单位为毫米(mm)。

8.2 试验结果

试验结果处理按 GB/T 13465.1 的有关规定。

9 试验报告

试验报告内容按 GB/T 13465.1 的有关规定。

ICS 71.120
G 94

中华人民共和国国家标准

GB/T 13465.3—2014
代替 GB/T 13465.3—2002

不透性石墨材料试验方法 第3部分:抗压强度

Test method of impermeable graphite materials—
Part 3:Compress strength

2014-09-03 发布

2015-03-01 实施

中华人民共和国国家质量监督检验检疫总局
中国国家标准化管理委员会 发布

前　言

GB/T 13465《不透性石墨材料试验方法》分为10个部分：

——第1部分：力学性能试验方法总则；

——第2部分：抗弯强度；

——第3部分：抗压强度；

——第4部分：冲击强度；

——第5部分：酚醛粘接剂收缩率；

——第6部分：石墨管水压爆破；

——第7部分：增重率和填孔率；

——第8部分：粘接剂粘接剪切强度；

——第9部分：粘接剂粘接抗拉强度；

——第10部分：抗拉强度。

本部分是GB/T 13465的第3部分。

本部分按照GB/T 1.1—2009给出的规则起草。

本部分代替GB/T 13465.3—2002《不透性石墨材料抗压强度试验方法》，与GB/T 13465.3—2002相比，主要技术变化如下：

——增加了尺寸为(Φ25 mm±0.1 mm)×(25 mm±0.1 mm)的不透性石墨块材抗压试样；

——对试样制备及试验时的加载速度进行了修订。

本部分由中国石油和化学工业联合会提出。

本部分由全国非金属化工设备标准化技术委员会(SAC/TC 162)归口。

本部分起草单位：天华化工机械及自动化研究设计院有限公司、广州市特种承压设备检测研究院、南通星球石墨设备有限公司、南通京通石墨设备有限公司、上海泛科石墨制品有限公司。

本部分主要起草人：周杰、李茂东、刘晓东、杭玉宏、陈汉军、张俊科、忻晨光、黎华、叶伟文。

本部分所代替标准的历次版本发布情况为：

——GB/T 13465.3—1992、GB/T 13465.3—2002。

不透性石墨材料试验方法 第3部分:抗压强度

1 范围

GB/T 13465 的本部分规定了测定不透性石墨材料抗压强度时所用的试验装置、试样、试验程序和结果计算方法。

本部分适用于不透性石墨材料抗压强度测定。

2 规范性引用文件

下列文件对于本文件的应用是必不可少的。凡是注日期的引用文件,仅注日期的版本适用于本文件。凡是不注日期的引用文件,其最新版本(包括所有的修改单)适用于本文件。

GB/T 13465.1 不透性石墨材料试验方法 第1部分:力学性能试验方法总则

3 术语和定义

GB/T 13465.1 界定的以及下列术语和定义适用于本文件。

3.1

抗压强度 compressive strength

不透性石墨材料单位面积上能承受极限载荷值的实测值。

4 仪器、设备

仪器和设备应符合 GB/T 13465.1 的有关规定。

5 试样

5.1 取样、试样加工方法及制备按 GB/T 13465.1 的有关规定。

5.2 试样尺寸:

a) 块材:(ϕ45 mm±0.1 mm)×(45 mm±0.1 mm)或(ϕ25 mm±0.1 mm)×(25 mm±0.1 mm);

b) 石墨管:直径、壁厚及偏差均按产品规格规定,高度等于管外径;

c) 粘接剂浇铸件:(ϕ25 mm±0.1 mm)×(25 mm±0.1 mm)。

5.3 试样受压面平行度偏差≤0.05 mm。

5.4 试样表面粗糙度 Ra≤3.2 μm。

5.5 每组试样不少于 5 个。

6 试验步骤

6.1 块材、粘接剂浇铸件测量:沿试样轴向测 3 处,每处测互相垂直的直径各 1 次,取所得 6 个数据的算术平均值。

6.2 石墨管测量：

a) 外径测量：沿试样轴向测3处，每处测互相垂直的直径各1次，取所得6个数据的算术平均值；

b) 内径测量：测量试样内径两端管口处，每处测互相垂直的直径各1次，取所得4个数据的算术平均值。

6.3 将试样放在试验机台工作面中心，试样周围有1个保护套，防止试样破裂时碎块飞出。

6.4 以10 mm/min～15 mm/min的加载速度均匀、无冲击地施加载荷，直至试样破坏，读取破坏时的负荷值。

7 结果计算

7.1 计算方法

7.1.1 按式(1)计算石墨块材、粘接剂浇铸件抗压强度σ_c，单位为兆帕(MPa)。

$$\sigma = \frac{4P}{\pi D^2} \qquad \cdots\cdots(1)$$

式中：

P ——断裂负荷值，单位为牛顿(N)；

D ——试样直径，单位为毫米(mm)。

7.1.2 按式(2)计算石墨管抗压强度σ_c，单位为兆帕(MPa)。

$$\sigma_c = \frac{4P}{\pi(D^2 - d^2)} \qquad \cdots\cdots(2)$$

式中：

P ——断裂负荷值，单位为牛顿(N)；

D ——石墨管外径，单位为毫米(mm)；

d ——石墨管内径，单位为毫米(mm)。

7.2 试验结果

试验结果处理按GB/T 13465.1的有关规定。

8 试验报告

试验报告内容按GB/T 13465.1的有关规定。

ICS 71.120
G 94

中华人民共和国国家标准

GB/T 13465.4—2014
代替 GB/T 13465.4—2002

不透性石墨材料试验方法 第4部分：冲击强度

Test method of impermeable graphite materials—Part 4: Impact strength

2014-09-03 发布 2015-03-01 实施

中华人民共和国国家质量监督检验检疫总局
中国国家标准化管理委员会 发布

前　言

GB/T 13465《不透性石墨材料试验方法》分为10个部分：

——第1部分：力学性能试验方法总则；

——第2部分：抗弯强度；

——第3部分：抗压强度；

——第4部分：冲击强度；

——第5部分：酚醛粘接剂收缩率；

——第6部分：石墨管水压爆破；

——第7部分：增重率和填孔率；

——第8部分：粘接剂粘接剪切强度；

——第9部分：粘接剂粘接抗拉强度；

——第10部分：抗拉强度。

本部分是GB/T 13465的第4部分。

本部分按照GB/T 1.1—2009给出的规则起草。

本部分代替GB/T 13465.4—2002《不透性石墨材料冲击强度试验方法》，与GB/T 13465.4—2002相比，主要技术变化如下：

——试验机摆锤冲击速度为由2.9 m/s调整为3 m/s。

本部分由中国石油和化学工业联合会提出。

本部分由全国非金属化工设备标准化技术委员会(SAC/TC 162)归口。

本部分起草单位：天华化工机械及自动化研究设计院有限公司、兰州铁路局科研技术监督所、广州市特种承压设备检测研究院、南通华耐特石墨设备有限公司、南通星球石墨设备有限公司、南通京通石墨设备有限公司、上海泛科石墨制品有限公司。

本部分主要起草人：周杰、周磊、李茂东、仇建国、孙建军、陈汉明、忻晨光、叶伟文、黎华。

本部分所代替标准的历次版本发布情况为：

——GB/T 13465.4—1992、GB/T 13465.4—2002。

不透性石墨材料试验方法 第4部分:冲击强度

1 范围

GB/T 13465 的本部分规定了测定不透性石墨材料冲击吸收功和冲击强度所用的试验装置、试样、试验程序和结果计算方法。

本部分适用于处在简支梁状态下不透性石墨材料的吸收功和冲击强度的测定。

2 规范性引用文件

下列文件对于本文件的应用是必不可少的。凡是注日期的引用文件,仅注日期的版本适用于本文件。凡是不注日期的引用文件,其最新版本(包括所有的修改单)适用于本文件。

GB/T 13465.1 不透性石墨材料试验方法 第1部分:力学性能试验方法总则

JJG 145 摆锤式冲击试验机

3 术语和定义

GB/T 13465.1 界定的以及下列术语和定义适用于本文件。

3.1

冲击吸收功 absorbing energy of impact test

具有一定形状和尺寸的不透性石墨试样在冲击载荷作用下破坏时所吸收的功。

3.2

冲击强度 impact strength

冲击吸收功除以试样缺口底部处横截面面积所得的商。

4 仪器、设备

4.1 基本要求

试验用仪器和设备应符合 GB/T 13465.1 的有关规定。

4.2 冲击试验机

4.2.1 试验机支座及摆锤刀刃尺寸应符合图1的要求。

4.2.2 试验机的结构应具有足够的刚性,放在稳固的工作台上,试验机机座的水平度为 0.5/1 000。

4.2.3 试验机的标准打击能量为 0.490 J、0.981 J 和 3.923 J,试验机正常使用范围为每套摆锤最大打击能量的 10%～90%。

4.2.4 试验机摆锤冲击速度为 3 m/s。

4.2.5 试验机应符合 JJG 145 技术要求的规定。

单位为毫米

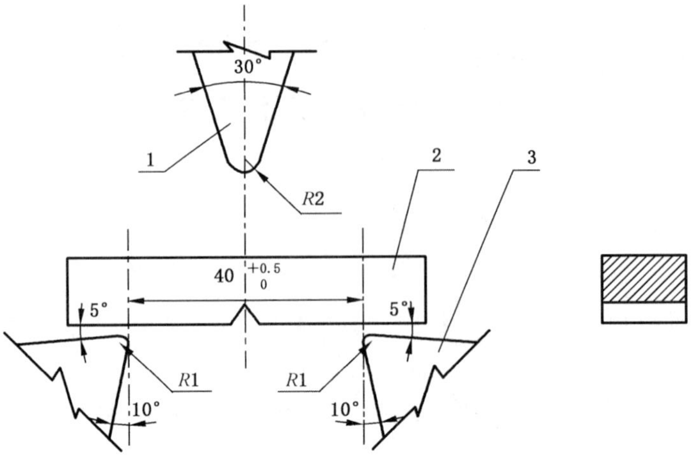

说明：

1——摆锤；

2——试样；

3——支座。

注：图中 $R1$ 为 1 mm；$R2$ 为 2 mm。

图 1

5 试样

5.1 取样、试样加工方法及制备按 GB/T 13465.1 的有关规定。

5.2 标准试样带有 V 形缺口，试样尺寸应符合图 2 规定。

5.3 试样表面粗糙度 $Ra \leqslant 3.2\ \mu m$。

5.4 每组试样不少于 5 个。

单位为毫米

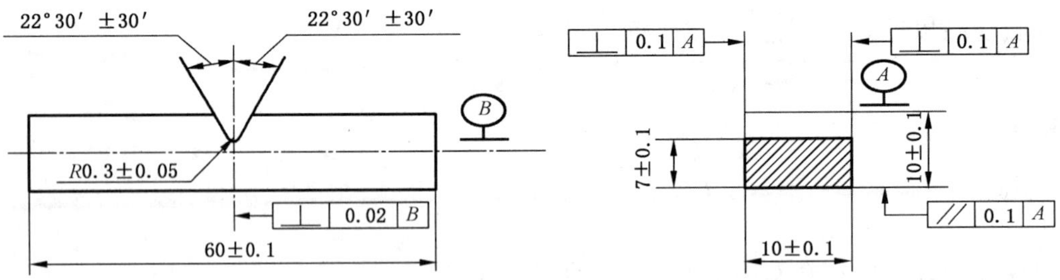

注：在必要情况下，允许采用带钥匙孔型缺口的辅助试样(见附录 A 中图 A.1)。

图 2

6 试验步骤

6.1 尺寸测量：在试样缺口底部横截面的 2 处测宽度和高度各 2 次，取宽度和高度数据的算术平均值。

6.2 根据试样预期冲击消耗功选择试验机量程，选择量程时应符合 4.2.3 要求。

6.3 用试验机跨距找正器调准简支梁跨距为 $40^{+0.5}_{0}$ mm。

6.4 调整读数指针到零刻度处，试验机摆锤空打一次，检查试验机消耗功是否超差。

6.5 试样的放置应紧贴支座放置，并用试样找正器找正，使摆锤刀刃正好能打击缺口中心背面。

6.6 用摆锤冲击试样，读取表盘冲击功显示值。

7 结果计算

7.1 按式(1)计算冲击吸收功 A_k。

$$A_k = A - \Delta A \qquad \cdots\cdots(1)$$

式中：

A ——试样断裂时冲击功示值，单位为焦耳(J)；

ΔA ——冲击试验机消耗功，单位为焦耳(J)(由冲击试验机说明书查出)。

7.2 按式(2)计算冲击强度 σ_k，单位为每平方厘米焦耳(J/cm²)。

$$\sigma_k = \frac{A_k}{bh} \qquad \cdots\cdots(2)$$

式中：

b——试样缺口处底部横截面宽度，单位为厘米(cm)；

h——试样缺口处底部横截面高度，单位为厘米(cm)。

7.3 试验过程中遇到下列情况之一时，试验数据无效：

a) 误操作；

b) 试样打断时有卡锤现象；

c) 断裂在非缺口处。

7.4 试验结果处理按 GB/T 13465.1 的有关规定。

8 试验报告

试验报告内容按 GB/T 13465.1 的有关规定。

附　录　A
（规范性附录）
辅助试样

辅助试样为带钥匙孔型缺口试样，尺寸如图 A.1 所示。

单位为毫米

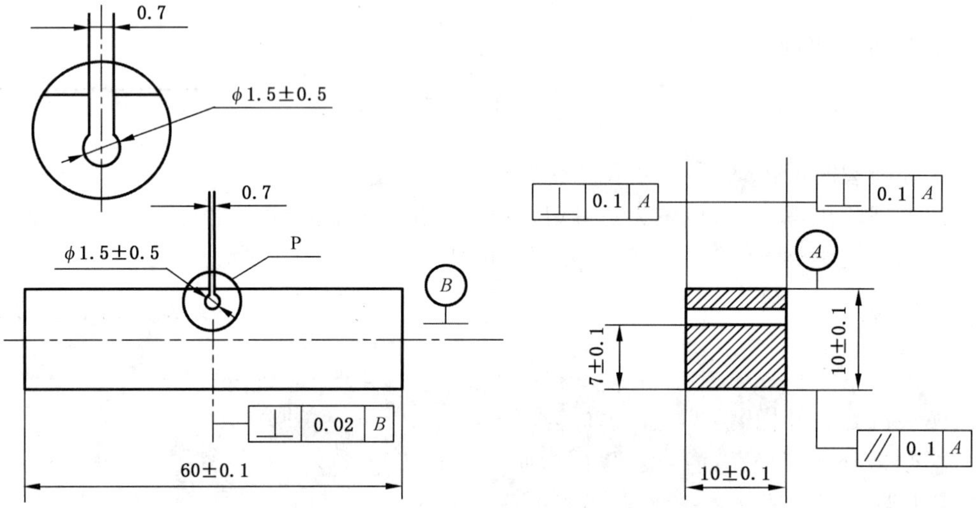

图 A.1

ICS 91.120.10
Q 25

中华人民共和国国家标准

GB/T 13480—2014/ISO 29469:2008
代替 GB/T 13480—1992

建筑用绝热制品　压缩性能的测定

Thermal insulating products for building applications—Determination of compression behaviour

(ISO 29469:2008,IDT)

2014-06-09 发布　　2014-12-01 实施

中华人民共和国国家质量监督检验检疫总局
中国国家标准化管理委员会　发布

前　言

本标准依据 GB/T 1.1—2009 给出的规则起草。

本标准代替 GB/T 13480—1992《矿物棉制品压缩性能试验方法》，与 GB/T 13480—1992 的主要区别如下：

——修改了标准名称；

——将第 1 章的“范围”中方法范围扩大到所有绝热制品；

——第 3 章“定义”增加了“10%变形时的压缩应力”删除“压缩载荷、压缩比例极限”；

——第 4 章“原理”中增加了 10% 变形时压缩应力的相关规定；

——第 6 章“试样”增加了不同尺寸的试样，试样状态调节修改为在(23±5)℃的环境中调节至少 6 h；

——第 7 章增加了试验温度的要求；试验方法不再区分方法 A 和方法 B；

——第 8 章增加“10%变形时的压缩应力”的计算，并对不同曲线的处理方法进行了分类；

——增加了第 9 章“精密度”；

——增加了规范性附录 A“泡沫玻璃制品通用测试方法的修改”。

本标准使用翻译法等同采用 ISO 29469:2008《建筑用绝热制品　压缩性能的测定》。

本标准由全国绝热材料标准化技术委员会(SAC/TC 191)归口。

本标准起草单位：南京玻璃纤维研究设计院有限公司、国家玻璃纤维产品质量监督检验中心。

本标准主要起草人：郝郑涛、方允伟、马丹、崔军、徐琪、许敏、黄英、陈建明、李骏光。

本标准所代替标准的历次版本发布情况为：

——GB/T 13480—1992。

建筑用绝热制品　压缩性能的测定

1　范围

本标准规定了测定试样压缩性能的设备和步骤。本标准适用于绝热产品，可用于测定压缩蠕变试验和绝热材料在受短期负荷试验过程中的压缩应力。

本方法可用于质量控制，也可用于获得参考值，用安全系数和参考值计算设计值。

2　规范性引用文件

下列文件对于本文件的应用是必不可少的。凡是注日期的引用文件，仅注日期的版本适用于本文件。凡是不注日期的引用文件，其最新版本(包括所有的修改单)适用于本文件。

ISO 5725-2　测量方法和结果的准确度(正确度和精密度)　第2部分：测量标准方法的重复性和再现性的基本方法[Accuracy (trueness and precision) of measurement methods and results—Part 2: Basic method for the determination of repeatability and reproducibility of a standard measurement method]

ISO 29768　建筑用绝热制品　试样线性尺寸的测量(Thermal insulating products for building applications——Determination of linear dimensions of test specimens)

3　术语和定义

下列术语和定义适用于本文件。

3.1

相对变形　relative deformation

ε

试样在承受载荷方向上厚度的减小与原厚度的比，以百分比表示。

3.2

压缩强度　compressive strength

δ_m

在屈服(见图1b))或破坏(见图1a))时的变形 ε 小于10%变形时，最大压缩载荷 F_m 与试样初始截面积的比。

3.3

10% 变形时的压缩应力　compressive stress at 10% strain

δ_{10}

试样在10%变形时未出现屈服或破坏，10%变形即 ε_{10} 时的压缩载荷 F_{10} 与试样初始截面积的比(见图1c)和图1d))。

3.4

压缩弹性模量　compression modulus of elasticity

E

材料在比例极限内，压缩应力与对应的变形之比(见图1)。

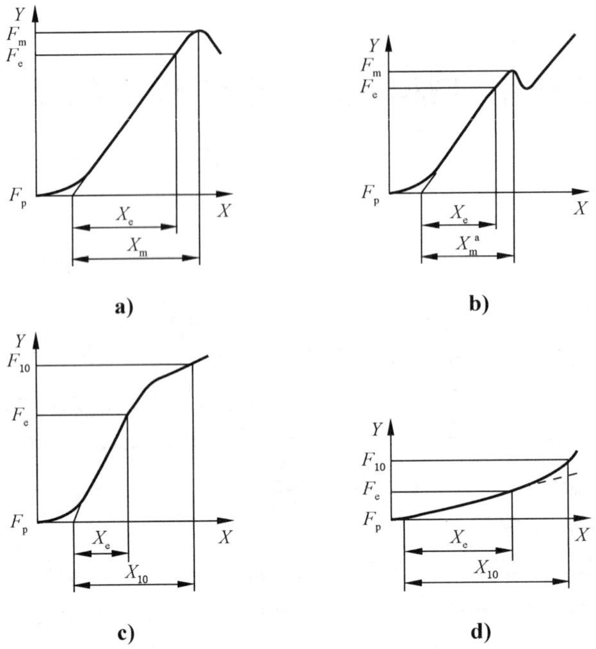

说明：

X ——位移；

Y ——载荷；

F_P ——预加载荷；

F_m ——最大载荷；

X_m ——最大载荷处的位移；

F_{10} ——10％变形时的载荷；

X_{10} ——10％变形时的位移；

F_e ——与 X_e 对应的（常规的比例极限）载荷；

X_e ——常规弹性区域位移。

注：X_m 比 10％ 变形小。

图 1　载荷-位移曲线示意图

4　原理

在垂直于方形试样表面的方向上以恒定的速率施加压缩载荷，计算最大压缩应力。

当最大压缩应力对应的变形小于10％时，以此作为压缩强度，并给出压缩变形。如 10％ 变形前没有发生破坏，计算 10％ 变形时的压缩应力，并在报告中给出 10％ 变形时的压缩应力。

5　仪器

5.1　压缩试验机

合适的载荷和位移量程，带有两个刚性的、光滑的方形或圆形的平行压板，至少有一个面的长度（或直径）与测试试样的长度（或对角线）相等。

一块压板应固定，另一块能以第 7 章中规定的恒定速度移动。如必要，其中一块压板应通过中心的球形支座与试验机连接，确保只有轴向的力施加到试样上。

5.2 位移测量装置

安装在压缩试验机上，能够连续的测量可移动压板的位移，测量精度为±5%或±0.1mm(取较小者)(见5.3)。

5.3 载荷测量装置

一个安装在仪器压板上的载荷传感器，用来测量试样对压板的作用力。传感器应满足在测量操作过程中所产生的自身变形与被测试样的变形相比可忽略不计或其所产生的变形可计算。此外，还应满足连续测量载荷的精度在±1%范围内。

5.4 记录装置

能够同时记录载荷 F 和位移 X，给出 F-X 曲线(见7.2)。

注：曲线能给出产品性能的其他信息并可能用于测定压缩弹性模量。

6 试样

6.1 试样尺寸

试样厚度应为制品原始厚度。试样宽度不小于厚度。在使用中保留表皮的制品在试验时也应保留表皮。

不应将试样叠加来获得更大的厚度。

试样应切割成方形，尺寸如下：

——50 mm×50 mm，或

——100 mm×100 mm，或

——150 mm×150 mm，或

——200 mm×200 mm，或

——300 mm×300 mm

试样尺寸范围应符合相关产品标准规定。

在有产品标准时，试样尺寸由各相关方商定。

依据ISO 29768测定试样尺寸，精确到0.5%。试样两表面的平行度和平整度应不大于试样边长的0.5%或0.5 mm，取较小者。

如果试样表面不平整，应将试样磨平或用涂层处理试样表面。在试验过程中涂层不应有明显的变形。

注：如果试样的厚度小于20 mm试验结果的精度将降低。

6.2 试样制备

试样在切割时应确保试样的底面就是制品在使用过程中受压的面。采用的试样切割方法应不改变产品原始的结构。选取试样的方法应符合相关产品标准的规定。若是锥形制品，试样的两表面的平行度应符合6.1的要求。

若没有产品标准时，试样选取方法由各相关方商定。

注：若需要，在相关的产品标准中给出特殊的制备方法。

如需更完整了解各向异性材料的特性或各向异性材料的主方向未确定时，应制备多组试样。

6.3 试样数量

试样数量应符合相关产品标准的规定。若无相应规定，应至少5个试样或由各相关方商定。

6.4 试样状态调节

试样应在(23±5)℃的环境中放置至少 6 h。有争议时,在(23±2)℃和(50±5)%相对湿度的环境中放置产品标准规定的时间。

7 步骤

7.1 试验环境

试验应在(23±5)℃下进行,有争议时,试验应在(23±2)℃和(50±5)%相对湿度的环境下进行。

7.2 试验步骤

依据 ISO 29768 测量试样尺寸。

将试样放在压缩试验机的两块压板正中央。预加载(250±10)Pa 的压力。

如在相关产品标准中有规定,当试样在 250 Pa 的预压力下出现明显变形,可施加 50 Pa 的预压力。在该种情况下,厚度 d_0 应在相同压力下测定。

以 $0.1d/\text{min}$(±25%以内)的恒定速度压缩试样,d 为试样厚度,单位为 mm。

连续压缩试样直至试样屈服得到压缩强度值,或压缩至 10%变形时得到 10% 变形时的压缩应力。

绘制载荷-位移曲线。

8 结果计算和表示

以所有测量值的平均值作为试验结果,保留三位有效数字。结果不能外推到其他厚度。

根据变形情况(见 7.2)计算 δ_m 和 ε_m 或 δ_{10}(见第 3 章)。

8.1 压缩强度和相应变形

8.1.1 压缩强度

按式(1)计算压缩强度 δ_m,单位为 kPa:

$$\sigma_m = 10^3 \times \frac{F_m}{A_0} \qquad \cdots\cdots(1)$$

式中:

F_m ——最大载荷,单位为牛顿(N);

A_0 ——试样初始截面截,单位为平方毫米(mm^2)。

8.1.2 变形

确定零变形点的位置。将载荷-位移曲线上斜率最大的直线部分延伸至预加载荷 F_p 所确定的零位移线(见 5.4)其交点为变形零点。

测量从 F_p=(250±10)Pa 对应的变形零点开始至用来计算变形的整个位移。

注:图 1 给出四个例子对该步骤进行说明。

按式(2)计算压缩变形 ε_m,用百分比表示:

$$\varepsilon_m = \frac{X_m}{d_0} \times 100 \qquad \cdots\cdots(2)$$

式中：

X_m ——与最大压缩载荷对应的位移，单位为毫米(mm)；

d_0 ——试样初始厚度，单位为毫米(mm)。

8.2 10%变形时压缩应力

按式(3)计算10%变形时压缩应力 δ_{10}，单位为 kPa：

$$\delta_{10} = 10^3 \times \frac{F_{10}}{A_0} \qquad \cdots\cdots(3)$$

式中：

F_{10}——10%变形时压缩载荷，单位为牛顿(N)；

A_0 ——试样初始截面积，单位为平方毫米(mm^2)。

注：如需要，也可计算小于10%变形时对应的压缩应力。

8.3 压缩弹性模量

如需要，按式(4)和式(5)计算压缩弹性模量 E，单位为 kPa：

$$E = \delta_e \frac{d_0}{X_e} \qquad \cdots\cdots(4)$$

其中

$$\delta_e = 10^3 \times \frac{F_e}{A_0} \qquad \cdots\cdots(5)$$

式中：

F_e ——在常规弹性区(载荷-位移曲线明显的直线部分)末端处载荷，单位为牛顿(N)；

X_e ——F_e 处位移，单位为毫米(mm)。

若在载荷-位移曲线上没有明显的直线段部分，或按8.1.2规定所得的变形零点为负值，则不需要这个步骤。在这种情况下，以(250±10)Pa 对应的变形作为变形零点。

9 精密度

10个实验室于1993年进行了比对试验。测定了四种不同压缩性能的制品，其中三种用于再现性的统计计算(每种制品两个试验结果)，一种用于重复性统计计算(5个试验结果)。

依据 ISO 5725-2 对试验结果进行分析，分析结果见表1和表2。

表1 压缩强度 δ_m 或10%变形时压缩应力 δ_{10}

范围	95 kPa～230 kPa %
重复性变化的评估 s_r 95%重复性限	0.5 2
再现性变化的评估 s_R 95%再现性限	3 9

表 2　压缩弹性模量 *E*

范围	2 500 kPa～8 500 kPa %
重复性变化的评估 s_r 95%重复性限	3 8
再现性变化的评估 s_R 95%再现性限	10 25

上述涉及的术语符合 ISO 5725-2 的规定。

10　试验报告

试样报告应包含以下内容：

a)　说明按本标准试验。

b)　产品标识：

　　1)　产品名称，企业名称，生产商或供应商；

　　2)　产品代码；

　　3)　产品规格；

　　4)　包装；

　　5)　产品到达试验室的状态；

　　6)　其他相关信息(如标称厚度，标称密度)。

c)　试验步骤：

　　1)　抽样(如抽样地点和抽样人员)；

　　2)　状态调节；

　　3)　与第 6 章和第 7 章的任何偏差；

　　4)　试验日期；

　　5)　试样尺寸和数量；

　　6)　表面处理方法(磨平或涂层)；

　　7)　与试验有关的信息；

　　8)　任何可能影响试验结果的信息。

注：试验仪器和试验人员的信息最好能在实验室方便获得，但不必在报告中给出。

d)　试验结果：压缩强度和相应变形或 10% 变形时的压缩应力的单值，平均值，若需要给出压缩弹性模量。

附 录 A
(规范性附录)
泡沫玻璃制品通用测试方法的修改

对于泡沫玻璃制品,本标准中规定的试验方法应按本附录进行修改。

A.1 仪器

A.1.1 压缩试验机

配备球形支座与其中一个压板连接。

A.2 试样

A.2.1 试样尺寸

试样应为原始全尺寸板的四分之一(如 600 mm×450 mm 板,试样尺寸应为 300 mm×225 mm,其中两个边为原板的边)。若不可实现,采用对称取样,每四分之一块板取一个 200 mm×200 mm 的试样。

A.2.2 试样制备

A.2.2.1 试样的压缩面应平行且平整(见 6.1)。如必要,用合适的磨具将表面打磨成平整。

A.2.2.2 为使压缩面光滑,用加热至(170±10)℃的 R85/25 型热沥青层来充分填充试样表面的孔隙,沥青应稍有少量剩余。

沥青面密度约为(1±0.25)kg/m^2。

将试样略倾斜,使压缩面浸入沥青中,或最好将压缩面置于浸在沥青中的水平滚轴上(见图 A.1)。刮去多余的沥青。如试样表面的孔隙仍未充分填充,重复该步骤。再将试样有涂层的压缩面向下浸入沥青中或在水平滚轴上重复处理。让多余的沥青从有涂层的压缩面滴落。翻转试样并在水平位置轻轻摇晃试样以确保沥青分散均匀。

注:用部分浸在沥青中的滚轴来涂覆沥青是较简单的方法(见图 A.1)

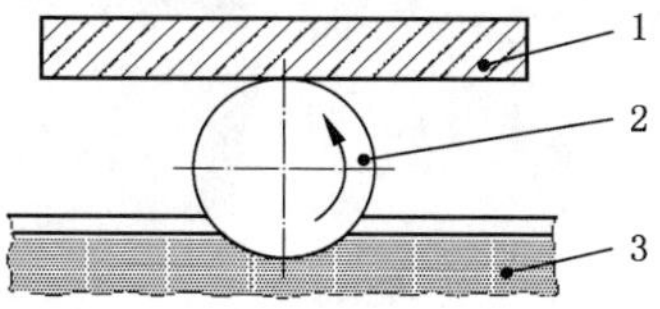

说明:

1——试样;

2——滚轴;

3——沥青。

图 A.1 热沥青涂覆装置

A.2.2.3 将压缩面已处理过的试样放在比板大的薄片上并将其放在平整的金属板上。该薄片应是薄的,柔性的,均质的且和热沥青相容[如用面密度为(1±0.25)kg/m^2 的沥青屋面毡或轻质的牛皮纸或面密度为(0.15±0.08)kg/m^2 的塑料薄膜,可由非织造玻璃纤维增强]。用不小于试样的压板在试样表面施加(200 ± 25) N 的均布载荷。

大约 1 min 后卸载。

15 min 后处理试样的另一面。

注：用薄的、柔性的薄片的目的是为了防止试样表面上的沥青在测试过程中粘在压盘上。

A.2.2.4 将试样侧立，在泡沫玻璃的中间支撑（如用小片的木材），将涂覆的表面放在室温中最少 15 min，在试验前使沥青硬化。

A.2.2.5 沥青温度不宜过高否者可能引起氧化。

A.2.2.6 由多个完整的泡沫玻璃板组成的板，应对每块完整的板作好标识并应依据 A.2.1 的要求取样。

该种泡沫玻璃板在制备试样时不应使用热沥青。

如试样表面不平整，应在表面涂覆厚度为(2±1)mm 的抹灰层。只有当抹灰层干燥后才能进行压缩试验。

A.3 试验步骤

以 $0.01d/\text{min}$（偏差在±25%范围内）的恒定速度压缩试样，d 为试样厚度，单位为 mm。

开始试验直至试样屈服，屈服时通常出现载荷显著下降并伴有巨响。

注：考虑到试样表面的处理，本方法不适用于通过测量压缩试验机两个压板的位移来测定压缩变形和压缩弹性模量。一种可选的方法是在试样的边缘选择固定的参考点，测定参考点间相对位移。

ICS 13.320
N 21

中华人民共和国国家标准

GB 13486—2014
代替 GB 13486—2000

便携式热催化甲烷检测报警仪

Portable heating catalytic methane alarm detector

2014-12-22 发布　　2015-11-01 实施

中华人民共和国国家质量监督检验检疫总局
中国国家标准化管理委员会　发布

前　言

本标准的全部技术内容为强制性的。

本标准按照 GB/T 1.1—2009 给出的规则起草。

本标准代替 GB 13486—2000《便携式热催化甲烷检测报警仪》。

本标准与 GB 13486—2000 相比，主要技术变化如下：

——增加了防爆安全条款内容，并对防爆安全条款进行了分类和细化（见 5.21）；

——增加“显示值稳定性”条款（见 5.10.1）；

——增加“绝缘电阻”及“介电强度”条款（见 5.12 及 5.13）；

——删除了“仪器分类”（见 2000 年版的 4.1）；

——删除了仪器测量范围“(0～3)%CH_4”[见 2000 年版的 4.3.1a)]；

——“仪器连续运行 7 d(每天工作 9 h)，…”调整为“报警仪连续工作 15 d(每天工作 10 h)，…”（见 5.8，2000 年版的 5.14）；

——仪器的响应时间由“30 s”调整为“20 s”（见 5.9，2000 年版的 5.11）；

——报警功能“报警声级强度在距其 1 m 远处应不小于 80 dB(A)”调整为“报警声级强度在距其 1 m 远处应不小于 75 dB(A)”[见 5.10.2，2000 年版的 5.12b)]；

——报警误差试验中“(0.50～1.00)%CH_4 误差：±0.10，(>1.00～2.00)%CH_4 误差：真值的 ±10%”调整为“报警显示值与设定值的差值应不超过±0.05%CH_4”的要求（见 5.10.1，2000 年版的 5.9）；

——工作时间测试方法中原“最后 10 min 检查仪器的零点……”调整为“运行 9.5 h，检查仪器的零点……”（见 6.8，2000 年版的 6.12）；

——交变湿热试验周期由“2 d”改为“6 d”（见 6.18，2000 年版的 6.17）；

——风速影响试验方法做了修改（见 6.15，2000 年版的 6.14）。

请注意本文件的某些内容可能涉及专利。本文件的发布机构不承担识别这些专利的责任。

本标准由中国煤炭工业协会提出并归口。

本标准由煤科集团沈阳研究院有限公司、扬中市南方矿用电器有限公司、山东隆泰矿业设备有限公司负责起草。

本标准主要起草人：付淑玲、唐勇、李者、付文俊、李仲强、李真西、袁立清、王东、刘艺平、刘雅君、张芳等。

本标准所代替标准的历次版本发布情况为：

——GB 13486—1992，GB 13486—2000。

便携式热催化甲烷检测报警仪

1 范围

本标准规定了煤矿用便携式热催化甲烷检测报警仪的术语和定义、型式、分类、型号、基本参数和使用条件、技术要求、试验方法、检验规则、标志、包装、贮存等。

注：煤矿用便携式热催化甲烷检测报警仪适用于有甲烷和煤尘爆炸性气体混合物的煤矿井下。

本标准适用于Ⅰ类爆炸环境中便携式热催化甲烷检测报警仪(以下简称报警仪)。

2 规范性引用文件

下列文件对于本文件的应用是必不可少的。凡是注日期的引用文件，仅注日期的版本适用于本文件。凡是不注日期的引用文件，其最新版本(包括所有的修改单)适用于本文件。

GB/T 191 包装储运图示标志

GB/T 2423.1—2008 电工电子产品环境试验 第2部分：试验方法 试验A：低温

GB/T 2423.2—2008 电工电子产品环境试验 第2部分：试验方法 试验B：高温

GB/T 2423.4—2008 电工电子产品环境试验 第2部分：试验方法 试验Db：交变湿热(12 h+12 h循环)

GB/T 2423.5 电工电子产品环境试验 第2部分：试验方法 试验Ea和导则：冲击

GB/T 2423.8 电工电子产品环境试验 第2部分：试验方法 试验Ed：自由跌落

GB/T 2423.10—2008 电工电子产品环境试验 第2部分：试验方法 试验Fc：振动(正弦)

GB/T 2829 周期检验计数抽样程序及表(适用于对过程稳定性的检验)

GB 3836.1—2010 爆炸性环境 第1部分：设备 通用要求

GB 3836.2—2010 爆炸性环境 第2部分：由隔爆外壳"d"保护的设备

GB 3836.4—2010 爆炸性环境 第4部分：由本质安全型"i"保护的设备

GB 4208—2008 外壳防护等级(IP代码)

GB/T 9969 工业产品使用说明书 总则

AQ 1043—2007 矿用产品安全标志标识

MT 210 煤矿通信、检测、控制用电工电子产品基本试验方法

3 术语和定义

下列术语和定义适用于本文件。

3.1

显示值 display value

由报警仪的显示器显示的测量数值。

3.2

零点 zero point

报警仪在新鲜空气中正常工作时的显示值。

3.3

标定点　demarcation point

报警仪为满足测量精度所选择的校准气样浓度的显示值。

3.4

报警点　alarm point

报警仪依据使用要求所预先设置的警报启动值。

3.5

基本误差　basic error

在正常试验条件下确定的报警仪测量误差值。

3.6

稳定性　stability

在规定的工作条件和时间内，仪器的零点、标定点和报警点保持在允许变化范围内的性能。

4　型号命名

报警仪按下面的方法命名：

J　C　B　4　(*)

- (*)——设计修改序号：用 A、B、C… 表示
- 4——测量范围：0 ～ 4%CH_4
- B——结构特征：便携式
- C——测量方法：热催化
- J——产品类型：甲烷

5　技术要求

5.1　一般要求

5.1.1　报警仪应符合本标准的规定，并按经规定程序批准的图样和技术文件制造。

5.1.2　报警仪的测量范围为：0.00%CH_4～4.00%CH_4。

5.1.3　报警仪防爆型式为矿用本质安全兼隔爆型。

5.2　工作条件

报警仪在下列环境条件下应能正常工作：

a)　环境温度：0 ℃～40 ℃；

b)　相对湿度：≤95%(在 25 ℃时)；

c)　大气压力：80 kPa～106 kPa；

d)　风速：≤8 m/s；

e)　在甲烷、煤尘爆炸性气体混合物但无破坏绝缘的腐蚀性气体环境中使用。

5.3　贮存温度

贮存温度为－40 ℃～＋60 ℃。

5.4 外观及结构

5.4.1 报警仪应有显示值极性标志。

5.4.2 报警仪应有电源欠压自动关断功能和防高浓甲烷冲击措施。

5.4.3 报警仪应结构合理、坚固耐用、易于操作和调整、便于维修和携带，并能有效地防尘、防潮、抗干扰。

5.4.4 报警仪表面、镀层或涂层不应有气泡、裂痕、明显剥落和斑点。报警仪内部的元器件应安装焊接牢固，布局合理齐整。

5.4.5 报警仪的观察孔罩应透光良好，表头、数码、符号均应清晰完好。

5.4.6 配备外套的报警仪，外套上开孔应合理适用，便于操作和从不同的方位对报警光信号进行观察及报警声信号的传出。

5.5 充电功能

与报警仪配套使用的充电器，应有充电指示及防过充功能。

5.6 基本误差

报警仪的基本误差应符合表1的规定。

表1 基本误差

测量气体	测量范围 $\%CH_4$	基本误差 $\%CH_4$
空气中甲烷	0.00～1.00	±0.10
空气中甲烷	1.00～3.00	真值的±10%
空气中甲烷	3.00～4.00	±0.30

5.7 工作时间测试

报警仪充电后工作时间应不少于10 h。正常工作时间内，报警仪不应出现欠压关机，零点、报警点符合5.6、5.10.1的规定。

5.8 工作稳定性

报警仪连续工作15 d(每天工作10 h)，其基本误差应符合5.6的规定。

5.9 响应时间

报警仪的甲烷响应时间应不大于20 s。

5.10 报警功能

5.10.1 报警仪应能在0.50%CH_4～2.00%CH_4范围内任意设置甲烷气体报警点，报警显示值与设定值的差值应不超过±0.05%CH_4。

5.10.2 报警声级强度在距其1 m远处应不小于75 dB(A)。

5.10.3 报警光信号在暗处的能见度应不小于20 m。

5.11 工作位置变动

报警仪的工作位置偏离正常规定状态时，其显示值或报警点产生的附加误差应在±0.03%CH_4范围内。

5.12 绝缘电阻

报警仪本安电路与外壳之间，常态下其绝缘电阻应不小于 50 MΩ；交变湿热试验后，应不小于 1.5 MΩ。

5.13 介电强度

报警仪本安电路与外壳之间应能承受 500 V、50 Hz、历时 1 min 的工频耐压试验而无击穿和闪络现象，泄漏电流不大于 5 mA。

5.14 风速影响

报警仪在 8 m/s 风速条件下试验时，其示值的漂移量应不超过±0.10%CH_4。

5.15 工作温度

报警仪经工作温度试验后，基本误差应符合 5.6 的规定。

5.16 贮存温度

报警仪经贮存温度试验后，基本误差应符合 5.6 的规定。

5.17 交变湿热

报警仪经交变湿热试验后，其绝缘电阻、介电强度及基本误差应符合 5.12、5.13 和 5.6 的规定。

5.18 振动试验

报警仪经振动试验后，接插件、零部件应无松动和脱落，并基本误差应符合 5.6 的规定。

5.19 冲击试验

报警仪经冲击试验后，应无损坏，接插件、零部件应无松动和脱落，并基本误差应符合 5.6 的规定。

5.20 跌落试验

报警仪经跌落试验后，接插件、零部件应无松动和脱落，并基本误差应符合 5.6 的规定，且不应出现影响防爆性能的任何变形和损坏。

5.21 防爆要求

5.21.1 报警仪应采用矿用本质安全兼隔爆型的防爆结构且满足 GB 3836.1—2010、GB 3836.2—2010、GB 3836.4—2010 的规定。

5.21.2 报警仪中任何与本质安全性能有关的元件，应符合 GB 3836.4—2010 中第 7 章的规定。

5.21.3 报警仪外壳防护性能应符合 GB 4208—2008 中防护等级 IP54 的规定。

5.21.4 报警仪若外壳为非金属材质，且其最大表面积大于 100 cm^2 时，其表面应进行防静电处理，使其表面绝缘电阻不应大于 1 GΩ 或在井下使用时佩戴动物皮套。

5.21.5 报警仪应能通过 GB 3836.4—2010 规定的火花点燃试验。

5.21.6 报警仪在正常和故障状态下，其外壳、导线及其元件最高表面温度应不大于 150 ℃。

5.21.7 报警仪外壳(电池浇封)结构、爬电距离、电气间隙和间距符合 GB 3836.4—2010 中第 6 章的规定。

5.21.8 报警仪的供电电池或电池组应符合 GB 3836.4—2010 中 7.4 的规定。

6 试验方法

6.1 试验环境条件

正常的试验大气条件：

a) 温度：15 ℃～35 ℃；

b) 相对湿度：45%～75%；

c) 大气压力：86 kPa～106 kPa。

6.2 试验用计量器具

6.2.1 流量计的准确度等级不低于 4.0 级；声级计的分辨率不低于 1 dB(A)；秒表分度值不大于 0.1 s。

6.2.2 测试气样应采用经国家计量部门考核认证的单位提供的气样，其不确定度小于 3%。各项试验所用气样应符合表 2 的要求。试验中，仪器的预热时间、充电时间以及气样的流量均按仪器技术文件要求确定。

表 2 试验气样

试验项目	所需气样及取值范围 $\%CH_4$
基本误差试验	0.50、1.00、1.50、3.50
响应时间试验	2.00±0.10
报警误差试验	1.20
注：标准气体值与本表规定的气体值的允许偏离应不超过±10%。	

6.3 外观及结构

用感官检查。

6.4 充电功能检查

先将报警仪放电至临界欠压状态，再对仪器充电。充电后，检查充电功能及充电效果。

6.5 基本误差试验

校准其零点和标定点(以下简称校准报警仪)。按报警仪的量程选用表 2 中列出的相应气样，由低浓度到高浓度依次进行测试。每种气样测 4 次(每次测量 1 min，在空气中恢复时间不少于 1 min)，取后 3 次的算术平均值作为测量值与气样的差值，即为基本误差。自动间歇工作的报警仪按其规定的周期进行测试。

试验装置见附录 A。误差按式(1)计算：

$$\delta = \frac{\sum_{i=2}^{n} D_i}{n-1} - D \qquad \cdots\cdots(1)$$

式中：

D ——标准气样值，%CH_4；

D_i——某次测量值，%CH_4；

n ——测量次数。

6.6 报警误差试验

均先设定警报点为1.0%CH_4和1.5%CH_4，依次通入表2规定的气样，记录报警仪报警时所对应的气样值。每种气样测量4次(每次测量1 min，在空气中恢复时间不少于1 min)，取后3次算术平均值与设定报警点之差作为报警误差。

6.7 响应时间试验

响应时间试验如下：

a) 校准报警仪，通入表2中规定的气样，记录报警仪稳定值；

b) 用新鲜空气清洗报警仪后，快速通入上述气样，并开始计时，记录报警仪显示原稳定值90%的时间；

c) 测量4次(每次测量1 min，在空气中恢复时间不少于1 min)，取后3次的算术平均值，即为响应时间。

6.8 工作时间测试

6.8.1 可充电电池充电完毕后正常工作9.5 h后，测试测定器报警点及示值误差。

6.8.2 一次性可更换电池按每天工作10 h，按式(2)计算：

$$D=\frac{C}{I\times 10} \qquad \cdots\cdots(2)$$

式中：

D ——工作时间，单位为天(d)；

C ——电池容量，单位为安培小时(A·h)；

I ——工作电流，单位为安培(A)。

6.8.3 校准报警仪，报警仪运行9.5 h。检查仪器的零点、报警点、欠压情况、示值误差。示值误差计算按6.5规定的方法进行。

6.9 绝缘电阻试验

绝缘电阻按MT 210中规定的方法进行。

6.10 介电强度试验

按MT 210中规定的方法进行。

6.11 工作位置变动试验

报警仪按其规定的使用位置校准报警仪零点，通入2.00%CH_4气样，1 min后，记录报警仪正常工作位置显示值。然后，使报警仪偏离正常工作位置45°，并沿该45°轴线旋转一周，记录与正常工作位置显示值的最大差值，作为报警仪工作位置影响的附加误差。

6.12 声级强度试验

在环境噪声不大于30 dB(A)的条件下，使报警仪报警，在距仪器讯响器中心1 m远处测量其声级强度,测量 3 次,取平均值。

6.13 光信号观测

报警仪的报警光信号能见度在黑暗中进行观测。

6.14 稳定性试验

报警仪的稳定性试验,按下列方法进行:

a) 校准报警仪,记录报警仪的零点、报警点和标定点示值。校准后的报警仪,在试验过程中不允许再次校准;

b) 报警仪在 0.5%CH_4±0.20%CH_4 的气样中接连试验 15 天。每天试验后,均按规定对报警仪进行充电;

c) 报警仪每天试验 10 h,在最后 10 min 测试并记录报警点和标定点的显示值。测量 4 次,取后 3 次的算术平均值。误差计算按式(1)进行。

6.15 风速影响

将报警仪放入通风试验装置中,在风流为零时调整好报警仪的基准点,记录显示值,启动风机,调整风速为 $8^{+0.5}_{0}$ m/s,人为使报警仪绕悬挂抽线方向转动,寻找其受风速影响的位置,并固定此位置。每 30 s 记录 1 次指示值,共记录 3 次,取其算术平均值和基准点的差值作为漂移量。

6.16 工作温度试验

6.16.1 低温工作试验按 GB/T 2423.1—2008 中试验 Ad 方法进行。严酷程度:温度 0±3 ℃,持续时间 2 h。

6.16.2 高温工作试验按 GB/T 2423.2—2008 中试验 Bd 方法进行。严酷程度:温度 40±2 ℃,持续时间 2 h。

试验前,应在 20±2 ℃室温下校准报警仪;试验中,气样温度须与试验温度一致,报警仪一直通电;温度稳定 2 h 后,按 6.5 进行测试。

6.17 贮存温度试验

6.17.1 低温试验按 GB/T 2423.1—2008 中试验 Ab 方法进行。严酷程度:温度 −40 ℃,持续时间 16 h。

6.17.2 高温试验按 GB/T 2423.2—2008 中试验 Bb 方法进行。严酷程度:温度 60 ℃,持续时间 16 h。

6.17.3 高、低温试验后,均在正常环境条件下恢复 2 h,再按 6.5 进行测试。

6.18 交变湿热试验

按 GB/T 2423.4—2008 中试验 Db 方法进行。严酷程度:温度 40 ℃±2 ℃,周期 6 d。试验中,样机不通电,不进行中间检测。试验后,在正常环境条件下恢复 2 h,再按 6.5 进行测试。

6.19 振动试验

按 GB/T 2423.10—2008 中试验 Fc 方法进行。严酷等级为:

a) 频率范围:10 Hz~150 Hz,加速度幅值 20 m/s^2($2g$);

b) 每轴线上的扫频循环次数 20 次;

c) 报警仪做振动试验时,为非工作、非包装状态;

d) 三个轴向均做试验,试验后按 6.5 进行测试。

6.20 冲击试验

按 GB/T 2423.5 中试验 Ea 方法进行。严酷等级：

a) 峰值加速度：500 m/s^2(5g)；

b) 脉冲持续时间：11 ms；

c) 脉冲波形：半正弦波；

d) 连续冲击次数：三个轴向每个轴向 3 次，共 18 次；

e) 试验后按 6.5 进行测试。

6.21 跌落试验

按 GB/T 2423.8 中试验 Ed 方法进行。试验台面为光滑平整的混凝土台面，跌落 4 次，跌落高度为 1 m，配备外套的报警仪，应将报警仪装入外套内进行试验。试验后按 6.5 进行测试。防爆性能跌落试验按 GB 3836.1—2010 中规定的方法进行。

6.22 防爆试验

6.22.1 报警仪的防爆性能试验方法按 GB 3836.1—2010、GB 3836.2—2010、GB 3836.4—2010 的规定进行，由国家授权的防爆检验机构进行。

6.22.2 与本质安全性能有关的元件检查按 GB 3836.4—2010 中第 7 章的规定方法进行。

6.22.3 外壳防护性能试验按 GB 4208—2008 中防护等级 IP54 的规定的方法进行。

6.22.4 非金属外壳表面绝缘电阻试验按 GB 3836.1—2010 中 26.13 规定的方法进行。

6.22.5 报警仪火花点燃试验按 GB 3836.4—2010 中 10.1 规定的方法进行。

6.22.6 最高表面温度测试按 GB 3836.4—2010 中 10.2 规定的方法进行。

6.22.7 介电强度试验按 GB 3836.4—2010 中 10.3 规定的方法进行。

6.22.8 爬电距离、电气间隙和间距的测量按有关规定的方法进行测量。

6.22.9 电池或电池组防爆性能试验按 GB 3836.4—2010 中 10.5 规定的方法进行。

6.22.10 浇封化合物机械试验按 GB 3836.4—2010 中 10.6 规定的方法进行。

7 检验规则

7.1 检验分类

检验分为出厂检验和型式检验。经型式检验合格并取得检验合格证后方可批量生产。

7.2 出厂检验

7.2.1 出厂检验由制造厂质检部门进行，检验合格并发给合格证后方能出厂。

7.2.2 检验项目按表 3 的规定。

表 3 检验项目

序号	检验项目	技术要求	试验方法	出厂检验	型式检验
1	外观及结构	5.4	6.3	√	√
2	充电功能检查	5.5	6.4	√	√
3	基本误差	5.6	6.5	√	√

表 3（续）

序号	检验项目	技术要求	试验方法	出厂检验	型式检验
4	工作时间测试	5.7	6.8	√	√
5	工作稳定性	5.8	6.14	√	√
6	响应时间	5.9	6.7	√	√
7	报警功能	5.10	6.6	√	√
8	工作位置变动	5.11	6.11	√	√
9	绝缘电阻试验	5.12	6.9	√	√
10	介电强度试验	5.13	6.10、6.22.7	√	√
11	风速影响	5.14	6.15	—	√
12	工作温度试验	5.15	6.16	—	√
13	贮存温度试验	5.16	6.17	—	√
14	交变湿热试验	5.17	6.18	—	√
15	振动试验	5.18	6.19	—	√
16	冲击试验	5.19	6.20	—	√
17	跌落试验	5.20	6.21	—	√
18	元件本质安全性能检查	5.21.2	6.22.2	—	√
19	外壳防护性能试验	5.21.3	6.22.3	—	√
20	非金属外壳部件表面绝缘电阻试验	5.21.4	6.22.4	—	√
21	火花点燃试验	5.21.5	6.22.5	—	√
22	最高表面温度试验	5.21.6	6.22.6	—	√
23	电气间隙和爬电距离	5.21.7	6.22.8	*	√
24	电池或电池组防爆性能试验	5.21.8	6.22.9	—	√
25	浇封化合物机械试验	5.21.8	6.22.10	—	√
注："√"表示应检验；"—"表示不检验；"*"为抽检项目。					

7.3 型式检验

7.3.1 仪器有下列情况之一者，应进行型式检验：

a) 新产品或老产品转厂生产的试制定型鉴定；

b) 正式生产后，如结构、材料、工艺有较大改变可能影响产品性能时；

c) 正常生产时，定期或累计一定数量后，应周期性进行检验，每年不少于 1 次，每次不少于 3 台；

d) 停产一年后的产品恢复生产时；

e) 出厂检验结果与上次型式检验有较大差异时；

f) 国家有关机构提出要求时。

7.3.2 型式检验项目见表 3。

7.3.3 型式检验抽样按 GB/T 2829 的规定方法进行（样品至少 3 台）。采用一次抽样方案，其中：DL＝Ⅰ，RQL＝30。

7.3.4 判定规则：受检样品检验项目5.6～5.13、5.21.2～5.21.8中有一项不合格时，或其他项目中有两项不合格时，则判定该批产品不合格；如不包括以上条款的其他项目，有1项不合格，则对全项目加倍抽样复检，复检仍不合格，则判定该批产品不合格。

8 标志、包装、运输、贮存

8.1 标志

8.1.1 报警仪应具备"MA"标志，"MA"标志应符合AQ 1043—2007的规定。

8.1.2 外壳明显处设置铭牌，铭牌应清晰，应有以下内容：

a) 产品型号、名称；
b) 防爆标志；
c) 防爆合格证编号；
d) 安全标志编号；
e) 电池参数；
f) 电池规格、节数；
g) 检验单位标志；
h) 产品出厂日期或编号。

8.2 包装

8.2.1 报警仪的出厂包装，应保证报警仪在长途运输期间能防止潮气、雨水和风沙侵入。

8.2.2 报警仪的包装箱上应印有下列标志，并应符合GB/T 191的规定：

a) 制造厂商标或厂名，厂址；
b) 报警仪名称、数量、质量和包装箱尺寸(长×宽×高)；
c) 运输中的作业标志，应有小心、防潮、防震等标志。

8.2.3 包装箱内应有下列文件：

a) 产品合格证；
b) 产品使用说明书；
c) 装箱单；
d) 配件(含专用工具)。

8.3 使用说明书

按GB/T 9969中的相关规定编写。

8.4 运输

报警仪应能适应水、陆、空各种运输方式，运输中要求防雨、防摔砸。

8.5 贮存

报警仪应贮存在干燥清洁无硫化物、硅化物等有害物质的室内。包装后的报警仪应能在温度为－10 ℃～＋40 ℃，相对湿度不大于90％的环境中贮存至少12个月。

附 录 A
（规范性附录）
基本误差试验装置

仪器的基本误差试验在图 A.1 所示装置上进行。

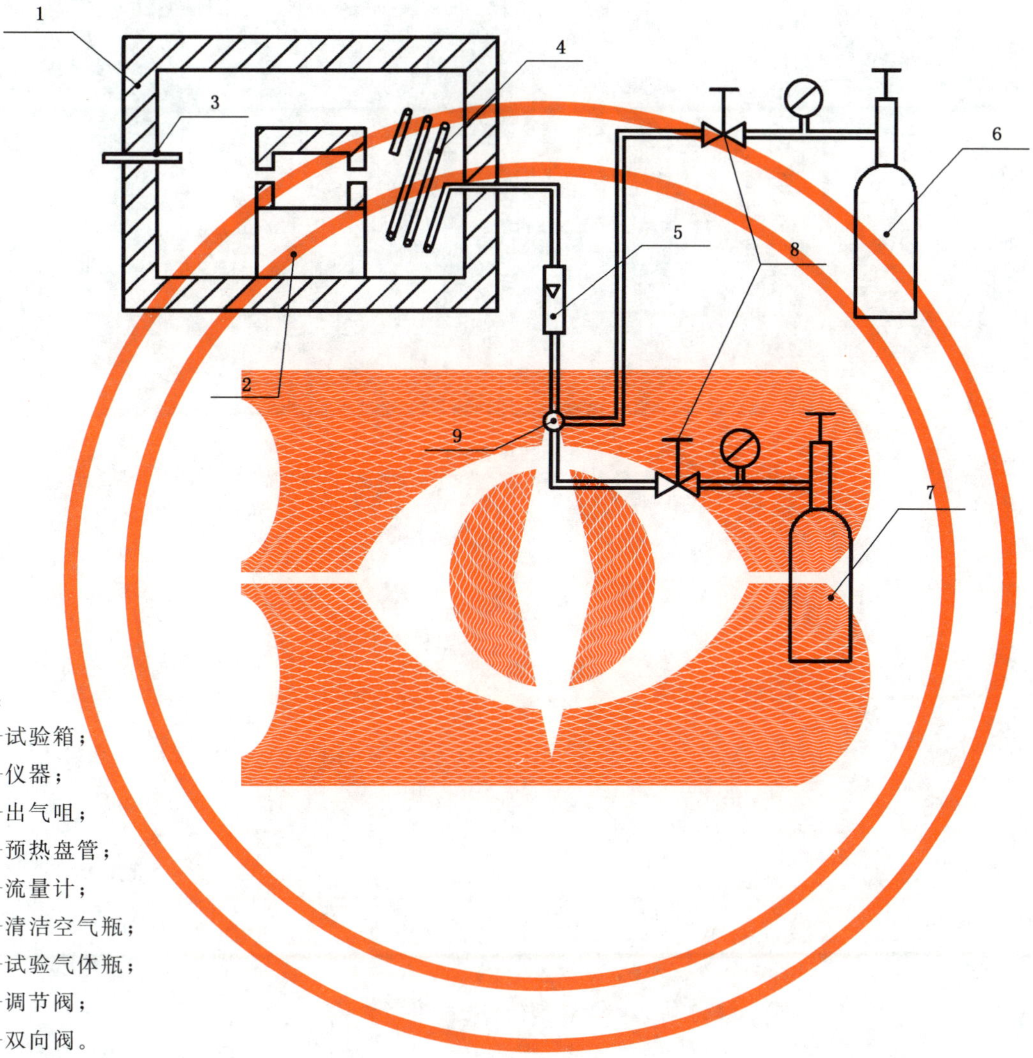

说明：

1——试验箱；

2——仪器；

3——出气咀；

4——预热盘管；

5——流量计；

6——清洁空气瓶；

7——试验气体瓶；

8——调节阀；

9——双向阀。

图 A.1 基本误差试验装置详图

ICS 67.080.10
X 74

中华人民共和国国家标准

GB/T 13516—2014
代替 GB/T 13516—1992

桃 罐 头

Canned peaches

2014-12-05 发布 2015-12-01 实施

中华人民共和国国家质量监督检验检疫总局
中国国家标准化管理委员会 发布

前　言

本标准按照 GB/T 1.1—2009 给出的规则起草。

本标准代替 GB/T 13516—1992《糖水桃罐头》。

本标准与 GB/T 13516—1992 相比，主要变化如下：

——扩大标准适用范围并调整相应分类和要求；

——取消产品质量分级中的合格品等级；

——增减了部分原料要求；

——按原料分类给出产品感官要求；

——调整了产品的固形物含量、可溶性固形物含量要求；

——增加了 pH 指标。

本标准由全国食品工业标准化技术委员会(SAC/TC 64)提出并归口。

本标准起草单位：中国食品发酵工业研究院、中国罐头工业协会、山东盛德泰食品有限公司、上海梅林正广和股份有限公司、大连真心罐头食品有限公司、徐州大丰食品有限公司、福建紫山集团股份有限公司、浙江丰岛食品有限公司、宁波东方九州食品工贸有限公司、深圳市华测检测有限公司。

本标准主要起草人：张蔚、葛双林、仇凯、穆花娥、师敏、谢德海、贾敏、陈松坤、陈亚妃、钱春萍、宋玉平、万峰、朱平。

本标准所代替标准的历次版本发布情况为：

——GB/T 13516—1992。

桃 罐 头

1 范围

本标准规定了桃罐头的术语和定义，产品分类及代号，要求，试验方法，检验规则，标签、包装、运输和贮存等要求。

本标准适用于以优良罐藏品种的新鲜、速冻桃或预罐装桃为主要原料，经加工处理、装罐、加汤汁、密封、杀菌、冷却制成的罐藏食品。

2 规范性引用文件

下列文件对于本文件的应用是必不可少的。凡是注日期的引用文件，仅注日期的版本适用于本文件。凡是不注日期的引用文件，其最新版本(包括所有的修改单)适用于本文件。

GB/T 191 包装储运图示标志

GB 317 白砂糖(GB 317—2006，Codex Stan 212—1999，NEQ)

GB 2760 食品安全国家标准 食品添加剂使用标准

GB/T 4789.26 食品安全国家标准 食品微生物学检验 商业无菌检验

GB 5749 生活饮用水卫生标准

GB 7718 食品安全国家标准 预包装食品标签通则

GB 8950 罐头厂卫生规范

GB/T 10786 罐头食品的检验方法

GB 11671 果、蔬罐头卫生标准

GB/T 20882 果葡糖浆

GB/T 20938 罐头食品企业良好操作规范

QB/T 1006 罐头食品检验规则

QB/T 4631 罐头食品包装、标志、运输和贮存

3 术语和定义

下列术语和定义适用于本文件。

3.1

两开桃片 half slice

沿桃合缝线切成大致相等的两瓣，经去皮、去核等加工制成。

3.2

四开桃片 1/4 slice

沿两开桃片轴向切成大致相等的两瓣。

3.3

桃条 slice

沿两开桃片轴向切成大致相等的3～5瓣。

3.4

不规则桃条　irregular slice

桃经去皮、去核后切成形状近似桃条或形状不规则的桃片。

3.5

桃丁　dice

桃经去皮、去核后切成边长约 3 mm～20 mm 近似正方体的小块。

3.6

不规则桃丁　irregular dice

桃经去皮、去核后切成的体积小于桃丁或形状不规则的桃块。

3.7

过度修整　excessive trim

桃片经修整后有明显刀痕，失去原有形态或修整部分超过正常块的四分之一。

3.8

去核不良　bad pit-gouged

去核时因用力不当致使去核过度或去核不净。

3.9

毛边　ground

桃片边缘不整齐，露出纤维。

4 产品分类及代号

4.1 产品分类

4.1.1 按品种不同分为黄桃罐头和白桃罐头。

4.1.2 按块形不同分为两开桃片、四开桃片、桃条、不规则桃条、桃丁、不规则桃丁。

4.1.3 按汤汁不同分为：

——糖水型：汤汁为白砂糖或糖浆的水溶液；

——果汁型：汤汁为水和果汁的混合液；

——混合型：汤汁为果汁、白砂糖、果葡糖浆、甜味剂中两种以上（包括两种）物质的水溶液；

——清水型：汤汁为清水。

4.2 产品代号

4.2.1 黄桃罐头产品代号见表 1。

表 1　黄桃罐头产品代号

项　目	产品代号			
	糖水型	果汁型	混合型	清水型
两开桃片	613　Y	613J　Y	613B　Y	613W　Y
四开桃片	613　1Y	613J　1Y	613B　1Y	613W　1Y
桃条	613　2Y	613J　2Y	613B　2Y	613W　2Y
不规则桃条	613　3Y	613J　3Y	613B　3Y	613W　3Y
桃丁	613　4Y	613J　4Y	613B　4Y	613W　4Y
不规则桃丁	613　5Y	613J　5Y	613B　5Y	613W　5Y

4.2.2 白桃罐头产品代号见表 2。

表 2 白桃罐头产品代号

项 目	产品代号			
	糖水型	果汁型	混合型	清水型
两开桃片	613	613J	613B	613W
四开桃片	613 1	613J 1	613B 1	613W 1
桃条	613 2	613J 2	613B 2	613W 2
不规则桃条	613 3	613J 3	613B 3	613W 3
桃丁	613 4	613J 4	613B 4	613W 4
不规则桃丁	613 5	613J 5	613B 5	613W 5

5 要求

5.1 原辅材料

5.1.1 桃

应新鲜、冷藏或速冻良好，果实应新鲜饱满、成熟适度，风味正常。黄桃应为黄色至淡黄色，白桃应为乳白色至青白色，果皮、果尖、核窝及合缝处允许稍有微红色。无严重畸形、霉烂、病虫害和机械伤所引起的腐烂现象。

可采用适合于罐头加工的速冻桃；预罐装桃应符合本标准质量要求。

5.1.2 白砂糖

应符合 GB 317 的要求。

5.1.3 果葡糖浆

应符 GB/T 20882 的要求。

5.1.4 果汁

应符合相应标准的要求。

5.1.5 水

应符合 GB 5749 的要求。

5.2 感官要求

产品的感官要求应符合表 3 的规定。

表 3 感官要求

项目	优级品	一级品
色泽	黄桃呈金黄色至黄色，白桃呈乳白色至乳黄色，同一罐内色泽一致，无变色迹象；糖水澄清较透明	黄桃呈黄色至淡黄色，白桃呈乳黄色至青白色，同一罐内色泽基本一致，核窝附近允许稍有变色
滋味、气味	具有桃罐头应有的滋味和气味，香味浓郁，无异味	
组织及形态	肉质均匀，软硬适度，不连叉，无核窝松软现象；块形完整，同一罐内果块大小均匀。过度修整、毛边、机械伤、去核不良、瘫软缺陷片数总和不得超过总片数的25%，不得残存果皮。两开和四开桃片：最大果肉的宽度与最小果肉的宽度之差不得大于1.5 cm，允许有极少量果肉碎屑	肉质较均匀，软硬较适度，有连叉，核窝有少量松软现象；块形基本完整，同一罐内果块大小较均匀。过度修整、毛边、机械伤、去核不良、瘫软缺陷片数总和不得超过总片数的35%，不得残存果皮。两开和四开桃片：最大果肉的宽度与最小果肉的宽度之差不得大于2.0 cm，允许有少量果肉碎屑
	两开桃片和四开桃片：单块果肉最小的重量分别为23 g和15 g	两开桃片和四开桃片：单块果肉最小的重量分别为20 g和12 g
杂质	无外来杂质	

5.3 理化要求

5.3.1 净含量

每批产品平均净含量不低于标示值。

5.3.2 固形物含量

产品的固形物含量应符合表4的要求。

表 4 固形物含量

类型	优级品	一级品
镀锡薄板容器装罐头	≥60%	
玻璃瓶装罐头	≥55%	≥50%
软包装罐头（复合塑料杯、袋、瓶等）	≥55%	≥50%

5.3.3 可溶性固形物含量（20 ℃，按折光计法）

5.3.3.1 糖水型罐头，开罐时要求：

——低浓度：10%～14%；

——中浓度：14%～18%；

——高浓度：18%～22%；

——特高浓度：22%～35%。

5.3.3.2 果汁型罐头，开罐时要求：

——低浓度：8%～14%；

——中浓度:14%～18%;

——高浓度:18%～22%。

5.3.3.3 混合型罐头,开罐时要求:

——低浓度:10%～14%;

——中浓度:14%～18%;

——高浓度:18%～22%;

——特高浓度:22%～35%。

5.3.4 pH

产品的 pH 应为 3.4～4.0。

5.4 卫生要求

产品卫生指标应符合 GB 11671 的规定。加工过程卫生要求应符合 GB 8950 和 GB/T 20938 的规定。

5.5 微生物指标

产品的微生物指标应符合罐头食品商业无菌要求。

5.6 食品添加剂

食品添加剂的使用应符合 GB 2760 的规定。

6 试验方法

6.1 感官要求

按 GB/T 10786 规定的方法检验。

6.2 理化指标

6.2.1 净含量

按 GB/T 10786 规定的方法测定。

6.2.2 固形物含量

按 GB/T 10786 规定的方法测定。

6.2.3 可溶性固形物含量

按 GB/T 10786 规定的方法测定。

6.2.4 pH

按 GB/T 10786 规定的方法测定。

6.3 卫生指标

按 GB 11671 规定的方法测定。

6.4 微生物指标

按 GB/T 4789.26 规定的方法检验。

7 检验规则

应符合 QB/T 1006 的规定。感官要求、净含量、固形物含量、可溶性固形物含量、pH、微生物指标为出厂检验必检项目。

8 标签、包装、运输和贮存

8.1 产品的标签应符合 GB 7718 及有关规定。产品名称以黄桃罐头为例，可标示为“糖水型黄桃”、“果汁型黄桃”(其中果汁应标明具体名称)、“混合型黄桃”(混合型罐头的配料应在配料表中标明)、“清水型黄桃”。

8.2 产品的包装、运输和贮存要求应符合 QB/T 4631 的有关规定，产品包装储运图示标志应符合 GB/T 191 的规定，包装材料应符合相关标准要求。

ICS 91.100.15
Q 15

中华人民共和国国家标准

GB/T 13545—2014
代替 GB 13545—2003

烧结空心砖和空心砌块

Fired hollow bricks and blocks

2014-06-24 发布　　2015-02-01 实施

中华人民共和国国家质量监督检验检疫总局
中国国家标准化管理委员会　发布

前　言

本标准按照 GB/T 1.1—2009 给出的规则起草。

本标准代替 GB 13545—2003《烧结空心砖和空心砌块》。

本标准与 GB 13545—2003《烧结空心砖和空心砌块》相比，主要变化如下：

——将淤泥、建筑渣土及其他固体废弃物纳入制砖原料范围；

——取消了优等品、一等品、合格品质量等级的规定；

——取消了 MU2.5 的强度等级；

——取消了强度和密度的联合判定；

——增加了孔型和壁孔的要求；

——取消 3 h 吸水率要求；

——增加 5 h 沸煮吸水率要求；

——将抗压强度标准值 f_k 的接收常数 K=1.8 调整到 K=1.83，以推进和提高产品强度的均匀性；

——增加欠火砖(砌块)、酥砖(砌块)检测方法；

——增加附录 B 烧结空心砖和空心砌块示意图例。

本标准由中国建筑材料联合会提出。

本标准由全国墙体屋面及道路用建筑材料标准化技术委员会(SAC/TC 285)归口。

本标准负责起草单位：中国建材检验认证集团西安有限公司、新疆城建(集团)股份有限公司。

本标准参加起草单位：甘肃省建材科研设计院、天元建设集团有限公司、南京鑫翔新型建筑材料有限责任公司、贵州省建材产品质量监督检验院、上海鑫晶山检测开发有限公司、湖南省科辉墙材有限公司、桂林宏科新型建材有限公司、淄博功力机械制造有限责任公司、南京双阳建材机械制造有限公司、协创机械(杭州)有限公司、双鸭山东方墙材集团有限公司、陕西宝深机械(集团)有限公司、淄博鲁王建材有限责任公司、山东高岭新型建材有限公司。

本标准主要起草人：林玲、朱一军、蔡小兵、周皖宁、李铮、蒋德勇、常豪、任炳会、闫刚、王辉、江涛、程相伟、敖志平、陈文光、于交安、夏莉娜、任增茂、高玲、仲黎明、柴常清、谢和根、陈科文、高华、李荆、林永淳、方胜全、吴正宏、李少修、王军、沈远刚、李克选、尚江山、杨波、宋旭辉、周炫。

本标准所代替标准的历次版本发布情况为：

——GB 13545—1992、GB 13545—2003。

烧结空心砖和空心砌块

1 范围

本标准规定了烧结空心砖和空心砌块的术语和定义、产品类别、规格、等级和标记、技术要求、试验方法、检验规则、标志、包装、运输和贮存。

本标准适用于以黏土、页岩、煤矸石、粉煤灰、淤泥(江、河、湖等淤泥)、建筑渣土及其他固体废弃物为主要原料,经焙烧而成,主要用于建筑物非承重部位的空心砖和空心砌块(以下简称空心砖和空心砌块)。

2 规范性引用文件

下列文件对于本文件的应用是必不可少的。凡是注日期的引用文件,仅注日期的版本适用于本文件。凡是不注日期的引用文件,其最新版本(包括所有的修改单)适用于本文件。

GB/T 2542 砌墙砖试验方法

GB 6566 建筑材料放射性核素限量

GB/T 18968 墙体材料术语

JC/T 466 砌墙砖检验规则

3 术语和定义

GB/T 18968 和 JC/T 466 界定的术语和定义适用于本文件。

4 产品类别、规格、等级和标记

4.1 类别

按主要原料分为黏土空心砖和空心砌块(N)、页岩空心砖和空心砌块(Y)、煤矸石空心砖和空心砌块(M)、粉煤灰空心砖和空心砌块(F)、淤泥空心砖和空心砌块(U)、建筑渣土空心砖和空心砌块(Z)、其他固体废弃物空心砖和空心砌块(G)。

4.2 规格

4.2.1 空心砖和空心砌块的外型为直角六面体(见图 1),混水墙用空心砖和空心砌块,应在大面和条面上设有均匀分布的粉刷槽或类似结构,深度不小于 2 mm。

4.2.2 空心砖和空心砌块的长度、宽度、高度尺寸应符合下列要求:

——长度规格尺寸(mm):390,290,240,190,180(175),140;

——宽度规格尺寸(mm):190,180(175),140,115;

——高度规格尺寸(mm):180(175),140,115,90。

其他规格尺寸由供需双方协商确定。

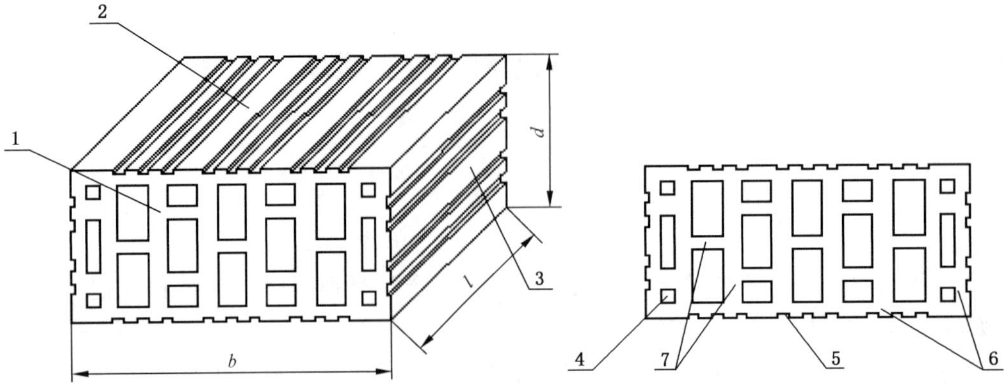

说明：

l ——长度；　1——顶面；　4——壁孔；　6——外壁；

b ——宽度；　2——大面；　5——粉刷槽；　7——肋

d ——高度；　3——条面；

图 1　烧结空心砖和空心砌块示意图

4.3　等级

4.3.1　强度等级

按抗压强度分为 MU10.0、MU7.5、MU5.0、MU3.5。

4.3.2　密度等级

按体积密度分为 800 级、900 级、1 000 级、1 100 级。

4.4　标记

空心砖和空心砌块的产品标记按产品名称、类别、规格(长度×宽度×高度)、密度等级、强度等级和标准编号顺序编写。

示例：规格尺寸 290 mm×190 mm×90 mm、密度等级 800、强度等级 MU7.5 的页岩空心砖，其标记为：烧结空心砖 Y(290×190×90)　800　MU7.5　GB 13545—2014

5　技术要求

5.1　尺寸允许偏差

尺寸允许偏差应符合表 1 的规定。

表 1　尺寸允许偏差

单位为毫米

尺　寸	样本平均偏差	样本极差　≤
>300	±3.0	7.0
>200～300	±2.5	6.0
100～200	±2.0	5.0
<100	±1.7	4.0

5.2 外观质量

空心砖和空心砌块的外观质量应符合表 2 的规定。

表 2 外观质量

单位为毫米

项目		指标
1. 弯曲	不大于	4
2. 缺棱掉角的三个破坏尺寸	不得同时大于	30
3. 垂直度差	不大于	4
4. 未贯穿裂纹长度		
① 大面上宽度方向及其延伸到条面的长度	不大于	100
② 大面上长度方向或条面上水平面方向的长度	不大于	120
5. 贯穿裂纹长度		
① 大面上宽度方向及其延伸到条面的长度	不大于	40
② 壁、肋沿长度方向、宽度方向及其水平方向的长度	不大于	40
6. 肋、壁内残缺长度	不大于	40
7. 完整面[a]	不少于	一条面或一大面

[a] 凡有下列缺陷之一者，不能称为完整面：

a) 缺损在大面、条面上造成的破坏面尺寸同时大于 20 mm×30 mm；

b) 大面、条面上裂纹宽度大于 1 mm，其长度超过 70 mm；

c) 压陷、粘底、焦花在大面、条面上的凹陷或凸出超过 2 mm，区域尺寸同时大于 20 mm×30 mm。

5.3 强度等级

强度应符合表 3 的规定。

表 3 强度等级

强度等级	抗压强度/MPa		
	抗压强度平均值	变异系数 $\delta \leqslant 0.21$	变异系数 $\delta > 0.21$
	$\bar{f} \geqslant$	强度标准值 $f_k \geqslant$	单块最小抗压强度值 $f_{min} \geqslant$
MU10.0	10.0	7.0	8.0
MU7.5	7.5	5.0	5.8
MU5.0	5.0	3.5	4.0
MU3.5	3.5	2.5	2.8

5.4 密度等级

密度等级应符合表 4 的规定。

表 4 密度等级

单位为千克每立方米

密度等级	五块体积密度平均值
800	≤800
900	801～900

表 4（续） 单位为千克每立方米

密度等级	五块体积密度平均值
1 000	901～1 000
1 100	1 001～1 100

5.5 孔洞排列及其结构

5.5.1 孔洞排列及其结构应符合表 5 的规定。

表 5 孔洞排列及其结构

<table>
<tr><th rowspan="2">孔洞排列</th><th colspan="2">孔洞排数/排</th><th rowspan="2">孔洞率/%</th><th rowspan="2">孔型</th></tr>
<tr><th>宽度方向</th><th>高度方向</th></tr>
<tr><td>有序或交错排列</td><td>b≥200 mm ≥4
b<200 mm ≥3</td><td>≥2</td><td>≥40</td><td>矩形孔</td></tr>
</table>

5.5.2 在空心砖和空心砌块的外壁内侧宜设置有序排列的宽度或直径不大于 10 mm 的壁孔，壁孔的孔型可为圆孔或矩形孔，参见附录 B。

5.6 泛霜

每块空心砖和空心砌块不允许出现严重泛霜。

5.7 石灰爆裂

每组空心砖和空心砌块应符合下列规定：

a) 最大破坏尺寸大于 2 mm 且小于等于 15 mm 的爆裂区域，每组空心砖和空心砌块不得多于 10 处。其中大于 10 mm 的不得多于 5 处；

b) 不允许出现最大破坏尺寸大于 15 mm 的爆裂区域。

5.8 抗风化性能

5.8.1 风化区的划分见附录 A。

5.8.2 严重风化区中的 1、2、3、4、5 地区的空心砖和空心砌块应进行冻融试验，其他地区空心砖和空心砌块的抗风化性能符合表 6 规定时可不做冻融试验，否则应进行冻融试验。

表 6 抗风化性能

<table>
<tr><th rowspan="4">产品类别</th><th colspan="8">项 目</th></tr>
<tr><th colspan="4">严 重 风 化 区</th><th colspan="4">非 严 重 风 化 区</th></tr>
<tr><th colspan="2">5 h 沸煮吸水率/%≤</th><th colspan="2">饱和系数≤</th><th colspan="2">5 h 沸煮吸水率/%≤</th><th colspan="2">饱和系数≤</th></tr>
<tr><th>平均值</th><th>单块最大值</th><th>平均值</th><th>单块最大值</th><th>平均值</th><th>单块最大值</th><th>平均值</th><th>单块最大值</th></tr>
<tr><td>黏土砖和砌块</td><td>21</td><td>23</td><td rowspan="2">0.85</td><td rowspan="2">0.87</td><td>23</td><td>25</td><td rowspan="2">0.88</td><td rowspan="2">0.90</td></tr>
<tr><td>粉煤灰砖和砌块</td><td>23</td><td>25</td><td>30</td><td>32</td></tr>
</table>

表 6（续）

产品类别	项目							
	严重风化区				非严重风化区			
	5 h 沸煮吸水率/%≤		饱和系数≤		5 h 沸煮吸水率/%≤		饱和系数≤	
	平均值	单块最大值	平均值	单块最大值	平均值	单块最大值	平均值	单块最大值
页岩砖和砌块	16	18	0.74	0.77	18	20	0.78	0.80
煤矸石砖和砌块	19	21			21	23		
注 1：粉煤灰掺入量(质量分数)小于 30%时按黏土空心砖和空心砌块规定判定。 注 2：淤泥、建筑渣土及其他固体废弃物掺入量(质量分数)小于 30%时按相应产品类别规定判定。								

5.8.3 冻融循环 15 次试验后，每块空心砖和空心砌块不允许出现分层、掉皮、缺棱掉角等冻坏现象；冻后裂纹长度不大于表 2 中第 4 项、第 5 项的规定。

5.9 欠火砖(砌块)、酥砖(砌块)

产品中不允许有欠火砖(砌块)、酥砖(砌块)。

5.10 放射性核素限量

放射性核素限量应符合 GB 6566 的规定。

6 试验方法

6.1 尺寸允许偏差

检验样品数为 20 块，其检测方法按 GB/T 2542 的规定进行。其中每一尺寸测量不足 0.5 mm 按 0.5 mm 计。样本平均偏差是 20 块试样同一方向 40 个测量尺寸的算术平均值减去其公称尺寸的差值，样本极差是抽检的 20 块试样中同一方向 40 个测量尺寸中最大测量值与最小测量值之差值。

6.2 外观质量

6.2.1 垂直度差

砖或砌块各面之间构成的夹角不等于 90°时应测量垂直度差，测量方法见图 2。直角尺准确度等级为 1 级。

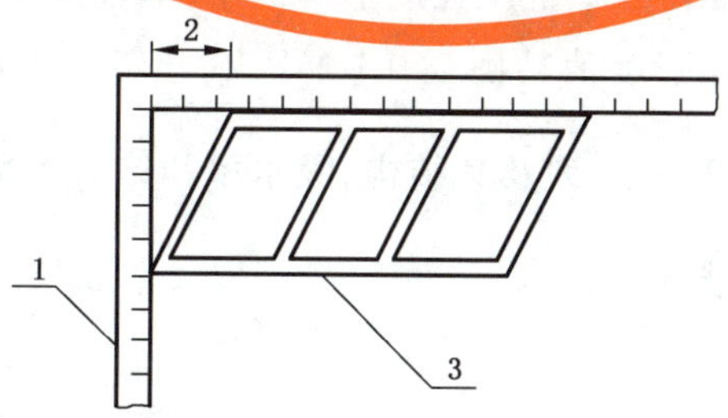

说明：

1——直角尺；

2——垂直度差；

3——砖或砌块

图 2 垂直度差测量方法

6.2.2 外观质量中其他项目检验按 GB/T 2542 的规定进行。

6.3 强度

6.3.1 强度结果表示、试验方法

强度以大面抗压强度结果表示,试验按 GB/T 2542 的规定进行。

6.3.2 强度变异系数、标准差

强度变异系数 δ、标准差 s 分别按式(1)、式(2)分别计算。

$$\delta = \frac{s}{\overline{f}} \quad \cdots\cdots (1)$$

$$s = \sqrt{\frac{1}{9}\sum_{i=1}^{10}(f_i - \overline{f})^2} \quad \cdots\cdots (2)$$

式中:

δ ——空心砖和空心砌块强度变异系数,精确至 0.01;

s ——10 块试样的抗压强度标准差,单位为兆帕(MPa),精确至 0.01;

$\overline{f}$ ——10 块试样的抗压强度平均值,单位为兆帕(MPa),精确至 0.1;

f_i——单块试样抗压强度测定值,单位为兆帕(MPa),精确至 0.01。

6.3.3 结果计算与评定

6.3.3.1 平均值——标准值方法评定

强度变异系数 $\delta \leqslant 0.21$ 时,按表 3 中抗压强度平均值 $\overline{f}$、强度标准值 f_k 评定空心砖和空心砌块的强度等级。

样本量 $n=10$ 时的强度标准值按式(3)计算。

$$f_k = \overline{f} - 1.83s \quad \cdots\cdots (3)$$

式中:

f_k——强度标准值,单位为兆帕(MPa),精确至 0.1。

6.3.3.2 平均值——最小值方法评定

强度变异系数 $\delta > 0.21$ 时,按表 3 中抗压强度平均值 $\overline{f}$、单块最小抗压强度值 f_{min} 评定空心砖和空心砌块的强度等级,单块最小抗压强度值精确至 0.1 MPa。

6.4 体积密度、泛霜、石灰爆裂、孔洞排列及其结构、吸水率和饱和系数、冻融试验

按 GB/T 2542 规定的方法进行试验。

6.5 欠火砖(砌块)、酥砖(砌块)

敲击砖体,发出沉闷的声音,或目测的方法进行检测,出现争议时,将有争议的样品按 GB/T 2542 的规定进行冻融试验。

6.6 放射性核素限量

放射性核素限量检验按 GB 6566 的规定进行。

7 检验规则

7.1 检验分类

7.1.1 出厂检验

出厂检验项目包括尺寸允许偏差、外观质量、强度等级和密度等级。产品经出厂检验合格后方可出厂。

7.1.2 型式检验

型式检验项目包括本标准技术要求的全部项目。有下列之一情况者，应进行型式检验：

a） 新厂生产试制定型检验；

b） 正式生产后，原材料、工艺等发生较大的改变，可能影响产品性能时；

c） 正常生产时，每半年进行一次；

d） 出厂检验结果与上次型式检验结果有较大差异时；

e） 放射性物质的检测在产品投产前或原料发生重大变化时进行一次。

7.2 批量

检验批的构成原则和批量大小按 JC/T 466 规定。3.5 万块～15 万块为一批，不足 3.5 万块按一批计。

7.3 抽样

7.3.1 外观质量和欠火砖（砌块）、酥砖（砌块）检验的样品采用随机抽样法，在每一检验批的产品堆垛中抽取。

7.3.2 其他检验项目的样品用随机抽样法从外观质量检验合格的样品中抽取。

7.3.3 抽样数量按表 7 进行。

表 7 抽样数量

单位为块

序号	检验项目	抽样数量
1	外观质量[欠火砖（砌块）、酥砖（砌块）]	50($n_1=n_2=50$)
2	尺寸允许偏差	20
3	强　度	10
4	密　度	5
5	孔洞排列及其结构	5
6	泛　霜	5
7	石灰爆裂	5
8	吸水率和饱和系数	5
9	冻　融	5
10	放射性核素限量	3

7.4 判定规则

7.4.1 尺寸允许偏差

尺寸允许偏差应符合表 1 的规定。否则，判不合格。

7.4.2 外观质量

外观质量采用JC/T 466二次抽样方案，根据表2规定的质量指标，检查出其中不合格品数 d_1，按下列规则判定：

a) $d_1 \leqslant 7$ 时，外观质量合格；
b) $d_1 \geqslant 11$ 时，外观质量不合格；
c) $d_1 > 7$，且 $d_1 < 11$ 时，需再次从该产品中抽样50块进行检验，检查出不合格品数 d_2，按下列规则判定：
d) $(d_1 + d_2) \leqslant 18$ 时，外观质量合格；
e) $(d_1 + d_2) \geqslant 19$ 时，外观质量不合格。

7.4.3 强度等级

强度等级的试验结果应符合表3的规定。否则，判不合格。

7.4.4 密度等级

密度等级的试验结果应符合表4的规定。否则，判不合格。

7.4.5 孔洞排列及其结构

孔洞排列及其结构试验结果应符合5.5的规定。否则，判不合格。

7.4.6 泛霜

泛霜试验结果应符合5.6的规定。否则，判不合格。

7.4.7 石灰爆裂

石灰爆裂试验结果应符合5.7的规定。否则，判不合格。

7.4.8 抗风化性能

抗风化性能试验结果应符合5.8的规定。否则，判不合格。

7.4.9 欠火砖(砌块)、酥砖(砌块)

欠火砖(砌块)、酥砖(砌块)试验结果应符合5.9的规定。

若用敲击或目测法检测，出现争议时，将有争议的样品按GB/T 2542的规定进行冻融试验，若冻融试验后，出现争议的样品均合格，则判合格，否则，判不合格。

7.4.10 放射性核素限量

放射性核素限量试验结果应符合5.10的规定。否则，判不合格。

7.4.11 总判定

7.4.11.1 样品中有欠火砖(砌块)、酥砖(砌块)则判该批产品不合格。

7.4.11.2 出厂检验结果的判定

按出厂检验项目和在时效范围内最近一次型式检验结果进行判定。其中有一项不符合标准要求，则判为不合格。

7.4.11.3 型式检验结果的判定

按第 5 章各项技术指标的要求判定，其中有一项不符合标准要求，则判该批产品不合格。

8 标志、包装、运输和贮存

8.1 标志

产品出厂时，应提供产品质量合格证。产品质量合格证主要内容包括：生产厂名、产品标记、批量及编号、证书编号、本批产品实测技术性能和生产日期等，并由检验员和单位签章。

8.2 包装

根据用户需求按类别、规格、强度等级、密度等级分别包装，包装应牢固，保证运输时不会摇晃碰坏。

8.3 运输

产品装卸时应轻拿轻放，避免碰撞摔打。

8.4 贮存

产品应按类别、规格、强度等级、密度等级分别整齐堆放，不得混杂。

附 录 A
（规范性附录）
风化区的划分

风化区用风化指数进行划分。

风化指数是指日气温从正温降至负温或负温升至正温的每年平均天数与每年从霜冻之日起至消失霜冻之日止这一期间降雨总量(以 mm 计)的平均值的乘积。

风化指数大于或等于 12 700 为严重风化区,风化指数小于 12 700 为非严重风化区。全国风化区划分见表 A.1。

各地如有可靠数据,也可按计算的风化指数划分本地区的风化区。

表 A.1 风化区划分

严重风化区		非严重风化区	
1. 黑龙江省	12. 北京市	1. 山东省	12. 台湾省
2. 吉林省	13. 天津市	2. 河南省	13. 广东省
3. 辽宁省		3. 安徽省	14. 广西壮族自治区
4. 内蒙古自治区		4. 江苏省	15. 海南省
5. 新疆维吾尔自治区		5. 湖北省	16. 云南省
6. 宁夏回族自治区		6. 江西省	17. 西藏自治区
7. 甘肃省		7. 浙江省	18. 上海市
8. 青海省		8. 四川省	19. 重庆市
9. 陕西省		9. 贵州省	20. 香港地区
10. 山西省		10. 湖南省	21. 澳门地区
11. 河北省		11. 福建省	

附　录　B
（资料性附录）
烧结空心砖和空心砌块示意图例

本附录给出了一组满足本标准烧结空心砖和空心砌块孔结构的示意图，为生产企业及相关部门进一步理解本标准提供帮助。各企业可按本附录示范的孔结构及孔洞排列组织生产，亦可设计适合当地建筑要求其满足标准要求的烧结空心砖和空心砌块。

烧结空心砖和空心砌块的孔结构示意图，见图 B.1 和图 B.2。

图 B.1　空心砖孔洞排列示意图

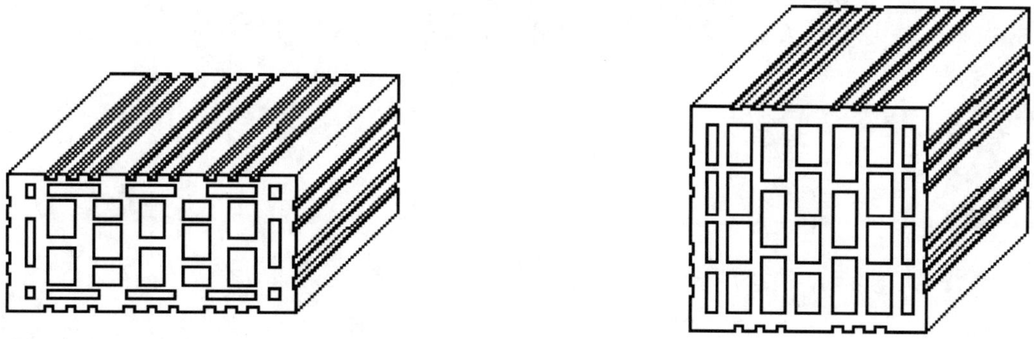

图 B.2　空心砌块孔洞排列示意图

ICS 75.060
E 24

中华人民共和国国家标准

GB/T 13610—2014
代替 GB/T 13610—2003

天然气的组成分析　气相色谱法

Analysis of natural gas composipion—Gas chromatography

2014-12-05 发布　　2015-05-01 实施

中华人民共和国国家质量监督检验检疫总局
中国国家标准化管理委员会　发布

前　言

本标准按照 GB/T 1.1—2009 给出的规则起草。

本标准代替 GB/T 13610—2003《天然气的组成分析　气相色谱法》。与 GB/T 13610—2003 相比，主要技术变化如下：

——修改了标准气浓度要求。对所有的组分，均采用同一要求，即对气样中被测组分数，标准气中相应组分的浓度，应不低于样品中组分浓度的一半，也不大于该组分浓度的两倍。同时也增加了标准气组分最低浓度的要求，要求标准气组分的最低浓度应大于 0.1%。

——修改了精密度的表述方式。组分的浓度范围的边界点由原来的交叉变为连续但不交叉。如将边界点“0～0.1”和“0.1～1”改为“0～0.09”和“0.1～0.9”。

本标准由中国石油天然气集团公司提出。

本标准由全国天然气标准化技术委员会(SAC/TC 244)归口。

本标准起草单位：中国石油西南油气田分公司天然气研究院、成都天科石油天然气工程有限公司、泸天化集团有限责任公司。

本标准主要起草人：唐蒙、曾文平、迟永杰、张娅娜、刘蔷。

本标准所代替标准的历次版本发布情况为：

——GB 13610—1992、GB/T 13610—2003。

天然气的组成分析 气相色谱法

警告：本标准不涉及与其应用有关的所有安全问题。在使用本标准前，使用者有责任制定相应的安全和健康操作规程，并明确其限定的适用范围。

1 范围

本标准规定了用气相色谱法测定天然气及类似气体混合物的化学组成的分析方法。

本标准适用于如表1所示天然气组分范围的分析，也适用于一个或几个组分的测定。

表1 天然气的组分及浓度范围

组分	浓度范围 摩尔分数 y/%
氦	0.01～10
氢	0.01～10
氧	0.01～20
氮	0.01～100
二氧化碳	0.01～100
甲烷	0.01～100
乙烷	0.01～100
丙烷	0.01～100
异丁烷	0.01～10
正丁烷	0.01～10
新戊烷	0.01～2
异戊烷	0.01～2
正戊烷	0.01～2
己烷	0.01～2
庚烷和更重组分	0.01～1
硫化氢	0.3～30

2 规范性引用文件

下列文件对于本文件的应用是必不可少的。凡是注日期的引用文件，仅注日期的版本适用于本文件。凡是不注日期的引用文件，其最新版本(包括所有的修改单)适用于本文件。

GB/T 5274 气体分析 校准用混合气体的制备 称量法

3 方法提要

具有代表性的气样和已知组成的标准混合气(以下简称标准气),在同样的操作条件下,用气相色谱法进行分离。样品中许多重尾组分可以在某个时间通过改变流过柱子载气的方向,获得一组不规则的峰,这组重尾组分可以是 C_5 和更重组分,C_6 和更重组分,或 C_7 和更重组分。由标准气的组成值,通过对比峰高、峰面积或者两者均对比,计算获得样品的相应组成。

天然气中较重组分的补充分析方法见附录 A。

4 试剂与材料

4.1 载气

4.1.1 氦气或氢气,纯度不低于 99.99%;

4.1.2 氮气或氩气,纯度不低于 99.99%。

4.2 标准气

分析需要的标准气可采用国家二级标准物质,或按 GB/T 5274 制备。

在氧和氮组分分析中,稀释的干空气是一种适用的标准物。

标准气的所有组分应处于均匀的气态。对于样品中的被测组分,标准气中相应组分的浓度,应不低于样品中组分浓度的一半,也不大于该组分浓度的两倍。标准气中组分的最低浓度应大于 0.05%。

5 仪器与设备

5.1 检测器

选用热导检测器,或在灵敏度和稳定性方面与之相当的检测器。要求对于正丁烷摩尔分数为 1% 的气样,进样 0.25 mL,至少应产生 0.5 mV 的信号。

5.2 记录系统

5.2.1 记录仪

记录仪满标量程为 1 mV~5 mV,记录纸宽不少于 150 mm,记录笔的最大响应时间等于或小于 2 s。如果人工测量色谱峰,纸速可快至 100 mm/min。

5.2.2 电子积分仪或微机处理机

能检测色谱分离并记录响应值。

5.3 衰减器

如果人工测量色谱峰,应使用衰减器,以使检测器输出信号的最大峰值保持在记录仪的纸宽范围内,衰减档之间的误差应小于 0.5%。

5.4 进样系统

应选用对气样中的组分呈惰性和无吸附性的材料制成,应优先选用不锈钢。

进样系统应配备带定量管的进样阀,定量管体积为 0.25 mL~2 mL,内径为 2 mm。如果内径小于

2 mm，定量管应带加热器。

对于在真空下的进样，可选用图 1 所示的管线排列。

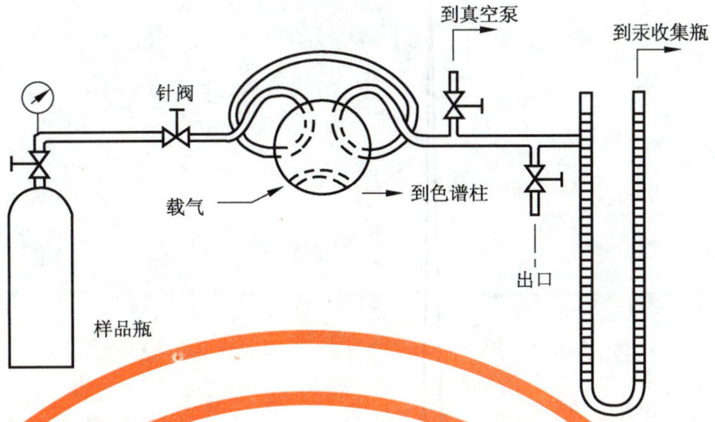

图 1　用于真空下进样的管线排列

5.5　柱温控制

恒温操作时，柱温保持恒定，其变化应在 0.3 ℃以内；程序升温时，柱温不应超过柱中填充物推荐的温度限额。

5.6　检测器温度控制

在分析的全过程中，检测器温度应等于或高于最高柱温，并保持恒定，其变化应在 0.3 ℃以内。

5.7　载气控制

在分析的全过程中，载气流量保持恒定，其变化应在 1%以内。

5.8　色谱柱

5.8.1　一般要求

色谱柱的材料对气样中的组分应呈惰性和无吸附性，应优先选用不锈钢管。柱内填充物对被检测的组分的分离应能达到规定的要求。色谱柱的排列参见附录 B。

5.8.2　吸附柱

应能完全分离氧、氮和甲烷，分离度 R 应大于或等于 1.5，分离度按式(1)计算。图 2 是采用吸附柱获得的一例典型色谱图。

$$R=2(t_2-t_1)/(W_2+W_1) \qquad \cdots\cdots(1)$$

式中：

t_1 ——在相邻的两个峰中，第 1 个色谱峰的绝对保留时间，单位为秒(s)；

t_2 ——第 2 个色谱峰的绝对保留时间，单位为秒(s)；

W_1——第 1 个色谱峰的峰宽，单位为秒(s)；

W_2——相邻的第 2 个色谱峰的峰宽，单位为秒(s)。

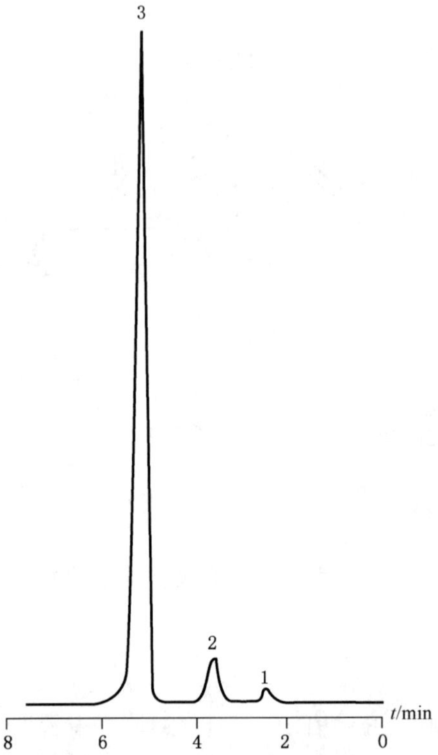

说明：

1——氧；

2——氮；

3——甲烷。

色谱条件：

色谱柱：13X分子筛，60～80目；

柱长：2 m；

载气：氦气，30 mL/min；

进样量：0.25 mL。

图2　分离氧、氮和甲烷的典型色谱图

5.8.3　分配柱

应能分离二氧化碳和乙烷到戊烷之间的各组分。在丙烷之前的组分，峰返回基线的程度应在满标量的2%以内。二氧化碳的分离度 R 应大于或等于1.5。要求对于二氧化碳摩尔分数为0.1%的气样，进样0.25 mL时要求能产生一个清晰可测的峰。整个分离过程(包括正戊烷之后，通过反吹获得的己烷和更重组分的一组响应)应在40 min内完成。图3、图4和图5是采用某些分配柱获得的典型色谱实例，图6是多柱应用获得的典型色谱实例。

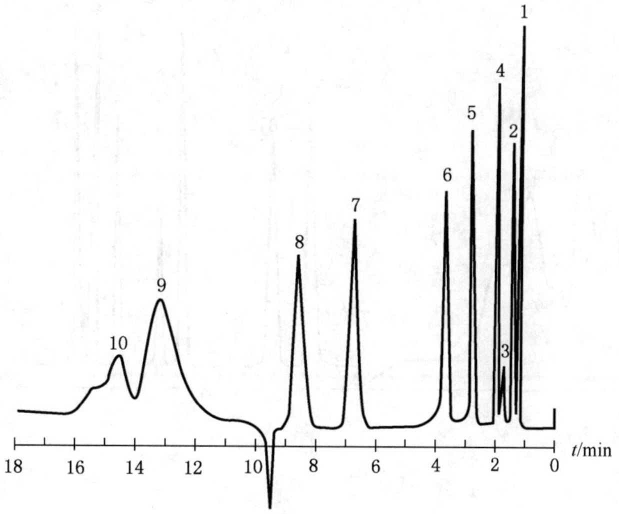

说明：
1 ——甲烷和空气；
2 ——乙烷；
3 ——二氧化碳；
4 ——丙烷；
5 ——异丁烷；
6 ——正丁烷；
7 ——异戊烷；
8 ——正戊烷；
9 ——庚烷及更重组分；
10——己烷。
色谱条件：
色谱柱：25%BMEE Chromosorb P；
柱长：7 m；
柱温：25 ℃；
载气：氦气，40 mL/min；
进样量：0.25 mL。

图 3　天然气的典型色谱图

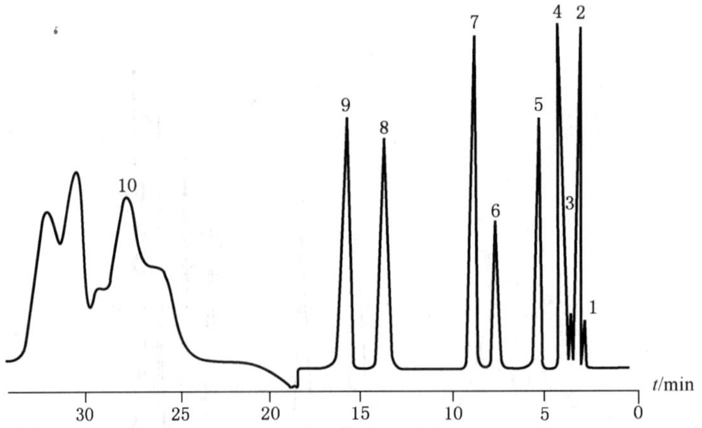

说明：

1 ——空气；

2 ——甲烷；

3 ——二氧化碳；

4 ——乙烷；

5 ——丙烷；

6 ——异丁烷；

7 ——正丁烷；

8 ——异戊烷；

9 ——正戊烷；

10——己烷及更重组分。

色谱条件：

色谱柱：Silicone 200/500 Chromosorb P AW；

柱长：10 m；

载气：氦气，40 mL/min；

进样量：0.25 mL。

图 4　天然气的典型色谱图

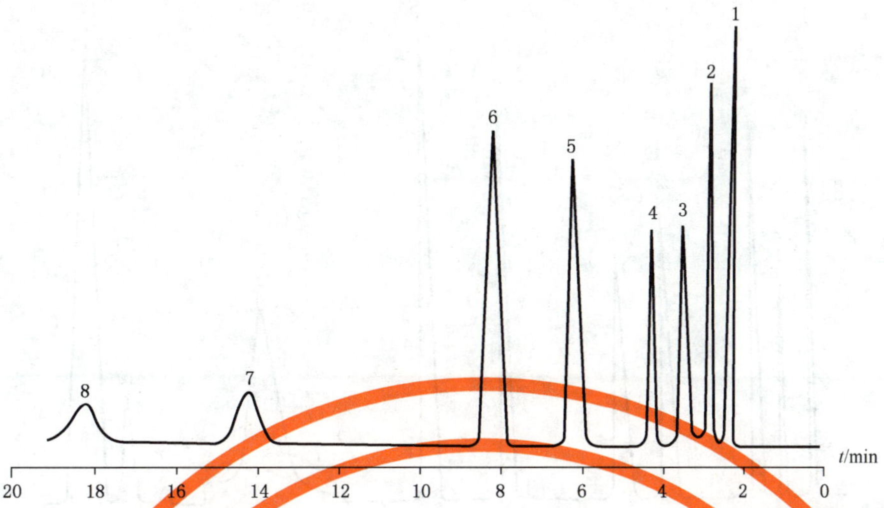

说明：

1——甲烷和空气；

2——乙烷；

3——二氧化碳；

4——丙烷；

5——异丁烷；

6——正丁烷；

7——异戊烷；

8——正戊烷。

色谱条件：

色谱柱：3 m DIDP+6 m DMS；

载气：氦气，75 mL/min；

进样量：0.50 mL。

图 5 天然气的典型色谱图

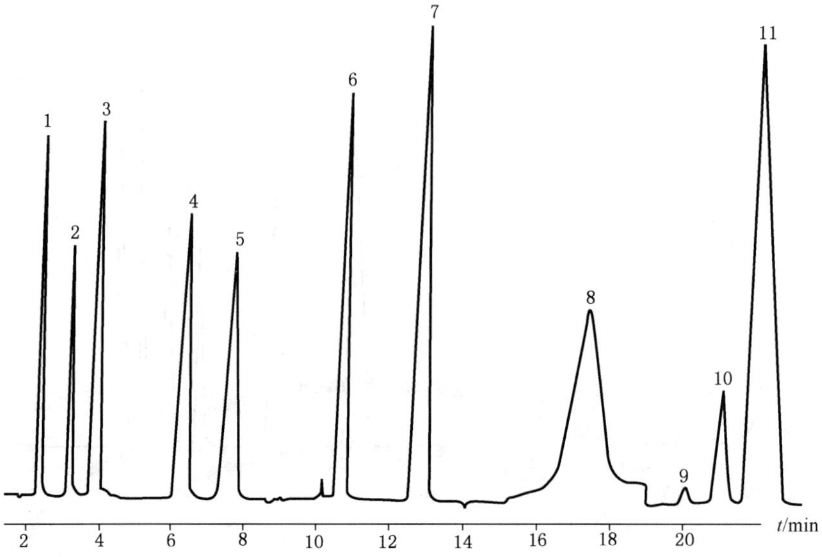

说明：

1 ——丙烷；

2 ——异丁烷；

3 ——正丁烷；

4 ——异戊烷；

5 ——正戊烷；

6 ——二氧化碳；

7 ——乙烷；

8 ——已烷及更重组分；

9 ——氧；

10——氮；

11——甲烷。

色谱条件：

色谱柱 1：Squalance，Chromosorb P AW，80～100 目，柱长 3 m；

色谱柱 2：Porapak N，80～100 目，柱长 2 m；

色谱柱 3：5 A 分子筛，80～100 目，柱长 2 m。

图 6 天然气的典型色谱图(多柱应用)

5.9 干燥器

除已知水分对分析不干扰外，在进样阀前应配备干燥器。干燥器应只脱除气样中的水分而不脱除待测组分。干燥器的制备见附录 C。

5.10 阀

使用阀或试样分流器，或二者兼用，用于反吹或切换。

5.11 压力计

可采用 U 型压力计，或精确计量且易读的其他压力计，测量范围是－100 kPa 至＋120 kPa 或更大范围。如果采用 U 型水银压力计，应按有关安全规格执行。

5.12 真空泵

真空泵的真空度应达到绝对压力为 130 Pa 或更低。

6 操作步骤

6.1 仪器的准备

按照分析要求,安装好色谱柱。调整操作条件,并使仪器稳定。

6.2 线性检查

6.2.1 概述

对于摩尔分数大于 5%的任何组分,应获得其线性数据。在宽浓度范围内,色谱检测器并非真正的线性,应在与被测样品浓度接近的范围内,建立其线性。

对于摩尔分数不大于 5%的组分,可用 2～3 个标准气在大气压下,用进样阀进样,获得组分浓度与响应的数据。

对于摩尔分数大于 5%的组分,可用纯组分或一定浓度的混合气,在一系列不同的真空压力下,用进样阀进样,获得组分浓度与响应的数据。

将线性检查获得的数据制作成表格,并以此来评价检测器的线性,表 2 和表 3 分别是甲烷和氮气线性评价表的示例。

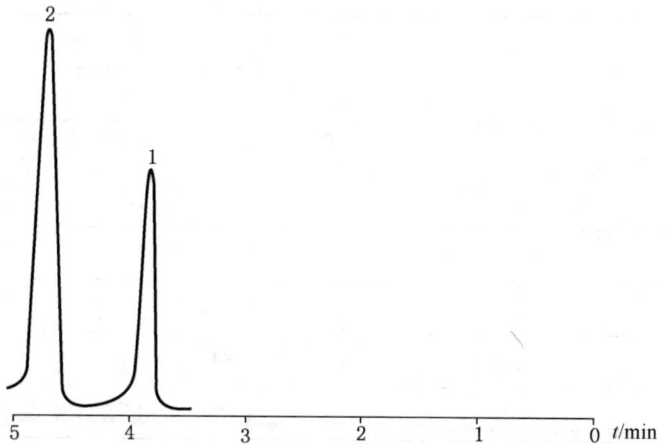

说明:
1——氦;
2——氢。
色谱条件:
色谱柱:13X 分子筛;
柱长:2 m;
柱温:50 ℃;
检测器电流:100 mA;
载气:氩气,40 mL/min。

图 7 分离氦和氢的典型色谱图

表 2 甲烷的线性评价

峰面积 A	摩尔分数 y/%	y/A	y/A 之间的偏差 %
223 119 392	51	$2.285\ 8 \times 10^{-7}$	
242 610 272	56	$2.308\ 2 \times 10^{-7}$	−0.98
261 785 320	61	$2.330\ 2 \times 10^{-7}$	−0.95
280 494 912	66	$2.353\ 0 \times 10^{-7}$	−0.98
299 145 504	71	$2.373\ 4 \times 10^{-7}$	−0.87
317 987 328	76	$2.390\ 0 \times 10^{-7}$	−0.70
336 489 056	81	$2.407\ 2 \times 10^{-7}$	−0.72
351 120 721	85	$2.420\ 8 \times 10^{-7}$	−0.57

注：y/A 之间的偏差是指相邻的两个浓度点之间的偏差，以%表示，计算如下：

y/A 的偏差 $= [(y/A)_1 - (y/A)_2]/(y/A)_1 \times 100\%$。

表 3 氮气的线性评价

峰面积 A	摩尔分数 y/%	y/A	y/A 之间的偏差 %
5 879 836	1	$1.700\ 7 \times 10^{-7}$	
29 137 066	5	$1.716\ 0 \times 10^{-7}$	−0.89
57 452 364	10	$1.704\ 6 \times 10^{-7}$	−1.43
84 953 192	15	$1.765\ 7 \times 10^{-7}$	−1.44
111 491 232	20	$1.793\ 9 \times 10^{-7}$	−1.60
137 268 784	25	$1.821\ 2 \times 10^{-7}$	−1.53
162 852 288	30	$1.842\ 2 \times 10^{-7}$	−1.15
187 232 496	35	$1.869\ 3 \times 10^{-7}$	−1.48

6.2.2 线性检查步骤

6.2.2.1 将纯组分气源和样品进样系统连接。抽空样品进样系统，观察 U 型压力计是否泄漏(见图 1)。样品进样系统应处于真空状态并且密封。

6.2.2.2 小心打开针阀，让纯组分气体进入该系统并且使绝压达到 13 kPa。

6.2.2.3 准确记录分压，打开样品阀，将样品注入色谱柱，记录纯组分的峰面积。

6.2.2.4 重复步骤 6.2.2.1 和 6.2.2.2，让压力计读数分别为 26 kPa、39 kPa、52 kPa、65 kPa、78 kPa 和 91 kPa，记录相应压力下每一次样品分析获得的色谱峰的面积。

6.2.3 线性检查的注意事项

在大气压下，氮气、甲烷和乙烷的可压缩性小于 1%。天然气中的其他组分，在低于大气压下，仍具有明显的可压缩性。

对于蒸气压小于 100 kPa 的组分，由于没有足够的蒸气压，不应使用纯气体来检测其线性。对于这类组分，可用氮气或甲烷与之混合，由此获得其分压，并使总压达到 100 kPa。天然气中常见组分在 38 ℃下的饱和蒸气压见表 4。

可采用一个含有各种待测组分的标准气，通过在不同的压力下，分别进样的方法来进行线性检查。

表 4 天然气中各组分在 38 ℃时的蒸气压

组分	绝对压力/kPa
氮 N_2	>34 500
甲烷 CH_4	>34 500
二氧化碳 CO_2	>5 520
乙烷 C_2H_6	>5 520
硫化氢 H_2S	2 720
丙烷 C_3H_8	1 300
异丁烷 iC_4H_{10}	501
正丁烷 nC_4H_{10}	356
异戊烷 iC_5H_{12}	141
正戊烷 nC_5H_{12}	108
正己烷 nC_6H_{14}	34.2
正庚烷 nC_7H_{16}	11.2

6.3 仪器重复性检查

当仪器稳定后，两次或两次以上连续进标准气检查，每个组分响应值相差应在 1%以内。在操作条件不变的前提下，无论是连续两次进样，还是最后一次与以前某一次进样，只要它们每个组分相差在 1%以内，都可作为随后气样分析的标准，推荐每天进行校正操作。

6.4 气样的准备

如果需要脱除硫化氢，有两种方法可供使用(见附录 C)。

在实验室，样品应在比取样时气源温度高 10 ℃～25 ℃的温度下达到平衡。温度越高，平衡所需时间就越短(300 mL 或更小的样品容器，约需 2 h)。本方法假定，在现场取样时已经脱除了夹带在气体中的液体。

如果气源温度高于实验室温度，那么气样在进入色谱仪之前需预先加热。如果已知气样的烃露点低于环境最低温度，就不需加热。

6.5 进样

6.5.1 一般要求

为了获得检测器对各组分，尤其是对甲烷的线性响应，进样量不应超过 0.5 mL。除了微量组分，使用这样的进样量，都能获得足够的精密度。测定摩尔分数不高于 5%的组分时，进样量允许增加到 5 mL。

样品瓶到仪器进样口之间的连接管线应选用不锈钢或聚四氟乙烯管，不得使用铜、聚乙烯、聚氯乙烯或橡胶管。

6.5.2 吹扫法

打开样品瓶的出口阀,用气样吹扫包括定量管在内的进样系统。对于每台仪器应确定和验证所需的吹扫量。定量管进样压力应接近大气压,关闭样品瓶阀,使定量管中的气样压力稳定。然后立即将定量管中气样导入色谱柱中,以避免渗入污染物。

6.5.3 封液置换法

如果气样是用封液置换法获得,那么可用封液置换瓶中气样吹扫包括定量管在内的进样系统。某些组分,如二氧化碳、硫化氢、己烷和更重组分可能被水或其他封液部分或全部脱除,当精密测定时,不得采用封液置换法。

6.5.4 真空法

将进样系统抽空,使绝对压力低于100 Pa,将与真空系统相连的阀关闭,然后仔细地将气样从样品瓶充入定量管至所要求的压力,随后将气样导入色谱柱。

6.6 分离乙烷和更重组分、二氧化碳的分配柱操作

使用氦气或氢气作载气,选择合适的进样量进样,并在适当时候反吹重组分。按同样方法获得标准气相应的响应。如果此色谱柱能将甲烷与氮和氧分离(见图4),那么也可用此柱来测定甲烷,但进样量不得超过0.5 mL。

6.7 分离氧、氮和甲烷的吸附柱操作

使用氦气或氢气作载气,对于甲烷的测定,进样量不得超过0.5 mL,进样获得气样中氧、氮和甲烷的响应。按同样方法获得氮和甲烷标准气的响应。如有必要,导入在一定真空压力下并且压力被精确测量的干空气或经氦气稀释的干空气,获得氧和氮的响应。

氧含量约为1%的混合物可按以下方法制备,将一个常压干空气气瓶用氦气充压到2 MPa,此压力不需精确测量。因为此混合物中的氮应通过和标准气中的氮比较来确定。此混合物氮的摩尔分数乘以0.268,就是氧的摩尔分数,或者乘以0.280就是氧加氩的摩尔分数,几天前制备的氧标准气是不可靠的。由于氧的响应因子相对稳定,对于氧允许使用响应因子。

6.8 分离氦气和氢气的吸附柱操作

使用氮气或氩气作载气,进样1 mL~5 mL。记录氦和氢的响应,按同样方法获得合适浓度氦和氢标准气相应的响应(见图7)。

6.9 常见误差和预防措施

常见误差和预防措施参见附录D。

7 计算

7.1 数据取舍

每个组分浓度的有效数字应按量器的精密度和标准气的有效数字取舍。气样中任何组分浓度的有效数字位数,不应多于标准气中相应组分浓度的有效数字位数。

7.2 外标法

7.2.1 戊烷和更轻组分

测量每个组分的峰高或峰面积，将气样和标准气中相应组分的响应换算到同一衰减，气样中 i 组分的浓度 y_i 按式(2)计算：

$$y_i = y_{si}(H_i / H_{si}) \quad \cdots\cdots(2)$$

式中：

y_{si} ——标准气中 i 组分的摩尔分数，%；

H_i ——气样中 i 组分的峰高或峰面积；

H_{si}——标准气中 i 组分的峰高或峰面积，H_i 和 H_{si}用相同的单位表示。

如果是在一定真空压力下导入空气作氧或氮的标准气，按式(3)进行压力修正：

$$y_i = y_{si}(H_i / H_{si})(p_a / p_b) \quad \cdots\cdots(3)$$

式中：

p_a——空气进样时的绝对压力，单位为千帕(kPa)；

p_b——空气进样时，实际的大气压力，单位为千帕(kPa)。

7.2.2 己烷和更重组分

测量反吹的己烷，庚烷及更重组分的峰面积，并在同一色谱图上测量正、异戊烷的峰面积，将所有的测量峰面积换算到同一衰减。气样中己烷(C_6)和庚烷加(C_7+)的浓度按式(4)计算：

$$y(C_n) = \frac{y(C_5)A(C_n)M(C_5)}{A(C_5)M(C_n)} \quad \cdots\cdots(4)$$

式中：

$y(C_n)$ ——气样中碳数为 n 的组分的摩尔分数，%；

$y(C_5)$ ——气样中异戊烷与正戊烷摩尔分数之和，%；

$A(C_n)$ ——气样中碳数为 n 的组分的峰面积；

$A(C_5)$ ——气样中异戊烷和正戊烷的峰面积之和，$A(C_n)$和 $A(C_5)$用相同的单位表示；

$M(C_5)$——戊烷的相对分子质量，取值为 72；

$M(C_n)$——碳数为 n 的组分的相对分子质量，对于 C_6，取值为 86，对于 C_7+，为平均相对分子质量。

如果异戊烷和正戊烷的浓度已通过较小的进样量单独进行了测定，那么就不需重新测定。

7.2.3 归一化

将每个组分的原始含量值乘以 100，再除以所有组分原始含量值的总和，即为每个组分归一的摩尔分数，所有组分原始含量值的总和与 100.0%的差值不应超过 1.0%，气样的计算示例参见附录 E。

8 精密度

8.1 重复性

由同一操作人员使用同一仪器，对同一气样重复分析获得的结果，如果连续两个测定结果的差值超过了表 5 规定的数值，应视为可疑。

8.2 再现性

对同一气样由两个实验室提供的分析结果，如果差值超过了表 5 规定的数值，每个实验室的结果都应视为可疑。

表5 精密度

组分浓度范围 y/%	重复性	再现性
0～0.09	0.01	0.02
0.1～0.9	0.04	0.07
1.0～4.9	0.07	0.10
5.0～10	0.08	0.12
>10	0.20	0.30

附　录　A
（规范性附录）
补 充 方 法

A.1　分析丙烷和更重组分

A.1.1　使用分离丙烷、异丁烷、正丁烷、异戊烷、正戊烷、己烷及更重组分的色谱柱进行测定，此测定不考虑乙烷和更轻组分的分离。

A.1.2　使用一根长 5 m 的 BMEE［双-2-(2-甲氧基乙氧基)乙基醚］色谱柱，柱温 30 ℃，或合适长度的其他分配柱。用 5 min 分离丙烷到正戊烷之间的各组分，进样 1 mL～5 mL，在正戊烷分离后反吹。按同样方法获得标准气相应的响应，用与全分析相同的方法进行计算。

A.2　分析乙烷和更重组分

A.2.1　可用单独的一根分配柱，进样 1 mL～5 mL，测定乙烷和更重组分。

A.2.2　进样后，在正戊烷分离后反吹，按同样方法获得标准气相应的响应，用与全分析相同的方法进行乙烷和更重组分含量的计算。甲烷和更轻组分的总含量，可用 100 与已测定组分含量总和之差来表示。

A.3　分析己烷和更重组分

A.3.1　可用一根短的分配柱单独分离己烷和更重组分，以获得反吹馏分更详细的组成分类资料，这些资料提供定性数据，用于计算这些馏分的物理性质，如计算平均相对分子质量。

A.3.2　图 A.1 是一根长 2 m 的 BMEE 柱用 20 min 分离组分的色谱图。测定时，进样 5 mL，在正庚烷分离后反吹。将正戊烷之后分离的所有峰的含量进行归一化，每个峰的相对含量 x_i 按式(A.1)计算：

$$x_i = \frac{A_i/M_i}{\sum_{i=6}^{i=8} A_i/M_i} \qquad \cdots\cdots(A.1)$$

式中：

A_i——i 组分的峰面积，i 可以是己烷 C_6、庚烷 C_7 或辛烷及更重组分 C_8；

M_i——i 组分的相对分子质量或平均相对分子质量，辛烷及更重组分(C_8+)的平均相对分子质量可使用 120。

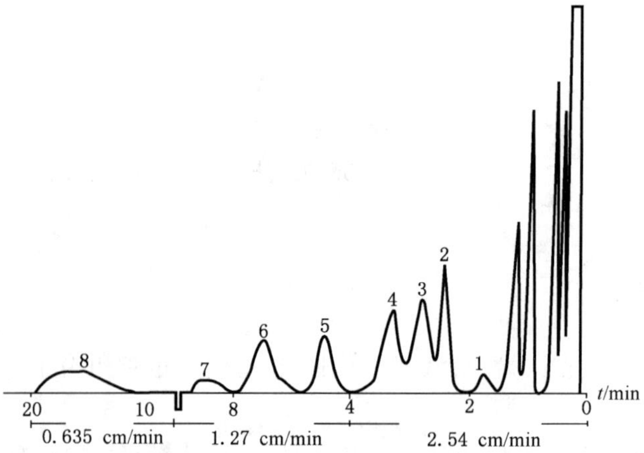

说明：

1——2,2-二甲基丁烷；

2——2-甲基戊烷和2,3-二甲基丁烷；

3——3-甲基戊烷；

4——正己烷；

5——甲基环戊烷；

6——环己烷,3-甲基己烷和2-甲基己烷；

7——正庚烷；

8——辛烷及更重组分。

图 A.1 己烷和更重组分的典型色谱图

附 录 B
（资料性附录）
色谱柱的排列

对于己烷及更重组分的测定，图 B.1 表示了一种通过选择阀的转动，能快速而容易地切换色谱柱的排列方式。在这种排列方式中，有两类色谱柱，一根吸附柱和两根分配柱。两根一长一短的分配柱，既可单独使用，也可串联使用，这样就提供了具有灵活性的三种长度的分配柱。在图 B.1 中，阀 1 和阀 2 之间的连接应尽可能短（如实用 20 mm），以便当两根分配柱串联使用时，使柱间死体积降到最小。如所有色谱柱在相同的柱温下操作，则可使色谱柱所需的稳定时间变得最短。

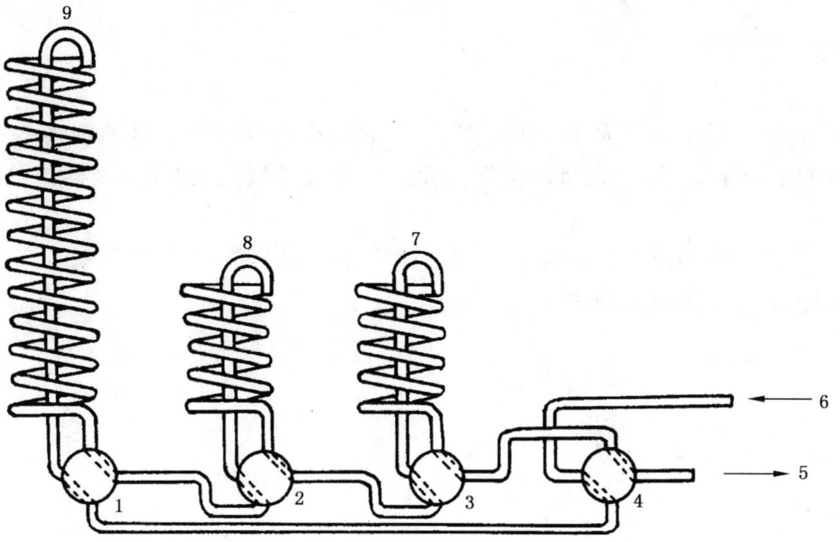

说明：

1——阀 1；

2——阀 2；

3——阀 3；

4——阀 4；

5——载气出口；

6——载气入口；

7——吸附柱；

8——短分配柱；

9——长分配柱。

图 B.1　三根色谱柱连用的排列方式

附 录 C
（规范性附录）
干燥器的制备和硫化氢的脱除

C.1 干燥器的制备

将粒状的五氧化二磷或高氯酸镁装入直径 10 mm，长 100 mm 的玻璃管中，装填时注意安全并遵守有关的操作规程。当干燥剂约有一半失效时，需更换。

C.2 硫化氢的脱除

C.2.1 当气样中的硫化氢质量分数大于 300×10^{-6}时，取样或进样时在取样瓶前连接一根装有氢氧化钠吸收剂（碱石棉）的不锈钢管子，以脱除硫化氢。此过程也将二氧化碳脱除，这样获得的分析结果是无酸气基的结果。

C.2.2 将一根浸渍了硫酸铜的浮石管连接在色谱仪和干燥管的上游，也可脱除硫化氢。此过程适用于硫化氢含量少的气样，对二氧化碳影响极小。

附 录 D
（资料性附录）
常见误差和预防措施

D.1 己烷和更重组分含量变化

在天然气中，己烷和更重组分在处理和进样时易变化，从而使分析值出现严重偏差，偏高或偏低。在许多情况下，进样系统的吹扫过程中，由于重组分在定量管中聚集，从而发生浓缩。如果在进样系统发生油膜积累或气样中重组分含量越高，这类问题也就越严重。当气样中己烷和更重组分含量大于戊烷含量时，不能把具有表面效应的小直径管用在进样系统。

应准备一个含有己烷和更重组分的气样，定期在仪器上检查己烷和更重组分的重复性。当发现这些重组分的峰增大时，可采用以下措施使这类污染降到最小。如用惰性气体吹扫、加热、使用真空系统或用丙酮清洗定量管。

D.2 酸气含量的变化

气样中二氧化碳和硫化氢的含量在取样和处理的过程中易变化。由于水选择吸收酸气，所以需使用干燥的样品瓶、接头和导管。

D.3 气样的露点

气样中产生凝析物会使气样不具代表性。所有气样应保持在露点之上。如果气样被冷却到露点以下，使用前需在高于露点 10 ℃或更高温度下加热几小时。如果露点是未知的，应把气样加热到取样温度。

D.4 进样系统

为便于吹扫，进样系统的连接管线应尽可能短，干燥器也应尽可能小。

D.5 进样量的重复性

D.5.1 进样定量管出口压力的改变会影响进样量的重复性。
D.5.2 气样和标准气中的相应组分应在相同的载气流动方向进行测定。
D.5.3 进样系统前连接的干燥器应处于良好的工作状态。
D.5.4 色谱柱应处于洁净状态。这样，载气无论在正反方向流动，基线均迅速达到平稳。
D.5.5 转动反吹阀时，在柱子的末端引起压力反向从而干扰载气流，载气应迅速恢复到原来的流量，基线应恢复到原有的水平。否则，可能由于系统中载气泄漏，流量调节器发生故障，或气路不平衡。

D.6 标准气

标准气应在 15 ℃或高于露点的温度下保存。如果标准气在低温下放置，使用前，气瓶应加热几小时。如果对异戊烷和正戊烷的含量有怀疑,应用纯组分检查。

D.7 测量

基线和峰的顶部应清晰,以便测量峰高。峰面积应用同一种方法测量,测量时可用面积仪、几何作图或其他方法,但不同方法不得混杂使用。

D.8 其他

D.8.1 载气中的水气干扰测定,可在仪器载气入口装一根长 1 m,直径 6 mm,填有 30 目～60 目分子筛的管子。

D.8.2 定期用肥皂水或检漏液对载气流动系统进行检漏。

D.8.3 如果衰减器出现接触不良,应清洗。

D.8.4 如果出现平头峰或小峰被隐含的情况,可能是记录仪的量程或增益使用不当,调节后仍不能纠正,则需检查记录仪的电器部分。

附　录　E
（资料性附录）
计 算 示 例

表 E.1 为天然气组成分析的示例。

表 E.1　天然气组成分析计算示例

组 分	标准气 y/%	标准气 响应值	气样 响应值	气样 y/%	气样归一化结果 y/%
氦	0.11	135.5	20.9	0.017	0.02
氢	0.11	178.8	20.0	0.012	0.01
氧	0.13	28.9	1.0	0.004	0.00
氮	0.67	116.0	61.0	0.352	0.35
甲烷	92.02	319.8	317.1	91.243	91.14
乙烷	3.91	70.5	103.3	5.729	5.72
二氧化碳	0.57	99.0	32.0	0.184	0.18
丙烷	0.95	65.0	106.7	1.559	1.56
异丁烷	0.46	85.0	56.0	0.303	0.30
正丁烷	0.43	73.0	58.0	0.341	0.34
异戊烷	0.45	402.7	95.4	0.107	0.11
正戊烷	0.43	398.1	72.3	0.078	0.08
己烷及更重组分			219.0	0.189	0.19
总和				100.118	100.00
注 1：标准气和气样的响应已换到同一衰减。 注 2：己烷及更重组分的平均相对分子质量使用 92。					

ICS 83.060
G 40

中华人民共和国国家标准

GB/T 13936—2014
代替 GB/T 13936—1992

硫化橡胶　与金属粘接拉伸剪切强度测定方法

Rubber, vulcanized—Method for determination of strength properties of adhesive to metal in shear by tension loading

2014-12-22 发布　　　　2015-06-01 实施

中华人民共和国国家质量监督检验检疫总局
中国国家标准化管理委员会　发布

前　言

本标准按 GB/T 1.1—2009 给出的规则起草。

本标准代替 GB/T 13936—1992《硫化橡胶与金属粘接拉伸剪切强度测定方法》，与 GB/T 13936—1992 相比主要技术变化如下：

——增加了前言；

——增加了警告；

——增加了规范性引用文件 GB/T 17200（见第 2 章）；

——增加了拉力试验机测力精度的要求（见 4.1.1）；

——更新了推荐采用金属材料的牌号：用“2A12-T4 铝合金”代替“LY12-CZ 合金铝”，用“0Cr18Ni11Ti 不锈钢”代替“1Cr18Ni9Ti 不锈钢”，用“45 碳结钢”代替“45 碳钢”（见 5.2，1992 年版 5.2）；

——增加了对粘合剂选用的要求（见 6.2）；

——对试样粘接工艺要求进行了分类描述（见 6.4，1992 版 6.3）；

——调整了试验环境相对湿度，将“60％～70％” 改为“50％±5％”。（见 7.2，1992 版 7.2）。

本标准由中国石油和化学工业联合会提出。

本标准由全国橡胶与橡胶制品标准化技术委员会通用试验方法分技术委员会（SAC/TC 35/SC 2）归口。

本标准主要起草单位：三角轮胎股份有限公司、江苏新真威试验机械有限公司、北京橡胶工业研究设计院、广州合成材料研究院有限公司。

本标准主要起草人：许秋焕、闫福江、沈克会、谢君芳、李静、谢宇芳、易军。

本标准所代替标准的历次版本发布情况为：

——GB/T 13936—1992。

硫化橡胶　与金属粘接拉伸剪切强度测定方法

警告：使用本标准的人员应有正规实验室工作的实践经验。本标准并未指出所有可能的安全问题，使用者有责任采取适当的安全和健康措施，并保证符合国家有关法规规定的条件。

1　范围

本标准规定了硫化橡胶与金属粘接拉伸剪切强度的测定方法。

本标准适用于规定条件下制备的橡胶与两个平行金属片粘接的剪切试样。橡胶与金属可以是经过硫化粘接，也可以是已硫化橡胶采用胶黏剂粘接。

2　规范性引用文件

下列文件对于本文件的应用是必不可少的。凡是注日期的引用文件，仅注日期的版本适用于本文件。凡是不注日期的引用文件，其最新版本（包括所有的修改单）适用于本文件。

GB/T 2941　橡胶物理试验方法试样制备和调节通用程序（GB/T 2941—2006，ISO 23529:2004，IDT）

GB/T 17200　橡胶塑料拉力、压力和弯曲试验机（恒速驱动）　技术规范（GB/T 17200—2008，ISO 5893:2002，IDT）

3　原理

试样为橡胶夹在两个平行金属片间的搭接结构。在试样的粘接面上施加拉伸剪切力，测定试样破坏的最大拉伸剪切力。试样单位粘接面积上的最大拉伸剪切力为硫化橡胶与金属粘接拉伸剪切强度。

4　试验设备与装置

4.1　拉力试验机

4.1.1　拉力试验机符合 GB/T 17200 的相关规定，测力精度 2 级。

4.1.2　拉力试验机配备合适的装置，使加载力方向与试样中心线保持一致。

4.2　量具

测量试样粘接面长度和宽度的量具分辨率不低于 0.05 mm。

5　试样

5.1　试样的形状和尺寸应符合图 1。试样的粘接长度是（12.5±0.5）mm。金属片的长度为（100.0±0.2）mm，宽度为（25.0±0.2）mm、厚度为（2.0±0.1）mm。橡胶片的长度为（12.5±0.5）mm、宽度为（25.0±0.2）mm、厚度为（2.0±0.1）mm。

5.2 推荐采用2A12-T4铝合金、0Cr18Ni11Ti不锈钢、45碳结钢、T2铜等金属材料，也可根据需要采用其他金属材料。

5.3 常规试验试样数量不应少于5个，仲裁试验试样数量不应少于10个。

单位为毫米

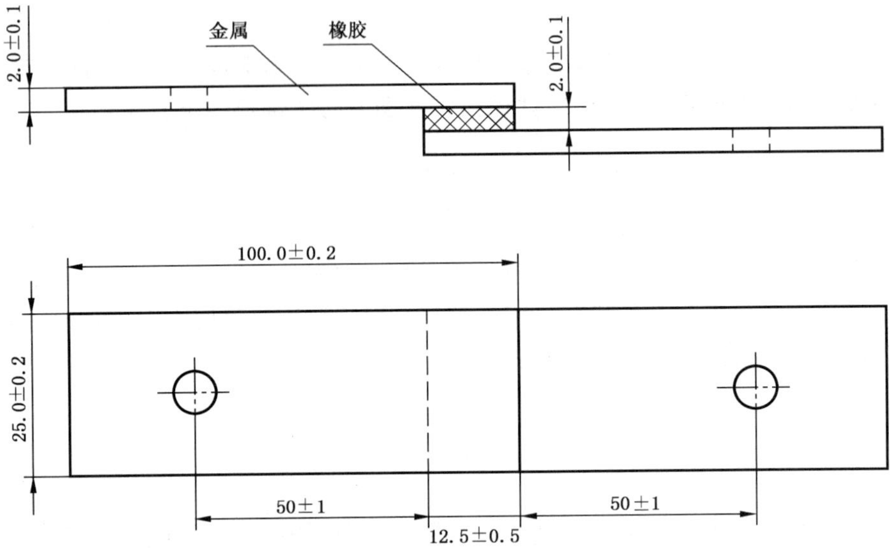

图1 试样形状和尺寸

6 试样制备

6.1 按照图1所示的试样形状和尺寸制备试样。

6.2 胶黏剂可以根据不同的金属材料、橡胶类型进行选定。

6.3 试样表面应平整，不应有弯曲、挠曲、歪斜等变形。金属片应无毛刺，边缘保持直角。

6.4 试样采用胶黏剂粘接时，金属片的表面处理、胶黏剂配比、涂胶量、涂胶次数、晾置时间、温度、固化时间等粘接工艺均按产品标准中有关规定进行；试样采用硫化方式制作时，金属片的表面处理、橡胶牌号、硫化温度、压力、时间等按产品标准、橡胶的硫化性能要求执行。

6.5 制备试样时应在标准实验室条件下或按产品标准有关规定进行，并应防止灰尘、水汽和其他杂质沾污粘接表面。

6.6 制备试样应使用模具及工装，以保证试样正确地粘接。粘接面的错位不应大于0.2 mm。试样粘接面的溢胶应小心清除，不应损伤粘接面。

6.7 硫化试样出模时应小心，避免粘接面受到过分应力作用。

7 试验条件

7.1 硫化和试验之间的时间间隔、试样环境调节和时间应符合GB/T 2941中的规定。

7.2 试验应在温度为23 ℃±2 ℃的环境中进行。仲裁试验或对湿度敏感的胶黏剂应在温度为23 ℃±2 ℃、相对湿度为50%±5%的环境中进行。

8 试验步骤

8.1 用量具测量试样粘接面的长度和宽度，精确到0.05 mm。

8.2 把试样固定在拉力试验机的上、下夹持器中，使施加的负荷与试样的纵向轴负荷方向一致，启动试验机使夹持器以(50±5) mm/min 的速度对试样加载，直至橡胶与金属的粘接完全破坏。记录试样破坏的最大载荷和粘接面的破坏类型。

9 试验结果

9.1 硫化橡胶与金属粘接的拉伸剪切强度按式(1)计算：

$$\tau = \frac{p}{L \times w} \quad \cdots\cdots(1)$$

式中：

τ ——硫化橡胶与金属粘接的拉伸剪切强度，单位为兆帕(MPa)；

p ——试样剪切破坏的最大载荷，单位为牛顿(N)；

L ——试样粘接面长度，单位为毫米(mm)；

w ——试样粘接面宽度，单位为毫米(mm)。

注：试样有两个粘接面，以较小的一个粘接面尺寸计算拉伸剪切强度。

9.2 试验结果以拉伸剪切强度的算术平均值、最高值、最低值表示，取三位有效数字。

9.3 试样破坏类型用下列符号表示：

R：表示橡胶破坏；

RC：表示橡胶与胶黏剂间破坏；

CP：表示胶黏剂内聚破坏；

M：表示胶黏剂与金属间破坏。

10 试验报告

试验报告应包括以下内容：

a) 橡胶的牌号、批号、制造单位；

b) 胶黏剂的牌号、批号、制造单位；

c) 金属材料的牌号、批号；

d) 制备试样的粘接工艺、硫化条件和粘接面的表面处理；

e) 试样数量；

f) 试验结果(算术平均值、最高值、最低值)；

g) 试样破坏类型和数量；

h) 其他必要的说明。

ICS 83.060
G 40

中华人民共和国国家标准

GB/T 13939—2014
代替 GB/T 13939—1992

硫化橡胶　热氧老化试验方法
管式仪法

Rubber, vulcanized—Test method of deterioration by heat and oxygen—Tube tester

2014-12-31 发布　　2015-07-01 实施

中华人民共和国国家质量监督检验检疫总局
中国国家标准化管理委员会　发布

前　言

本标准按照 GB/T 1.1—2009 给出的规则起草。

本标准代替 GB/T 13939—1992《硫化橡胶热氧老化试验方法　管式仪法》，与 GB/T 13939—1992 相比，主要技术变化如下：

——删除了对氧气压力容器尺寸的规定(见 1992 年版 4.2)；

——增加了“若试样老化后需进行拉伸性能测试，应在老化试验之前测量其厚度和宽度”的规定(见 7.1)。

本标准使用重新起草法参考 ASTM D572-10《橡胶　热氧老化试验方法》编制，与 ASTM D572-10 的一致性程度为非等效。

本标准由中国石油和化学工业联合会提出。

本标准由全国橡胶与橡胶制品标准化技术委员会通用试验方法分会(SAC/TC 35/SC 2)归口。

本标准起草单位：广州合成材料研究院有限公司、北京橡胶工业研究设计院。

本标准主要起草人：谢宇芳、易军、谢君芳。

本标准所代替标准的历次版本发布情况为：

——GB/T 13939—1992。

硫化橡胶　热氧老化试验方法
管式仪法

警告:使用本标准的人员应有正规实验室工作的实践经验。本标准并未指出所有可能的安全问题。使用者有责任采取适当的安全和健康措施,并保证符合国家有关法规规定的条件。

1　范围

本标准规定了硫化橡胶在高温和高压氧气环境中进行加速老化的试验方法。

本标准适用于硫化橡胶在热氧因素作用下的老化试验。

2　规范性引用文件

下列文件对于本文件的应用是必不可少的。凡是注日期的引用文件,仅注日期的版本适用于本文件。凡是不注日期的引用文件,其最新版本(包括所有的修改单)适用于本文件。

GB/T 528　硫化橡胶或热塑性橡胶　拉伸应力应变性能的测定

GB/T 531.1　硫化橡胶或热塑性橡胶　压入硬度试验方法　第1部分:邵氏硬度计法(邵尔硬度)

GB/T 2941　橡胶物理试验方法试样制备和调节通用程序

3　试验原理

橡胶及其制品经受长时间热氧老化后必然会引起物理性能的下降。试样暴露在高温和高压氧气环境中老化一定时间后测定其性能,并与未老化试样的性能进行比较。

4　试验装置

4.1　管式仪由氧气压力容器、传热介质和恒温控制系统等组成。

4.2　氧气压力容器是用金属制成的管式容器,应能保持加压和恒温的环境。容器中应设有放置试样的吊架,容器的大小应能保证试样垂直悬挂而不相互接触,也不碰到容器壁。试样的总体积最好不超过容器内容积的10%。

氧气压力容器应装有可靠的安全阀,保证压力容器压力不大于3.45 MPa。

铜或铜制的零件不能暴露于试验环境中,压力容器、气管或阀门接头也不能使用铜质材料制备。

4.3　传热介质可选水、空气或其他在有氧的环境下安全的流体均可作为传热介质。油或可燃液体不应作为传热介质使用。

4.4　恒温控制系统由加热装置、恒温控制器和超温保护装置组成。恒温控制系统能提供断电保护和超温保温,以防止温度升高导致意外事故发生。热源可任选,但应置于氧气压力容器外。

5　试样

5.1　试样的停放、制备和调节应符合GB/T 2941中的有关规定。

5.2 测定老化前和老化后性能的试样都不应少于3个。

6 试验条件

6.1 温度

试验温度一般采用(70±1)℃。根据材料的特性和应用场合,也可选用(80±1)℃或其他温度。

6.2 氧气压力

氧气压力容器中氧气的压力应为(2.1±0.1)MPa。

6.3 时间

试验时间根据橡胶的老化速率加以选择,一般规定为24 h或24 h的整数倍。

7 试验程序

7.1 若试样老化后需进行拉伸性能测试,应在老化试验之前测量其厚度和宽度。

7.2 将试样按自由状态垂直悬挂在氧气压力容器内,试样不要过分拥挤和相互接触,或碰到容器壁。为防止橡胶配合剂的迁移污染,应避免将不同配方的试样放在同一个容器内进行试验。

7.3 接通电源,使加热恒温控制系统运转。当介质预热至工作温度后,将装有试样的容器放进加热介质中。当试验温度恒定时,用加压氧气将容器中的空气排出,按此重复两次。然后再充入氧气,当氧气压力达到2.1 MPa时开始计算老化时间。

7.4 试验达到规定时间,从容器中取出试样之前,要求至少用5 min时间缓慢均匀地把容器压力降至常压,以避免试样产生气孔。从容器中取出的试样不应再做机械、化学或热处理。

7.5 老化后的试样在测试性能之前,应按GB/T 2941的有关规定调节至少16 h,但不得超过96 h。

8 试样性能测定

8.1 除非另有规定,建议测定拉伸强度、定伸应力、拉断伸长率和硬度等性能。

8.2 试样拉伸性能按照GB/T 528的有关规定测试。

8.3 试样硬度按照GB/T 531.1的有关规定测试。

9 试验结果

9.1 试验结果以试样的性能变化百分率表示,按式(1)计算:

$$P=\frac{A-O}{O}\times 100\% \qquad \cdots\cdots(1)$$

式中:

P ——试样性能变化百分率,%;

A ——老化后试样的性能测定值;

O ——未老化试样的性能初始值。

9.2 硬度变化差值按式(2)计算:

$$H_{P}=H_{A}-H_{O} \qquad \cdots\cdots(2)$$

式中：

H_P——老化后的试样硬度变化差值；

H_A——老化后试样的硬度测定值；

H_O——未老化试样的硬度初始值。

10 试验报告

试验报告应包括以下内容：

a) 试样名称及来源；

b) 本标准名称及代号；

c) 试样规格和数量；

d) 试验条件；

e) 试验项目和测试方法；

f) 试验结果；

g) 试验日期；

h) 试验者。

ICS 33.180.10
M 33

中华人民共和国国家标准

GB/T 13993.2—2014
代替 GB/T 13993.2—2002

通信光缆 第2部分:核心网用室外光缆

Optical fibre cables for telecommunication—Part 2:Outdoor optical fibre cables for core networks

2014-12-05 发布

2015-04-01 实施

中华人民共和国国家质量监督检验检疫总局
中国国家标准化管理委员会
发布

前　言

GB/T 13993《通信光缆》包括以下几部分：
——第1部分：总则；
——第2部分：核心网用室外光缆；
——第3部分：综合布线用室内光缆；
——第4部分：接入网用室外光缆；
……

本部分为GB/T 13993的第2部分。

本部分按照GB/T 1.1—2009给出的规则起草。

本部分代替GB/T 13993.2—2002《通信光缆系列　第2部分：核心网用室外光缆》，与GB/T 13993.2—2002相比，除编辑性修改外，主要技术变化如下：

——标准名称"通信光缆系列"改为"通信光缆"；
——光缆松套管外间隙的油膏全填充阻水，改为应采用适用的阻水材料和合适的方式阻水[见3.2c)，2002年版3.1c)]；
——增加了阻燃光缆应通过相关要求的阻燃试验[见3.2g)]；
——删除了防蚁光缆护套的具体要求，改为有防鼠或防蚁要求时宜采用相应的防护护层[见3.2h)，2002年版3.1i)]；
——光缆涉及的光纤类型中，B1.1类细分为B1.1a、B1.1b，B1.3类细分为B1.3c、B1.3d，B4光纤细分为B4b、B4c、B4d、B4e，增加了B5类光纤及其依据ITU-T G.656:2010规定的性能要求（见3.3.1和4.3，2002年版3.2.1）；
——光缆中光纤的常用芯数去掉了14和42，增加了108、120和132芯（见3.3.2，2002年版3.2.2）；
——取消了识别色谱的具体规定，改为引用GB/T 29233（见4.1，2002年版4.1）；
——增加了交货长度应是标准制造长度，但允许供需双方另行商定（见4.2，2002年版4.2）；
——B1.1、B1.3和B4类光纤的模场直径容差改为±0.6 μm，芯同心度误差改为0.6 μm，包层不圆度改为1.0%（见表2，2002年版表3）；
——B4类光纤的λ_{CC}改为1 450 nm（见表3，2002年版表4）；
——B1.3类光纤的水峰波长λ_Y明确为1 383 nm，B1.1、B1.3和B4类光纤衰减的分级作了调整（见表4，2002年版表5）；
——光纤宏弯损耗的试验半径改为30 mm，在1 625 nm波长上测得的宏弯附加衰减改为应不大于0.1 dB和0.50 dB两档（见表5，2002年版4.3.7）；
——B1.1、B1.3类光纤的零色散斜率最大值S_{0max}改为0.092 ps/(nm^2·km)[见4.3.8.1.1.1b)，2002年版4.3.8.1b)]；
——B4b和B4c类光纤色散要求改为用箱型限值进行规定，B4d和B4e光纤改为用上下限值曲线进行规定（见4.3.8.2，2002年版4.3.8.2）；
——PMD_Q最大值改为按光纤子类分别要求为0.5 ps/km$^{1/2}$或0.20 ps/km$^{1/2}$（见表6，2002年版4.3.9）；
——增加了导电线芯性能要求的条目（见4.4）；
——光缆短期允许拉力与缆重之比改为不小于1.0，光缆的允许拉伸力和压扁力作了调整（见表7，2002年版表6）；

——光缆在短暂拉伸力下的光纤最大应变改为0.25%，并增加最大衰减变化0.20 dB，去除此力后光缆最大残余应变改为0.08%（见表8，2002年版表7）；

——光纤拉伸应变用相移法监测时的不确定度要求改为0.01%（见表8，2002年版表7）；

——光缆衰减温度特性中取消了光纤允许附加衰减的2级和3级（见表10，2002年版表9）。

本部分由中华人民共和国工业和信息化部提出。

本部分由中国通信标准化协会归口。

本部分起草单位：大唐电信科技产业集团、北京通和实益电信科学技术研究所有限公司、江苏永鼎股份有限公司、江苏亨通光电股份有限公司。

本部分主要起草人：王则民、薛梦驰、宋志佗、时彬、陈晓红。

本部分所代替标准的历次版本发布情况为：

——GB/T 13993.2—1992、GB/T 13993.2—1999、GB/T 13993.2—2002。

通信光缆
第2部分:核心网用室外光缆

1 范围

GB/T 13993的本部分规定了室外光缆(以下简称光缆)的结构型式要求及适用性、规格、标准制造长度、光纤特性、机械性能、环境性能和安装要求等。

本部分适用于核心网用室外管道、直埋、水下和非自承式架空布放的光缆,除结构和机械性能要求之外,也适用于自承式架空和气吹微缆等布放方式的光缆。

2 规范性引用文件

下列文件对于本文件的应用是必不可少的。凡是注日期的引用文件,仅注日期的版本适用于本文件。凡是不注日期的引用文件,其最新版本(包括所有的修改单)适用于本文件。

GB/T 7424.1—2003 光缆总规范 第1部分:总则

GB/T 9771(所有部分) 通信用单模光纤

GB/T 29233 管道、直埋和非自承式架空敷设用单模通信室外光缆

YD/T 908 光缆型号命名方法

3 分类

3.1 总则

本部分按照YD/T 908的规定划分光缆型式、规格和编制型号。

3.2 型式

光缆的具体结构型式应在产品标准中规定,其常用结构型式要求和适用范围如下:

a) 光缆宜用分立光纤构成,同批光缆的同类光纤应使用同一设计、相同材料和相同工艺制造的光纤。
b) 缆芯宜采用中心加强松套层绞式结构或中心管式结构。
c) 除钢丝铠装部分之外,光缆结构应具有全截面阻水性能,为此,光缆中的间隙应采用适用的阻水材料和合适的方式阻水,其中松套管和中心管内应填充触变型复合物。
d) 光缆宜采用金属加强构件,但有防强电危害要求时,应采用非金属加强构件。
e) 护套应是耐老化的黑色聚乙烯护套,除无金属光缆之外,护套还应具有金属挡潮层。但15 m～60 m深水下敷设的光缆宜具有金属密闭护套。
f) 在直埋、水下和某些架空布放时,护套外应增加纵包皱纹钢带铠装或(和)钢丝铠装与聚乙烯外套组成的外护层。
g) 阻燃光缆中的塑料套应是低烟无卤塑料套,且光缆应通过相关要求的阻燃试验。
h) 有防鼠或防蚁要求时宜采用相应的防护护层。

i) 光缆结构及材料应保证使用寿命至少 25 年。

3.3 规格

3.3.1 光缆中的光纤应是符合 GB/T 9771(所有部分)中相应部分规定的 B1.1、B1.3、B4b、B4c、B4d、B4e 和 B5 类单模光纤。

注:B1.1 类为"非色散位移单模光纤"(它含 a、b 二个子类);B1.3 类为"波长段扩展的非色散位移单模光纤"(它含 c、d 二个子类);B4 类为"非零色散位移单模光纤"(它含 a、b、c、d、e 五个子类);B5 类为"宽波长段光传输用非零色散单模光纤"。

3.3.2 光缆中的光纤芯数的常用系列宜为 4、6、8、12、16、18、20、24、30、36、48、60、64、72、84、96、108、120、132 或 144。

3.3.3 光缆中宜不含金属导电线芯,但特殊情况可除外。

4 要求

4.1 识别色谱

同批、同型式规格的光缆应具有相同的结构排列和相同的识别色谱,并应符合 GB/T 29233 的规定。

4.2 标准制造长度

光缆的标准制造长度宜符合表 1 规定。交货长度应是标准制造长度,但允许供需双方另行商定。

表 1 光缆标准制造长度

单位为米

标称值	容差
4 000	0～+100
3 000	
2 000	

4.3 光缆中的光纤特性

4.3.1 光纤涂覆层剥离力

光纤涂覆层应可从光纤上剥离,其剥离力峰值应为 1.0 N～8.9 N,平均值应为 1.0 N～5.0 N。

4.3.2 光纤强度筛选水平和疲劳系数

光纤的全长度张力筛选水平应不低于 0.69 GPa(相当于应变约 1.0%)。

光纤的动态疲劳系数(n_d)值应不小于 20。

4.3.3 翘曲度

光纤翘曲度应不小于 4 m。

4.3.4 模场直径和尺寸参数

光纤的模场直径和尺寸参数应符合表 2 规定。

表 2　光纤模场直径和尺寸参数

光纤类别		B1.1、B1.3	B4b、B4c、B4d、B4e	B5
模场直径	波长/nm	1 310	1 550	
	标称值/μm	8.6～9.5	8.0～11.0	7.0～11.0
	容差/μm	±0.6	±0.6	±0.7
包层直径	标称值/μm	125.0		
	容差/μm	±1.0		
包层不圆度/%		≤1.0		≤2.0
芯同心度误差/μm		≤0.6		≤0.8
涂覆层直径	标称值/μm	245		
	容差/μm	±10		
着色层直径	标称值/μm	250		
	容差/μm	±15		
包层/涂覆(着色)层同心度误差/μm		≤12.5		

4.3.5　截止波长

光缆截止波长 λ_{cc} 应符合表 3 规定。

表 3　光缆截止波长

单位为纳米

光纤类别	B1.1、B1.3	B4	B5
λ_{cc}	≤1 260	≤1 450	

4.3.6　衰减系数

光纤的衰减系数和分级应符合表 4 规定。

表 4　单模光纤衰减系数

光纤类别		B1.1[a]、B1.3				B4、B5		
使用波长/nm		1 310	1 383	1 550	1 625	1 460	1 550	1 625
衰减系数(最大值)/(dB/km)	1 级	0.36	0.36	0.22	0.26	0.31	0.22	0.26
	2 级	0.38	0.38	0.24	0.28	0.35	0.25	0.30
产品只在用户有要求的使用波长上进行检验。B4 类光纤通常不要求在 1 460 nm 区使用。								
[a] B1.1 类光纤不能在 1 383 nm 区使用，表中 1 383 nm 的规定不适用于 B1.1 类光纤。								

4.3.7　宏弯损耗

光纤以规定的半径，松绕规定的圈数时，在规定的波长上测得的宏弯附加衰减应不大于表 5 规定的值。

表5 光纤的宏弯损耗

光纤类型	B1.1、B1.3	B4b、B4c	B4d、B4e	B5
半径/mm	30			
圈数	100			
在1 625 nm上最大值/dB	0.1	0.50	0.1	0.50

4.3.8 色散特性

4.3.8.1 B1.1和B1.3类单模光纤的色散特性

4.3.8.1.1 色散限值

4.3.8.1.1.1 在1 310 nm区的任一波长λ下的色散系数$D(\lambda)$[单位为ps/(nm·km)]应按式(1)计算：

$$D(\lambda)=\frac{\lambda S_0}{4}\left[1-\left(\frac{\lambda_0}{\lambda}\right)^4\right] \qquad \cdots\cdots(1)$$

式中：

λ_0——零色散波长，单位为纳米(nm)；

S_0——零色散斜率，单位为皮秒每平方纳米千米[ps/(nm^2·km)]。

最小零色散波长λ_{0min}及最大零色散波长λ_{0max}和最大零色散斜率绝对值S_{0max}应符合如下规定：

a) λ_{0min}=1 300 nm，λ_{0max}=1 324 nm；

b) S_{0max}=0.092 ps/(nm^2·km)。

式(1)精确地适用于1 310 nm波长区的$D(\lambda)$计算，也可用于1 550 nm波长区的$D(\lambda)$计算，但应考虑所得结果有一定误差。

注：从1 500 nm～1 625 nm的波长区域，色散系数值也用于系统设计或色散补偿设计。在这个区域内，选定波长上的色散系数值，通过采用塞尔梅安五项式或四阶多项式，在跨越这些波长区域实测的基础上进行评估。

4.3.8.1.1.2 在1 550 nm波长上色散系数通常宜不大于18 ps/(nm·km)。

4.3.8.1.2 色散符号

色散系数的符号为正或负。

4.3.8.2 B4类单模光纤的色散特性

4.3.8.2.1 概述

规定B4类光纤的色散系数$D(\lambda)$的限值有两种方法，即箱型限值和上下限值曲线。箱型限值方法规定一定波长λ范围内的上下限值D_{max}和D_{min}及其两者的差($D_{max}-D_{min}$)。上下限值曲线方法规定一定波长范围内的上限值曲线$D_{max}(\lambda)$和下限值曲线$D_{min}(\lambda)$。色散系数的符号可正可负，但在用于波分复用的波长范围内应不跨越零，且其最小绝对值应不小于0.1 ps/(nm·km)。

4.3.8.2.2 B4b类和B4c类单模光纤

4.3.8.2.2.1 色散限值

在1 530 nm～1 565 nm波长区，光纤的色散系数$D(\lambda)$[单位为ps/(nm·km)]应按式(2)计算：

$$D(\lambda)=D_{1\,550}+S_{1\,550}(\lambda-1\,550) \qquad (2)$$

式中：

$D_{1\,550}$——在 1 550 nm 波长上实测的色散系数，单位为皮秒每纳米千米[ps/(nm·km)]；

$S_{1\,550}$——在 1 550 nm 波长处的色散斜率，单位为皮秒每平方纳米千米[ps/(nm²·km)]。

最大色散系数绝对值 D_{max} 和最小色散系数绝对值 D_{min} 及其差值（$D_{max}-D_{min}$）应符合如下规定：

a) $D_{max}\leqslant 10.0$ ps/(nm·km)，$D_{min}\geqslant 1.0$ ps/(nm·km)；

b) $D_{max}-D_{min}\leqslant 5.0$ ps/(nm·km)。

在 1 565 nm～1 625 nm 波长区的色散系数要求待定。

4.3.8.2.2.2 色散符号

色散系数的符号为正或负。

4.3.8.2.3 B4d 类光纤

色散系数 $D(\lambda)$[单位为 ps/(nm·km)]用上下限值曲线规定为：

在 1 460 nm～1 550 nm 波长区：

$$D_{min}(\lambda)=\frac{7.00}{90}(\lambda-1\,460)-4.20$$

$$D_{max}(\lambda)=\frac{2.91}{90}(\lambda-1\,460)+3.29$$

在 1 550 nm～1 625 nm 波长区：

$$D_{min}(\lambda)=\frac{2.97}{75}(\lambda-1\,550)+2.80$$

$$D_{max}(\lambda)=\frac{5.06}{75}(\lambda-1\,550)+6.20$$

4.3.8.2.4 B4e 类光纤

色散系数 $D(\lambda)$[单位为 ps/(nm·km)]用上下限值曲线规定为：

在 1 460 nm～1 550 nm 波长区：

$$D_{min}(\lambda)=\frac{5.42}{90}(\lambda-1\,460)+0.64$$

$$D_{max}(\lambda)=\frac{4.65}{90}(\lambda-1\,460)+4.66$$

在 1 550 nm～1 625 nm 波长区：

$$D_{min}(\lambda)=\frac{3.30}{75}(\lambda-1\,550)+6.06$$

$$D_{max}(\lambda)=\frac{4.12}{75}(\lambda-1\,550)+9.31$$

注：B4e 类光纤通常用于密集波分复用系统。

4.3.8.3 B5 类单模光纤的色散特性

4.3.8.3.1 色散限值

色散系数 $D(\lambda)$[单位为 ps/(nm·km)]用上下限值曲线规定为：

在 1 460 nm～1 550 nm 波长区：

$$D_{min}(\lambda)=\frac{2.60}{90}(\lambda-1\,460)+1.00$$

$$D_{max}(\lambda)=\frac{4.68}{90}(\lambda-1\,460)+4.60$$

在 1 550 nm～1 625 nm 波长区：

$$D_{min}(\lambda)=\frac{0.98}{75}(\lambda-1\,550)+3.60$$

$$D_{max}(\lambda)=\frac{4.72}{75}(\lambda-1\,550)+9.28$$

4.3.8.3.2 色散符号

色散系数的符号为正。

4.3.9 偏振模散

4.3.9.1 概述

用户有要求时，已成缆光纤的偏振模散 PMD 应在统计的基础上规定链路设计值 PMD_Q，它是 M 段光缆确定的可能链路内已连接光缆的 PMD 系数的统计上限，而且连接后的 PMD 系数值超过 PMD_Q 的概率 Q 很小。只要能支持已成缆光纤的 PMD_Q 要求，也可由用户与制造厂协商规定未成缆光纤 PMD_Q 的最大值来替代。在未成缆光纤上规定的最大链路设计值，应小于或等于对已成缆光纤的规定值。未成缆光纤对已成缆光纤的 PMD 值的比率，取决于光缆结构和加工的细节，以及未成缆光纤的模耦合条件。

4.3.9.2 限值

用户有要求时，光缆的 PMD 应满足表 6 规定的 *M* 值、*Q* 值和 PMD_Q 最大值。

表 6 偏振模散

光纤类别	B1.1a、B1.3c	B1.1b、B1.3d	B4b	B4c	B4d	B4e	B5
M 值	20						
Q 值	0.01%						
PMD_Q（最大值）	0.5	0.20	0.5	0.20			
注：*M* 表示光缆条数；PMD_Q 的单位为 ps/$km^{1/2}$。							

4.4 导电线芯性能

光缆按特殊需要含有导电线芯时，其要求应在相关产品标准中详细规定。

4.5 机械性能

4.5.1 拉伸性能

4.5.1.1 光缆的允许拉伸力应符合表 7 规定。

表 7　光缆的允许拉伸力和压扁力

敷设方式	加强级别	允许拉伸力最小值			允许压扁力最小值	
		F_{ST}/G	F_{ST}/N	F_{LT}/N	F_{SC}/(N/100 mm)	F_{LC}/(N/100 mm)
管道、非自承架空	Ⅰ	1.0	1 500	600	1 500	750
直埋	Ⅰ	—	3 000	1 000	3 000	1 000
	Ⅱ	—	4 000	2 000	3 000	1 000
	Ⅲ	—	10 000	4 000	5 000	3 000
水下	Ⅰ					
	Ⅱ	—	20 000	10 000	5 000	3 000
	Ⅲ	—	40 000	20 000	6 000	4 000

注 1：F_{ST}为短暂拉伸力；F_{LT}为长期拉伸力；G 为 1 km 光缆的重量(单位为 N)；F_{SC}为短暂压扁力；F_{LC}为长期压扁力。

注 2：槽道、隧道和电缆沟等敷设方式的要求与管道相同。

4.5.1.2　在适用温度范围内光缆受到拉伸时，光纤在拉伸和弯曲共同作用下产生的应变及衰减变化和光缆应变应符合表 8 规定。

表 8　光缆拉伸的允许变化

受力情况	光纤的应变[a]	光纤的衰减变化[b]	光缆的应变
短暂受力(例如安装期间)	最大 0.25%，拉伸力去除后无明显残余应变	最大 0.20 dB，拉伸力去除后无明显残余附加衰减	拉伸力去除后残余应变最大 0.08%
长期受力(例如运行期间)	最大 0.10%	无明显附加衰减	—

注：残余变化值指光缆承受的外部作用(例如拉伸力、压扁力、温度等)去除后可能有的变化量消除时的残留值。

[a] 光纤拉伸应变用相移法监测，其测量值不大于 0.01%时，判为无明显应变，允许有应变时，其指标已包括 0.01%在内。光纤应变允许用其他方法测试，当有争议时，应以相移法测试结果为准。光缆拉伸应变用机械方法或传感器方法监测，其测量值不大于 0.05%时，判为无明显应变。

[b] 衰减变化用传输功率监测法监测，其测量值的绝对值不超过 0.03 dB 时，判为无明显附加衰减，允许衰减有某数值变化时，其允许值已包括 0.03 dB 在内。

4.5.2　压扁性能

光缆的允许压扁力应符合表 7 规定。

光缆在允许的短暂压扁力下光纤应不断裂，护套应不开裂，短暂压扁力去除后光纤应无明显残余附加衰减；光缆在允许的长期压扁力下光纤应无明显附加衰减。

4.5.3　允许弯曲半径

4.5.3.1　光缆的允许最小弯曲半径应符合表 9 规定。

表 9　光缆的允许最小弯曲半径

护套型式	Y 型、A 型、S 型、W 型		A 型、S 型、金属护套
外护层型式	无外护层、04 型	53 型、54 型、33 型、34 型	333 型、43 型
动态弯曲时(例如安装期间)	20D	25D	30D
静态弯曲时	10D	12.5D	15D
注：护套和外护层的型式系用 YD/T 908 中的相应代号表示；D 为光缆外径。			

4.5.3.2　光缆在受到动态弯曲时光纤应不断裂，护套应不开裂，动态弯曲消除后光纤应无残余附加衰减；光缆在受到静态弯曲时光纤应无附加衰减，护套应不开裂。

4.6　环境性能系列

4.6.1　光纤衰减温度特性

光缆的适用温度范围及其单模光纤相对于 20 ℃时的允许温度附加衰减的分级应符合表 10 规定。

表 10　光缆的适用温度和允许温度附加衰减

分级代号	适用温度范围/℃		允许光纤附加衰减/(dB/km)	
	低限 T_A	高限 T_B	0 级(特级)	1 级
A	−40	+60	无明显附加衰减	最大 0.05
B	−30	+60		
C	−20	+60		
衰减变化用后向散射监测法监测，其测量值的绝对值不超过 0.02 dB/km 时，判为无明显附加衰减，允许光纤衰减有变化时，其允许附加衰减值已包括 0.02 dB/km 在内。				

4.6.2　护套完整性

4.6.2.1　当光缆护层中的塑料套下有金属挡潮层或铠装层时，塑料套的完整性应采用电火花试验来检验，其试验电压应符合表 11 规定。

表 11　电火花试验电压

单位为千伏

试验类型	试验电压	试验电压最高限值
直流电压试验	9t	25
交流电压试验	6t	15
注 1：t 为塑料套的标称厚度，单位为毫米(mm)。 注 2：交流试验电压系有效值。		

4.6.2.2　当用浸水试验来检验护层中的外层塑料套的完整性时，在光缆浸水 24 h 后防蚀外套的电气性能(外套下金属层对地)应符合：

a)　对地绝缘：在直流 500 V 下不低于 2 000 MΩ · km；

b)　耐电压强度：在直流 15 kV 下 2 min 不击穿。

4.6.3 渗水性

当用渗水试验方法检验光缆的渗水性时，在 20 ℃±5 ℃温度下 1 m 高水头加到长度 3 m 的光缆一端的全截面上(钢丝铠装光缆的外护层部分可除外)24 h 后，在此光缆另一端上应无水渗出。

4.7 其他要求

除本部分规定之外，光缆的其他有关要求应符合 GB/T 29233 的规定。

5 安装

安装有关的要求应符合 GB/T 7424.1—2003 中附录 A 的规定。

ICS 33.180.10
M 33

中华人民共和国国家标准

GB/T 13993.3—2014
代替 GB/T 13993.3—2001

通信光缆
第3部分：综合布线用室内光缆

Optical fibre cables for telecommunication—
Part 3: Indoor optical fibre cables for generic cabling

2014-12-05 发布 2015-04-01 实施

中华人民共和国国家质量监督检验检疫总局
中国国家标准化管理委员会 发布

前　言

GB/T 13993《通信光缆》包括以下几部分：

——第 1 部分：总则；

——第 2 部分：核心网用室外光缆；

——第 3 部分：综合布线用室内光缆；

——第 4 部分：接入网用室外光缆；

……

本部分为 GB/T 13993 的第 3 部分。

本部分按照 GB/T 1.1—2009 给出的规则起草。

本部分代替 GB/T 13993.3—2001《通信光缆系列　第 3 部分：综合布线用室内光缆》，与 GB/T 13993.3—2001 相比，除编辑性修改外，主要技术变化如下：

——标准名称“通信光缆系列”改为“通信光缆”；

——取消了“术语”一章(见 2001 年版第 3 章)；

——取消了对缆芯具体结构型式的推荐[见 3.2c)，2001 年版 4.1c)]；

——光缆的阻水要求改为主干光缆室外部分可采用适用的阻水材料和合适的方式阻水[见 3.2e)，2001 年版 4.1e)]；

——光缆燃烧性能要求改为依布线情况而定，应通过成束燃烧试验或(和)单根燃烧试验[见 3.2f)，2001 年版 4.1f)]；

——增加了有防蚁要求时可采用相应的防护护层[见 3.2g)，2001 年版 4.1g)]；

——增加了水平光缆可微管吹放[见 3.2j)，2001 年版 4.1h)]；

——增加了使用寿命至少 15 年的要求[见 3.2k)]；

——光缆涉及的单模光纤类型中，增加了 B1.3 类及其依据 ITU-T G.652：2009 规定的性能要求、B4 类及其依据 ITU-T G.655：2009 规定的性能要求、B6 类光纤及其依据 ITU-T G.657：2009 规定的性能要求(见 3.3.1 和 4.3，2001 年版 4.2.1)；

——建筑群主干光缆之外，多模光缆护套识别颜色改为橙或灰，单模光缆护套识别颜色改为黄或白或黑。(见表 1，2001 年版表 1)；

——增加了交货长度应是标准制造长度，但允许供需双方另行商定(见 4.2，2001 年版 5.2)；

——光纤涂覆层剥离力峰值的下限改为 1.0 N(见 4.3.1，2001 年版 5.3.1)；

——A1a 和 A1b 类光纤的芯径容差改为 $\pm2.5\ \mu m$，包层直径容差改为 $\pm1.0\ \mu m$，芯/包同心度误差改为不大于 $1.5\ \mu m$(见表 3，2001 年版表 3)；

——A1a 类光纤的数值孔径改为 0.20 ± 0.015(见表 4，2001 年版表 4)；

——多模光纤传输特性按子类作了修改调整(见表 5，2001 年版表 5)；

——增加了多模光纤性能代码、光纤类型与带宽特性的对照表(见表 6)；

——增加了多模光纤的宏弯损耗要求(见表 7)；

——单模光纤色散特性改为只要成缆前合格，成缆后可不检查(见 4.3.4.5，2001 年版 5.3.4.5)；

——单芯光缆(含部分双芯光缆)的 F_{ST} 改为 100 N，F_{LT} 改为 40 N(见表 12，2001 年版表 9)；

——双芯光缆和单光纤带光缆的 F_{ST} 改为 200 N，F_{LT} 改为 80 N(见表 12，2001 年版表 9)；

——沿墙、顶、夹层、导管布放的多芯(带)光缆的 F_{ST} 改为 440 N，F_{LT} 改为 130 N，沿竖井、竖直管道、地下室、隧道布放的多芯(带)光缆的 F_{ST} 改为 800 N，F_{LT} 改为 400 N，且蝶形光缆拉伸性能

可暂不执行本表规定(见表12,2001年版表9);

——短暂拉力下最大光纤应变改为0.4%,长期拉力下最大光纤应变改为0.2%(见表13,2001年版表10);

——光纤拉伸应变用相移法监测时的不确定度要求改为0.01%(见表13,2001年版表10);

——衰减变化用传输功率监测法监测的不确定度改为只限于单模光纤,多模光纤待定(见表13,2001年版表10);

——光缆最小允许弯曲半径改为与光纤类型相关,并增加了数值规定(见表14,2001年版5.4.3.1)。

本部分由中华人民共和国工业和信息化部提出。

本部分由中国通信标准化协会归口。

本部分起草单位:大唐电信科技产业集团、北京通和实益电信科学技术研究所有限公司、郑州仕佳通信科技有限公司、江苏永鼎股份有限公司、江苏亨通光电股份有限公司、江苏通鼎光电股份有限公司。

本部分主要起草人:王则民、薛梦驰、宋志佗、时彬、李然山、陈晓红。

本部分所代替标准的历次版本发布情况为:

——GB/T 13993.3—2001。

通信光缆
第3部分:综合布线用室内光缆

1 范围

GB/T 13993的本部分规定了室内光缆(以下简称光缆)的结构型式要求及适用性、规格、标准制造长度、光纤特性、机械性能和环境性能等。

本部分适用于综合布线用室内光缆,不适用于含金属单线或线对的光电综合缆。

2 规范性引用文件

下列文件对于本文件的应用是必不可少的。凡是注日期的引用文件,仅注日期的版本适用于本文件。凡是不注日期的引用文件,其最新版本(包括所有的修改单)适用于本文件。

GB/T 9771(所有部分) 通信用单模光纤

GB/T 12357.1 通信用多模光纤 第1部分:A1类多模光纤特性

GB/T 13993.4 通信光缆 第4部分:接入网用室外光缆

YD/T 908 光缆型号命名方法

3 分类

3.1 总则

本部分按照YD/T 908的规定划分光缆型式、规格和编制型号。

3.2 型式

光缆的具体结构型式应在产品标准中规定,其一般要求如下:

a) 光缆宜采用分立光纤构成,大芯数光缆和软线光缆也可采用光纤带或多纤单元构成。

b) 分立光纤被覆层宜采用紧套被覆结构,大芯数光缆中也可采用松套被覆结构。光纤带被覆层宜采用松套被覆结构。采用骨架或类似结构时,分立光纤或光纤带宜无被覆层。

c) 缆芯结构型式应能适用于在室内以适当的方式布放。

d) 光缆宜采用非金属加强构件,除软线光缆之外,也可采用金属加强构件。

e) 主干光缆的室外部分宜具有阻水性能,可采用适用的阻水材料和合适的方式阻水。

f) 光缆燃烧性能依布线要求而定,应通过成束燃烧试验或(和)单根燃烧试验。

g) 光缆护套宜为低烟无卤阻燃聚烯烃护套,也可采用含卤阻燃聚乙烯护套或低烟阻燃聚氯乙烯护套,软线光缆还可采用单根阻燃级的聚氯乙烯护套或热塑性聚氨酯弹性体护套。建筑群主干光缆护套宜为成束或单根阻燃级的铝(或钢)-聚乙烯粘结护套。有防鼠或防蚁要求时宜采用相应的防护护层。

h) 建筑群主干光缆应适于竖井、竖直管道、地下室、隧道、地下管道或(和)直埋布放,可采用符合GB/T 13993.4规定的接入网用室外光缆。

i) 建筑物主干光缆应适于竖井和竖直管道布放。

j) 水平光缆应适于在楼道和室内沿墙、沿顶布放，或在管道以及通风管道中布放，或在微管中吹放，或以其他合适的方式布放。

k) 光缆结构及材料应保证使用寿命至少15年。

3.3 规格

3.3.1 光缆中的光纤应是符合GB/T 12357.1规定的A1a和A1b类多模光纤或GB/T 9771(所有部分)规定的B1.1、B1.3、B4和B6类单模光纤。

注：A1a类为50/125 μm渐变型多模光纤(它细分为a.1、a.2、a.3)；A1b类为62.5/125 μm渐变型多模光纤；B1.1类为“非色散位移单模光纤”(它含a、b二个子类)；B1.3类为“波长段扩展的非色散位移单模光纤”(它含c、d二个子类)；B4类为“非零色散位移单模光纤”(它含a、b、c、d、e五个子类)；B6类为“接入网用弯曲损耗不敏感单模光纤”(它含a、b二个子类，并细分为a.1、a.2、b.2、b.3)。

3.3.2 光缆中的光纤芯数的常用系列应为1、2、4、6、8、10、12、16、20、24、28、32、36、40、48、56、64、72、80、96、144。

3.3.3 这些芯数可由分立光纤构成，也可由2芯、4芯、6芯、8芯或12芯的光纤带或多纤单元构成。

3.3.4 光缆中应不含金属导电线芯。

4 要求

4.1 识别色谱

不同光纤类型的光缆用护套颜色来识别，其色谱宜符合表1规定。

表1 光缆护套色谱

光纤类型	建筑群主干光缆	其他光缆
A1a、A1b	黑	橙或灰
B1.1、B1.3、B4、B6	黑	黄或白或黑

4.2 标准制造长度

光缆的标准制造长度宜符合表2规定，交货长度宜是标准制造长度，但允许供需双方另行商定。

表2 光缆标准制造长度

单位为米

标称值	容差
3 000	±100
2 000	
1 000	
500	

4.3 光缆中的光纤特性

4.3.1 光纤涂覆层剥离力

光纤涂覆层应可从光纤上剥离，其剥离力峰值应为 1.0 N～8.9 N，平均值应为 1.0 N～5.0 N。

4.3.2 光纤强度筛选水平和疲劳系数

光纤的全长度张力筛选水平应不低于 0.69 GPa(相当于应变约 1.0%)。

光纤的动态疲劳系数(n_d)值应不小于 20。

4.3.3 多模光纤的其他特性

4.3.3.1 多模光纤的尺寸参数应符合表 3 规定。

表 3 多模光纤尺寸参数

光纤	芯径 μm		包层直径 μm		芯/包同心度误差 μm	芯不圆度 %	包层不圆度 %	涂覆层直径 μm		着色层直径 μm		包层/涂覆层同心度误差 μm
类型	标称值	容差	标称值	容差				标称值	容差	标称值	容差	
A1a	50.0	±2.5	125.0	±1.0	≤1.0	≤6	≤2	245	±10	250	±15	≤12.5
A1b	62.5											

4.3.3.2 多模光纤的数值孔径应符合表 4 规定。

表 4 多模光纤数值孔径

光纤类型	A1a	A1b
数值孔径	0.20±0.015	0.275±0.015

4.3.3.3 多模光纤传输特性的分级应符合表 5 规定。为方便使用，表 6 列出多模光纤型号与带宽特性代码的对照。

表 5 多模光纤传输特性

光纤类型	A1a.1		A1a.2		A1a.3		A1b	
使用波长/nm	850	1 300	850	1 300	850	1 300	850	1 300
衰减系数(最大值)/(dB/km)	2.4 3.0 3.5	0.7 1.0 1.5	2.5	0.8	2.5	0.8	2.8 3.5	0.7 1.0 1.5
模式带宽(最小值)/(MHz·km)	200 500 800	200 500 800 1 000 1 200	1 500 2 000[a]	500	3 500 4 700[a]	500	100 200 500 800	200 500 800 1 000

[a] 此值为有效模带宽，其他未加脚注的为满注入带宽值。

表 6　多模光纤带宽特性代码

性能代码	光纤类型	标称芯径 μm	满注入带宽 850 nm MHz·km	满注入带宽 1 300 nm MHz·km	有效模带宽 850 nm MHz·km
OM1	A1a.1	50.0	≥200	≥500	不适用
	A1b	62.5			
OM2	A1a.1	50.0	≥500	≥500	不适用
	A1b	62.5			
OM3	A1a.2	50.0	≥1 500	≥500	≥2 000
OM4	A1a.3	50.0	≥3 500	≥500	≥4 700

4.3.3.4　多模光纤以规定的半径，松绕规定的圈数时，在规定的波长上测得的宏弯附加损耗应不大于表7规定的值。

表 7　多模光纤的宏弯损耗

光纤类型	A1a[a]	A1b
半径/mm	15	37.5
圈数	2	100
在 850 nm 上最大值/dB	1	0.5
在 1 300 nm 上最大值/dB	1	0.5
在稳态注入条件下宏弯损耗与波长无关，通常只需在一个波长上测量。		
[a] A1a 光纤不能满足本栏要求时，可执行 A1b 光纤栏同样的要求。		

4.3.4　单模光纤的其他特性

4.3.4.1　模场直径和尺寸参数

单模光纤的模场直径和尺寸参数应符合表 8 规定。

表 8　单模光纤模场直径和尺寸参数

光纤类别		B1.1、B1.3	B4	B6a	B6b
模场直径	波长/nm	1 310	1 550	1 310	
	标称值/μm	8.6～9.5	8.0～11.0	8.6～9.5	6.3～9.5
	容差/μm	±0.6	±0.6	±0.4	
包层直径	标称值/μm	125.0			
	容差/μm	±1.0		±0.7	
包层不圆度/%		≤1.0		≤1.0	
芯同心度误差/μm		≤0.6		≤0.5	

表 8（续）

光纤类别		B1.1、B1.3	B4	B6a	B6b
涂覆层直径	标称值/μm	245			
	容差/μm	±10			
着色层直径	标称值/μm	250			
	容差/μm	±15			
包层/涂覆层同心度误差/μm		≤12.5			

4.3.4.2 截止波长

截止波长要求与光缆使用长度和弯曲情况有关，使用长度较长（例如不小于 22 m）时应符合表 9 中光缆截止波长 λ_{CC} 规定，使用长度较短且有较多弯曲点时应符合表 9 中光纤截止波长 λ_C 规定。

表 9 单模光纤截止波长

单位为纳米

光纤类型	B1.1、B1.3	B4	B6
λ_{CC}	≤1 260	≤1 450	≤1 260
λ_C	≤1 250	≤1 450	≤1 250

4.3.4.3 衰减系数

单模光纤衰减系数分级应符合表 10 规定。

表 10 单模光纤衰减系数

光纤类别		B1.1[a]、B1.3				B4		B6		
使用波长/nm		1 310	1 383	1 550	1 625	1 550	1 625	1 310	1 550	1 625
衰减系数（最大值）/（dB/km）	1 级	0.40	0.40	0.30	0.40	0.30	0.40	0.40	0.30	0.40
	2 级	0.60	0.60	0.50	0.60	0.50	0.60	0.60	0.50	0.60
产品只在用户有要求的使用波长上进行检验。										
[a] B1.1 类光纤不能在 1 383 nm 区使用，表中 1 383 nm 的规定不适用于 B1.1 类光纤。										

4.3.4.4 宏弯损耗

光纤以规定的半径，松绕规定的圈数时，在规定的波长上测得的宏弯附加损耗应不大于表 11 规定的值。

表 11 单模光纤的宏弯损耗

光纤类型	B1.1、B1.3	B4b、B4c	B4d、B4e	B6a.1		B6a.2、B6b.2			B6b.3		
半径/mm	30			15	10	15	10	7.5	10	7.5	5
圈数	100			10	1	10	1	1	1	1	1
在 1 550 nm 上最大值/dB	—			0.25	0.75	0.03	0.1	0.5	0.03	0.08	0.15
在 1 625 nm 上最大值/dB	0.1	0.50	0.1	1.0	1.5	0.1	0.2	1.0	0.1	0.25	0.45

4.3.4.5 色散特性

只要光缆采用的单模光纤的色散特性满足 GB/T 9771 有关规定，光缆中光纤的色散特性可不再检测。

4.4 机械性能

4.4.1 拉伸性能

4.4.1.1 光缆的允许拉伸力宜参照表 12，并在产品标准中具体规定。

表 12 光缆的允许拉伸力和压扁力

敷设方式	芯数	允许拉伸力最小值			允许压扁力最小值	
		F_{ST}/G	F_{ST}/N	F_{LT}/N	F_{SC}/(N/100 mm)	F_{LC}/(N/100 mm)
沿墙、顶、夹层、导管	单芯、双芯（见注 2）	—	100	40	500	100
	双芯	—	200	80	1 000	200
	单带	—	200	80	1 000	200
	多芯（带）	0.8	440	130	1 000	200
竖井、竖直管道、地下室、隧道		1.0	800	400	1 000	300

注 1：F_{ST} 为短暂拉伸力；F_{LT} 为长期拉伸力；G 为 1 km 光缆的重量，N；F_{SC} 为短暂压扁力；F_{LC} 为长期压扁力。

注 2：这里的双芯缆指 2 根预涂覆光纤集于一个被覆层内的光缆。

注 3：蝶形光缆拉伸性能可暂不执行本表规定。

4.4.1.2 在适用温度范围内光缆受到拉伸时，光纤在拉伸和弯曲共同作用下产生的应变及衰减变化和光缆应变应符合表 13 规定。

表 13 光纤的允许应变

受力情况	光纤的应变[a]	光纤的衰减变化[b]	光缆的应变
短暂受力(例如安装期间)	最大 0.4%, 拉伸力去除后无明显残余应变	拉伸力去除后 无明显残余附加衰减	拉伸力去除后 残余应变最大 0.08%
长期受力(例如运行期间)	最大 0.2%	无明显附加衰减	—

注:残余变化值指光缆承受的外部作用(例如拉伸力、压扁力、温度等)去除后可能有的变化量消除时的残留值。

[a] 光纤拉伸应变用相移法监测,其测量值不大于 0.01%时,判为无明显应变,允许有应变时,其指标已包括 0.01%在内。光纤应变允许用其他方法测试,当有争议时,应以相移法测试结果为准。光缆拉伸应变用机械方法或传感器方法监测,其测量值不大于 0.05%时,判为无明显应变。

[b] A1a 和 A1b 类多模光纤附加衰减的监测波长为 1 300 nm,B1.3、B4 和 B6 类单模光纤为 1 550 nm。衰减变化用传输功率监测法监测,其单模光纤测量值的绝对值不超过 0.03 dB 时,判为无明显附加衰减,允许衰减有某数值变化时,其允许值已包括 0.03 dB 在内;多模光纤测量值的不确定度待定。

4.4.2 压扁性能

4.4.2.1 光缆的允许压扁力应参照表 12,并在产品标准中具体规定。

4.4.2.2 光缆在允许的短暂压扁力下光纤应不断裂,护套应不开裂,短暂压扁力去除后光纤应无明显残余附加衰减;光缆在允许的长期压扁力下光纤应无明显附加衰减。

4.4.3 允许弯曲半径

4.4.3.1 光缆的允许最小弯曲半径应符合表 14 规定。

表 14 光缆的允许最小弯曲半径

光纤类型	A1a、A1b、B1.1、B1.3、B4	B6a.1	B6a.2、B6b.2	B6b.3
动态弯曲	20*D* 或 20*H*			
静态弯曲	10*D* 或 10*H* 且≥10 mm	5*D* 或 5*H* 且≥10 mm	5*D* 或 5*H* 且≥7.5 mm	5*D* 或 5*H* 且≥5 mm

注 1:动态弯曲指弯曲时伴随有拉力,例如安装和移动使用期间。静态弯曲指单纯的弯曲,例如固定使用期间。
注 2:*D* 为圆形光缆外径,*H* 为扁形光缆高度。扁形光缆应在扁平方向弯曲。

4.4.3.2 光缆在受到动态弯曲时光纤应不断裂,护套应不开裂,动态弯曲消除后光纤应无残余附加衰减;光缆在受到静态弯曲时光纤附加衰减应不大于表 7 或表 14 规定的宏弯损耗值,护套应不开裂。

4.5 环境性能

4.5.1 光纤衰减温度特性

光缆的适用温度范围及其单模光纤相对于 20 ℃时的允许温度附加衰减的分级应符合表 15 规定。

表 15 光缆的适用温度和允许温度附加衰减

分级代号	适用温度范围/℃		允许光纤附加衰减[a]/(dB/km)	
	低限 T_A	高限 T_B	A1a、A1b 类光纤	B1.1、B1.3、B4、B6 类光纤
C	−20	+60	不大于 0.50	不大于 0.20
D	−5	+50		

[a] 衰减变化用后向散射监测法监测，其测量值的绝对值不超过 0.02 dB/km 时，判为无明显附加衰减，允许光纤衰减有变化时，其允许附加衰减值已包括 0.02 dB/km 在内。A1a 和 A1b 类多模光纤附加衰减的监测波长为 1 300 nm，B1.1、B1.3、B4 和 B6 类单模光纤为 1 550 nm。

4.5.2 燃烧性能

光缆的燃烧性能应符合如下规定：

a) 阻燃性：依布线要求而定，应通过成束阻燃烧或单根燃烧试验；

b) 发烟浓度：光缆燃烧时产生的烟雾应使透光率不小于 50%；

c) 腐蚀性：无卤阻燃光缆燃烧时产生气体的 pH 应不小于 4.3，电导率应不大于 10 μS/mm。

4.5.3 护套完整性

4.5.3.1 当用电火花试验来检验光缆铝(或钢)-聚乙烯粘结护套中塑料套的完整性时，试验电压应符合表 16 规定。

表 16 电火花试验电压

单位为千伏

试验类型	试验电压	试验电压最高限值
直流电压试验	$9t$	25
交流电压试验	$6t$	15

注 1：t 为塑料套的标称厚度，单位为 mm。

注 2：交流试验电压系有效值。

4.5.3.2 当用浸水试验来检验光缆铝(或钢)-聚乙烯粘结护套中塑料套的完整性时，在光缆浸水 24 h 后塑料套的电气性能(外套下金属层对地)应符合：

a) 对地绝缘：在直流 500 V 下不低于 2 000 MΩ·km；

b) 耐电压强度：在直流 15 kV 下 2 min 不击穿。

4.5.4 渗水性

当用渗水试验方法检验有阻水性能要求的主干光缆渗水性时，在 20 ℃±5 ℃温度下，用 1 m 高水头加到长度 3 m 的光缆一端的全截面上，24 h 后在受试光缆段另一端上应无水渗出。

4.6 其他要求

除本部分规定之外，光缆的其他有关要求应在有关产品标准中规定。

ICS 33.180.10
M 33

中华人民共和国国家标准

GB/T 13993.4—2014
代替 GB/T 13993.4—2002

通信光缆
第4部分:接入网用室外光缆

Optical fibre cables for telecommunication—
Part 4: Outdoor optical fibre cables for access networks

2014-12-05 发布

2015-04-01 实施

中华人民共和国国家质量监督检验检疫总局
中国国家标准化管理委员会 发布

前　言

GB/T 13993《通信光缆》包括以下几个部分：

——第 1 部分：总则；

——第 2 部分：核心网用室外光缆；

——第 3 部分：综合布线用室内光缆；

——第 4 部分：接入网用室外光缆；

……

本部分为 GB/T 13993 的第 4 部分。

本部分按照 GB/T 1.1—2009 给出的规则起草。

本部分代替 GB/T 13993.4—2002《通信光缆系列　第 4 部分：接入网用室外光缆》，与 GB/T 13993.4—2002 相比，除编辑性修改外，主要技术变化如下：

——标准名称"通信光缆系列"改为"通信光缆"；

——增加了光缆允许采用其他适用的结构型式[见 3.2b)，2002 年版 3.1b)]；

——光缆的填充要求改为允许采用适用的阻水材料和合适的方式阻水[见 3.2c)，2002 年版3.1c)]；

——增加了阻燃光缆应通过相关要求的阻燃试验[见 3.2g)，2002 年版 3.1h)]；

——光缆涉及的光纤类型中，B1.1 类细分为 B1.1a、B1.1b，B1.3 类细分为 B1.3c、B1.3d，B4 类细分为 B4b、B4c、B4d、B4e，增加了 B5 类光纤及其依据 ITU-T G.656：2010 规定的性能要求，增加了 B6a 类光纤及其依据 ITU-T G.657：2009 规定的性能要求(见 3.3.1 和 4.4，2002 年版 3.2.1)；

——光缆的分立光纤常用芯数作了调整，去掉了 10、14 和 42，增加了 108、120 和 132(见 3.3.2 和 4.4，2002 年版 3.2.2)；

——取消了识别色谱的具体规定，改为应用 GB/T 29233(见 4.1，2002 年版 4.1)；

——增加了交货长度应是标准制造长度，但允许供需双方另行商定(见 4.2，2002 年版 4.2)；

——光纤涂覆层剥离力峰值下限改为 1.0 N(见 4.4.1，2002 年版 4.4.1)；

——B1.1、B1.3 和 B4 类光纤的模场直径容差改为±0.6 μm，芯同心度误差改为 0.6 μm，包层不圆度改为 1.0%(见表 2，2002 年版表 4)；

——B4 类光纤的 λ_{CC} 改为 1 450 nm(见表 3，2002 年版表 5)；

——B1.3 类光纤的水峰波长 λ_Y 明确为 1 383 nm，B1.1、B1.3 类和 B4 类光纤衰减在 1 625 nm 波长上 1 级改为 0.26 dB/km，2 级改为 0.30 dB/km(见表 4，2002 年版表 6)；

——B1.1、B1.3 和 B4 类光纤的宏弯损耗改为以 30 mm 半径松绕 100 圈时，在 1 625 nm 波长上测得的宏弯附加衰减应不大于 0.1 dB(见表 5，2002 年版 4.4.7)；

——B1.1 和 B1.3 类光纤的零色散斜率最大值 S_{0max} 改为 0.092 ps/(nm^2 · km)[见 4.4.8.1.1.1b)，2002 年版 4.4.8.1b)]；

——B4b 和 B4c 类光纤色散要求改为用箱型限值进行规定，B4d 和 B4e 光纤改为用上下限值曲线进行规定(见 4.4.8.2，2002 年版 4.4.8.2)；

——PMD_Q 最大值改为按光纤子类分别要求为 0.5 ps/km$^{1/2}$ 或 0.20 ps/km$^{1/2}$[见表 6，2002 年版 4.4.9c)]；

——增加了导电线芯性能要求的条目(见 4.5)；

——光缆的允许拉伸力和压扁力作了调整(见表 7，2002 年版表 8)；

——光缆在短暂拉伸力下的分立光纤最大应变改为0.30%，去除此力后光缆最大残余应变改为0.08%(见表8,2002年版表9)；

——光纤拉伸应变用相移法监测时的不确定度要求改为0.01%(见表8脚注b,2002年版表9注3)；

——光缆衰减温度特性中取消了光纤允许附加衰减的3级(见表10,2002年版表11)。

本部分由中华人民共和国工业和信息化部提出。

本部分由中国通信标准化协会归口。

本部分起草单位:大唐电信科技产业集团、北京通和实益电信科学技术研究所有限公司、江苏永鼎股份有限公司、江苏亨通光电股份有限公司。

本部分主要起草人:王则民、薛梦驰、宋志佗、时彬、陈晓红。

本部分所代替标准的历次版本发布情况为:

——GB/T 13993.4—2002。

通信光缆
第4部分:接入网用室外光缆

1 范围

GB/T 13993的本部分规定了室外光缆(以下简称光缆)的结构型式要求及适用性、规格、标准制造长度、光纤特性、机械性能、环境性能和安装要求等。

本部分适用于接入网用室外管道、直埋、水下和非自承式架空布放的光缆,除结构和机械性能要求之外,也适用于自承式架空和气吹微缆等其他布放方式的光缆。

2 规范性引用文件

下列文件对于本文件的应用是必不可少的。凡是注日期的引用文件,仅注日期的版本适用于本文件。凡是不注日期的引用文件,其最新版本(包括所有的修改单)适用于本文件。

GB/T 7424.1—2003 光缆总规范 第1部分:总则

GB/T 9771(所有部分) 通信用单模光纤

GB/T 29233 管道、直埋和非自承式架空敷设用单模通信室外光缆

YD/T 908 光缆型号命名方法

YD/T 979 光纤带技术要求和检验方法

3 分类

3.1 总则

本部分按照YD/T 908的规定划分光缆型式、规格和编制型号。

3.2 型式

光缆的具体结构型式应在产品标准中规定,其常用结构型式要求和适用范围如下:

a) 光缆可采用分立光纤、光纤带或其他合适的光纤单元构成,同批光缆的同类型光纤应使用同一设计、相同材料和相同工艺制造的光纤。

b) 缆芯可采用中心加强松套层绞式结构、中心管式结构、骨架式结构或其他适用的结构型式。

c) 除钢丝铠装部分之外,光缆结构应具有全截面阻水性能,为此,光缆中的间隙应采用适用的阻水材料和合适的方式阻水,其中松套管和中心管内宜填充触变型复合物。

d) 光缆可采用金属加强构件,也可采用非金属加强构件。

e) 护套应是耐老化的黑色聚乙烯护套,除无金属光缆之外,护套还应具有金属挡潮层。但15 m~60 m深水下敷设的光缆宜具有金属密闭护套。

f) 在直埋、水下和某些架空布放时,宜采用纵包皱纹钢带铠装或(和)钢丝铠装与聚乙烯外套组成的外护层。

g) 阻燃光缆中的塑料套应是低烟无卤塑料套,阻燃光缆应通过相关要求的阻燃试验。

h) 有防鼠或防蚁要求时宜采用相应的防护护层。

i) 光缆结构材料应保证使用寿命至少20年。

3.3 规格

3.3.1 光缆中的光纤宜是符合GB/T 9771(所有部分)中相应部分规定的B1.1、B1.3、B4b、B4c、B4d、B4e、B5和B6a类单模光纤。

注1：B1.1类为“非色散位移单模光纤”(它含a、b二个子类)；B1.3类为“波长段扩展的非色散位移单模光纤”(它含c、d二个子类)；B4类为“非零色散位移单模光纤”(它含a、b、c、d、e五个子类)；B5类为“宽波长段光传输用非零色散单模光纤”；B6类为“接入网用弯曲损耗不敏感单模光纤”(它含a、b二个子类，并细分为a1、a2、b2、b3)。

注2：鉴于B1.3类光纤的波导结构在各制作厂之间差别不大，相互的兼容性较好，故此类光纤往往优先选用。

3.3.2 采用分立光纤的光缆中，光纤芯数的常用系列宜为4、6、8、12、16、18、20、24、30、36、48、60、64、72、84、96、108、120、132或144。

3.3.3 采用光纤带的光缆中，光纤带芯数宜为4、6、8、12芯或24芯，中心管式光缆中光纤芯数宜为48芯～432芯，层绞式光缆中宜为48芯～864芯，骨架式光缆中宜为48芯～1 200芯。

3.3.4 光缆中宜不含金属导电线芯，但特殊情况可除外。

4 要求

4.1 识别色谱

同批、同型式规格的光缆应具有相同的结构排列和相同的识别色谱，并应符合GB/T 29233的规定。

4.2 标准制造长度

光缆的标准制造长度宜符合表1规定。交货长度应是标准制造长度，但允许供需双方另行商定。

表1 光缆标准制造长度

单位为米

标称值	容差
3 000	0～+100
2 000	
1 000	

4.3 光缆中的光纤带特性

光缆中光纤带的特性应符合YD/T 979规定。

4.4 光缆中的光纤特性

4.4.1 光纤涂覆层剥离力

光纤涂覆层应可从光纤上剥离，其剥离力峰值应为1.0 N～8.9 N，平均值应为1.0 N～5.0 N。

4.4.2 光纤强度筛选水平和疲劳系数

光纤的全长度张力筛选水平应不低于0.69 GPa(相当于应变约1.0%)。

光纤的动态疲劳系数n_d值应不小于20。

4.4.3 翘曲度

光纤翘曲度应不小于 4 m。

4.4.4 模场直径和尺寸参数

光纤的模场直径和尺寸参数应符合表 2 规定。

表 2 光纤模场直径和尺寸参数

光纤类别		B1.1、B1.3	B4b、B4c、B4d、B4e	B5	B6a
模场直径	波长/nm	1 310	1 550		1 310
	标称值/μm	8.6～9.5	8.0～11.0	7.0～11.0	8.6～9.5
	容差/μm	±0.6	±0.6	±0.7	±0.4
包层直径	标称值/μm	125.0			
	容差/μm	±1.0			±0.7
包层不圆度/%		≤ 1.0		≤ 2.0	≤ 1.0
芯同心度误差/μm		≤ 0.6		≤ 0.8	≤ 0.5
涂覆层直径	标称值/μm	245			
	容差/μm	±10			
着色层直径	标称值/μm	250			
	容差/μm	±15			
包层/涂覆层同心度误差/μm		≤ 12.5			

4.4.5 截止波长

光缆截止波长 λ_{cc} 应符合表 3 规定。

表 3 光缆截止波长

单位为纳米

光纤类别	B1.1、B1.3 和 B6a	B4	B5
λ_{cc}	≤1 260	≤1 450	

4.4.6 衰减系数

光纤的衰减系数和分级应符合表 4 规定。

表 4 单模光纤衰减系数

光纤类别		B1.1			B1.3 和 B6a				B4 和 B5		
使用波长/nm		1 310	1 550	1 625	1 310	1 383	1 550	1 625	1 460	1 550	1 625
衰减系数(最大值)/(dB/km)	1 级	0.36	0.22	0.26	0.36	0.36	0.22	0.26	0.36	0.22	0.26
	2 级	0.40	0.25	0.30	0.40	0.40	0.25	0.30	0.40	0.25	0.30
产品只在用户有要求的使用波长上进行检验。B4 类光纤通常不要求在 1 460 nm 区使用。											

4.4.7 宏弯损耗

光纤以规定的半径，松绕规定的圈数时，在规定的波长上测得的宏弯附加衰减应不大于表 5 规定的值。

表 5 光纤的宏弯损耗

光纤类型	B1.1、B1.3	B4b、B4c	B4d、B4e	B5	B6a1		B6a2		
半径/mm	30				15	10	15	10	7.5
圈数	100				10	1	10	1	1
在 1 550 nm 上最大值/dB	—				0.25	0.75	0.03	0.1	0.5
在 1 625 nm 上最大值/dB	0.1	0.50	0.1	0.50	1.0	1.5	0.1	0.2	1.0

4.4.8 色散特性

4.4.8.1 B1.1 类和 B1.3 类单模光纤的色散特性

4.4.8.1.1 色散限值

4.4.8.1.1.1 在 1 310 nm 区的任一波长 λ 下的色散系数 $D(\lambda)$[单位为 ps/(nm · km)]应按下式计算：

$$D(\lambda)=\frac{\lambda S_0}{4}\left[1-\left(\frac{\lambda_0}{\lambda}\right)^4\right]$$

式中：

λ_0——零色散波长，单位为纳米(nm)；

S_0——零色散斜率，单位为皮秒每平方纳米千米[ps/(nm^2 · km)]。

最小零色散波长 $\lambda_{0\min}$ 及最大零色散波长 $\lambda_{0\max}$ 和最大零色散斜率绝对值 $S_{0\max}$ 应符合如下规定：

a) $\lambda_{0\min}=1\ 300$ nm，$\lambda_{0\max}=1\ 324$ nm；

b) $S_{0\max}=0.092$ ps/(nm^2 · km)。

上式精确地适用于 1 310 nm 波长区的 $D(\lambda)$ 计算，也可用于 1 550 nm 波长区的 $D(\lambda)$ 计算，但应考虑所得结果有一定误差。

注：从 1 500 nm～1 625 nm 的波长区域，色散系数值也用于系统设计或色散补偿设计。在这个区域内，选定波长上的色散系数值，通过采用塞尔梅安五项式或四阶多项式，在跨越这些波长区域实测的基础上进行评估。

4.4.8.1.1.2 在 1 550 nm 波长上色散系数通常宜不大于 18 ps/(nm · km)。

4.4.8.1.2 色散符号

色散系数的符号为正或负。

4.4.8.2 B4 类单模光纤的色散特性

4.4.8.2.1 概述

规定 B4 类光纤的色散系数 $D(\lambda)$ 的限值有两种方法，即箱型限值和上下限值曲线。箱型限值方法规定一定波长 λ 范围内的上下限值 $D_{\max}$ 和 $D_{\min}$ 及其两者的差($D_{\max}-D_{\min}$)。上下限值曲线方法规定一定波长范围内的上限值曲线 $D_{\max}(\lambda)$ 和下限值曲线 $D_{\min}(\lambda)$。色散系数的符号可正可负，但在用于波分复用的波长范围内应不跨越零，且其最小绝对值应不小于 0.1 ps/(nm · km)。

4.4.8.2.2 **B4b 类和 B4c 类单模光纤**

4.4.8.2.2.1 **色散限值**

在 1 530 nm～1 565 nm 波长区，光纤的色散系数 $D(\lambda)$[单位为 ps/(nm · km)]应按下式计算：

$$D(\lambda)=D_{1\,550}+S_{1\,550}(\lambda-1\,550)$$

式中：

$D_{1\,550}$——在 1 550 nm 波长上实测的色散系数，单位为皮秒每纳米千米[ps/(nm · km)]；

$S_{1\,550}$——在 1 550 nm 波长处的色散斜率，单位为皮秒每平方纳米千米[ps/(nm^2 · km)]。

最大色散系数绝对值 D_{max} 和最小色散系数绝对值 D_{min} 及其差值($D_{max}-D_{min}$)应符合如下规定：

a) $D_{max}\leqslant 10.0$ ps/(nm · km)，$D_{min}\geqslant 1.0$ ps/(nm · km)；

b) $D_{max}-D_{min}\leqslant 5.0$ ps/(nm · km)。

在 1 565 nm～1 625 nm 波长区的色散系数要求待定。

4.4.8.2.2.2 **色散符号**

色散系数的符号为正或负。

4.4.8.2.3 **B4d 类光纤**

色散系数 $D(\lambda)$[单位为 ps/(nm · km)]用上下限值曲线规定为：

在 1 460 nm～1 550 nm 波长区：

$$D_{min}(\lambda)=\frac{7.00}{90}(\lambda-1\,460)-4.20$$

$$D_{max}(\lambda)=\frac{2.91}{90}(\lambda-1\,460)+3.29$$

在 1 550 nm～1 625 nm 波长区：

$$D_{min}(\lambda)=\frac{2.97}{75}(\lambda-1\,550)+2.80$$

$$D_{max}(\lambda)=\frac{5.06}{75}(\lambda-1\,550)+6.20$$

4.4.8.2.4 **B4e 类光纤**

色散系数 $D(\lambda)$[单位为 ps/(nm · km)]用上下限值曲线规定为：

在 1 460 nm～1 550 nm 波长区：

$$D_{min}(\lambda)=\frac{5.42}{90}(\lambda-1\,460)+0.64$$

$$D_{max}(\lambda)=\frac{4.65}{90}(\lambda-1\,460)+4.66$$

在 1 550 nm～1 625 nm 波长区：

$$D_{min}(\lambda)=\frac{3.30}{75}(\lambda-1\,550)+6.06$$

$$D_{max}(\lambda)=\frac{4.12}{75}(\lambda-1\,550)+9.31$$

注： B4e 类光纤通常用于密集波分复用系统。

4.4.8.3 **B5 类单模光纤的色散特性**

4.4.8.3.1 **色散限值**

色散系数 $D(\lambda)$[单位为 ps/(nm · km)]用上下限值曲线规定为：

在 1 460 nm～1 550 nm 波长区：

$$D_{\min}(\lambda)=\frac{2.60}{90}(\lambda-1\ 460)+1.00$$

$$D_{\max}(\lambda)=\frac{4.68}{90}(\lambda-1\ 460)+4.60$$

在 1 550 nm～1 625 nm 波长区：

$$D_{\min}(\lambda)=\frac{0.98}{75}(\lambda-1\ 550)+3.60$$

$$D_{\max}(\lambda)=\frac{4.72}{75}(\lambda-1\ 550)+9.28$$

4.4.8.3.2 色散符号

色散系数的符号为正。

4.4.8.4 B6 类单模光纤的色散特性

B6a 类光纤的色散特性要求与 B1.1 类光纤相同，详见 4.4.8.1。

4.4.9 偏振模散

4.4.9.1 概述

用户有要求时，已成缆光纤的偏振模散 PMD 应在统计的基础上规定链路设计值 PMD_Q，它是 M 段光缆确定的可能链路内已连接光缆的 PMD 系数的统计上限，而且连接后的 PMD 系数值超过 PMD_Q 的概率 Q 很小。只要能支持已成缆光纤的 PMD_Q 要求，也可由用户与制造厂协商规定未成缆光纤 PMD_Q 的最大值来替代。在未成缆光纤上规定的最大链路设计值，应小于或等于对已成缆光纤的规定值。未成缆光纤对已成缆光纤的 PMD 值的比率，取决于光缆结构和加工的细节，以及未成缆光纤的模耦合条件。

4.4.9.2 限值

用户有要求时，光缆的 PMD 应满足表 6 规定的 M 值、Q 值和 PMD_Q 最大值。

表 6 偏振模散

光纤类别	B1.1a	B1.1b	B1.3 c	B1.3d	B4b	B4c	B4d	B4e	B5	B6a
M 值	20									
Q 值	0.01%									
PMD_Q(最大值)	0.5	0.20	0.5	0.20	0.5	0.20				
注：M 为光缆条数，PMD_Q 的单位为 $ps/km^{1/2}$。										

4.5 导电线芯性能

光缆按特殊需要含有导电线芯时，其要求应在相关产品标准中详细规定。

4.6 机械性能

4.6.1 拉伸性能

4.6.1.1 光缆的允许拉伸力应符合表 7 规定。

表 7　光缆的允许拉伸力和压扁力系列

<table>
<tr><th rowspan="2">敷设方式</th><th rowspan="2">加强级别</th><th colspan="3">允许拉伸力最小值</th><th colspan="2">允许压扁力最小值</th></tr>
<tr><th>F_{ST}/G</th><th>F_{ST}/N</th><th>F_{LT}/N</th><th>$F_{SC}/$
(N/100 mm)</th><th>$F_{LC}/$
(N/100 mm)</th></tr>
<tr><td>管道
非自承架空</td><td>Ⅰ</td><td>0.8</td><td>1 500</td><td>600</td><td>1 500</td><td>750</td></tr>
<tr><td rowspan="3">直埋</td><td>Ⅰ</td><td>—</td><td>3 000</td><td>1 000</td><td>3 000</td><td>1 000</td></tr>
<tr><td>Ⅱ</td><td>—</td><td>4 000</td><td>2 000</td><td>3 000</td><td>1 000</td></tr>
<tr><td>Ⅲ</td><td rowspan="3">—</td><td rowspan="2">10 000</td><td rowspan="2">4 000</td><td rowspan="2">5 000</td><td rowspan="2">3 000</td></tr>
<tr><td rowspan="3">水下</td><td>Ⅰ</td></tr>
<tr><td>Ⅱ</td><td>20 000</td><td>10 000</td><td>5 000</td><td>3 000</td></tr>
<tr><td>Ⅲ</td><td>—</td><td>40 000</td><td>20 000</td><td>6 000</td><td>4 000</td></tr>
<tr><td colspan="7">注 1：F_{ST}为短暂拉伸力；F_{LT}为长期拉伸力；G 为 1 km 光缆的重量(单位为 N)；F_{SC}为短暂压扁力；F_{LC}为长期压扁力。
注 2：槽道、隧道和电缆沟等敷设方式的要求与管道相同。</td></tr>
</table>

4.6.1.2　在适用温度范围内光缆受到拉伸时，光纤在拉伸和弯曲共同作用下产生的应变及衰减变化和光缆应变应符合表 8 规定。

表 8　光缆拉伸的允许变化

<table>
<tr><th>受力情况</th><th colspan="2">光纤的应变[a]</th><th>光纤的衰减变化[b]</th><th>光缆的应变</th></tr>
<tr><td rowspan="3">短暂受力(例如安装期间)</td><td>分立光纤</td><td>最大 0.30%</td><td rowspan="2">最大 0.20 dB</td><td rowspan="3">拉伸力去除后
残余应变最大 0.08%</td></tr>
<tr><td>带中光纤</td><td>最大 0.40%</td></tr>
<tr><td colspan="2">拉伸力去除后无明显残余应变</td><td>拉伸力去除后无明显残余附加衰减</td></tr>
<tr><td rowspan="2">长期受力(例如运行期间)</td><td>分立光纤</td><td>最大 0.10%</td><td rowspan="2">无明显附加衰减</td><td rowspan="2">—</td></tr>
<tr><td>带中光纤</td><td>最大 0.20%</td></tr>
<tr><td colspan="5">注：残余变化值指光缆承受的外部作用(例如拉伸力、压扁力、温度等)去除后可能有的变化量消除时的残留值。</td></tr>
<tr><td colspan="5">[a] 光纤拉伸应变用相移法监测，其测量值不大于 0.01%时，判为无明显应变，允许有应变时，其指标已包括 0.01%在内。光纤应变允许用其他方法测试，当有争议时，应以相移法测试结果为准。光缆拉伸应变用机械方法或传感器方法监测，其测量值不大于 0.05%时，判为无明显应变。
[b] 衰减变化用传输功率监测法监测，其测量值的绝对值不超过 0.03 dB 时，判为无明显附加衰减，允许衰减有某数值变化时，其允许值已包括 0.03 dB 在内。</td></tr>
</table>

4.6.2　压扁性能

4.6.2.1　光缆的允许压扁力应符合表 7 规定。

4.6.2.2　光缆在允许的短暂压扁力下光纤应不断裂，护套应不开裂，短暂压扁力去除后光纤应无明显残余附加衰减；光缆在允许的长期压扁力下光纤应无明显附加衰减。

4.6.3 允许弯曲半径

4.6.3.1 光缆的允许最小弯曲半径应符合表9规定。

表9 光缆的允许最小弯曲半径

护套型式	Y型、A型、S型、W型		A型、S型、金属护套
外护层型式	无外护层、04型	53型、54型、33型、34型	333型、43型
动态弯曲时(例如安装期间)	20D	25D	30D
静态弯曲时	10D	12.5D	15D
注：护套和外护层的型式系用YD/T 908中的相应代号表示；D为光缆外径。			

4.6.3.2 光缆在受到动态弯曲时光纤应不断裂，护套应不开裂，动态弯曲消除后光纤应无残余附加衰减；光缆在受到静态弯曲时光纤应无附加衰减，护套应不开裂。

4.7 环境性能系列

4.7.1 光纤衰减温度特性

光缆的适用温度范围及其单模光纤相对于20℃时的允许温度附加衰减的分级应符合表10规定。

表10 光缆的适用温度和允许温度附加衰减

分级代号	适用温度范围[a]/℃		允许光纤附加衰减[b]/(dB/km)		
	低限 T_A	高限 T_B	0级(特级)	1级	2级
A	−40	+60	无明显附加衰减	最大0.05	最大0.10
B	−30	+60			
C	−20	+60			

[a] 有特殊要求时另行商定。

[b] 衰减变化用后向散射监测法监测，其测量值的绝对值不超过0.02 dB/km时，判为无明显附加衰减，允许光纤衰减有变化时，其允许附加衰减值已包括0.02 dB/km在内。

4.7.2 护套完整性

4.7.2.1 当光缆护层中的塑料套下有金属挡潮层或铠装层时，塑料套的完整性应采用电火花试验来检验，其试验电压应符合表11规定。

表11 电火花试验电压

单位为千伏

试验类型	试验电压	试验电压最高限值
直流电压试验	9t	25
交流电压试验	6t	15

注1：t为塑料套的标称厚度，单位为毫米(mm)。

注2：交流试验电压系有效值。

4.7.2.2 当用浸水试验来检验护层中的外层塑料套的完整性时，在光缆浸水24 h后防蚀外套的电气性能(外套下金属层对地)应符合：

a) 对地绝缘：在直流 500 V 下不低于 2 000 MΩ·km；

b) 耐电压强度：在直流 15 kV 下 2 min 不击穿。

4.7.3 渗水性

当用渗水试验方法检验光缆的渗水性时，在 20 ℃±5 ℃温度下 1 m 高水头加到长度 3 m 的光缆一端的全截面上(钢丝铠装光缆的外护层部分可除外)24 h 后，在此光缆另一端上应无水渗出。

4.8 其他要求

除本部分规定之外，光缆的其他有关要求应符合 GB/T 29233 的规定。

5 安装

安装有关的要求应符合 GB/T 7424.1—2003 中附录 A 的规定。

ICS 13.220.20
C 81

中华人民共和国国家标准

GB 14287.1—2014
代替 GB 14287.1—2005

电气火灾监控系统
第1部分:电气火灾监控设备

Electrical fire monitoring system—Part 1:Electrical fire monitoring equipment

2014-07-24 发布　　　　2015-06-01 实施

中华人民共和国国家质量监督检验检疫总局
中国国家标准化管理委员会　发布

前　言

GB 14287 本部分的第 4 章、第 6 章、第 7 章为强制性的，其余为推荐性的。

GB 14287《电气火灾监控系统》由以下部分组成：

——第 1 部分：电气火灾监控设备；

——第 2 部分：剩余电流式电气火灾监控探测器；

——第 3 部分：测温式电气火灾监控探测器；

……

本部分为 GB 14287 的第 1 部分。

本部分按照 GB/T 1.1—2009 给出的规则起草。

本部分代替 GB 14287.1—2005《电气火灾监控系统　第 1 部分：电气火灾监控设备》，与 GB 14287.1—2005 相比主要技术变化如下：

——增加了监控设备接收和显示剩余电流值和温度值的要求（见 4.3.4）；

——增加了信息显示与查询功能（见 4.6）；

——增加了泄漏电流试验（见 5.8）；

——增加了射频电磁场辐射抗扰度试验（见 5.10）；

——增加了射频场感应的传导骚扰抗扰度试验（见 5.11）；

——增加了静电放电抗扰度试验（见 5.12）；

——增加了电快速瞬变脉冲群抗扰度试验（见 5.13）；

——增加了浪涌（冲击）抗扰度试验（见 5.14）；

——增加了电压暂降、短时中断和电压变化的抗扰度试验（见 5.15）；

——增加了电源瞬变试验（见 5.16）；

——增加了电压波动试验（见 5.17）；

——增加了碰撞试验（见 5.19）；

——取消了高温（运行）试验（见 2005 年版的 5.7）。

本部分由中华人民共和国公安部提出。

本部分由全国消防标准化技术委员会火灾探测与报警分技术委员会（SAC/TC 113/SC 6）归口。

本部分负责起草单位：公安部沈阳消防研究所。

本部分参加起草单位：沈阳斯沃电器有限公司、北京海博智恒电气防火科技有限公司、沈阳申泰电器系统有限公司、三科电器有限公司、福建俊豪电子有限公司、上海华宿电气技术有限公司。

本部分主要起草人：张颖琮、宋立丹、仝瑞涛、陈振云、丁宏军、杨波、孙珍慧、邸曼、栾军、张宏宇、罗晖、胡少英、陈玉、曹志坚、许治恒。

本部分所代替标准的历次版本发布情况为：

——GB 14287—1993；

——GB 14287.1—2005。

电气火灾监控系统
第1部分：电气火灾监控设备

1 范围

GB 14287的本部分规定了电气火灾监控设备的术语和定义、要求、试验、检验规则、标志。

本部分适用于电气火灾监控系统中的电气火灾监控设备。

2 规范性引用文件

下列文件对于本文件的应用是必不可少的。凡是注日期的引用文件，仅注日期的版本适用于本文件。凡是不注日期的引用文件，其最新版本（包括所有的修改单）适用于本文件。

GB 4706.1 家用和类似用途电器的安全 第1部分：通用要求

GB/T 9969 工业产品使用说明书 总则

GB 12978 消防电子产品检验规则

GB 16838 消防电子产品环境试验方法及严酷等级

GB/T 17626.2 电磁兼容 试验和测量技术 静电放电抗扰度试验

GB/T 17626.3 电磁兼容 试验和测量技术 射频电磁场辐射抗扰度试验

GB/T 17626.4 电磁兼容 试验和测量技术 电快速瞬变脉冲群抗扰度试验

GB/T 17626.5 电磁兼容 试验和测量技术 浪涌（冲击）抗扰度试验

GB/T 17626.6 电磁兼容 试验和测量技术 射频场感应的传导骚扰抗扰度

GB/T 17626.11 电磁兼容 试验和测量技术 电压暂降、短时中断和电压变化的抗扰度试验

GB 23757 消防电子产品防护要求

3 术语和定义

下列术语和定义适用于本文件。

3.1

电气火灾监控系统 electrical fire monitoring system

当被保护电气线路中的被探测参数超过报警设定值时，能发出报警信号、控制信号并能指示报警部位的系统，由电气火灾监控设备和电气火灾监控探测器组成。

3.2

电气火灾监控设备 electrical fire monitoring equipment

能接收来自电气火灾监控探测器的报警信号，发出声、光报警信号和控制信号，指示报警部位，记录、保存并传送报警信息的装置。

3.3

电气火灾监控探测器 electrical fire monitoring detector

探测被保护线路中的剩余电流、温度、故障电弧等电气火灾危险参数变化和由于电气故障引起的烟雾变化及可能引起电气火灾的静电、绝缘参数变化的探测器。

4 要求

4.1 总则

电气火灾监控设备(以下简称监控设备)应按第5章的规定进行试验,试验结果应满足第4章的对应要求。

4.2 通用要求

4.2.1 监控设备主电源应采用交流电源(AC 220 V/50 Hz),电源线输入端应设接线端子。

4.2.2 监控设备应设有保护接地端子。

4.2.3 监控设备应具有中文的功能标注和信息显示。

4.2.4 监控设备应有与消防控制室图形显示装置通信的接口。

4.2.5 监控设备的防护性能应符合GB 23757的要求。

4.3 监控报警功能

4.3.1 监控设备应设专用的报警指示灯,在有监控报警信号输入时,该指示灯应点亮。

4.3.2 监控设备应能接收来自电气火灾监控探测器(以下简称探测器)的监控报警信号,并在10 s内发出声、光报警信号,指示报警部位,显示报警时间,并予以保持,直至监控设备手动复位。

4.3.3 监控设备在监控报警状态下应具有控制输出,控制输出的性能应符合制造商的规定。

4.3.4 监控设备应能实时接收来自探测器测量的剩余电流值和温度值,剩余电流值和温度值应可查询;报警状态下应能显示并保持报警值,在报警值设定范围中显示误差不应大于5%。

4.3.5 报警声信号应能手动消除,当再次有监控报警信号输入时,应能再启动。

4.3.6 监控设备应设专用的手动复位按钮(键),复位后,仍然存在的报警、故障等状态信息应在20 s内重新建立。

4.3.7 当监控设备接收到能指示报警部位的线型感温火灾探测器的火灾报警信号时,应能在10 s内发出声、光报警信号,显示相应的火灾报警部位。

4.4 故障报警功能

4.4.1 当监控设备发生下述故障时,应能在100 s内发出与监控报警信号有明显区别的声、光故障信号,显示故障部位:

a) 监控设备与探测器之间的连接线断路、短路;

b) 接收到探测器发来的故障信号;

c) 发生影响监控报警功能的接地;

d) 监控设备主电源欠压(如具有备用电源)。

4.4.2 故障声信号应能手动消除,再有故障信号输入时,应能再启动;故障光信号应保持至故障排除。

4.4.3 故障期间,非故障部位的功能不应受影响。

4.5 自检功能

4.5.1 监控设备应能对本机及所配接的探测器进行功能检查(以下简称自检),监控设备在执行自检期间,与其连接的外接设备不应动作。监控设备自检时间超过1 min或其不能自动停止自检功能时,监控设备的自检不应影响非自检部位的报警功能。

4.5.2 监控设备应能手动检查其音响器件和面板上所有指示灯、显示器的工作状态。

4.6 信息显示与查询功能

监控设备采用文字、数字和/或字母(符)显示时,应满足下述要求:

a) 监控设备应能显示监控报警信号的总数;

b) 当有多个监控报警信号输入时,监控设备应按时间顺序显示报警信息;在不能同时显示所有的监控报警信息时,未显示的信息应能手动可查;

c) 监控报警信息优先于故障信息显示;

d) 在显示监控报警信息时,应能手动操作查询故障信息;

e) 信息查询时,每手动查询一次,只能查询一条信息。

4.7 电源功能

4.7.1 监控设备应能保证在制造商规定的连接线类型、线径和最长通信距离条件下,在下述负载条件下连续工作 4 h:

a) 监控设备容量不超过 10 个构成单独部位号的回路时,所有回路均处于报警状态;

b) 监控设备容量超过 10 个回路时,20%的回路(但不少于 10 个回路,且不超过 30 个回路)处于报警状态。

4.7.2 当监控设备的供电电压在额定电压(AC 220 V)的 85%~110%,频率为 50 Hz±1 Hz 范围内变化时,应能正常工作。

4.8 操作级别

监控设备应至少设有两级操作级别,第一级(最低级别)只允许消除声报警信号和查询信息。进入二级以上操作级别应采用钥匙或操作密码,用于进入高操作级别的钥匙或密码可用于进入低操作级别,但用于进入低操作级别的钥匙或密码不能用于进入高操作级别。

4.9 主要部件性能

4.9.1 一般要求

监控设备的主要部件应采用符合国家有关标准的定型产品。

4.9.2 指示灯

4.9.2.1 表示各种状态的指示灯应用颜色标识,红色表示监控报警状态,黄色表示故障状态,绿色表示正常状态。

4.9.2.2 所有指示灯应用中文清楚地标注出功能。

4.9.2.3 指示灯点亮时,在其正前方 3 m 处,光照度不超过 500 lx 的环境条件下,应清晰可见。

4.9.3 显示屏(器)

在光照度不超过 500 lx 的环境条件下,显示的信息应在正前方 0.8 m 处、22.5°视角范围内清晰可读。

4.9.4 音响器件

在正常工作条件下,距监控设备正前方 1 m 处的声压级(A 计权)不应小于 70 dB。

4.9.5 开关和按键(钮)

开关和按键(钮)应操作灵活、可靠,功能标注应清晰。

4.9.6 接线端子

4.9.6.1 接线端子应设在监控设备内部。

4.9.6.2 接线端子的功能应标注清晰。

4.9.6.3 强电和弱电接线端子应分开设置。

4.10 绝缘电阻

监控设备的外部带电端子和电源插头的工作电压大于 50 V 时，外部带电端子和电源插头与外壳间的绝缘电阻在正常大气条件下应不小于 100 MΩ。

4.11 泄漏电流

监控设备在 1.06 倍额定电压工作时，泄漏电流应不大于 0.5 mA。

4.12 电气强度

监控设备的外部带电端子和电源插头的工作电压大于 50 V 时，外部带电端子和电源插头应能耐受频率为 50 Hz、有效值电压为 1 250 V 的交流电压，历时 60 s±5 s 的电气强度试验。试验期间，监控设备不应发生放电或击穿现象(击穿电流不大于 20 mA)；试验后，监控设备功能应满足 4.3～4.6 的要求。

4.13 电磁兼容性

监控设备应能适应表 1 所规定条件下的各项试验。试验期间，应保持正常监视状态；试验后，功能应满足 4.3～4.6 的要求。

注：正常监视状态指监控设备在电源正常供电条件下，无故障报警、自检等操作时所处的工作状态。

表 1 电磁兼容性试验条件

试验名称	试验参数	试验条件	工作状态
射频电磁场辐射抗扰度试验	场强 V/m	10	正常监视状态
	频率范围 MHz	80～1 000	
	扫描速率 10 oct/s	$\leqslant 1.5\times10^{-3}$	
	调制幅度	80%(1 kHz，正弦)	
射频场感应的传导骚扰抗扰度试验	频率范围 MHz	0.15～80	正常监视状态
	电压 dBμV	140	
	调制幅度	80%(1 kHz，正弦)	

表 1 (续)

试验名称	试验参数	试验条件	工作状态
静电放电抗扰度试验	放电电压 kV	空气放电(外壳为绝缘体):8 接触放电(外壳为导体):6	正常监视状态
	放电极性	正、负	
	放电间隔 s	≥1	
	每点放电次数	10	
电快速瞬变脉冲群抗扰度试验	瞬变脉冲电压 kV	AC 电源线:2×(1±0.1) 其他连接线:1×(1±0.1)	正常监视状态
	重复频率 kHz	AC 电源线:2.5×(1±0.2) 其他连接线:5×(1±0.2)	
	极性	正、负	
	时间	每次 1 min	
浪涌(冲击)抗扰度试验	浪涌(冲击)电压 kV	AC 电源线 线-线:1×(1±0.1) AC 电源线 线-地:2×(1±0.1) 其他连接线 线-地:1×(1±0.1)	正常监视状态
	极性	正、负	
	试验次数	5	
电压暂降、短时中断和电压变化的抗扰度试验	持续时间	10 周期(供电电压为额定电压的 40%) 1 周期(供电电压为 0V)	正常监视状态
	试验次数	10	

4.14 电源瞬变

监控设备的主电源按"通电(9 s)～断电(1 s)"的固定程序连续通断 500 次。试验后,功能应满足 4.3～4.6 的要求。

4.15 电压波动

采用 AC 220 V/50 Hz 交流电源供电的监控设备,在供电电压为 AC 187 V 和 AC 242 V 条件下应能正常工作,功能应满足 4.3～4.6 的要求。

4.16 机械环境耐受性

监控设备应能耐受住表 2 中所规定的机械环境条件下的各项试验。试验期间,应保持正常监视状态;试验后,不应有机械损伤和紧固部位松动现象,功能应满足 4.3～4.6 的要求。

表 2　机械环境条件

试验名称	试验参数	试验条件	工作状态
振动(正弦)(运行)试验	频率循环范围 Hz	10～150	正常监视状态
	加速幅值 m/s^2	0.981	
	扫频速率 oct/min	1	
	每个轴线扫频次数	1	
	振动方向	X、Y、Z	
碰撞试验	碰撞能量 J	0.5±0.04	正常监视状态
	碰撞次数	3	

4.17　报警信号过输入适应性

监控设备应能耐受剩余电流为 44 A，持续时间为 5 min 的试验。试验后，功能应满足 4.3～4.6 的要求。

注：报警信号过输入适应性要求仅适用于监视剩余电流的监控设备。

4.18　气候环境耐受性

监控设备应能耐受住表 3 所规定的气候条件下的各项试验。试验期间，应保持正常监视状态；试验后，表面无破坏涂覆和腐蚀现象，功能应满足 4.3～4.6 的要求。

表 3　气候环境条件

试验名称	试验参数	试验条件	工作状态
低温(运行)试验	温度 ℃	0±3	正常监视状态
	持续时间 h	16	
恒定湿热(运行)试验	温度 ℃	40±2	正常监视状态
	相对湿度 %	93±3	
	持续时间 d	4	

4.19　使用说明书

监控设备应有相应的中文使用说明书。使用说明书应符合 GB/T 9969 的要求，且与产品的性能一致。

5 试验

5.1 试验纲要

5.1.1 除在有关条文中另有说明,各项试验均应在下述大气条件下进行:

——温度:15 ℃～35 ℃;

——相对湿度:25%～75%;

——大气压力:86 kPa～106 kPa。

5.1.2 除在有关条文另有说明,各项试验数据的容差均应为±5%;环境条件参数偏差应符合 GB 16838 要求。

5.1.3 制造商应提供 2 台监控设备作为试验样品(以下简称试样)和与其配套的探测器。

5.1.4 监控设备在试验前应按下列要求进行试验前检查:

a) 表面无腐蚀、涂覆层脱落和起泡现象,无明显划伤、裂痕、毛刺等机械损伤;

b) 紧固部位无松动;

c) 试样的通用要求应符合 4.2 的规定;

d) 试样的操作级别应符合 4.8 的要求;

e) 主要部件性能应符合 4.9 的要求;

f) 使用说明书应符合 4.19 的要求。

5.1.5 监控设备的试验程序见表 4。

表 4 试验程序

序号	条款号	试验项目	编号	
			1	2
1	5.1.4	试验前检查	√[b]	√
2	5.2	监控报警功能试验	√	√
3	5.3	故障报警功能试验	√	√
4	5.4	自检功能试验	√	√
5	5.5	信息显示与查询功能试验	√	√
6	5.6	电源功能试验	√	√
7	5.7	绝缘电阻试验		√
8	5.8	泄漏电流试验		√
9	5.9	电气强度试验		√
10	5.10	射频电磁场辐射抗扰度试验	√	
11	5.11	射频场感应的传导骚扰抗扰度试验	√	
12	5.12	静电放电抗扰度试验	√	
13	5.13	电快速瞬变脉冲群抗扰度试验	√	
14	5.14	浪涌(冲击)抗扰度试验	√	
15	5.15	电压暂降、短时中断和电压变化的抗扰度试验	√	
16	5.16	电源瞬变试验	√	

表 4（续）

序号	条款号	试验项目	编号	
			1	2
17	5.17	电压波动试验		√
18	5.18	振动(正弦)(运行)试验		√
19	5.19	碰撞试验		√
20	5.20	报警信号过输入适应性试验[a]	√	
21	5.21	低温(运行)试验		√
22	5.22	恒定湿热(运行)试验		√

[a] 报警信号过输入适应性试验仅适用于监视剩余电流的监控设备。

[b] “√”表示进行该项试验。

5.2 监控报警功能试验

5.2.1 按正常监视状态要求，将试样与一定数量(不少于 2 只)的探测器连接，接通电源，使其处于正常监视状态。

5.2.2 使任一只探测器处于报警状态，观察试样工作状态和信息显示情况。

5.2.3 手动消除声报警信号，然后使另一探测器处于报警状态，观察试样工作状态和信息显示情况。

5.2.4 在多个报警信号存在时，观察试样的信息显示情况；在显示屏不能同时显示所有报警信息的情况下，手动操作查询功能，检查试样的信息显示情况。

5.2.5 在监控报警状态下，检查试样的控制输出状态。

5.2.6 在多个报警信号存在时，查看试样的报警总数显示情况。

5.2.7 在试样处于报警状态时，手动复位试样，观察试样的工作状态。

5.2.8 使试样处于正常监视状态，当与试样连接的具有指示报警部位功能的线型感温火灾探测器发出火灾报警信号时，观察试样的状态。

5.3 故障报警功能试验

5.3.1 使试样分别处于 4.4.1 中 a)～d)所述的故障状态，观察试样状态和信息显示情况。

5.3.2 在试样处于故障状态时，手动消音，再设置另一故障状态，观察试样的工作状态和信息显示情况。

5.3.3 在试样处于故障状态时，排除故障，观察试样工作状态和信息显示情况。

5.3.4 在试样的任一故障状态时，检查非故障部位的工作情况。

5.4 自检功能试验

5.4.1 手动操作试样的自检机构，观察并记录试样的状态；对于自检时间超过 1 min 或不能自动停止自检功能的试样，在自检期间，使任一非自检回路处于报警状态，观察试样的状态。

5.4.2 手动操作试样的音响器件、指示灯和显示器的自检功能，观察试样的状态。

5.5 信息显示与查询功能试验

5.5.1 分别按不同的顺序设置故障状态、监控报警状态，查看试样的状态和信息显示情况。

5.5.2 在高级别的信息显示状态下，手动操作查询功能，查看试样的低级别信息显示情况。

5.6 电源功能试验

5.6.1 使试样在制造商规定的线路条件下，在下述负载条件下，连续工作 4 h：

a) 监控设备容量不超过 10 个构成单独部位号的回路（以下称回路）时，所有回路均处于报警状态；

b) 监控设备容量超过 10 个回路时，20％的回路（但不少于 10 个回路，且不超过 30 个回路）处于报警状态。

5.6.2 使试样恢复到正常监视状态，按 5.2～5.5 的方法进行功能试验。

5.6.3 将试样供电电压分别调至 AC 187 V 和 AC 242 V 情况下，检查试样的功能。

5.7 绝缘电阻试验

5.7.1 试验步骤

5.7.1.1 在正常大气条件下，用绝缘电阻试验装置，分别对试样的下述部位施加 500 V±50 V 直流电压：

a) 工作电压大于 50 V 的外部带电端子与外壳间；

b) 工作电压大于 50 V 的电源插头或电源接线端子与外壳间（电源开关置于开位置，不接通电源）。

5.7.1.2 试验持续 60 s±5 s，然后测量试样的绝缘电阻值。

5.7.2 试验设备

满足下述技术要求的绝缘电阻试验装置：

a) 试验电压：500 V±50 V；

b) 测量范围：0 MΩ～500 MΩ；

c) 最小分度：0.1 MΩ；

d) 记时：60 s±5 s。

5.8 泄漏电流试验

5.8.1 试验步骤

将试样与制造商提供的探测器相连接，接通电源，使其处于正常监视状态。调节供电电压为试样主电源额定电压的 1.06 倍，测量并记录其总泄漏电流值。

5.8.2 试验设备

符合 GB 4706.1 规定的测量泄漏电流的试验装置。

5.9 电气强度试验

5.9.1 试验步骤

5.9.1.1 将试样的接地保护元件拆除。用电气强度试验装置，以 100 V/s～500 V/s 的升压速率，分别对试样的下述部位施加 1 250 V/50 Hz 的试验电压：

a) 工作电压大于 50 V 的外部带电端子与外壳间；

b) 工作电压大于 50 V 的电源插头或电源接线端子与外壳间（电源开关置于开位置，不接通电源）。

5.9.1.2 试验持续 60 s±5 s，再以 100 V/s～500 V/s 的降压速率使试验电压低于试样额定电压后，方可断电。

5.9.1.3 试验后，将试样与制造商提供的探测器相连接，接通电源，使试样处于正常监视状态，按 5.2～5.5 的方法进行功能试验。

5.9.2 试验设备

应采用满足下述技术要求的电气强度试验装置：

a) 试验电压：电压 0 V～1 250 V(有效值)连续可调，频率 50 Hz；

b) 升、降压速率：100 V/s～500 V/s；

c) 计时：60 s±5 s。

5.10 射频电磁场辐射抗扰度试验

5.10.1 试验步骤

5.10.1.1 将试样按 GB/T 17626.3 的规定进行试验布置，并将试样与制造商提供的探测器相连接，接通电源，使其处于正常监视状态 20 min。

5.10.1.2 按 GB/T 17626.3 规定的试验方法对试样施加表 1 所示条件的干扰试验，观察并记录试样工作状态。

5.10.1.3 按 5.2～5.5 的方法进行功能试验。

5.10.2 试验设备

试验设备应满足 GB/T 17626.3 的要求。

5.11 射频场感应的传导骚扰抗扰度试验

5.11.1 试验步骤

5.11.1.1 将试样按 GB/T 17626.6 的规定进行试验布置，并将试样与制造商提供的探测器相连接，接通电源，使其处于正常监视状态 20 min。

5.11.1.2 按 GB/T 17626.6 规定的试验方法对试样施加表 1 所示条件的干扰试验，观察并记录试样工作状态。

5.11.1.3 按 5.2～5.5 的方法进行功能试验。

5.11.2 试验设备

试验设备应满足 GB/T 17626.6 的要求。

5.12 静电放电抗扰度试验

5.12.1 试验步骤

5.12.1.1 将试样按 GB/T 17626.2 的规定进行试验布置，并将试样与制造商提供的探测器相连接，接通电源，使其处于正常监视状态 20 min。

5.12.1.2 按 GB/T 17626.2 规定的试验方法对试样及耦合板施加表 1 所示条件的干扰试验，观察并记录试样工作状态。

5.12.1.3 按 5.2～5.5 的方法进行功能试验。

5.12.2 **试验设备**

试验设备应满足 GB/T 17626.2 的要求。

5.13 **电快速瞬变脉冲群抗扰度试验**

5.13.1 **试验步骤**

5.13.1.1 将试样按 GB/T 17626.4 的规定进行试验布置,并将试样与制造商提供的探测器相连接,接通电源,使其处于正常监视状态 20 min。

5.13.1.2 按 GB/T 17626.4 规定的试验方法对试样施加表 1 所示条件的干扰试验,观察并记录试样工作状态。

5.13.1.3 按 5.2～5.5 的方法进行功能试验。

5.13.2 **试验设备**

试验设备应满足 GB/T 17626.4 的要求。

5.14 **浪涌(冲击)抗扰度试验**

5.14.1 **试验步骤**

5.14.1.1 将试样按 GB/T 17626.5 的规定进行试验布置,并将试样与制造商提供的探测器相连接,接通电源,使其处于正常监视状态 20 min。

5.14.1.2 按 GB/T 17626.5 规定的试验方法对试样施加表 1 所示条件的干扰试验,观察并记录试样工作状态。

5.14.1.3 按 5.2～5.5 的方法进行功能试验。

5.14.2 **试验设备**

试验设备应满足 GB/T 17626.5 的要求。

5.15 **电压暂降、短时中断和电压变化的抗扰度试验**

5.15.1 **试验步骤**

5.15.1.1 将试样按 GB/T 17626.11 的规定进行试验布置,并将试样与制造商提供的探测器相连接,接通电源,使其处于正常监视状态 20 min。

5.15.1.2 按 GB/T 17626.11 规定的试验方法对试样施加表 1 所示条件的干扰试验,观察并记录试样工作状态。

5.15.1.3 按 5.2～5.5 的方法进行功能试验。

5.15.2 **试验设备**

试验设备应满足 GB/T 17626.11 的要求。

5.16 **电源瞬变试验**

5.16.1 **试验步骤**

5.16.1.1 将试样连接到电源瞬变试验装置上,并与制造商提供的探测器相连接。

5.16.1.2 开启试验装置,使试样主电源按“通电(9 s)～断电(1 s)”的固定程序连续通断 500 次。

5.16.1.3 按 5.2～5.5 的方法进行功能试验。

5.16.2 试验设备

试验设备应满足 5.16.1 的试验条件。

5.17 电压波动试验

5.17.1 将试样按正常工作要求进行布置。调节试验设备，使试验设备的输出电压为 AC 187 V (50 Hz)，将该输出电压施加到试样的电源输入端，接通电源，观察试样的状态；如试样工作正常，则按 5.2～5.5 的方法对试样进行性能试验。

5.17.2 将试样按正常工作要求进行布置。调节试验设备，使试验设备的输出电压为 AC 242 V (50 Hz)，将该输出电压施加到试样的电源输入端，接通电源，观察试样的状态；如试样工作正常，则按 5.2～5.5 的方法对试样进行性能试验。

5.18 振动(正弦)(运行)试验

5.18.1 试验步骤

5.18.1.1 将试样按正常安装方式刚性安装，使同方向的重力作用与其使用时一样(重力影响可忽略时除外)，试样在上述安装方式下可放于任何高度，试验期间试样处于正常监视状态。

5.18.1.2 按表 2 的规定依次在三个互相垂直的轴线上，在 10 Hz～150 Hz 的频率循环范围内，以 0.981 m/s^2 的加速度幅值，1 oct/min 的扫频速率，各进行 1 次扫频循环。试验期间，观察并记录试样的工作状态。

5.18.1.3 检查试样外观及紧固部位，并按 5.2～5.5 的方法进行功能试验。

5.18.2 试验设备

试验设备(振动台及夹具)应满足 GB 16838 的要求。

5.19 碰撞试验

5.19.1 试验步骤

5.19.1.1 将试样与制造商提供的探测器相连接，接通电源，使其处于正常监视状态。

5.19.1.2 按表 2 的规定对试样表面上的每个易损部件(如指示灯、显示器等)施加 3 次能量为 0.5 J±0.04 J 的碰撞。在进行试验时应小心进行，以确保上一组(3 次)碰撞的结果不对后续各组碰撞的结果产生影响，在认为可能产生影响时，应不考虑发现的缺陷，取一新的试样，在同一位置重新进行碰撞试验，观察并记录试样的工作状态。

5.19.1.3 按 5.2～5.5 的方法进行功能试验。

5.19.2 试验设备

试验设备应满足 GB 16838 的要求。

5.20 报警信号过输入适应性试验

5.20.1 试验步骤

将试样按图 1 连接，使试样 CA 通电。调节主电源 GR，使主电流测量装置 A 的读数为 44 A，计时 5 min，断开主电源 GR。多路监控设备的所有报警回路均应进行试验。然后按 5.2～5.5 进行功能试验。

5.20.2 试验设备

主电流测量装置 A 的准确度至少为 2.5 级。

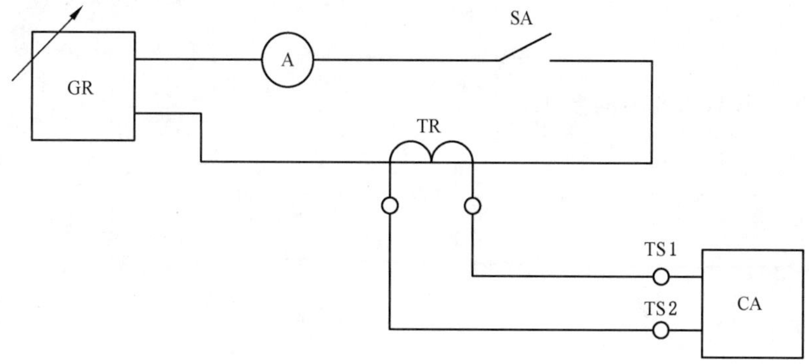

说明：
GR ——剩余电流发生器；
A ——电流表；
SA ——开关；
TR ——探测器；
CA ——监控设备；
TS1、TS2 ——信号输入端。

图 1 报警信号过输入适应性试验电路示意图

5.21 低温(运行)试验

5.21.1 试验步骤

5.21.1.1 试验前，将试样在正常大气条件下放置 2 h～4 h。然后将试样与制造商提供的探测器相连接，接通电源，使其处于正常监视状态。
5.21.1.2 调节试验箱温度，使其在 20 ℃±2 ℃温度下保持 30 min±5 min，然后，按表 3 的规定以不大于 1 ℃/min 的速率降温至 0 ℃±3 ℃。
5.21.1.3 在 0 ℃±3 ℃温度下，观察并记录试样的工作状态；保持 16 h 后，立即按 5.2～5.5 的方法进行功能试验。
5.21.1.4 调节试验箱温度，使其以不大于 1 ℃/min 的速率升温至 20 ℃±2 ℃，并保持 30 min±5 min。
5.21.1.5 取出试样，在正常大气条件下放置 1 h～2 h 后，检查试样表面涂覆情况，并按 5.2～5.5 的方法进行功能试验。

5.21.2 试验设备

试验设备应满足 GB 16838 的要求。

5.22 恒定湿热(运行)试验

5.22.1 试验步骤

5.22.1.1 试验前，将试样在正常大气条件下放置 2 h～4 h。然后将试样与制造商提供的探测器相连接，接通电源，使其处于正常监视状态。
5.22.1.2 调节试验箱，按表 3 的规定使温度为 40 ℃±2 ℃、相对湿度为 93%±3%(先调节温度，当温度达到设定温度且稳定后再加湿)，观察并记录试样的工作状态；连续保持 4 d 后，立即按 5.2～5.5 的方法进行功能试验。

5.22.1.3 取出试样，在正常大气条件下，处于正常监视状态 1 h～2 h 后，检查试样表面涂覆情况，并按 5.2～5.5 的方法进行功能试验。

5.22.2 试验设备

试验设备应满足 GB 16838 中的要求。

6 检验规则

6.1 产品出厂检验

出厂检验项目为：

a） 监控报警功能试验；

b） 故障报警功能试验；

c） 自检功能试验；

d） 电源功能试验；

e） 绝缘电阻试验；

f） 电气强度试验。

6.2 型式检验

6.2.1 型式检验项目为第 5 章规定的全部试验项目。检验样品在出厂检验合格的产品中随机抽取。

6.2.2 有下列情况之一时，应进行型式检验：

a） 新产品或老产品转厂生产时的试制定型鉴定；

b） 正式生产后，产品的结构、主要部件或元器件、生产工艺等有较大的改变，可能影响产品性能；

c） 产品停产 1 年以上，恢复生产；

d） 发生重大质量事故；

e） 质量监督部门依法提出要求。

6.2.3 检验结果按 GB 12978 规定的型式检验结果判定方法进行判定。

7 标志

7.1 产品标志

每台监控设备均应清晰、牢固地标注出下列信息：

a） 制造商名称、地址；

b） 产品名称；

c） 产品型号；

d） 产品主要技术参数；

e） 生产日期及产品编号；

f） 执行标准编号。

7.2 质量检验标志

每台监控设备均应附有质量检验合格标志。

ICS 13.220.20
C 81

中华人民共和国国家标准

GB 14287.2—2014
代替 GB 14287.2—2005

电气火灾监控系统 第2部分：剩余电流式电气火灾监控探测器

Electrical fire monitoring system—Part 2: Residual current electrical fire monitoring detectors

2014-07-24 发布

2015-06-01 实施

中华人民共和国国家质量监督检验检疫总局
中国国家标准化管理委员会 发布

前　言

GB 14287 本部分的第 5 章、第 7 章、第 8 章为强制性的，其余为推荐性的。

GB 14287《电气火灾监控系统》由以下部分组成：

——第 1 部分：电气火灾监控设备；

——第 2 部分：剩余电流式电气火灾监控探测器；

——第 3 部分：测温式电气火灾监控探测器；

……

本部分为 GB 14287 的第 2 部分。

本部分按照 GB/T 1.1—2009 给出的规则起草。

本部分代替 GB 14287.2—2005《电气火灾监控系统　第 2 部分：剩余电流式电气火灾监控探测器》，与 GB 14287.2—2005 相比主要技术变化如下：

——增加了重复性试验（见 6.5）；

——增加了一致性试验（见 6.6）；

——增加了平衡性试验（见 6.7）；

——增加了大电流冲击适应性试验（见 6.8）；

——增加了泄漏电流试验（见 6.10）；

——增加了射频电磁场辐射抗扰度试验（见 6.12）；

——增加了射频场感应的传导骚扰抗扰度试验（见 6.13）；

——增加了静电放电抗扰度试验（见 6.14）；

——增加了电快速瞬变脉冲群抗扰度试验（见 6.15）；

——增加了浪涌（冲击）抗扰度试验（见 6.16）；

——增加了电压暂降、短时中断和电压变化的抗扰度试验（见 6.17）；

——增加了工频磁场抗扰度试验（见 6.18）；

——增加了电压波动试验（见 6.19）；

——将振动（正弦）（耐久）试验修改为振动（正弦）（运行）试验（见 6.20，2005 年版的 5.6）；

——增加了碰撞试验（见 6.21）；

——取消了冲击试验（见 2005 年版的 5.7）。

本部分由中华人民共和国公安部提出。

本部分由全国消防标准化技术委员会火灾探测与报警分技术委员会（SAC/TC 113/SC 6）归口。

本部分负责起草单位：公安部沈阳消防研究所。

本部分参加起草单位：沈阳斯沃电器有限公司、北京海博智恒电器防火科技有限公司、沈阳申泰电器系统有限公司、北京航天常兴科技发展有限公司、上海华宿电气技术有限公司。

本部分主要起草人：丁宏军、杨波、康卫东、张颖琮、仝瑞涛、孙珍慧、严晓光、鲁林、许佳华、俞颖飞、栾军、蔡钧、胡少英。

本部分所代替标准的历次版本发布情况为：

——GB 14287—1993；

——GB 14287.2—2005。

电气火灾监控系统
第2部分:剩余电流式电气火灾监控探测器

1 范围

GB 14287的本部分规定了剩余电流式电气火灾监控探测器的术语和定义、分类、要求、试验、检验规则、标志。

本部分适用于电气火灾监控系统中的剩余电流式电气火灾监控探测器。

2 规范性引用文件

下列文件对于本文件的应用是必不可少的。凡是注日期的引用文件,仅注日期的版本适用于本文件。凡是不注日期的引用文件,其最新版本(包括所有的修改单)适用于本文件。

GB 4706.1—2005 家用和类似用途电器的安全 第1部分:通用要求

GB/T 9969 工业产品使用说明书 总则

GB 12978 消防电子产品检验规则

GB 14287.3 电气火灾监控系统 第3部分:测温式电气火灾监控探测器

GB 16838 消防电子产品环境试验方法及严酷等级

GB/T 17626.2 电磁兼容 试验和测量技术 静电放电抗扰度试验

GB/T 17626.3 电磁兼容 试验和测量技术 射频电磁场辐射抗扰度试验

GB/T 17626.4 电磁兼容 试验和测量技术 电快速瞬变脉冲群抗扰度试验

GB/T 17626.5 电磁兼容 试验和测量技术 浪涌(冲击)抗扰度试验

GB/T 17626.6 电磁兼容 试验和测量技术 射频场感应的传导骚扰抗扰度

GB/T 17626.8 电磁兼容 试验和测量技术 工频磁场抗扰度试验

GB/T 17626.11 电磁兼容 试验和测量技术 电压暂降、短时中断和电压变化的抗扰度试验

GB 23757 消防电子产品防护要求

3 术语和定义

下列术语和定义适用于本文件。

3.1

剩余电流式电气火灾监控探测器 residual current electrical fire monitoring detector

监测被保护线路中的剩余电流值变化的探测器。一般由剩余电流传感器和信号处理单元组成。

3.2

独立式剩余电流式电气火灾监控探测器 independent residual current electrical fire monitoring detector

独立探测被保护线路中的剩余电流值变化并发出声、光报警信号的探测器。

3.3

非独立式剩余电流式电气火灾监控探测器 non-independent residual current electrical fire monitoring detector

能探测被保护线路中的剩余电流值并向电气火灾监控设备传送相关信息的探测器。

3.4

多传感器组合式电气火灾监控探测器 combined multi-sensing electrical fire monitoring detector

能够同时监测被保护线路中的剩余电流值和温度变化的探测器。

3.5

剩余电流传感器 residual current sensor

测量被保护线路中的剩余电流值变化的传感器,一般为剩余电流互感器。

3.6

信号处理单元 signal processing unit

接收剩余电流传感器的测量数据,并对数据进行分析处理的单元。

4 分类

4.1 剩余电流式电气火灾监控探测器(以下简称探测器)按工作方式可分为:

a) 独立式;

b) 非独立式。

4.2 探测器按传感器数量可分为:

a) 单传感器式;

b) 多传感器组合式。

5 要求

5.1 总则

探测器应按第6章的规定进行试验,试验结果应符合第5章的对应要求。

5.2 基本功能

5.2.1 探测器应设有工作状态指示灯和报警状态指示灯。

5.2.2 探测器不应具有断路器功能。

5.2.3 独立式探测器电源应采用交流电源(AC 220 V/50 Hz),电源线输入端应设接线端子。

5.2.4 当被保护线路剩余电流达到报警设定值时,探测器应在30 s内发出报警信号,点亮报警指示灯,非独立式探测器的报警指示应保持至与其相连的电气火灾监控设备复位,独立式探测器的报警指示应保持至手动复位。

5.2.5 探测器的报警值应设定在20 mA~1 000 mA之间,在报警值设定范围内,报警值与设定值之差的绝对值不应大于设定值的5%;具有实时显示剩余电流值功能探测器的显示误差不应大于5%。

5.2.6 非独立式探测器与外接的传感器之间的连接线发生断路或短路时,探测器应向与其连接的电气火灾监控设备传送故障信号。

5.2.7 探测器报警设定值可在探测器或与其相连的电气火灾监控设备上进行设置,但只应通过专用工具、密码等手段实现现场设置。

5.2.8 具有测温功能的多传感器组合式探测器还应符合GB 14287.3的要求。

5.3 监控报警功能

5.3.1 监控报警功能要求仅适用于独立式探测器。

5.3.2 探测器在报警时应发出声、光报警信号,并显示报警时的剩余电流值(仅适用于剩余电流式探测器)和传感器部位;报警声信号可手动消除,报警声信号手动消除后,应有消音指示,当再有其他报警信号输入时,报警声信号应能再启动。

5.3.3 在报警条件下,在其音响器件正前方 1 m 处的声压级(A 计权)应大于 70 dB,小于 115 dB。

5.3.4 采用外接剩余电流传感器的探测器,信号处理单元与其连接的剩余电流传感器间的连接线断路或短路时,探测器应能在 100 s 内发出声、光故障信号;故障声信号与报警声信号应有明显区别;故障声信号应能手动消除;故障光信号应保持至故障状态恢复。

5.3.5 探测器的报警声信号应优先于故障声信号。

5.3.6 独立式探测器最多可连接 4 路传感器。

5.3.7 报警信息应优先于故障信息显示,在报警状态下,应能手动查询存在的故障信息,报警信息与故障信息不应交替显示。

5.3.8 探测器可设有一组控制输出,在探测器报警时,控制输出应在 3 s 内动作,控制输出的性能应符合制造商的规定。

5.3.9 探测器应能手动检查其音响器件、面板上所有指示灯和显示器的功能,自检期间探测器控制输出不应动作。

5.4 通讯功能

5.4.1 非独立式探测器应能将实时的剩余电流值和故障信号传送到配接的电气火灾监控设备。

5.4.2 独立式探测器应至少具有一组通讯端口。

5.5 主要部件性能

5.5.1 指示灯

5.5.1.1 指示灯应采用中文清晰地标注其功能。

5.5.1.2 指示灯应用颜色标识,红色表示报警状态,黄色表示故障状态,绿色表示正常状态。

5.5.1.3 指示灯在其正前方 3 m 处、在光照度不超过 500 lx 的环境条件下,应清晰可见。

5.5.2 显示器

5.5.2.1 独立式探测器应采用数字或字母显示器显示信息。

5.5.2.2 在 5 lx～500 lx 环境光条件下,显示的信息应在正前方 22.5°视角范围内,0.8 m 处可读。

5.5.3 接线端子

5.5.3.1 探测器应设置外接连接线的接线端子,但不应设置连接被监测线路的接线端子。

5.5.3.2 接线端子应清晰地标注其功能。

5.5.3.3 强电的接线端子应设在探测器的内部或用安全、可靠的防护措施保护。

5.5.3.4 强电和弱电接线端子应分开设置。

5.5.4 结构

5.5.4.1 探测器的贯穿孔应能使相应额定电流值的导线正常穿过。

5.5.4.2 探测器的外壳应坚固可靠。

5.5.4.3 探测器应采用可靠的方式进行安装固定。

5.5.4.4 探测器的剩余电流传感器与信号处理单元的连接线长度不应超过 3 m。

5.5.5 剩余电流传感器

如采用电流互感器测量剩余电流，应符合附录A的要求；采用其他原理测量剩余电流的传感器应符合制造商的要求。

5.6 防护性能

探测器的防护性能应符合GB 23757的要求。

5.7 重复性

重复测量6次探测器的报警值和报警时间，两次测量的时间间隔应不小于3 min，每次测量的探测器的报警值和报警时间均应符合5.2的要求。

5.8 一致性

将探测器与制造商提供的5个剩余电流传感器分别配接，测量试样的报警值和报警时间均应符合5.2的要求。

5.9 平衡性

在图2所示的电路条件下，根据探测器的剩余电流传感器的孔径大小，按表1的规定选择试验导线。在探测器贯穿孔内的两根WM导线与贯穿孔轴线平行，且处于相距最远并固定不动的条件下，调整并保持剩余电流为试样报警设定值的90%，使探测器以不大于6°/s的角速度绕贯穿孔轴线回转360°，探测器在此期间应保持正常监视状态；在探测器贯穿孔内的两根WM导线与贯穿孔轴线呈45°夹角，且处于相距最远并固定不动的条件下，使探测器以不大于6°/s的角速度绕贯穿孔轴线回转360°，探测器在此期间应保持正常监视状态；试验后，探测器性能应符合5.2、5.3的要求。

注：正常监视状态指探测器在电源正常供电条件下，无故障报警、自检等操作时所处的工作状态。

表1 主回路导线要求

主回路额定工作电流值 I_n A	试验电流 A	导线直径 mm	绝缘层厚度 mm
$I_n \leqslant 63$	63	4	0.5
$63 < I_n \leqslant 100$	100	6	1.0
$100 < I_n \leqslant 315$	315	10	1.5
$315 < I_n \leqslant 630$	630	14	2.0
$630 < I_n \leqslant 1\ 000$	1 000	20	2.0
$1\ 000 < I_n \leqslant 2\ 000$	2 000	50	2.0

5.10 大电流冲击适应性

在图3电路条件下，按表2规定的主回路额定工作电流值施加对应的瞬态冲击电流，持续时间0.2 s，间隔30 s重复测试，共5次。试验期间，探测器应保持正常监视状态；试验后，探测器性能应符合5.2、5.3的要求。

表 2 冲击电流条件

单位为安培

主回路额定工作电流值 I_n	瞬态冲击电流
$I_n \leqslant 100$	1 000
$100 < I_n \leqslant 630$	2 000
$630 < I_n \leqslant 2\ 000$	4 000

5.11 绝缘电阻

探测器的外部带电端子和电源插头的工作电压大于 50 V 时，外部带电端子和电源插头与外壳间的绝缘电阻在正常大气条件下应不小于 100 MΩ。

5.12 泄漏电流

采用 AC 220 V/50 Hz 交流电源供电的探测器在 1.06 倍额定电压下工作时，泄漏电流值应不超过 0.5 mA。

5.13 电气强度

探测器的外部带电端子和电源插头的工作电压大于 50 V 时，外部带电端子和电源插头应能耐受频率为 50 Hz、有效值电压为 1 250 V 的交流电压，历时 60 s±5 s 的电气强度试验。试验期间，探测器不应发生放电或击穿现象(击穿电流不大于 20 mA)；试验后，探测器的性能应符合 5.2、5.3 的要求。

5.14 电磁兼容性

探测器应能适应表 3 所规定条件下的各项试验要求。试验期间，应保持正常监视状态；试验后，性能应符合 5.2、5.3 的要求。

表 3 电磁兼容性试验条件

试验名称	试验参数	试验条件	工作状态
射频电磁场辐射抗扰度试验	场强 V/m	10	正常监视状态
	频率范围 MHz	80～1 000	
	扫描速率 10 oct/s	$\leqslant 1.5\times 10^{-3}$	
	调制幅度	80%(1 kHz，正弦)	
射频场感应的传导骚扰抗扰度试验	频率范围 MHz	0.15～80	正常监视状态
	电压 dBμV	140	
	调制幅度	80%(1 kHz，正弦)	

表 3（续）

试验名称	试验参数	试验条件	工作状态
静电放电抗扰度试验	放电电压 kV	空气放电(外壳为绝缘体)：8 接触放电(外壳为导体)：6	正常监视状态
	放电极性	正、负	
	放电间隔 s	≥1	
	每点放电次数	10	
电快速瞬变脉冲群抗扰度试验	瞬变脉冲电压 kV	AC 电源线：2×(1±0.1) 其他连接线：1×(1±0.1)	正常监视状态
	重复频率 kHz	AC 电源线：2.5×(1±0.2) 其他连接线：5×(1±0.2)	
	极性	正、负	
	时间	每次 1 min	
浪涌(冲击)抗扰度试验	浪涌(冲击)电压 kV	AC 电源线 线-线：1×(1±0.1) AC 电源线 线-地：2×(1±0.1) 其他连接线 线-地：1×(1±0.1)	正常监视状态
	极性	正、负	
	试验次数	5	
电压暂降、短时中断和电压变化的抗扰度试验	持续时间	10 周期(供电电压为额定电压的 40%) 1 周期(供电电压为 0 V)	正常监视状态
	试验次数	10	
工频磁场抗扰度试验	试验等级	4	正常监视状态
	磁场强度 A/m	30	

5.15 电压波动

采用 220 V/50 Hz 交流电源供电的探测器，在供电电压为 AC 187 V 和 AC 242 V 条件下应能正常工作，性能应符合 5.2、5.3 的要求。

5.16 机械环境耐受性

探测器应能耐受住表 4 中所规定的机械环境条件下的各项试验。试验期间，应保持正常监视状态；试验后，不应有机械损伤和紧固部位松动现象，性能应符合 5.2、5.3 的要求。

表 4　机械环境试验条件

试验名称	试验参数	试验条件	工作状态
振动(正弦)(运行)试验	频率循环范围 Hz	10～150	正常监视状态
	加速幅值 m/s^2	0.981	
	扫频速率 oct/min	1	
	每个轴线扫频次数	1	
	振动方向	X、Y、Z	
碰撞试验	碰撞能量 J	0.5±0.04	正常监视状态
	碰撞次数	3	

5.17　气候环境耐受性

探测器应能耐受住表 5 规定的气候环境条件下的各项试验。试验期间,探测器应保持正常监视状态;试验后,应无破坏涂覆和腐蚀现象,性能应符合 5.2、5.3 的要求。

表 5　气候环境试验条件

试验名称	试验参数	试验条件	工作状态
低温(运行)试验	温度 ℃	−10±3	正常监视状态
	持续时间 h	16	
恒定湿热(运行)试验	温度 ℃	40±2	正常监视状态
	相对湿度 %	93±3	
	持续时间 d	4	

5.18　使用说明书

5.18.1　探测器应有相应的中文使用说明书。

5.18.2　使用说明书应符合 GB/T 9969 的要求,且与探测器的性能一致。

6　试验

6.1　试验纲要

6.1.1　试验程序见表 6。

表 6 试验程序

序号	条款号	试验项目	编号				
			1	2	3	4	5
1	6.1.5	试验前检查	√[b]	√	√	√	√
2	6.2	基本功能试验	√	√	√	√	√
3	6.3	监控报警功能试验[a]	√	√	√	√	√
4	6.4	通讯功能试验	√	√	√	√	√
5	6.5	重复性试验					√
6	6.6	一致性试验				√	
7	6.7	平衡性试验		√			
8	6.8	大电流冲击适应性试验				√	
9	6.9	绝缘电阻试验			√		
10	6.10	泄漏电流试验			√		
11	6.11	电气强度试验			√		
12	6.12	射频电磁场辐射抗扰度试验		√			
13	6.13	射频场感应的传导骚扰抗扰度试验		√			
14	6.14	静电放电抗扰度试验	√				
15	6.15	电快速瞬变脉冲群抗扰度试验	√				
16	6.16	浪涌(冲击)抗扰度试验	√				
17	6.17	电压暂降、短时中断和电压变化的抗扰度试验	√				
18	6.18	工频磁场抗扰度试验					√
19	6.19	电压波动试验					√
20	6.20	振动(正弦)(运行)试验				√	
21	6.21	碰撞试验				√	
22	6.22	低温(运行)试验		√			
23	6.23	恒定湿热(运行)试验		√			

[a] 监控报警试验仅适用于独立式探测器。

[b] “√”表示进行该项试验。

6.1.2 除在有关条文中另有说明外，各项试验均在下述大气条件下进行：

——温度：15 ℃～35 ℃；

——相对湿度：25 %～75 %；

——大气压力：86 kPa～106 kPa。

6.1.3 除在有关条文另有说明外，各项试验数据的容差均为±5%；环境条件参数偏差应符合 GB 16838 要求。

6.1.4 试验前，制造商应提供 5 只探测器作为试验样品(以下简称试样)，若试验需要，还应提供与其配套的电气火灾监控设备。

6.1.5 探测器在试验前应按下列要求进行检查：

a) 外观检查，并符合下列要求：

1) 表面无腐蚀、涂覆层脱落和起泡现象，无明显划伤、裂痕、毛刺等机械损伤；

2) 紧固部位无松动。

b) 按5.5的要求对试样进行检查，符合要求后方可进行试验。

6.2 基本功能试验

6.2.1 试验步骤

6.2.1.1 将试样按图1所示与试验设备连接，调节电流源GR，使电流表A的读数小于试样报警设定值的95%，保持1 min，观察并记录试样工作情况。调节电流源GR，使电流表读数以不大于每秒0.2倍试样报警设定值的速率增加，记录试样发出报警信号的电流读数，定为试样的报警值。

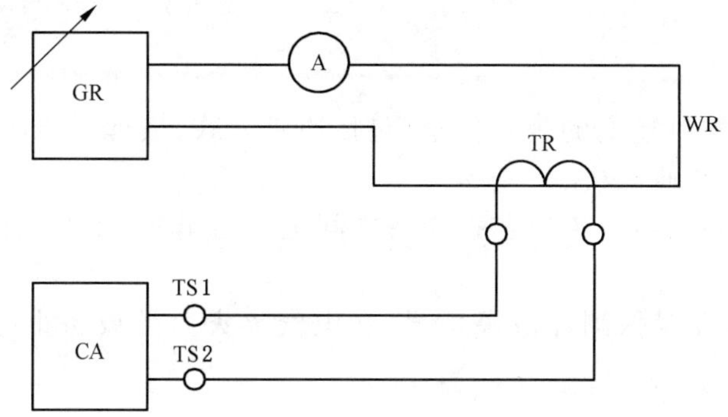

说明：

GR ——剩余电流发生器；

A ——电流表；

WR ——剩余电流导线；

TR ——探测器；

CA ——电气火灾监控设备；

TS1、TS2 ——信号输入端。

图1 探测器报警性能试验示意图

6.2.1.2 调节电流源GR，使电流表A的读数为试样的报警设定值的105%，保持60 s，记录试样报警时间。

6.2.1.3 对于具有实时显示剩余电流值的试样，检查剩余电流显示值与实测值的误差。

6.2.1.4 对于外接剩余电流传感器的试样，设置与传感器之间的连接线的断路和短路故障，检查故障信号的传送情况。

6.2.1.5 检查试样的报警设定值的设置情况。

6.2.1.6 采用剩余电流互感器的试样，按附录A的要求检验剩余电流互感器。

6.2.2 试验设备

剩余电流发生器GR应能在导线WR中产生50 Hz，0.02 A～1 A的可变交流电流，最小变化量不大于1 mA。电流表A应采用精度至少为0.5级的指针式仪表，或读数为50 mA时基本误差不大于0.5 mA的数字式仪表。

6.3 监控报警功能试验

6.3.1 按图1所示，将试样与试验设备连接，调节电流源GR，使试样发出报警信号，观察试样的状态。测量试样发出声报警信号的声压级。手动操作消音功能，观察试样的状态。调节电流源GR，使电流表A的读数为零，手动复位试样，观察试样的状态。

6.3.2 在试样的正常监视状态下，对于采用外接剩余电流传感器的试样，将与外接剩余电流传感器之间的连接线分别断路和短路,观察试样的状态。手动操作消音功能,观察试样的状态。将与外接剩余电流传感器之间的连接线恢复正常,观察试样的状态。

6.3.3 在试样的正常监视状态下,检查试样声报警信号和声故障信号的优先级。

6.3.4 同时具有故障信息和报警信息状态下,查看试样的信息显示情况。在显示器不能同时显示所有的信息情况下,手动操作查询功能,查看试样的信息显示情况。

6.3.5 对于具有控制输出功能的试样,使试样发出报警信号,检查试样的控制输出动作情况和控制输出的输出特性。

6.3.6 操作试样的自检功能,观察试样的状态。

6.4 通讯功能试验

6.4.1 对于非独立式试样,按制造商的规定要求(包括通讯方式、最远通讯距离和通信线路特性)检查试样的通讯端口的设置情况和通讯功能。

6.4.2 对于非独立式试样,在与电气火灾监控设备之间进行通讯时,在电气火灾监控设备上查看剩余电流值的显示情况。

6.4.3 对于非独立式试样,设置探测器故障信号,在电气火灾监控设备上查看试样的故障信息显示情况。

6.5 重复性试验

6.5.1 将试样按图1所示与试验设备连接,调节电流源GR,使电流表A的读数小于试样报警设定值的95%,保持1 min,观察并记录试样工作情况。调节电流源GR,使电流表读数以不大于0.2倍试样报警设定值的速率增加,记录试样发出报警信号的电流读数,定为试样的报警值。

6.5.2 调节电流源GR,使电流表A的读数为试样的报警设定值的105%,保持60 s,记录试样报警时间。

6.5.3 重复6.5.1、6.5.2的过程共6次,两次测量的时间间隔应不小于3 min。

6.6 一致性试验

6.6.1 将试样与制造商提供的5个剩余电流传感器分别配接,按图1与试验设备连接,调节电流源GR,使电流表A的读数小于试样报警设定值的95%,保持1min,观察并记录试样工作情况。调节电流源GR,使电流表读数以不大于0.2倍试样报警设定值的速率增加,记录试样发出报警信号的电流读数,定为试样的报警值。

6.6.2 调节电流源GR,使电流表A的读数为试样的报警设定值的105%,保持60s,记录试样报警时间。

6.7 平衡性试验

6.7.1 根据制造商提供的探测器的额定电流,测量探测器贯穿孔的直径。

6.7.2 将探测器和控制器按图2所示连接。导线WM双线穿过探测器TR的贯穿孔。主电源GM的输出电流调节到探测器的额定电流I_n。主电流测量装置AM的精度至少为2.5级。探测器贯穿孔内壁与两根WM导线之间应用绝缘层分隔,导线直径与绝缘层厚度应符合表1的规定。

6.7.3 使探测器处于正常监视状态,调节漏电电流源GR,使导线WR上电流达到试样报警设定值的90%。使探测器的贯穿孔内的两根WM导线与贯穿孔轴线平行,且处于相距最远的状态固定不动;使探测器以不大于6°/s的角速度绕其贯穿孔轴线回转360°,观察并记录探测器工作情况。使探测器的贯穿孔内的两根WM导线与贯穿孔轴线呈45°夹角,且处于相距最远的状态固定不动;使探测器以不大于6°/s的角速度绕其贯穿孔轴线回转360°观察并记录探测器工作情况。

6.7.4 按6.2、6.3规定的方法对试样进行性能试验。

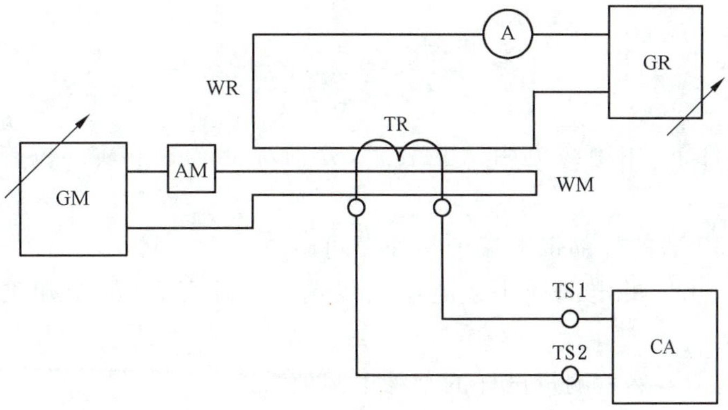

说明：

GM ——主回路电流源；
AM ——主电流测量装置；
WM ——主回路导线；
GR ——剩余电流发生器；
A ——电流表；
WR ——漏电导线；
TR ——探测器；
CA ——电气火灾监控设备；
TS1、TS2——信号输入端。

图 2 平衡性试验

6.8 大电流冲击适应性试验

将试样按图 3 所示与试验设备连接，按表 2 规定的主回路额定工作电流值施加相应的瞬态冲击电流，持续时间 0.2 s，间隔 30s 重复测试，共 5 次。测试结束后立即按 6.2、6.3 规定的方法对试样进行性能试验。

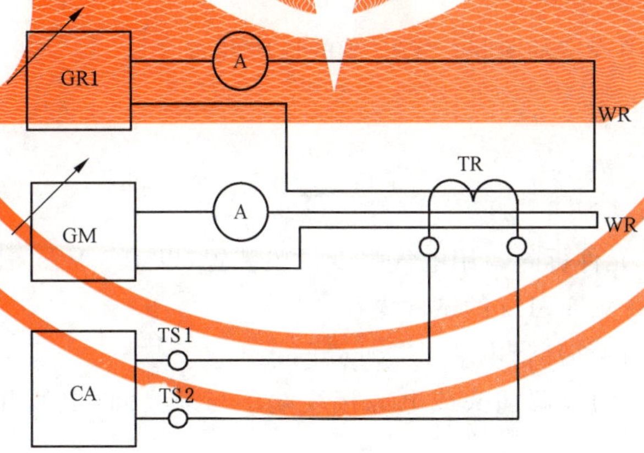

说明：

GR1 ——剩余电流发生器；
GM ——主回路电流源；
A ——电流表；
WR ——电流导线；
TR ——探测器；
CA ——电气火灾监控设备；
TS1、TS2 ——信号输入端。

图 3 大电流冲击适应性试验

6.9 绝缘电阻试验

6.9.1 试验步骤

6.9.1.1 在正常大气条件下，用绝缘电阻试验装置，分别对试样的下述部位施加 500 V±50 V 直流电压：

a) 工作电压大于 50 V 的外部带电端子与外壳间；
b) 工作电压大于 50 V 的电源插头或电源接线端子与外壳间（电源开关置于开位置，不接通电源）。

6.9.1.2 试验持续 60 s±5 s，然后测量试样的绝缘电阻值。

6.9.2 试验设备

符合下述技术要求的绝缘电阻试验装置：

a) 试验电压：500 V±50 V；
b) 测量范围：0 MΩ～500 MΩ；
c) 最小分度：0.1 MΩ；
d) 记时：60 s±5 s。

6.10 泄漏电流试验

6.10.1 试验步骤

将采用 220 V/50 Hz 交流电源供电的试样按照正常工作要求布置，接通电源，使其处于正常监视状态。调节供电电压为试样主电源额定电压的 1.06 倍，测量并记录其总泄漏电流值。

6.10.2 试验设备

符合 GB 4706.1—2005 中规定的测量泄漏电流的试验装置。

6.11 电气强度试验

6.11.1 试验步骤

6.11.1.1 将试样的接地保护元件拆除。用电气强度试验装置，以 100 V/s～500 V/s 的升压速率，分别对试样的下述部位施加 1 250 V/50 Hz 的试验电压：

a) 工作电压大于 50 V 的外部带电端子与外壳间；
b) 工作电压大于 50 V 的电源插头或电源接线端子与外壳间（电源开关置于开位置，不接通电源）。

6.11.1.2 试验持续 60 s±5 s，再以 100 V/s～500 V/s 的降压速率使试验电压低于试样额定电压后，方可断电。

6.11.1.3 试验后，将试样与制造商提供的探测器相连接，接通电源，使试样处于正常监视状态，按 6.2、6.3 规定的方法进行功能试验。

6.11.2 试验设备

应采用满足下述技术要求的电气强度试验装置：

a) 试验电压：电压为 0 V～1 250 V（有效值）连续可调，频率为 50 Hz；
b) 升、降压速率：100 V/s～500 V/s；

c) 计时:60 s±5 s。

6.12 射频电磁场辐射抗扰度试验

6.12.1 试验步骤

6.12.1.1 将试样按 GB/T 17626.3 的规定进行试验布置,接通电源,使其处于正常监视状态 20 min。

6.12.1.2 按 GB/T 17626.3 规定的试验方法对试样施加表 3 所示条件的干扰试验,观察并记录试样工作状态。

6.12.1.3 按 6.2、6.3 的方法进行性能试验。

6.12.2 试验设备

试验设备应符合 GB/T 17626.3 的要求。

6.13 射频场感应的传导骚扰抗扰度试验

6.13.1 试验步骤

6.13.1.1 将试样按 GB/T 17626.6 的规定进行试验布置,接通电源,使其处于正常监视状态 20 min。

6.13.1.2 按 GB/T 17626.6 规定的试验方法对试样施加表 3 所示条件的干扰试验,观察并记录试样工作状态。

6.13.1.3 按 6.2、6.3 的方法进行性能试验。

6.13.2 试验设备

试验设备应符合 GB/T 17626.6 的要求。

6.14 静电放电抗扰度试验

6.14.1 试验步骤

6.14.1.1 将试样按 GB/T 17626.2 的规定进行试验布置,接通电源,使其处于正常监视状态 20 min。

6.14.1.2 按 GB/T 17626.2 规定的试验方法对试样及耦合板施加表 3 所示条件的干扰试验,观察并记录试样工作状态。

6.14.1.3 按 6.2、6.3 的方法进行性能试验。

6.14.2 试验设备

试验设备应符合 GB/T 17626.2 的要求。

6.15 电快速瞬变脉冲群抗扰度试验

6.15.1 试验步骤

6.15.1.1 将试样按 GB/T 17626.4 的规定进行试验布置,接通电源,使其处于正常监视状态 20 min。

6.15.1.2 按 GB/T 17626.4 规定的试验方法对试样施加表 3 所示条件的干扰试验,观察并记录试样工作状态。

6.15.1.3 按 6.2、6.3 的方法进行性能试验。

6.15.2 试验设备

试验设备应符合 GB/T 17626.4 的要求。

6.16 浪涌(冲击)抗扰度试验

6.16.1 试验步骤

6.16.1.1 将试样按 GB/T 17626.5 的规定进行试验布置,接通电源,使其处于正常监视状态 20 min。
6.16.1.2 按 GB/T 17626.5 规定的试验方法对试样施加表 3 所示条件的干扰试验,观察并记录试样工作状态。
6.16.1.3 按 6.2、6.3 的方法进行性能试验。

6.16.2 试验设备

试验设备应符合 GB/T 17626.5 的要求。

6.17 电压暂降、短时中断和电压变化的抗扰度试验

6.17.1 试验步骤

6.17.1.1 将试样按 GB/T 17626.11 的规定进行试验布置,接通电源,使其处于正常监视状态 20 min。
6.17.1.2 使主电压下滑至 40%,持续 500 ms,重复进行 10 次,每次试验之间的时间间隔至少为 10 s;再使主电压下滑至 0 V,持续 10 ms,重复进行 10 次,每次试验之间的时间间隔至少为 10 s,观察并记录试样的工作状态。
6.17.1.3 按 6.2、6.3 的方法进行性能试验。

6.17.2 试验设备

试验设备应符合 GB/T 17626.11 的要求。

6.18 工频磁场抗扰度试验

6.18.1 试验步骤

6.18.1.1 将试样按 GB/T 17626.8 的规定进行试验布置,接通电源,使其处于正常监视状态 20 min。
6.18.1.2 按 GB/T 17626.8 规定的试验方法对试样施加表 3 所示条件的干扰试验,观察并记录试样工作状态。
6.18.1.3 按 6.2、6.3 的方法进行性能试验。

6.18.2 试验设备

试验设备应符合 GB/T 17626.8 的要求。

6.19 电压波动试验

6.19.1 将试样按正常工作要求进行布置。调节试验设备,使试验设备的输出电压为 AC 187 V (50 Hz),将该输出电压施加到试样的电源输入端,接通电源,观察试样的状态。
6.19.2 将试样按正常工作要求进行布置。调节试验设备,使试验设备的输出电压为 AC 242 V (50 Hz),将该输出电压施加到试样的电源输入端,接通电源,观察试样的状态。
6.19.3 按 6.2、6.3 的方法对试样进行性能试验。

6.20 振动(正弦)(运行)试验

6.20.1 试验步骤

6.20.1.1 将试样按正常安装方式刚性安装,使同方向的重力作用与其使用时一样(重力影响可忽略时

除外)，试样在上述安装方式下可放于任何高度，试验期间试样处于正常监视状态。

6.20.1.2 依次在三个互相垂直的轴线上，在 10 Hz～150 Hz 的频率循环范围内，以 0.981 m/s^2 的加速度幅值，1 oct/min 的扫频速率，各进行 1 次扫频循环，观察并记录试样的工作状态。

6.20.1.3 检查试样外观及紧固部位，按 6.2、6.3 的方法进行性能试验。

6.20.2 试验设备

试验设备(振动台及夹具)应符合 GB 16838 的要求。

6.21 碰撞试验

6.21.1 试验步骤

6.21.1.1 将试样与制造商提供的探测器相连接，接通电源，使其处于正常监视状态。

6.21.1.2 对试样表面上的每个易损部件(如指示灯、显示器等)施加 3 次能量为 0.5 J±0.04 J 的碰撞。在进行试验时应小心进行，以确保上一组(3 次)碰撞的结果不对后续各组碰撞的结果产生影响，在认为可能产生影响时，应不考虑发现的缺陷，取一新的试样，在同一位置重新进行碰撞试验。试验期间，观察并记录试样的工作状态；试验后，按 6.2、6.3 的方法进行性能试验。

6.21.2 试验设备

试验设备应符合 GB 16838 中的要求。

6.22 低温(运行)试验

6.22.1 试验步骤

6.22.1.1 将试样放入试验箱内，使之处于正常监视状态，在正常大气条件下保持 30 min±5 min，以不大于 1 ℃/min 的平均降温速率使温度降到 −10 ℃±3 ℃，保持 16 h，观察并记录探测器工作情况。

6.22.1.2 以不大于 1 ℃/min 的平均升温速率使温度升到 20 ℃±2 ℃，将试样从试验箱内取出，置于正常大气条件下，保持 2 h，观察并记录试样外观情况。按 6.2、6.3 的要求对试样进行性能试验。

6.22.2 试验设备

试验设备应符合 GB 16838 的要求。

6.23 恒定湿热(运行)试验

6.23.1 试验步骤

6.23.1.1 将试样放入试验箱内，使之处于正常监视状态，在正常大气条件下保持 30 min±5 min。以不大于 1 ℃/min 的平均升温速率使温度升到 40 ℃±2 ℃，再将相对湿度调节到 93%±3%，保持 4 d，观察并记录试样工作情况。

6.23.1.2 以不大于 1 ℃/min 的平均降温速率使温度降到 20 ℃±2 ℃，将试样从试验箱内取出，置于正常大气条件下，仍使之处于正常监视状态，保持 2 h，观察并记录试样外观情况，然后按 6.2、6.3 的要求对试样进行性能试验。

6.23.2 试验设备

试验设备应符合 GB 16838 的要求。

7 检验规则

7.1 产品出厂检验

出厂检验项目为：

a) 基本功能试验；

b) 监控报警功能试验(独立式探测器)；

c) 绝缘电阻试验；

d) 电气强度试验；

e) 恒定湿热(运行)试验。

7.2 型式检验

7.2.1 型式检验项目为第6章规定的试验项目。检验样品在出厂检验合格的产品中抽取。

7.2.2 有下列情况之一时，应进行型式检验：

a) 新产品或老产品转厂生产时的试制定型鉴定；

b) 正式生产后，产品的结构、主要部件或元器件、生产工艺等有较大的改变可能影响产品性能；

c) 产品停产1年以上，恢复生产；

d) 发生重大质量事故；

e) 质量监督部门依法提出要求。

7.2.3 检验结果按GB 12978规定的型式检验结果判定方法进行判定。

8 标志

8.1 产品标志

探测器应清晰地标注下列信息：

a) 制造商名称、地址；

b) 产品名称；

c) 产品型号；

d) 产品主要技术参数(包括主回路额定工作电流值、额定工作电压值、报警设定值范围及调节精度)；

e) 生产日期及产品编号；

f) 执行标准编号。

8.2 质量检验标志

探测器应有质量检验合格标志。

附　录　A
（规范性附录）
剩余电流互感器

A.1　绝缘要求

A.1.1　绕组的工频耐压要求

固定二次绕组与壳体间额定工频耐受电压应大于 3 kV(方均根值)。

A.1.2　绕组的绝缘电阻要求

在 500 V 直流电压下，二次绕组与壳体的绝缘电阻应不小于 1 MΩ。

A.2　温升限值

在环境温度为 20 ℃～40 ℃时，在额定连续热电流下互感器外壳表面温升不超过 25 K。测量时间不小于 8 h。

A.3　准确度等级要求

标准准确度等级应等于或优于 1 级，电流误差限值应符合表 A.1 的要求。

表 A.1　电流误差限值

准确度	在下列额定电流下的电流误差 %					
	5A	20A	50A	100A	120A	200A 及以上
0.2	±0.75	±0.35	±0.2	±0.2	±0.2	±0.35
0.5	±1.5	±0.75	±0.5	±0.5	±0.5	±0.75
1.0	±3.0	±1.5	±1.0	±1.0	±1.0	±1.5

A.4　上限温度和下限温度影响要求

剩余电流互感器在所规定的上限温度和下限温度下的电流测量误差均应符合准确度等级的要求。将被试剩余电流互感器置于温度试验箱中并处于误差测量状态，分别使箱内温度达到本标准规定的正常工作环境温度的上限值及下限值，保温时间不得小于 2 h，被试剩余电流互感器周围温度的变化不得超过±2 ℃。记录输出的误差数据。

A.5 标注

剩余电流互感器应明确标注一次绕组及二次绕组的额定电流参数、额定连续热电流、上限温度和下限温度，且上限温度不应低于 40 ℃，下限温度不应高于－10 ℃。

注： 二次绕组也可以采用电压输出方式标注。

ICS 13.220.20
C 81

中华人民共和国国家标准

GB 14287.3—2014
代替 GB 14287.3—2005

电气火灾监控系统
第3部分：测温式电气火灾监控探测器

Electrical fire monitoring system—
Part 3: Temperature sensing electrical fire monitoring detectors

2014-07-24 发布 2015-06-01 实施

中华人民共和国国家质量监督检验检疫总局
中国国家标准化管理委员会 发布

前 言

GB 14287 本部分的第 5 章、第 7 章、第 8 章为强制性的，其余为推荐性的。

GB 14287《电气火灾监控系统》由以下部分组成：

——第 1 部分：电气火灾监控设备；

——第 2 部分：剩余电流式电气火灾监控探测器；

——第 3 部分：测温式电气火灾监控探测器；

……

本部分为 GB 14287 的第 3 部分。

本部分按照 GB/T 1.1—2009 给出的规则起草。

本部分代替 GB 14287.3—2005《电气火灾监控系统　第 3 部分：测温式电气火灾监控探测器》，与 GB 14287.3—2005 相比较主要技术变化如下：

——增加了泄漏电流试验（见 6.7）；

——增加了射频电磁场辐射抗扰度试验（见 6.9）；

——增加了射频场感应的传导骚扰抗扰度试验（见 6.10）；

——增加了静电放电抗扰度试验（见 6.11）；

——增加了电快速瞬变脉冲群抗扰度试验（见 6.12）；

——增加了浪涌（冲击）抗扰度试验（见 6.13）；

——增加了电压暂降、短时中断和电压变化的抗扰度试验（见 6.14）；

——增加了电压波动试验（见 6.15）；

——增加了振动（正弦）（运行）试验（见 6.16）；

——增加了碰撞试验（见 6.17）；

——取消了耐压试验、高温试验和腐蚀试验（见 2005 年版的 5.6、5.8 和 5.10）。

本部分由中华人民共和国公安部提出。

本部分由全国消防标准化技术委员会火灾探测与报警分技术委员会（SAC/TC 113/SC 6）归口。

本部分负责起草单位：公安部沈阳消防研究所。

本部分参加起草单位：北京航天常兴科技发展有限公司、三科电器有限公司、北京零线之芯电气技术有限公司、福建俊豪电子有限公司、吉林市吉隆科技开发有限公司、上海华宿电气技术有限公司。

本部分主要起草人：张学军、孙爽、杨波、李小白、张颖琮、吴礼龙、王强、王余胜、栾军、李贵仁。

本部分所代替标准的历次版本发布情况为：

—— GB 14287—1993；

—— GB 14287.3—2005。

电气火灾监控系统
第3部分:测温式电气火灾监控探测器

1 范围

GB14827的本部分规定了测温式电气火灾监控探测器的术语和定义、分类、要求、试验、检验规则和标志。

本部分适用于电气火灾监控系统中的测温式电气火灾监控探测器。

2 规范性引用文件

下列文件对于本文件的应用是必不可少的。凡是注日期的引用文件,仅注日期的版本适用于本文件。凡是不注日期的引用文件,其最新版本(包括所有的修改单)适用于本文件。

GB 4706.1 家用和类似用途电器的安全 第1部分:通用要求

GB/T 9969 工业产品使用说明书 总则

GB 12978 消防电子产品检验规则

GB 14287.2 电气火灾监控系统 第2部分:剩余电流式电气火灾监控探测器

GB 16838 消防电子产品环境试验方法及严酷等级

GB/T 17626.2 电磁兼容 试验和测量技术 静电放电抗扰度试验

GB/T 17626.3 电磁兼容 试验和测量技术 射频电磁场辐射抗扰度试验

GB/T 17626.4 电磁兼容 试验和测量技术 电快速瞬变脉冲群抗扰度试验

GB/T 17626.5 电磁兼容 试验和测量技术 浪涌(冲击)抗扰度试验

GB/T 17626.6 电磁兼容 试验和测量技术 射频场感应的传导骚扰抗扰度试验

GB/T 17626.11 电磁兼容 试验和测量技术 电压暂降、短时中断和电压变化的抗扰度试验

GB 23757 消防电子产品防护要求

3 术语和定义

下列术语和定义适用于本文件。

3.1

测温式电气火灾监控探测器 temperature sensing electrical fire monitoring detector

能探测被保护线路中的温度参数变化的探测器。

3.2

独立式测温式电气火灾监控探测器 independent temperature sensing electrical fire monitoring detector

独立探测被保护线路中的温度参数变化并发出声、光报警信号的探测器。

3.3

非独立式测温式电气火灾监控探测器 non-independent temperature sensing electrical fire monitoring detector

能探测被保护线路中的温度参数变化并向电气火灾监控设备传送信息的探测器。

3.4

多传感器组合式电气火灾监控探测器 combined multi-sensing electrical fire monitoring detector

能够同时监测被保护线路中的剩余电流值和温度变化的探测器。

3.5

测温传感器 temperature sensor

测量被保护线路中的温度参数变化的传感器,一般由热敏电阻或红外测温元件等组成。

3.6

信号处理单元 signal processing unit

接收温度参数的测量数据,并对数据进行分析处理的单元。

4 分类

4.1 测温式电气火灾监控探测器(以下简称探测器)按工作方式可分为:

a) 独立式;

b) 非独立式。

4.2 探测器按探测原理可分为:

a) 接触式;

b) 非接触式。

4.3 探测器按传感器类型可分为:

a) 单传感器式;

b) 多传感器组合式。

5 要求

5.1 总则

探测器应按第6章规定进行试验,试验结果应符合第5章的对应要求。

5.2 基本性能

5.2.1 探测器应设有工作状态指示灯和报警状态指示灯。

5.2.2 独立式探测器电源应采用交流电源(AC 220 V/50 Hz),电源线输入端应设接线端子。

5.2.3 当被监视部位温度达到报警设定值时,探测器应在40 s内发出报警信号,点亮报警指示灯。非独立式探测器的报警指示应保持至与其相连的电气火灾监控设备复位,独立式探测器的报警指示应保持至手动复位。

5.2.4 探测器的报警温度值应设定在45 ℃～140 ℃的范围内,报警值与设定值之差的绝对值不应大于设定值的5%。

5.2.5 具有实时显示温度值功能的探测器显示误差不应大于5%。

5.2.6 非独立式探测器信号处理单元与外接的测温传感器的连接线发生断路和短路时,探测器应向与其连接的电气火灾监控设备传送故障信号。

5.2.7 探测器报警值可在探测器或与其相连的电气火灾监控设备上进行设置,且只能通过专用工具、密码等手段实现现场设置。

5.2.8 具有测量剩余电流功能的多传感器组合式探测器还应符合GB 14287.2的要求。

5.3 监控报警功能

5.3.1 探测器在报警时应发出声、光报警信号并显示报警值和部位，报警声信号可手动消除，报警声信号手动消除后，应有消音指示，当再有其他报警信号输入时，报警声信号应能再启动。

5.3.2 在报警条件下，在其音响器件正前方 1 m 处的声压级(A 计权)应大于 70 dB，小于 115 dB。

5.3.3 信号处理单元与外接的测温传感器之间的连接线断路或短路时，探测器应能发出声、光故障信号；故障声信号应与报警声信号有明显区别；故障声信号应能手动消除；故障光信号应保持至故障状态被恢复。

5.3.4 探测器的报警声信号应优先于故障声信号。

5.3.5 独立式探测器最多可连接 4 路传感器。

5.3.6 报警信息应优先于故障信息显示，在报警状态下，应能手动查询存在的故障信息，报警信息与故障信息不应交替显示。

5.3.7 探测器可设有一组控制输出，在探测器报警时，控制输出应在 3 s 内动作，控制输出的性能应符合制造商的规定。

5.3.8 探测器应能手动检查其音响器件、面板上所有指示灯和显示器的功能，自检期间探测器控制输出不应动作。

5.4 通讯功能

5.4.1 非独立式探测器应能将实时的温度值、故障信号传送到配接的电气火灾监控设备。

5.4.2 独立式探测器应至少有一组通讯端口。

5.5 主要部件性能

5.5.1 指示灯

5.5.1.1 每个指示灯都应用中文清晰地标注其功能。

5.5.1.2 指示灯应用颜色标识，红色表示报警状态，黄色表示故障状态，绿色表示正常状态。

5.5.1.3 指示灯在其正前方 3 m 处、在光照度不超过 500 lx 的环境条件下，应清晰可见。

5.5.2 显示器

5.5.2.1 独立式探测器应采用数字或字母显示器显示信息。

5.5.2.2 在 5 lx～500 lx 环境光条件下，显示的信息应在正前方 22.5°视角范围内 0.8 m 处可读。

5.5.3 接线端子

5.5.3.1 探测器应设外接连接线的接线端子。

5.5.3.2 接线端子都应清晰地标注其功能。

5.5.3.3 强电的接线端子应设在探测器的内部或用安全、可靠的防护措施保护。

5.5.3.4 强电和弱电接线端子应分开设置。

5.5.4 结构

5.5.4.1 探测器的外壳应坚固可靠。

5.5.4.2 探测器应采用可靠方式安装固定。

5.6 防护性能

探测器的防护性能应符合 GB 23757 的要求。

5.7 重复性

重复测量 6 次探测器的报警值和报警时间，两次测量的时间间隔应不小于 30 min，每次测量的探测器的报警值和报警时间均应符合 5.2 的要求。

5.8 绝缘电阻

探测器的外部带电端子和电源插头的工作电压大于 50 V 时，外部带电端子和电源插头与外壳间的绝缘电阻在正常大气条件下应不小于 100 MΩ。

5.9 泄漏电流

采用 AC 220 V/50 Hz 交流电源供电的探测器在 1.06 倍额定电压下工作时，泄漏电流值应不超过 0.5 mA。

5.10 电气强度

探测器的外部带电端子和电源插头的工作电压大于 50 V 时，外部带电端子和电源插头应能耐受频率为 50 Hz、有效值电压为 1 250 V 的交流电压，历时 60 s±5 s 的电气强度试验。试验期间，探测器不应发生放电或击穿现象(击穿电流不大于 20 mA)；试验后，探测器的性能应符合 5.2、5.3 的要求。

5.11 电磁兼容性

探测器应能适应表 1 所规定条件下的各项试验要求。试验期间，应保持正常监视状态；试验后，性能应符合 5.2、5.3 的要求。

注： 正常监视状态指探测器在电源正常供电条件下，无故障报警、自检等操作时所处的工作状态。

表 1 电磁兼容性试验条件

试验名称	试验参数	试验条件	工作状态
射频电磁场辐射抗扰度试验	场强/(V/m)	10	正常监视状态
	频率范围/MHz	80～1 000	
	扫描速率/(10 oct/s)	≤1.5×10⁻³	
	调制幅度	80%(1 kHz，正弦)	
射频场感应的传导骚扰抗扰度试验	频率范围/MHz	0.15～80	正常监视状态
	电压/dBμV	140	
	调制幅度	80%(1 kHz，正弦)	
静电放电抗扰度试验	放电电压/kV	空气放电(外壳为绝缘体试样)：8	正常监视状态
		接触放电(外壳为导体试样和耦合板)：6	
	放电极性	正、负	
	放电间隔/s	≥1	
	每点放电次数	10	

表 1（续）

试验名称	试验参数	试验条件	工作状态
电快速瞬变脉冲群抗扰度试验	瞬变脉冲电压/kV	AC 电源线：2×(1±0.1) 其他连接线：1×(1±0.1)	正常监视状态
	重复频率/kHz	5×(1±0.2)	
	极性	正、负	
	时间	每次 1 min	
浪涌(冲击)抗扰度试验	浪涌(冲击)电压/kV	AC 电源线 线-线 1×(1±0.1) AC 电源线 线-地 2×(1±0.1) 其他连接线 线-地 1×(1±0.1)	正常监视状态
	极性	正、负	
	试验次数	5	
电压暂降、短时中断和电压变化的抗扰度试验	持续时间	10 周期(供电电压为额定电压的 40%) 1 周期(供电电压为 0 V)	正常监视状态
	试验次数	10	

5.12 电压波动性能

采用 AC 220 V/50 Hz 交流电源供电的探测器，在供电电压为 AC 187 V 和 AC 242 V 条件下，应能正常工作，其性能应符合 5.2、5.3 的要求。

5.13 机械环境耐受性

探测器应能耐受住表 2 中所规定的机械环境条件下的各项试验。试验期间，应保持正常监视状态；试验后，不应有机械损伤和紧固部位松动现象，性能应符合 5.2、5.3 的要求。

表 2 机械环境试验条件

试验名称	试验参数	试验条件	工作状态
振动(正弦)(运行)试验	频率循环范围/Hz	10～150	正常监视状态
	加速幅值/(m/s^2)	0.981	
	扫频速率/(oct/min)	1	正常监视状态
	每个轴线扫频次数	1	
	振动方向	X、Y、Z	
碰撞试验	碰撞能量/J	0.5±0.04	正常监视状态
	碰撞次数	3	

5.14 气候环境耐受性

探测器应能耐受住表3中所规定的气候环境条件下的各项试验。试验期间,试样应保持正常监视状态;试验后,应无破坏涂覆和腐蚀现象,性能应符合5.2、5.3的要求。

表3 气候环境试验条件

试验名称	试验参数	试验条件	工作状态
低温(运行)试验	温度 ℃	−10±3	正常监视状态
	持续时间 h	16	
恒定湿热(运行)试验	温度 ℃	40±2	正常监视状态
	相对湿度 %	93±3	
	持续时间 d	4	

5.15 使用说明书

5.15.1 探测器应有相应的中文使用说明书。

5.15.2 使用说明书应符合GB/T 9969的要求,且与探测器的性能一致。

6 试验

6.1 试验纲要

6.1.1 试验程序见表4。

6.1.2 除在有关条文中另有说明外,各项试验均应在下述大气条件下进行:

——温度:15 ℃~35 ℃;

——相对湿度:25%~75%;

——大气压力:86 kPa~106 kPa。

6.1.3 除在有关条文中另有说明外,各项试验数据的容差均为±5%;环境条件参数偏差应符合GB 16838的要求。

6.1.4 试验前,制造商应提供5只探测器作为试验样品(以下简称试样),若试验需要,应提供与其配套的电气火灾监控设备。

6.1.5 探测器在试验前应按下列要求进行检查:

a) 外观检查,并符合下列要求:

1) 表面无腐蚀、涂覆层脱落和起泡现象,无明显划伤、裂痕、毛刺等机械损伤;

2) 紧固部位无松动。

b) 按5.5的要求对试样进行检查,符合要求后方可进行试验。

表 4　试验程序

序号	条款号	试验项目	编号				
			1	2	3	4	5
1	6.1.5	试验前检查	√[b]	√	√	√	√
2	6.2	基本性能试验	√	√	√	√	√
3	6.3	监控报警功能试验[a]	√	√	√	√	√
4	6.4	通讯功能试验	√	√	√	√	√
5	6.5	重复性试验					√
6	6.6	绝缘电阻试验			√		
7	6.7	泄漏电流试验			√		
8	6.8	电气强度试验			√		
9	6.9	射频电磁场辐射抗扰度试验		√			
10	6.10	射频场感应的传导骚扰抗扰度试验		√			
11	6.11	静电放电抗扰度试验	√				
12	6.12	电快速瞬变脉冲群抗扰度试验	√				
13	6.13	浪涌(冲击)抗扰度试验	√				
14	6.14	电压暂降、短时中断和电压变化的抗扰度试验	√				
15	6.15	电压波动试验	√				
16	6.16	振动(正弦)(运行)试验				√	
17	6.17	碰撞试验				√	
18	6.18	低温(运行)试验					√
19	6.19	恒定湿热(运行)试验					√

[a] 监控报警功能试验仅适用于独立式探测器。

[b] “√”表示进行该项试验。

6.2　基本性能试验

6.2.1　接触式探测器

6.2.1.1　使试样处于正常监视状态，将试样放入温控装置，调整温控装置使其以不大于 1 ℃/min 的升温速率升温直至试样报警，观察试样的状态，记录报警温度值。

6.2.1.2　使试样处于正常监视状态并使试样的温度传感器的温度恢复至室温状态，调整温控装置内的温度到高于试样报警设定值 20%，将试样放入温控装置内，并开始计时。当试样发出报警信号时，观察试样的状态，记录响应时间。

6.2.1.3　使试样处于正常监视状态，将试样与外接测温传感器之间的连接线分别设置断路和短路故障，检查试样故障信号的传送情况。

6.2.1.4　检查试样的报警设定值的设置情况。

6.2.1.5　对于具有实时显示温度值功能的探测器，检查试样的温度值显示误差情况。

6.2.2 非接触式探测器

6.2.2.1 将试样固定在支架上，使试样处于正常监视状态，按照制造商规定的要求，使试样对准标准黑体辐射源，调整距离使试样处于黑体辐射源的辐射范围内，使标准黑体辐射源的温度以不大于 1 ℃/min 的升温速率升至试样报警，观察试样的状态，记录报警温度值。
6.2.2.2 用挡板遮住标准黑体辐射源，将试样复位，使试样处于正常监视状态，调整标准黑体辐射源内的温度到高于试样报警设定值 20%，移走挡板，开始计时。当试样发出报警信号时，观察试样的状态，记录响应时间。
6.2.2.3 使试样处于正常监视状态，将试样与外接测温传感器之间的连接线分别设置断路和短路故障，检查试样故障信号的传送情况。
6.2.2.4 检查试样的报警设定值的设置情况。
6.2.2.5 对于具有实时显示温度值功能的探测器，检查试样的温度值显示误差情况。

6.3 监控报警功能试验

6.3.1 在试样的正常监视状态下，使试样发出报警信号，观察试样的状态。测量试样发出声报警信号的声压级。手动操作消音功能，观察试样的状态。将探测器探测的温度恢复至常温，手动复位试样，观察试样的状态。
6.3.2 在试样的正常监视状态下，将与外接测温传感器之间的连接线分别断路和短路，观察试样的状态。手动操作消音功能，观察试样的状态。将与外接测温传感器之间的连接线恢复正常，观察试样的状态。
6.3.3 对于多传感器的试样，使不同的部位分别设置报警信号和故障信号，观察试样的状态指示和信息显示情况。使试样先发出故障信号，再使试样发出报警信号，观察试样的状态；手动复位试样，使试样先发出报警信号，然后再在不同的回路设置故障信号，观察试样的状态。
6.3.4 在同时具有故障信息和报警信息的状态下，查看试样的信息显示情况。在显示器不能同时显示所有的信息情况下，手动操作查询功能，查看试样的信息显示情况。
6.3.5 对于具有控制输出功能的试样，使试样发出报警信号，检查试样的控制输出动作情况和控制输出的输出特性。
6.3.6 操作试样的自检功能，观察试样的状态。

6.4 通讯功能试验

6.4.1 按制造商的规定要求(包括通讯方式、最远通讯距离和通信线路特性)检查试样的通讯端口的设置情况和通讯功能。
6.4.2 在与电气火灾监控设备之间进行通讯时，在电气火灾监控设备上查看温度值的显示情况。
6.4.3 使试样处于故障状态，在电气火灾监控设备上查看试样的故障信息显示情况。

6.5 重复性试验

按 6.2 中的方法重复测量 6 次试样的报警值，记录每次的报警温度值和报警时间。

6.6 绝缘电阻试验

6.6.1 试验步骤

6.6.1.1 在正常大气条件下，用绝缘电阻试验装置，分别对试样的下述部位施加 500 V±50 V 直流电压：

a） 工作电压大于 50 V 的外部带电端子与外壳间；

b） 工作电压大于 50 V 的电源插头或电源接线端子与外壳间(电源开关置于开位置，不接通电源)。

6.6.1.2 试验持续 60 s±5 s，然后测量试样的绝缘电阻值。

6.6.2 试验设备

符合下述技术要求的绝缘电阻试验装置：

a） 试验电压：500 V±50 V；

b） 测量范围：0 MΩ～500 MΩ；

c） 最小分度：0.1 MΩ；

d） 记时：60 s±5 s。

6.7 泄漏电流试验

6.7.1 试验步骤

将采用 AC 220 V/50 Hz 交流电源供电的试样按正常工作要求布置，接通电源，使其处于正常监视状态。调节供电电压为试样主电源额定电压的 1.06 倍，测量并记录其总泄漏电流值。

6.7.2 试验设备

符合 GB 4706.1 规定的测量泄漏电流的试验装置。

6.8 电气强度试验

6.8.1 试验步骤

6.8.1.1 将试样的接地保护元件拆除。用电气强度试验装置，以 100 V/s～500 V/s 的升压速率，分别对试样的下述部位施加 1 250 V/50 Hz 的试验电压：

a） 工作电压大于 50 V 的外部带电端子与外壳间；

b） 工作电压大于 50 V 的电源插头或电源接线端子与外壳间(电源开关置于开位置，不接通电源)。

6.8.1.2 试验持续 60 s±5 s，再以 100 V/s～500 V/s 的降压速率使试验电压低于试样额定电压后，方可断电。

6.8.1.3 试验后，将试样与制造商提供的探测器相连接，接通电源，使试样处于正常监视状态，按 6.2、6.3 规定的方法进行性能试验。

6.8.2 试验设备

应采用满足下述技术要求的电气强度试验装置：

a） 试验电压：电压 0 V～1 250 V(有效值)连续可调，频率 50 Hz；

b） 升、降压速率：100 V/s～500 V/s；

c） 计时：60 s±5 s。

6.9 射频电磁场辐射抗扰度试验

6.9.1 试验步骤

6.9.1.1 将试样按 GB/T 17626.3 的规定进行试验布置，接通电源，使其处于正常监视状态 20 min。

6.9.1.2 按 GB/T 17626.3 规定的试验方法对试样施加表 1 所示条件的干扰试验,观察并记录试样工作状态。

6.9.1.3 按 6.2、6.3 的方法进行性能试验。

6.9.2 试验设备

试验设备应符合 GB/T 17626.3 的要求。

6.10 射频场感应的传导骚扰抗扰度试验

6.10.1 试验步骤

6.10.1.1 将试样按 GB/T 17626.6 的规定进行试验布置,接通电源,使其处于正常监视状态 20 min。

6.10.1.2 按 GB/T 17626.6 规定的试验方法对试样施加表 1 所示条件的干扰试验,观察并记录试样工作状态。

6.10.1.3 按 6.2、6.3 的方法进行性能试验。

6.10.2 试验设备

试验设备应符合 GB/T 17626.6 的要求。

6.11 静电放电抗扰度试验

6.11.1 试验步骤

6.11.1.1 将试样按 GB/T 17626.2 的规定进行试验布置,接通电源,使其处于正常监视状态 20 min。

6.11.1.2 按 GB/T 17626.2 规定的试验方法对试样及耦合板施加表 1 所示条件的干扰试验,观察并记录试样工作状态。

6.11.1.3 按 6.2、6.3 的方法进行性能试验。

6.11.2 试验设备

试验设备应符合 GB/T 17626.2 的要求。

6.12 电快速瞬变脉冲群抗扰度试验

6.12.1 试验步骤

6.12.1.1 将试样按 GB/T 17626.4 的规定进行试验布置,接通电源,使其处于正常监视状态 20 min。

6.12.1.2 按 GB/T 17626.4 规定的试验方法对试样施加表 1 所示条件的干扰试验,观察并记录试样工作状态。

6.12.1.3 按 6.2、6.3 的方法进行性能试验。

6.12.2 试验设备

试验设备应符合 GB/T 17626.4 的要求。

6.13 浪涌(冲击)抗扰度试验

6.13.1 试验步骤

6.13.1.1 将试样按 GB/T 17626.5 的规定进行试验布置,接通电源,使其处于正常监视状态 20 min。

6.13.1.2 按 GB/T 17626.5 规定的试验方法对试样施加表 1 所示条件的干扰试验,观察并记录试样工作状态。

6.13.1.3 按6.2、6.3的方法进行性能试验。

6.13.2 试验设备

试验设备应符合GB/T 17626.5的要求。

6.14 电压暂降、短时中断和电压变化的抗扰度试验

6.14.1 试验步骤

6.14.1.1 将试样按GB/T 17626.11的规定进行试验布置，接通电源，使其处于正常监视状态20 min。

6.14.1.2 按GB/T 17626.11规定的试验方法对试样施加表1所示条件的干扰试验，观察并记录试样的工作状态。

6.14.1.3 按6.2、6.3的方法进行性能试验。

6.14.2 试验设备

试验设备应符合GB/T 17626.11的要求。

6.15 电压波动试验

6.15.1 试验步骤

6.15.1.1 将试样按正常工作要求进行布置。调节试验设备，使试验设备的输出电压为AC 187 V (50 Hz)，将该输出电压施加到试样的电源输入端，接通电源，观察试样的状态。

6.15.1.2 将试样按正常工作要求进行布置。调节试验设备，使试验设备的输出电压为AC 242 V (50 Hz)，将该输出电压施加到试样的电源输入端，接通电源，观察试样的状态。

6.15.1.3 按6.2、6.3的方法对试样进行性能试验。

6.15.2 试验设备

符合6.15.1要求的调压装置。

6.16 振动(正弦)(运行)试验

6.16.1 试验步骤

6.16.1.1 将试样按正常安装方式刚性安装，使同方向的重力作用与其使用时一样(重力影响可忽略时除外)，试样在上述安装方式下可放于任何高度，试验期间试样处于正常监视状态。

6.16.1.2 依次在三个互相垂直的轴线上，在10 Hz～150 Hz的频率循环范围内，以0.981 m/s^2的加速度幅值，1 oct/min的扫频速率，各进行1次扫频循环，观察并记录试样的工作状态。

6.16.1.3 检查试样外观及紧固部位，并按6.2、6.3的方法进行性能试验。

6.16.2 试验设备

试验设备(振动台及夹具)应符合GB 16838的要求。

6.17 碰撞试验

6.17.1 试验步骤

6.17.1.1 将试样按照正常工作要求布置，接通电源，使其处于正常监视状态。

6.17.1.2 对试样表面上的每个易损部件(如指示灯、显示器等)施加3次能量为0.5 J±0.04 J的碰撞。在进行试验时应小心进行,以确保上一组(3次)碰撞的结果不对后续各组碰撞的结果产生影响,在认为可能产生影响时,应不考虑发现的缺陷,取一新的试样,在同一位置重新进行碰撞试验,观察并记录试样的工作状态。

6.17.1.3 按6.2、6.3的方法进行性能试验。

6.17.2 试验设备

试验设备应符合GB 16838的要求。

6.18 低温(运行)试验

6.18.1 试验步骤

6.18.1.1 将试样放入试验箱内,使之处于正常监视状态,在正常大气条件下保持30 min±5 min,以不大于1 ℃/min的平均降温速率使温度降到−10 ℃±3 ℃,保持16 h,观察并记录探测器工作情况。

6.18.1.2 以不大于1 ℃/min的平均升温速率使温度升到20 ℃±2 ℃,将试样从试验箱内取出,置于正常大气条件下,保持2 h,观察并记录试样外观情况。

6.18.1.3 按6.2、6.3的要求对试样进行性能试验。

6.18.2 试验设备

试验设备应符合GB 16838的要求。

6.19 恒定湿热(运行)试验

6.19.1 试验步骤

6.19.1.1 将试样放入试验箱内,使之处于正常监视状态,在正常大气条件下保持30 min±5 min。以不大于1 ℃/min的平均升温速率使温度升到40 ℃±2 ℃,再将相对湿度调节到93%±3%,保持4 d,观察并记录试样工作情况。

6.19.1.2 以不大于1 ℃/min的平均降温速率使温度降到20 ℃±2 ℃,将试样从试验箱内取出,置于正常大气条件下,仍使之处于正常监视状态,保持2 h,观察并记录试样外观情况。

6.19.1.3 按6.2、6.3的要求对试样进行性能试验。

6.19.2 试验设备

试验设备应符合GB 16838的要求。

7 检验规则

7.1 出厂检验

出厂检验项目为:

a) 基本性能试验;
b) 监控报警功能试验(独立式探测器);
c) 绝缘电阻试验;
d) 电气强度试验;
e) 恒定湿热(运行)试验。

7.2 型式检验

7.2.1 型式检验项目为第6章规定的试验项目。检验样品在出厂检验合格的产品中抽取。

7.2.2 有下列情况之一时,应进行型式检验:

a) 新产品或老产品转厂生产时的试制定型鉴定;

b) 正式生产后,产品的结构、主要部件或元器件、生产工艺等有较大的改变可能影响产品性能;

c) 产品停产1年以上,恢复生产;

d) 发生重大质量事故;

e) 质量监督部门依法提出要求。

7.2.3 检验结果按GB 12978规定的型式检验结果判定方法进行判定。

8 标志

8.1 产品标志

探测器应清晰地标注下列信息:

a) 制造商名称、地址;

b) 产品名称;

c) 产品型号;

d) 产品主要技术参数(包括额定工作电压值、报警设定值范围及调节精度);

e) 生产日期及产品编号;

f) 执行标准编号。

8.2 质量检验标志

探测器应有质量检验合格标志。

ICS 13.220.20
C 81

中华人民共和国国家标准

GB 14287.4—2014

电气火灾监控系统
第4部分:故障电弧探测器

Electrical fire monitoring system—Part 4: Arcing fault detectors

2014-06-24 发布　　　　2015-06-01 实施

中华人民共和国国家质量监督检验检疫总局
中国国家标准化管理委员会　发布

前　言

GB 14287 的本部分的第 5、7、8 章为强制性的，其余为推荐性的。

GB 14287《电气火灾监控系统》由以下部分组成：

——第 1 部分：电气火灾监控设备；

——第 2 部分：剩余电流式电气火灾监控探测器；

——第 3 部分：测温式电气火灾监控探测器；

——第 4 部分：故障电弧探测器；

……

本部分为 GB 14287 的第 4 部分。

本部分按照 GB/T 1.1—2009 给出的规则起草。

本部分由中华人民共和国公安部提出。

本部分由全国消防标准化技术委员会火灾探测与报警分技术委员会(SAC/TC 113/SC 6)归口。

本部分由公安部沈阳消防研究所负责起草，宁波习羽电子发展有限公司、上海华宿电气技术有限公司、沈阳斯沃电器有限公司、福建俊豪电子有限公司参加起草。

本部分主要起草人：丁宏军、高伟、张颖琮、李小白、曹振、刘长安、齐梓博、胡少英、黄武杰。

电气火灾监控系统
第4部分:故障电弧探测器

1 范围

GB 14287的本部分规定了故障电弧探测器的术语和定义、分类、要求、试验、检验规则、标志和使用说明书。

本部分适用于工业与民用建筑中10 kW及其以下电气线路中安装使用的故障电弧探测器。其他装置中使用的用于电气火灾监控的故障电弧探测器,以及其他环境下具有特殊要求的故障电弧探测器,除特殊要求由有关标准另行规定外,亦适用于本部分。

2 规范性引用文件

下列文件对于本文件的应用是必不可少的。凡是注日期的引用文件,仅注日期的版本适用于本文件。凡是不注日期的引用文件,其最新版本(包括所有的修改单)适用于本文件。

GB 4706.1 家用和类似用途电器的安全 第1部分:通用要求
GB/T 9969 工业产品使用说明书 总则
GB 12978 消防电子产品检验规则
GB 16838 消防电子产品环境试验方法及严酷等级
GB/T 17626.2 电磁兼容 试验和测量技术 静电放电抗扰度试验
GB/T 17626.3 电磁兼容 试验和测量技术 射频电磁场辐射抗扰度试验
GB/T 17626.4 电磁兼容 试验和测量技术 电快速瞬变脉冲群抗扰度试验
GB/T 17626.5 电磁兼容 试验和测量技术 浪涌(冲击)抗扰度试验
GB/T 17626.6 电磁兼容 试验和测量技术 射频场感应的传导骚扰抗扰度
GB 23757—2009 消防电子产品防护要求

3 术语和定义

下列术语和定义适用于本文件。

3.1

故障电弧 arcing fault

由于电气线路或设备中绝缘老化破损、电气连接松动、空气潮湿、电压电流急剧升高等原因引起空气击穿所导致的气体游离放电现象。

3.2

故障电弧探测器 arcing fault detector

用于探测被保护电气线路中产生故障电弧的探测器。

4 分类

故障电弧探测器(以下简称探测器)按工作方式可分为:

a) 非独立式；

b) 独立式。

5 要求

5.1 总则

探测器应按第6章规定进行试验，试验结果应符合第5章的对应要求。

5.2 外观要求

探测器表面无腐蚀、涂覆层脱落和起泡现象，无明显划伤、裂痕、毛刺等机械损伤，紧固部位无松动。

5.3 基本要求

5.3.1 采用AC 220 V/50 Hz交流电源供电的探测器，电源线输入端应设接线端子。

5.3.2 探测器应具有红色报警确认灯。当被监视区域参数符合报警条件时，探测器报警确认灯应点亮，并保持至被复位。确认灯点亮时在其正前方3 m处，照度不超过500 lx的环境条件下，应清晰可见。

5.3.3 探测器连接其他辅助设备(例如远程确认灯、控制继电器等)时，与辅助设备间连接线的断路和短路不应影响探测器的正常工作。

5.3.4 探测器的出厂设置不应被轻易改变。当确需改变时，需使用特殊手段(如专用工具或密码)，否则不应破坏其封条。

5.3.5 探测器的报警性能如果可在探测器或在与其相连的监控设备上进行现场设置，则应满足以下要求：

a) 当制造商声明所有设置均满足本部分的要求时，探测器在任意设置的条件下均应满足本部分的要求，且对于现场设置应只能通过专用工具、密码或探头与底座的分离等手段实现；

b) 当制造商声明某一设置不满足本部分的要求时，该设置应只能通过专用工具、密码手段实现，且应在探测器上或有关文件中明确标明该项设置不能满足本部分的要求。

5.3.6 探测器的防护性能应符合GB 23757—2009中3.2.1的要求。

5.4 报警性能

5.4.1 当被探测线路在1 s内发生14个及其以上半周期的故障电弧时，探测器应在30 s内发出报警信号，点亮报警指示灯；非独立式探测器的报警指示应保持至与其相连的电气火灾监控设备复位，独立式探测器的报警指示应保持至手动复位。

5.4.2 当被探测线路在1 s内发生9个及其以下半周期的故障电弧时，探测器不应发出声、光报警信号和控制信号，但可采取其他方式的提示。

5.4.3 探测器应设有一组控制输出，发出报警信号时，控制输出应在1 s内动作。

5.4.4 探测器在误报警试验过程中，不应发出报警和控制信号。

5.4.5 探测器在负载抑制性试验过程中，应在30 s内发出报警和控制信号。

5.5 重复性

重复测量3次探测器的报警时间，通电1 d后再测量3次报警时间，其报警时间应满足5.4的要求。通电期间，探测器不应发出报警信号和故障信号。

5.6 电压波动性能

采用 AC 220 V/50 Hz 交流电源供电的探测器，在供电电压为 AC 187 V 和 AC 242 V 条件下，应能正常工作，其报警时间应满足 5.4 的要求。

5.7 绝缘电阻

探测器的外部带电端子与机壳间的绝缘电阻值应不小于 20 MΩ；220 V/50 Hz 交流电源输入端与机壳间的绝缘电阻值应不小于 50 MΩ。

5.8 泄漏电流

采用 AC 220 V/50 Hz 交流电源供电的探测器在 1.06 倍额定电压下工作时，泄漏电流值应不超过 0.5 mA。

5.9 电气强度

采用 AC 220 V/50 Hz 交流电源供电的探测器的电源插头(或电源接线端子)与机壳间应能耐受频率为 50 Hz，有效值为 AC 1 250 V 的电压历时 1 min 的电气强度试验。试验期间，探测器不应发生击穿现象；试验后，探测器的性能应符合 5.4 的要求。

5.10 气候环境耐受性

探测器应能耐受表 1 所规定气候环境条件下的各项试验。试验期间，探测器应保持正常监视状态；试验后，应无破坏涂覆和腐蚀现象，探测器的报警时间应满足 5.4 的要求。

表 1 运行试验的气候环境条件要求

试验名称	试验参数	试验条件	工作状态
低温(运行)试验	温度 ℃	−10±3	正常监视状态
	持续时间 h	2	
恒定湿热(运行)试验	温度 ℃	40±2	正常监视状态
	相对湿度 %	93±3	
	持续时间 d	4	

5.11 机械环境耐受性

5.11.1 运行试验

探测器应能耐受表 2 所规定的机械环境条件下的各项试验。试验期间，应保持正常监视状态；试验后，不应有机械损伤和紧固部位松动现象，探测器的报警时间应满足 5.4 的要求。

表 2 运行试验的机械环境条件要求

试验名称	试验参数	试验条件	工作状态
冲击试验	峰值加速度 m/s^2	100－20*m*（质量 *m*≤4.75 kg 时）	正常监视状态
		0（质量 *m*＞4.75 kg 时）	
	脉冲时间 ms	6	
	冲击方向	6	
碰撞试验	锤头速度 m/s	1.5±0.125	正常监视状态
	碰撞动能 J	1.9±0.1	
	碰撞次数	1	

5.11.2 耐久试验

探测器应能耐受表 3 所规定的机械环境条件下的各项试验。试验期间，应保持正常监视状态；试验后，不应有机械损伤和紧固部位松动现象，探测器的报警时间应满足 5.4 的要求。

表 3 耐久试验的机械环境条件要求

试验名称	试验参数	试验条件	工作状态
振动试验（正弦）（耐久）	频率范围 Hz	10～150～10	不通电状态
	加速度 m/s^2	10	
	扫频速率 oct/min	1	
	轴线数	3	
	每个轴线扫频次数	20	

5.11.3 电磁兼容性能

探测器应能耐受表 4 所规定的电磁兼容性试验。试验期间，应保持正常监视状态；试验后，探测器应能正常工作，报警时间应满足 5.4 的要求。

表 4　电磁兼容性试验条件要求

试验名称	试验参数	试验条件	工作状态
射频电磁场辐射抗扰度试验	场强 V/m	10	正常监视状态
	频率范围 MHz	1～1 000	
	扫描速率 10 倍频程/s	≤1.5×10^{-3}	
	调制幅度	80%(1 kHz,正弦)	
射频场感应的传导骚扰抗扰度试验	频率范围 MHz	0.15～100	正常监视状态
	电压 dBμV	140	
	调制幅度	80%(1 kHz,正弦)	
静电放电抗扰度试验	放电电压 kV	空气放电(外壳为绝缘体试样)8	正常监视状态
		接触放电(外壳为导体试样和耦合板)6	
	放电极性	正、负	
	放电间隔 s	≥1	
	每点放电次数	10	
电快速瞬变脉冲群抗扰度试验	瞬变脉冲电压 kV	AC 电源线:2×(1±0.1) 其他连接线:1×(1±0.1)	正常监视状态
	重复频率 kHz	100×(1±0.2)	
	极性	正、负	
	时间	每次 1 min	
浪涌(冲击)抗扰度试验	浪涌(冲击)电压 kV	线-地:1×(1±0.1)	正常监视状态
	极性	正、负	
	试验次数	5	

5.12　主要部件性能

5.12.1　一般要求

探测器的主要部件应采用符合国家有关标准的定型产品。

5.12.2 指示灯

5.12.2.1 每个指示灯都应用中文清晰地标注其功能。

5.12.2.2 指示灯应用颜色标识，红色表示报警状态；黄色表示故障状态；绿色表示正常状态。

5.12.2.3 指示灯在其正前方 3 m 处、在照度不超过 500 lx 的环境条件下，应清晰可见。

5.12.3 显示器

在照度不超过 500 lx 的环境条件下，显示的信息应在正前方 0.8 m 处、22.5 °视角范围内清晰可读。

5.12.4 音响器件

在正常工作条件下，距探测器正前方 1 m 处的声压级(A 计权)不应小于 70 dB。

5.12.5 开关和按键(钮)

开关和按键(钮)应操作灵活、可靠，功能标注清晰。

5.12.6 接线端子

5.12.6.1 探测器应设外接连接线的接线端子。

5.12.6.2 接线端子都应清晰地标注其功能。

5.12.6.3 强电的接线端子应设在探测器的内部或用安全、可靠的防护措施保护。

5.12.6.4 强电和弱电接线端子应分开设置。

6 试验

6.1 总则

6.1.1 试验的大气条件

除在有关条文另有说明外，则各项试验均在下述大气条件下进行：

——温度：15 ℃～35 ℃；

——湿度：25%～75%；

——大气压力：86 kPa～106 kPa。

6.1.2 试验的正常监视状态

在有关条文中没有特殊要求时，应保证探测器的工作电压为额定工作电压，并在试验期间保持工作电压稳定。

6.1.3 容差

除在有关条文另有说明外，各项试验数据的容差均为±5%；环境条件参数偏差应符合 GB 16838 要求。

6.1.4 外观检查

试验样品(以下简称试样)在试验前应进行外观检查，符合 5.2 的要求后方可进行试验。

6.1.5 试样

4 套探测器，并在试验前予以编号。

6.1.6 探测器的安装

试样应按制造商规定的正常安装方式安装。如果说明书给出多种安装方式,试验中应采用对试样工作最不利的安装方式。

6.1.7 试验程序

按表5规定的程序进行试验。

表5 试验程序

序号	条款号	试验项目	试样编号
1	6.1.4	外观检查	1～4
2	6.2	基本要求检查	1～4
3	6.3	报警性能试验	1～4
4	6.4	重复性试验	1
5	6.5	电压波动试验	1
6	6.6	绝缘电阻试验	1
7	6.7	泄漏电流试验	1
8	6.8	电气强度试验	1
9	6.9	低温(运行)试验	1
10	6.10	恒定湿热(运行)试验	2
11	6.11	冲击试验	2
12	6.12	碰撞试验	3
13	6.13	振动(正弦)(耐久)试验	4
14	6.14	射频电磁场辐射抗扰度试验	2
15	6.15	射频场感应的传导骚扰抗扰度试验	3
16	6.16	静电放电抗扰度试验	4
17	6.17	电快速瞬变脉冲群抗扰度试验	2
18	6.18	浪涌(冲击)抗扰度试验	3

6.2 基本要求检查

6.2.1 对于采用 AC 220 V/50 Hz 交流电源供电的试样,检查试样的电源输入接线端子。

6.2.2 使试样报警,检查试样的报警确认灯;手动复位试样,观察并记录试样的工作状态。

6.2.3 对于连接辅助设备的试样,分别使辅助设备连接线断路和短路,观察并记录试样的工作状态。

6.2.4 检查试样的出厂设置状态。

6.2.5 对于报警参数可进行现场设置的试样,检查试样的设置状态。

6.2.6 按照 GB 23757—2009 中 4.2 的要求进行外壳防护等级试验。

6.3 报警性能试验

6.3.1 试样连接

6.3.1.1 试样进行报警性能试验应采用实际电路或与之等效的故障电弧模拟发生装置。实际电路的试验连接示意图如图1a)所示，故障电弧模拟发生装置的示意图如图1b)所示，典型故障电弧波形图参见附录A。

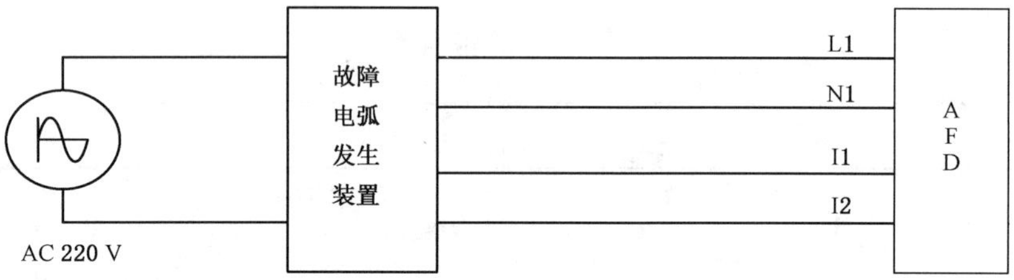

a) 实际电路的试验连接

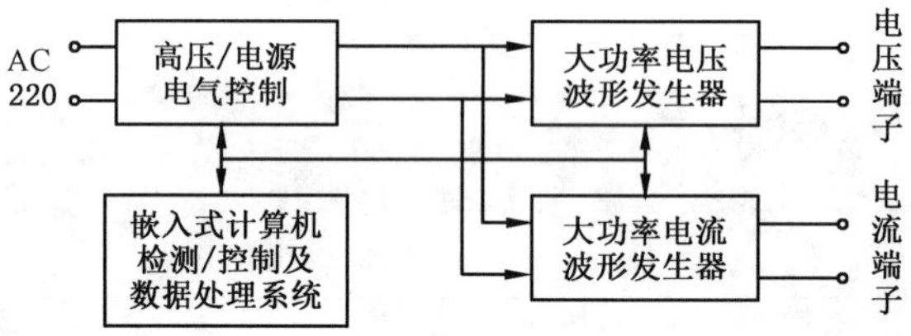

b) 模拟发生装置

图1 故障电弧试验线路示意图

6.3.1.2 故障电弧模拟发生装置的技术指标应符合下列要求：

a) 电压输出端子：电压输出值为AC 220×(1±10%)V；电流输出值≤2 A；信号带宽不小于20 kHz。

b) 电流输出端子：电压输出值为AC 20 V～60 V；电流输出值≤60 A。

c) 最大单次工作时间：5 min。

d) 工作电源：AC 220 V。

6.3.2 故障电弧试验

6.3.2.1 试验步骤

6.3.2.1.1 按照表6所要求的电弧性质和负载条件，分别对试样进行试验。

表6 故障电弧试验

电弧性质		串联碳化路径电弧						并联碳化路径电弧				并联金属性接触电弧			
负载条件	功率 kV·A	4			额定			3		5		3		5	
	功率因数	1	0.7	0.3	1	0.7	0.3	1	0.7	1	0.7	1	0.7	1	0.7
注：功率允许误差为±10%。															

6.3.2.1.2 启动试验设备后，若线路中产生每秒最多9个及以下半周期的故障电弧或者14个及以上半周期的故障电弧，则此组试验为有效试验，观察并记录探测器状态，并记录试样的报警时间；若试验时每秒产生的电弧数量不满足上述条件时，则此组试验为无效试验，需重新进行。

注：电弧持续时间不超过0.42 ms或者电流值不超过额定电流值5%的微小电弧不作为电弧统计。

6.3.2.2 试验设备及方法

6.3.2.2.1 串联碳化路径电弧试验

如图2所示，将两段单芯铜导线(2.5 mm^2)端部2 cm绝缘去除后铰接，使导线保留绝缘部分重叠2 mm～4 mm，并用塑料绝缘胶带缠绕铰接部位3周制备出样品，将样品接入试验线路，由高压发生装置产生高压使重叠部分绝缘击穿形成碳化路径后，由低压(AC 220 V)装置对线路及负载供电，从而产生电弧。

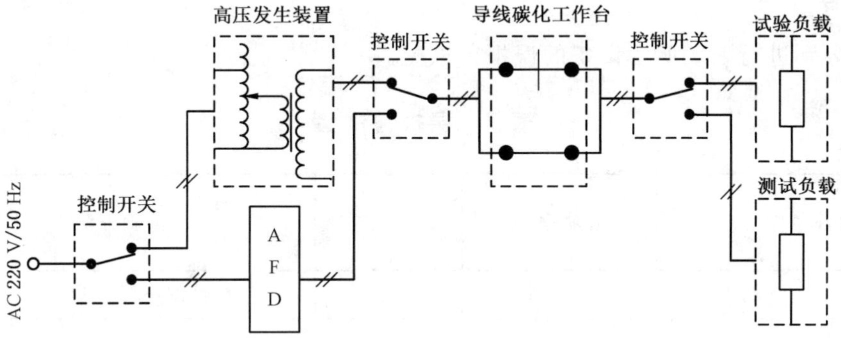

图2 串联碳化路径电弧试验线路示意图

6.3.2.2.2 并联碳化路径电弧试验

如图3所示，将两段平行单芯铜导线(2.5 mm^2)中间部分相距3 mm处绝缘切口后用塑料绝缘胶带缠绕切口部位3周制备出样品，将样品接入试验线路，由高压发生装置产生高压使切口部分绝缘击穿形成碳化路径后，由低压(AC 220 V)装置对线路及负载供电，从而产生电弧。

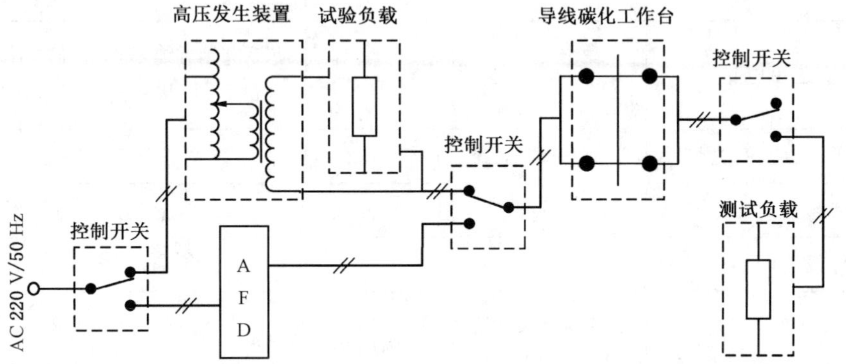

图3 并联碳化路径电弧试验线路示意图

6.3.2.2.3 并联金属性接触电弧试验

如图4所示，与水平面呈一定角度的刀片缓慢落下，在与平行放置的两段并行多芯铜导线(2.5 mm^2)线芯接触瞬间产生电弧。

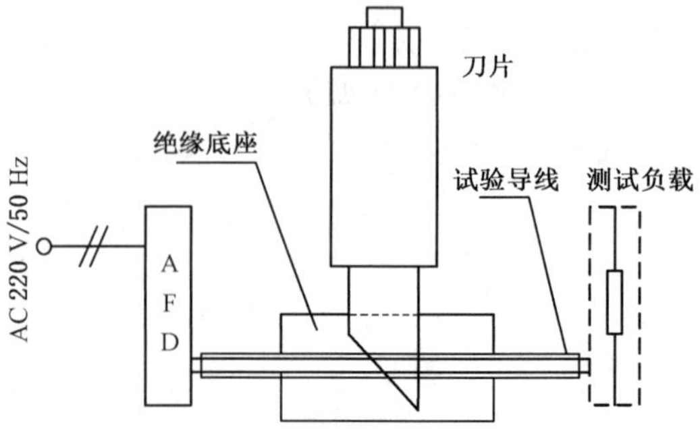

图 4 并联金属性接触电弧试验线路示意图

6.3.3 误报警试验

6.3.3.1 对样品分别进行表 7 所示设备的误报警试验。

表 7 误报警试验

序号	设备名称	功率	运行方式	试验方法	试验时间 s
1	电容启动式电动机	2 200 W		空载情况下随机启、停 2 次	10
2	吸尘器	1 200 W		开启后，通过调节调速旋钮使吸尘器速度从最低到最高，再从最高到最低往复 5 次	10
3	电磁炉	2 000 W		1 800 W 档位下启动并运行	10
4	微波炉	1 100 W	高火	启动并运行	10
5	电熨斗	1 100 W		通过调节温度控制旋钮，使控温触点接通和分断 10 次	60
6	电子变速手电钻	800 W		使手电钻在空载状态下转速从最低到最高，再从最高到最低往复 2 次	10
7	带有电子镇流器日光灯	36 W25 盏		冷态下启动并运行	10
8	变频空调	3 匹	制冷方式	启动并运行	60
9	红外线消毒柜	700 W		启动并运行	10
10	复合负载(包括定频电冰箱、带有电感式镇流器的日光灯、计算机、定频空调)	分别为 120 W、60 W2 盏、300 W、2 匹	空调制热方式	每间隔 5 s 随机启动一种电器设备	60
11	其他有必要试验的设备			比照序号 1～10 进行	

注 1：1 匹＝2 324 W。
注 2：功率允许误差为±10%。

6.3.3.2 按照图 5 连接试验设备进行并联抗扰动试验，其中负载为功率 1 000 W 的阻性负载。试验时通过调节电弧发生器(如图 11 所示)产生故障电弧，若线路中产生每秒最多 14 个及以上半周期的故障电弧，则此组试验为有效试验，观察并记录探测器状态；若试验时每秒产生的电弧数量不满足上述条件时，则此组试验为无效试验，需重新进行。

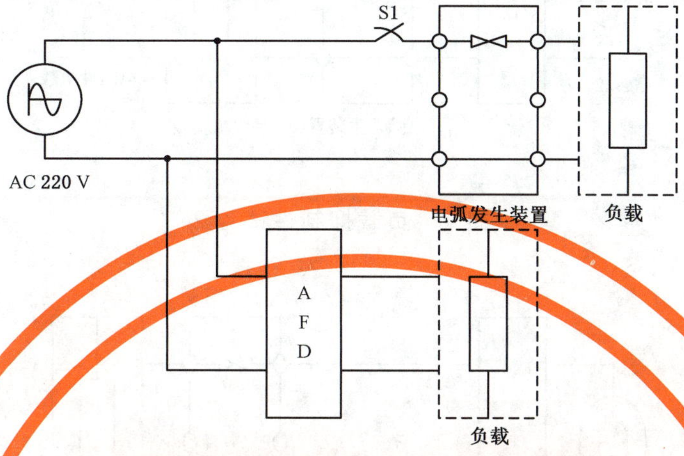

图 5 并联抗扰动试验线路示意图

6.3.4 负载抑制性试验

6.3.4.1 试验步骤

6.3.4.1.1 操作信号抑制

分别按照图 6、图 7 连接试验设备进行负载抑制性试验，其中电阻性负载功率为 1 000 W，屏蔽负载及其运行方式分别选用表 7 中所列的最高速度下工作的吸尘器和制热方式下工作的 2 匹定频空调；按照图 8 连接试验设备进行负载抑制试验，其中电阻性负载功率为 1 000 W，屏蔽负载及其运行方式选用表 7 中所列的带有电子镇流器的日光灯。试验时分别启动上述的屏蔽负载，调节电弧发生器(如图 11 所示)产生故障电弧。若线路中产生每秒 14 个及以上半周期的故障电弧，则此组试验为有效试验，观察并记录探测器状态，并记录试样的报警时间；若试验时每秒产生的电弧数量不满足上述条件时，则此组试验为无效试验，需重新进行。

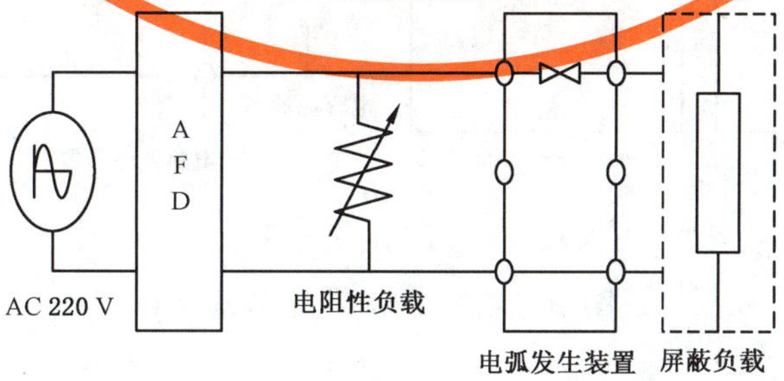

图 6 负载抑制性试验 1

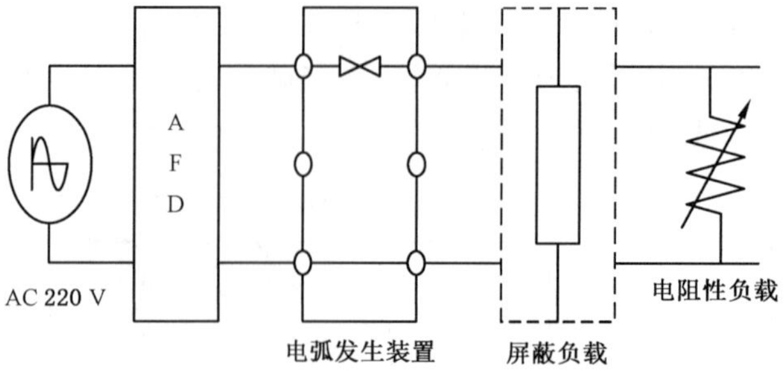

图 7 负载抑制性试验 2

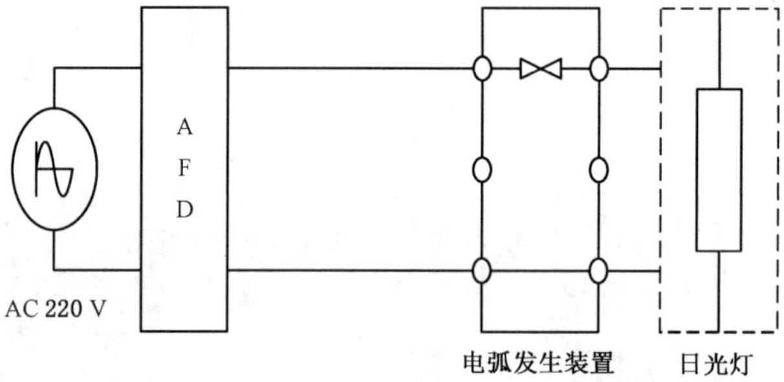

图 8 负载抑制性试验 3

6.3.4.1.2 电容滤波器抑制

按照图 9 的电路连接试验设备，图中屏蔽负载为 1 000 W 阻性负载。按照 6.3.4.1.1 的方法发生电弧并检验试样。

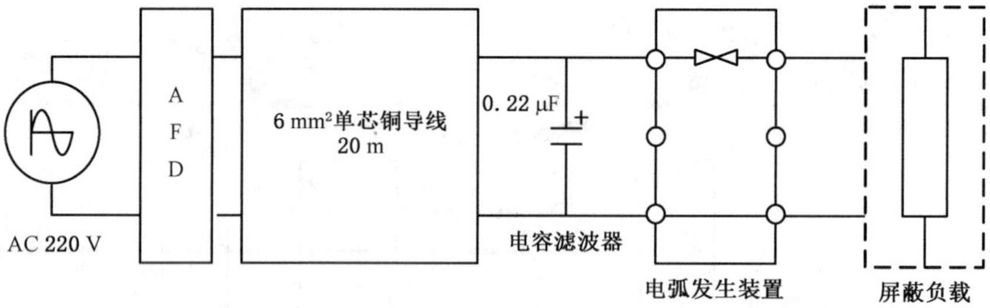

图 9 电容滤波器抑制试验

6.3.4.1.3 线路阻抗抑制

按照图 10 的电路连接试验设备，图中负载为 1 000 W 阻性负载。按照 6.3.4.1.1 的方法发生电弧并检验试样。

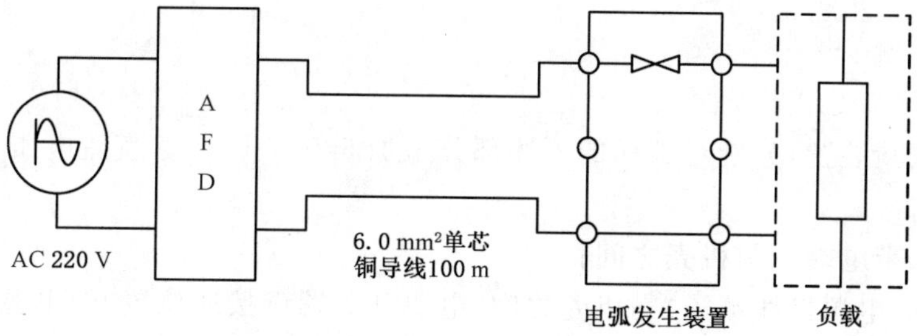

图 10 线路阻抗抑制试验

6.3.4.2 试验设备

电弧发生装置如图 11 所示，包括一个静止的直径为 6.4 mm 的碳电极和一个铜制的移动电极。试验时先移动铜质电极使其与碳电极良好接触，电路将接通，启动负载设备，然后横向缓慢调节移动电极使其与碳分离，直到电弧发生。

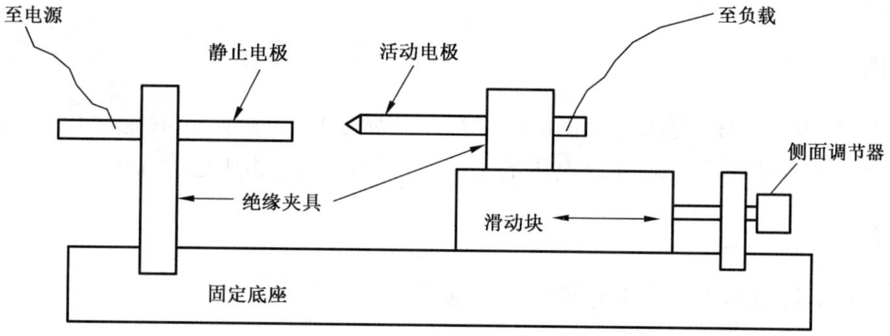

图 11 电弧发生装置

6.4 重复性试验

6.4.1 将试样与配套的监控设备连接。

6.4.2 按 6.3 的规定测量三次报警时间，两次测量的时间间隔不应小于 10 min，但不大于 1 h。最后一次测量后，保持试样状态不变。

6.4.3 将试样不间断通电 1 d，然后按 6.3 的规定测量三次报警时间，两次测量的时间间隔不应小于 10 min，但不大于 1 h。

6.5 电压波动试验

6.5.1 将试样按正常工作要求进行布置。调节试验设备，使试验设备的输出电压为 AC 187 V/50 Hz，将该输出电压施加到试样的电源输入端，接通电源，观察试样的状态。按 6.3 的规定方法进行报警性能试验，并记录试样的报警时间。

6.5.2 将试样按正常工作要求进行布置。调节试验设备，使试验设备的输出电压为 AC 242 V/50 Hz，将该输出电压施加到试样的电源输入端，接通电源，观察试样的状态。按 6.3 的规定方法进行报警性能试验，并记录试样的报警时间。

6.6 绝缘电阻试验

6.6.1 试验步骤

通过绝缘电阻试验装置，分别对试样的下述部分施加 500 V±50 V 直流电压，持续 60 s±5 s，测量其绝缘电阻值：

a) 试样的外部带电端子与机壳之间；

b) 电源插头(或电源接线端子)与机壳之间(电源开关置于接通位置，但电源插头不接入电网)。

试验时，应保证接触点可靠接触。

6.6.2 试验设备

绝缘电阻试验装置应符合下述技术要求：

a) 试验电压：500 V±50 V；

b) 测量范围：0 MΩ～500 MΩ；

c) 最小分度：0.1 MΩ；

d) 记时：60 s±5 s。

6.7 泄漏电流试验

6.7.1 试验步骤

将采用 AC 220 V/50 Hz 交流电源供电的试样按正常工作要求布置，接通电源，使其处于正常监视状态。调节供电电压为试样主电源额定电压的 1.06 倍，测量并记录其总泄漏电流值。

6.7.2 试验设备

符合 GB 4706.1 规定的测量泄漏电流的试验装置。

6.8 电气强度试验

6.8.1 将试样的电源线与机壳分别连接到试验装置，调节试验装置，以 100 V/s～500 V/s 的升压速率施加 AC 1250 V/50 Hz 的试验电压，持续 60 s±5 s，观察并记录试验期间所发生的现象。

6.8.2 以 100 V/s～500 V/s 的降压速率使电压降至低于额定电压值后，方可断电。

6.8.3 将独立式的试样接通电源，非独立式试样与制造商提供的电气火灾监控设备相连接接通电源，检查试样是否处于正常监视状态。

6.8.4 按 6.3 的规定方法进行报警性能试验，并记录试样的报警时间。

6.9 低温(运行)试验

6.9.1 试验步骤

6.9.1.1 将试样及其底座放在低温试验箱中，接通监控设备，使其处于正常监视状态。

6.9.1.2 在温度 15 ℃～20 ℃、相对湿度不大于 70%的条件下保持 1 h，然后以不大于 0.5 ℃/min 的降温速率，将温度降至－10 ℃±3 ℃，在此条件下保持 2 h(试样不应有结冰现象)。试验期间，观察并记录试样的工作状态。

6.9.1.3 试验后，取出试样，在正常大气条件下放置 1 h。然后按 6.3 规定的方法进行报警性能试验，并记录试样的报警时间。

6.9.2 试验设备

试验设备应符合 GB 16838 的有关规定。

6.10 恒定湿热(运行)试验

6.10.1 试验步骤

6.10.1.1 将试样及其底座放在湿热试验箱中,接通监控设备,使其处于正常监视状态。

6.10.1.2 调节湿热试验箱,使试样在温度为 40 ℃±2 ℃、相对湿度为 93%±3%的条件下持续 4 d。试验期间,观察并记录试样的工作状态。

6.10.1.3 试验后,取出试样,在正常大气条件下放置 1 h。然后按 6.3 规定的方法进行报警性能试验,并记录试样的报警时间。

6.10.2 试验设备

试验设备应符合 GB 16838 的有关规定。

6.11 冲击试验

6.11.1 试验步骤

6.11.1.1 将试样及其底座固定在冲击试验台上,接通监控设备,使其处于正常监视状态。

6.11.1.2 对质量为 m 的试样,当 $m \leqslant 4.75$ kg 时,峰值加速度为 $(100-20m)$ m/s²;当 $m > 4.75$ kg 时,峰值加速度为 0,脉冲时间为 6 ms。启动冲击试验台,对试样的 6 个方向进行冲击。

6.11.1.3 试验后,按 6.3 的规定方法进行报警性能试验,并记录试样的报警时间。

6.11.2 试验设备

试验设备应符合 GB 16838 的规定。

6.12 碰撞试验

6.12.1 试验步骤

6.12.1.1 按要求将试样及其底座按正常的工作位置固定在碰撞试验台的水平安装板上,接通监控设备,使其处于正常监视状态。试样在试验前应至少通电 15 min。

6.12.1.2 调整碰撞试验设备,使锤头碰撞面的中心能够从水平方向碰撞试样,并对准使试样最易遭受破坏的部位。然后以 1.5 m/s±0.125 m/s 的锤头速度、1.9 J±0.1 J 的碰撞动能碰撞试样 1 次。试验期间,观察并记录试样的工作状态。

6.12.1.3 试验后,按 6.3 规定的方法进行报警性能试验,并记录试样的报警时间。

6.12.2 试验设备

试验装置(如图 12 所示)主体是一个摆锤机构,摆锤的锤头由硬质铝合金 $AlCu_4SiMg$(经固溶、时效处理)制成,外形为具有一个斜的碰撞面的六面体。锤头的摆杆固定在带球轴承的钢轮毂上,球轴承装在硬钢架的固定钢轴上。硬钢架的结构应保证在未安装试样时能够使摆锤自由旋转。

锤头的外形尺寸为长 94 mm、宽 76 mm、高 50 mm,质量约为 0.79 kg。锤头的斜切面与纵轴之间的夹角为 60°±1°。锤头的摆杆外径为 25 mm±0.1 mm,壁厚为 1.6 mm±0.1 mm。

锤头的纵轴距旋转轴线的径向距离为 305 mm,锤头的摆杆轴线要保证与旋转轴线垂直。外径为

102 mm,长为 200 mm 的钢轮毂同心组装在直径为 25 mm 的钢轴上。钢轴直径的精度取决于所用轴承尺寸公差。

在钢轮毂与摆杆相对的方向上装有两个外径为 20 mm、长为 185 mm 的钢质配重臂,其伸出长度为 150 mm。在两个配重臂上装一个位置可调的配重块,以便使锤头与配重臂平衡。在钢轮毂的一端上装一个厚 12 mm、直径为 150 mm 的铝合金滑轮,在滑轮上缠绕一条缆绳,缆绳的一端固定在滑轮上,另一端系上工作重锤,工作重锤的质量约为 0.55 kg。

单位为毫米

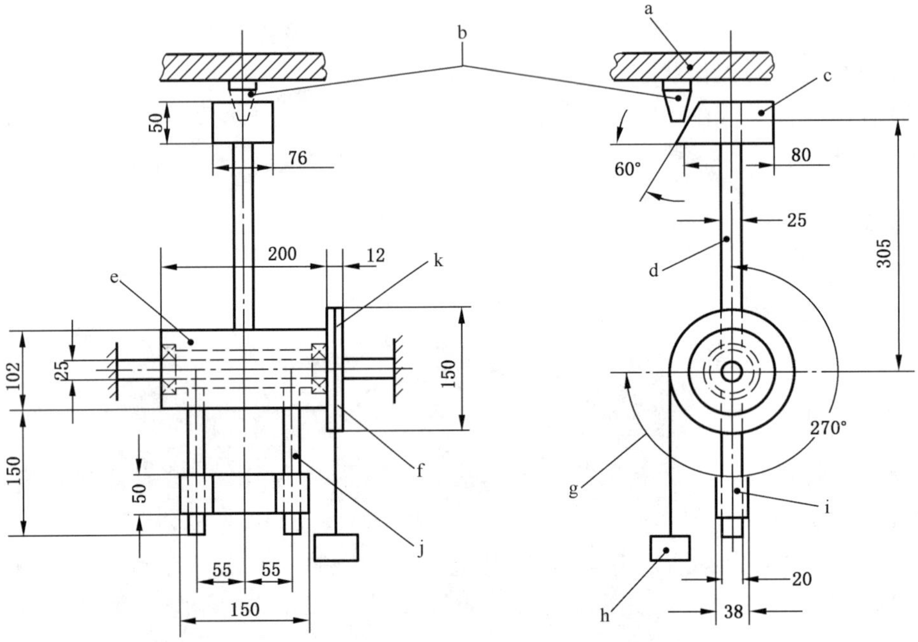

说明:

a ——安装板;
b ——试样;
c ——锤头;
d ——摆杆;
e ——钢轮毂;
f ——球轴承;
g ——转动 270°;
h ——工作重锤;
i ——配重块;
j ——配重臂;
k ——滑轮。

图 12 碰撞试验装置结构图

安装试样的水平安装板由钢架支撑,安装板可以上下调整,以便使锤头的碰撞面中心从水平方向碰撞试样。

在使用试验设备时,首先应按图 12 调整试样和安装板的位置。调好后,把安装板固定在钢架上,然后摘下工作重锤,通过调整配重块平衡摆锤机构。调整平衡后,把摆杆拉到水平位置上,系上工作重锤,当摆锤机构释放时,工作重锤使锤头旋转 270°碰撞试样。

6.13 振动(正弦)(耐久)试验

6.13.1 试验步骤

6.13.1.1 将试样及其底座固定在振动试验台上。

6.13.1.2 依次在三个互相垂直的轴线上,在 10 Hz～150 Hz 的频率循环范围内,以 10 m/s^2 的加速度幅值,1 倍频程/分的扫频速率,各进行 20 次扫频循环。

6.13.1.3 试验后,按6.3规定的方法进行报警性能试验,并记录试样的报警时间。

6.13.2 试验设备

试验设备应符合GB 16838的规定。

6.14 射频电磁场辐射抗扰度试验

6.14.1 试验步骤

6.14.1.1 将试样安放在不导电支座上,接通电源,使试样处于正常监视状态15 min。
6.14.1.2 按GB 16838中的要求,对试样施加表4所示条件的电磁干扰。
6.14.1.3 干扰期间,观察并记录试样工作状态。
6.14.1.4 干扰结束后,按6.3规定的方法进行报警性能试验,并记录试样的报警时间。

6.14.2 试验设备

试验设备应满足GB/T 17626.3的规定。

6.15 射频场感应的传导骚扰抗扰度试验

6.15.1 试验步骤

6.15.1.1 将试样安放在绝缘台上,接通电源,使试样处于正常监视状态,保持15 min。
6.15.1.2 按GB 16838中的要求,对试样施加表4所示条件的电磁干扰。
6.15.1.3 干扰期间,观察并记录试样工作状态。
6.15.1.4 干扰结束后,按6.3规定的方法进行报警性能试验,并记录试样的报警时间。

6.15.2 试验设备

试验设备应满足GB/T 17626.6的规定。

6.16 静电放电抗扰度试验

6.16.1 试验步骤

6.16.1.1 将试样放在距接地参考平面0.8 m的支架上。接通电源,使试样处于正常监视状态,保持15 min。
6.16.1.2 对绝缘体外壳的试样,实施空气放电;对导体外壳的试样,实施接触放电。
6.16.1.3 按GB 16838中的要求,对试样施加表4所示条件的电磁干扰。
6.16.1.4 干扰期间,观察并记录试样的工作状态。
6.16.1.5 干扰结束后,按6.3规定的方法进行报警性能试验,并记录试样的报警时间。

6.16.2 试验设备

试验设备应满足GB/T 17626.2的规定。

6.17 电快速瞬变脉冲群抗扰度试验

6.17.1 试验步骤

6.17.1.1 将试样安放在绝缘台上,接通电源,使试样处于正常监视状态,保持15 min。
6.17.1.2 按GB 16838中的要求,对试样施加表4所示条件的电磁干扰。

6.17.1.3 干扰期间,观察并记录试样工作状态。

6.17.1.4 干扰结束后,按6.3规定的方法进行报警性能试验,并记录试样的报警时间。

6.17.2 试验设备

试验设备应满足GB/T 17626.4的规定。

6.18 浪涌(冲击)抗扰度试验

6.18.1 试验步骤

6.18.1.1 将试样安放在绝缘台上,接通电源,使试样处于正常监视状态,保持15 min。

6.18.1.2 按GB 16838中的要求,对试样施加表4所示条件的电磁干扰。

6.18.1.3 干扰期间,观察并记录试样工作状态。

6.18.1.4 干扰结束后,按6.3规定的方法进行报警性能试验,并记录试样的报警时间。

6.18.2 试验设备

试验设备应满足GB/T 17626.5的规定。

7 检验规则

7.1 出厂检验

出厂检验项目为:

a) 报警性能试验;

b) 重复性试验。

7.2 型式检验

7.2.1 型式检验项目为第6章规定的试验项目。检验样品在出厂检验合格的产品中抽取。

7.2.2 有下列情况之一时,应进行型式检验:

a) 新产品或老产品转厂生产时的试制定型鉴定;

b) 正式生产后,产品的结构、主要部件或元器件、生产工艺等有较大的改变可能影响产品性能;

c) 产品停产1年以上,恢复生产;

d) 发生重大质量事故;

e) 质量监督部门依法提出要求。

7.2.3 检验结果按GB 12978中规定的型式检验结果判定方法进行判定。

8 标志

8.1 总则

8.1.1 产品标志应在探测器安装维护过程中清晰可见。

8.1.2 产品标志不应贴在螺丝或其他易被拆卸的部件上。

8.2 标志

8.2.1 每只探测器均应清晰地标注下列信息:

a) 产品名称、型号;

b） 制造商名称、地址；

c） 执行标准；

d） 接线柱的标注；

e） 制造日期及产品编号和试样内软件的版本号；

f） 产品主要技术参数。

8.2.2 产品标志中有不常用的符号和缩写时，应在与探测器相关的说明书中详细说明。

9 使用说明书

9.1 每只探测器应有相应的中文说明书。说明书的内容应满足 GB/T 9969 要求，并与产品性能一致。

9.2 说明书应有完整、清楚、准确的安全和使用说明，安装和服务说明，应包括下列内容：

a） 完整的安装和调试开通说明。

b） 操作说明。

c） 日常检查和校准说明。

d） 必要时，应包括下述使用条件限制：

1） 环境温度限制（室内使用型、室外使用型）；

2） 湿度范围；

3） 电压范围；

4） 最高最低贮存温度限制。

e） 详细说明查找可能出现故障源的方法和改正过程。

f） 说明输出控制接点的类型。

g） 贮存和使用寿命。

h） 允许使用场所。

附 录 A
（资料性附录）
典型故障电弧波形图

试样进行报警性能试验时，采用的实际电路或与之等效的故障电弧模拟发生装置所发生的电弧波形如图 A.1 及图 A.2 所示。

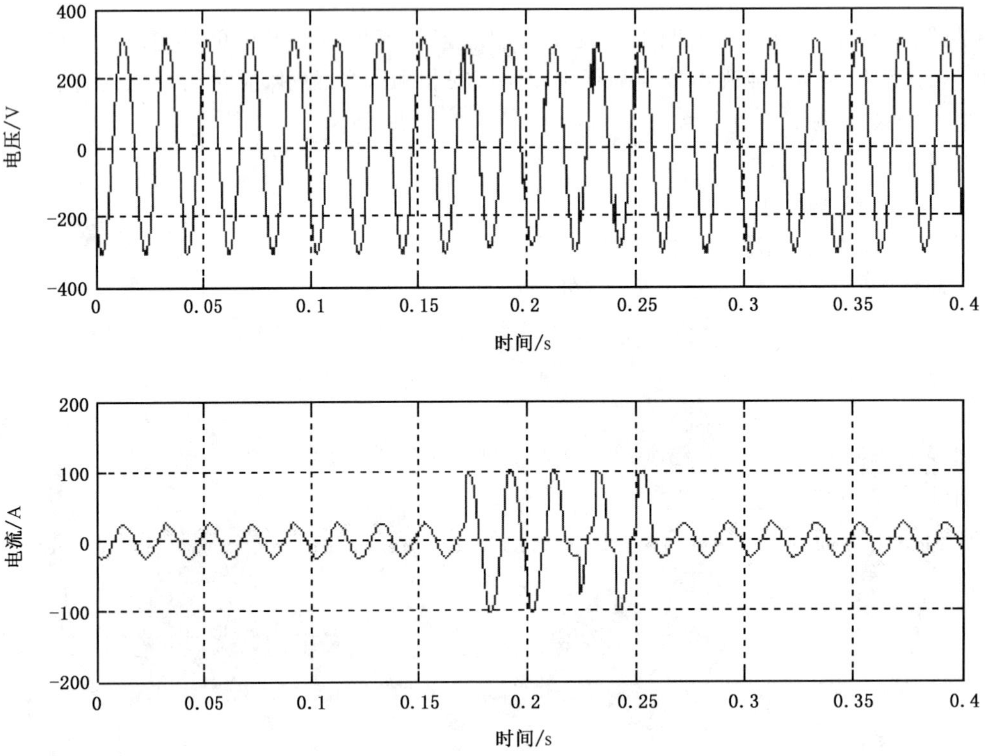

注：电弧持续时间不超过 0.42 ms 或者电流值不超过额定电流值 5％的微小电弧不作为电弧统计。

图 A.1 典型故障电弧波形 1

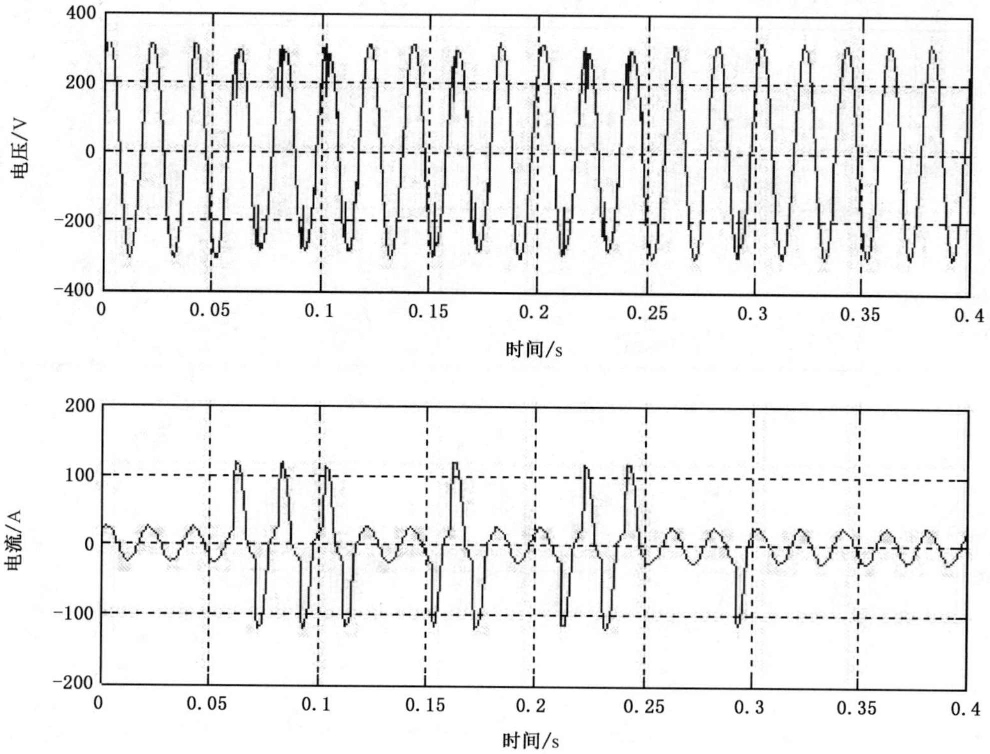

注：电弧持续时间不超过 0.42 ms 或者电流值不超过额定电流值 5%的微小电弧不作为电弧统计。

图 A.2　典型故障电弧波形 2

ICS 73.060
D 40

中华人民共和国国家标准

GB/T 14353.13—2014
代替 GB/T 14353.13—1993

铜矿石、铅矿石和锌矿石化学分析方法 第13部分：镓量、铟量、铊量、钨量和钼量测定

Methods for chemical analysis of copper ores, lead ores and zinc ores—Part 13: Determination of gallium content, indium content, thallium content, tungsten content and molybdenum content

2014-12-05 发布 2015-04-01 实施

中华人民共和国国家质量监督检验检疫总局
中国国家标准化管理委员会 发布

前　言

GB/T 14353《铜矿石、铅矿石和锌矿石化学分析方法》分为18个部分：

——第1部分：铜量测定；
——第2部分：铅量测定；
——第3部分：锌量测定；
——第4部分：镉量测定；
——第5部分：镍量测定；
——第6部分：钴量测定；
——第7部分：砷量测定；
——第8部分：铋量测定；
——第9部分：钼量测定；
——第10部分：钨量测定；
——第11部分：银量测定；
——第12部分：硫量测定；
——第13部分：镓量、铟量、铊量、钨量和钼量测定；
——第14部分：锗量测定；
——第15部分：硒量测定；
——第16部分：碲量测定；
——第17部分：铊量测定；
——第18部分：铜量、铅量、锌量、钴量和镍量测定。

本部分为GB/T 14353的第13部分。

本部分按照GB/T 1.1—2009给出的规则起草。

本部分代替GB/T 14353.13—1993《铜矿石、铅矿石和锌矿石化学分析方法　乙酸丁酯萃取分离罗丹明B光度法测定镓量》。

本部分与GB/T 14353.13—1993相比，主要变化如下：

——增加了“电感耦合等离子体质谱法同时测定铜矿石、铅矿石和锌矿石中镓量、铟量、铊量、钨量钼量”的分析方法；
——删除了“乙酸丁酯萃取分离罗丹明B光度法测定镓量”的分析方法；
——增加了有关“警告”的内容：在标准名称后，标出了危险的一般性提示；在相关危险试剂(4.2，4.3后给出了警告；
——在“精密度”中，增加了有关精密度的表述(见第9章)；
——增加了第6章“试样”、第10章“质量保证与控制”和第11章“特殊情况”；
——增加了附录B“实验室间试验结果数据的统计处理”和参考文献。

本部分由中华人民共和国国土资源部提出。

本部分由全国国土资源标准化技术委员会(SAC/TC 93)归口。

本部分起草单位：陕西省地质矿产实验研究所。

本部分主要起草人：熊英、王龙山、吴赫、胡建平。

本部分所代替标准的历次版本发布情况为：

——GB/T 14353.13—1993。

铜矿石、铅矿石和锌矿石化学分析方法 第13部分：镓量、铟量、铊量、钨量和钼量测定

警示：使用本部分的人员应有正规实验室工作的实践经验。本部分并未指出所有可能的安全问题。使用者有责任采取适当的安全和健康措施，并保证符合国家有关法规规定的条件。

1 范围

GB/T 14353 的本部分规定了电感耦合等离子体质谱法同时测定铜矿石、铅矿石和锌矿石中镓量、铟量、铊量、钨量和钼量。

GB/T 14353 的本部分适用于铜矿石、铅矿石和锌矿石中镓量、铟量、铊量、钨量和钼量的电感耦合等离子体质谱法同时测定。

测定范围：0.13 μg/g～40 μg/g 的镓，0.01 μg/g～100 μg/g 的铟，0.03 μg/g～40 μg/g 的铊，0.08 μg/g～150 μg/g 的钨和 0.18 μg/g～150 μg/g 的钼。

方法检出限：镓 0.042 μg/g，铟 0.004 μg/g，铊 0.009 μg/g，钨 0.026 μg/g，钼 0.061 μg/g。

2 规范性引用文件

下列文件对于本文件的应用是必不可少的，凡是注日期的引用文件，仅注日期的版本适用于本文件。凡是不注日期的引用文件，其最新版本(包含所有的修改单)适用于本文件。

GB/T 6682 分析实验室用水规格和试验方法

GB/T 14505 岩石和矿石化学分析方法 总则及一般规定

3 原理

试料经硝酸—氢氟酸—高氯酸分解，王水溶解盐类，移至 25 mL 的聚乙烯刻度试管中，用水稀释至刻度，摇匀。分取部分溶液，用硝酸(3+97)稀释。利用电感耦合等离子体作为离子源，将试料溶液中的待测元素离子化，产生的样品离子经质量分析器和检测器得到质谱。根据元素离子质荷比的计数，采用校准曲线法定量测定试料溶液中的镓量、铟量、铊量、钨量和钼量。

4 试剂

除非另有说明，在分析中均使用分析纯试剂和符合 GB/T 6682 的分析实验室用水。

4.1 硝酸(ρ= 1.42 g/mL)。

4.2 氢氟酸(ρ= 1.13 g/mL)。**警告：氢氟酸有毒并有腐蚀性，操作时应戴防腐手套，防止与皮肤接触。**

4.3 高氯酸(ρ= 1.68 g/mL)。**警告：易爆品，使用时小心！**

4.4 盐酸(ρ= 1.19 g/mL)。

4.5 王水(盐酸＋硝酸＝3＋1)。

4.6 硝酸(3+97)。

4.7 镓标准溶液按下列步骤配制：

a) 镓标准储备液[ρ(Ga)=200 μg/mL]：称取 50.0 mg 金属镓(>99.99%)于 50 mL 烧杯中，加 10 mL 盐酸(4.4)，几滴过氧化氢，盖上表面皿，在控温电热板上(140 ℃±10 ℃)加热溶解，蒸干。沿杯壁加入 2 mL 硝酸(4.1)溶解镓盐，蒸干，再重复操作一次。用适量硝酸(4.6)溶解镓盐，移入 250 mL 容量瓶中，用硝酸(4.6)稀释至刻度，摇匀。

b) 镓标准工作溶液[ρ(Ga)=1 μg/mL]：吸取镓标准储备溶液[4.7 a)]，通过逐级稀释的方法，用硝酸(4.6)稀释至刻度，摇匀，使最终溶液 1 mL 含 1 μg 镓。

4.8 铟标准溶液按下列步骤配制：

a) 铟标准储备溶液[ρ(In)=100 μg/mL]：称取 0.060 5 g 三氧化二铟(光谱纯)，加入 10 mL 硫酸(1+1)，在低温电热板上加热溶解，移入 500 mL 容量瓶中用水稀释至刻度，摇匀；

b) 铟标准工作溶液[ρ(In)=1 μg/mL]：吸取铟标准储备溶液[4.8 a)]，通过逐级稀释的方法，用硝酸(4.6)稀释至刻度，摇匀，使最终溶液 1 mL 含 1 μg 铟。

4.9 铊标准溶液按下列步骤配制：

a) 铊标准储备溶液[ρ(Tl)=200 μg/mL]：称取 50.0 mg 金属铊(>99.99%)于 100 mL 烧杯中，盖上表面皿，沿杯壁加入 10 mL 硝酸(4.1)，置于控温电热板上加热溶解，加 5 滴硫酸(1+1)，蒸干。用水浸取，移入 250 mL 容量瓶中，用水稀释至刻度，摇匀。

b) 铊标准工作溶液[ρ(Tl)=1 μg/mL]：吸取铊标准储备溶液[4.9 a)]，通过逐级稀释的方法，用硝酸(4.6)稀释至刻度，摇匀。使最终溶液 1 mL 含 1 μg 铊。

4.10 钨标准溶液按下列步骤配制：

a) 钨标准储备溶液[ρ(W)=200 μg/mL]：称取 0.126 1 g 三氧化钨(>99.99%)(预先在 650 ℃灼烧 1 h，置于干燥器中冷却至室温)，置于 100 mL 烧杯中，加入 50 mL 氢氧化钠溶液(200 g/L)溶解，用水移入 500 mL 容量瓶中，并稀释至刻度，摇匀，立即转入塑料瓶中保存；

b) 钨标准工作溶液[ρ(W)=10 μg/mL]：吸取 25 mL 钨标准储备溶液[4.10 a)]，置于 500 mL 容量瓶中，用水稀释至刻度，摇匀。

4.11 钼标准溶液按下列步骤配制：

a) 钼标准储备溶液[ρ(Mo)=100 μg/mL]：称取 0.150 0 g 预先在 650 ℃灼烧 1 h，置于干燥器中冷却至室温的三氧化钼(>99.99%)，置于 100 mL 烧杯中，加入 10 mL 氢氧化钠溶液(200 g/L)溶解，用 6 mL 硫酸(1+1)中和，冷却后用水移入 1 000 mL 容量瓶中并稀释至刻度，摇匀；

b) 钼标准工作溶液[ρ(Mo)=10 μg/mL]：移取 50.00 mL 钼标准储备溶液[4.11 a)]，置于 500 mL 容量瓶中，用水稀释至刻度，摇匀。

4.12 氩气[φ(Ar)=99.99%]。

5 仪器

5.1 电感耦合等离子体质谱仪。

5.2 分析天平：三级，感量 0.1 mg。

6 试样

6.1 按照 GB/T 14505 的相关规定，加工试样的粒径应小于 97 μm。

6.2 试样在 60 ℃～80 ℃烘箱中烘 2 h～4 h，并置于干燥器中冷却至室温备用。

7 分析步骤

7.1 试料

称取 0.25 g 试样，精确至 0.1 mg。

7.2 空白试验

随同试料进行双份空白试验，所用试剂应取自同一试剂瓶，加入同等的量。

7.3 验证试验

随同试料分析同矿种的标准物质。

7.4 试料分解

7.4.1 将试料(7.1)置于 50 mL 聚四氟乙烯烧杯中，用几滴水润湿，加 8 mL 硝酸(4.1)、10 mL 氢氟酸(4.2)、2 mL 高氯酸(4.3)置于 210 ℃～220 ℃控温电热板上加热溶解，并蒸发至高氯酸白烟冒尽，取下冷却。

7.4.2 加入 8 mL 王水(4.5)，微热 5 min～10 min 溶解盐类至溶液清亮，冷却，转入 25.0 mL 有刻度值带塞的聚乙烯试管中，用水稀释至刻度，摇匀。移取试液 1 mL 于 10 mL 有刻度聚乙烯试管中，用硝酸(4.6)稀释至刻度，摇匀，备用。

7.5 校准溶液系列配制

校准溶液系列的配制如下：

a) 镓、铟、铊校准溶液系列：分别吸取 0.00 mL、0.20 mL、0.60 mL、1.00 mL、2.00 mL、5.00 mL 镓标准溶液[4.7 b)]、铟标准溶液[4.8 b)]和铊标准溶液[4.9 b)]置于 100 mL 容量瓶中，用硝酸(4.6)稀释至刻度，摇匀。得到 ρ(Ga、In、Tl)＝0 ng/mL、2 ng/ mL、6 ng/ mL、10 mL、20 ng/mL、50 ng/mL 的混合校准系列溶液。

b) 钨、钼校准溶液系列：分别吸取 0.00 mL、0.10 mL、0.50mL、1.00 mL、2.00 mL 钨标准溶液[4.10 b)]、钼标准溶液[4.11 b)]，置于 100 mL 容量瓶中，用硝酸(4.6)稀释至刻度，摇匀。得 ρ(W、Mo)＝0 ng/mL、10 ng/mL、50 ng/mL、100 ng/mL、200 ng/mL 的混合校准系列溶液。

c) 若试样中铜、铅的质量分数分别大于 5%、4%时，宜在校准溶液系列中加入与试料溶液中铜量、铅量相一致铜、铅标准溶液。

7.6 测量

参考附录 A 中给出的仪器参考工作条件及测量模式，用 10 ng/mL 的 锂、铍、钴、铟、铋、铀标准溶液，选用同位素^{59}Co、^{113}In、^{209}Bi、^{238}U 作为仪器的最佳化调试后，分别进行镓、铟、铊混合校准溶液系列和钨、钼混合校准溶液系列的测定。测定铟时，应同时测定^{118}Sn，校正锡对铟的干扰，参见附录 A 中 A.3.4。同时进行空白试验溶液和试料溶液的测定。

7.7 内标

7.7.1 本部分采用内标校正方法，选[ρ(^{103}Rh)＝10 ng/ mL]为测定的内标元素。内标元素溶液由内标溶液专用泵管，用三通阀连接，把内标元素和样品溶液合并混合后，一并泵入雾化系统进入等离子矩焰中。

7.7.2 若试样中铜、铅的质量分数分别大于5%、4%时，可采用混合内标[ρ(^{45}Sc、^{139}La、^{185}Re)=10 ng/mL]校正基体对被测元素的干扰。^{45}Sc做^{71}Ga的内标，^{139}La做^{95}Mo、^{115}In的内标，^{185}Re做^{182}W的内标。

8 结果的计算

镓量、铟量、铊量、钨量或钼量以质量分数w(Ga,In,Tl,W,Mo)计，数值以μg/g表示，按式(1)计算：

$$w(\mathrm{Ga,In,Tl,W,Mo}) = \frac{(\rho_1 - \rho_0) \times V \times V_2 \times 10^{-3}}{m \times V_1} \quad \cdots\cdots(1)$$

式中：

ρ_1——测定试料溶液中的镓量、铟量、铊量、钨量或钼量，单位为纳克每毫升(ng/mL)；

ρ_0——测定空白试验溶液(7.2)中的镓量、铟量、铊量、钨量或钼量，单位为纳克每毫升(ng/mL)；

V——试料溶液总体积，单位为毫升(mL)；

V_2——测定试料溶液的体积，单位为毫升(mL)；

m——试料量，单位为克(g)；

V_1——分取试料溶液体积，单位为毫升(mL)。

计算结果表示为：0.0×× μg/g、0.×× μg/g、×.×× μg/g、××.× μg/g、××× μg/g。

9 精密度

在重复性条件下获得的两次独立测试结果的测定值，在表1给出的水平范围内，其绝对差值不超过重复性限(r)，超过重复性限(r)的情况不超过5%，重复性限(r)按表1所列方程式计算。

在再现性条件下获得的两次独立测试结果的测定值，在表1给出的水平范围内，其绝对差值不超过再现性限(R)，超过再现性限(R)的情况不超过5%，再现性限(R)按表1所列方程式计算。

从实验室间试验结果得到的统计数据见附录B。

表1 方法精密度

单位为微克每克

元素	水平范围 m	重复性限 r	再现性限 R
镓	12.5～33.6	r=0.038 4m+0.573 1	R=0.262m−1.060 2
铟	0.09～71	r=0.078 7m+0.010 7	R=0.146 9m+0.008 9
铊	0.07～5.00	r=0.099 8m+0.014 3	R=0.145 1m+0.088 6
钨	1.85～153	r=0.096 7m+0.260 3	R=0.148 2m+0.362 8
钼	0.67～128	r=0.120 5m+0.124 6	R=0.242 9m+0.133 5
注：精密度数据由8个实验室对5个或6个水平的试样进行试验确定。			

10 质量保证和控制

10.1 每次分析测试，应同时采用空白试验、重复分析、标准物质验证等方法进行质量保证与控制。

10.2 每分析批，应同时进行2个空白试验、20%～30%的重复样品分析(当样品数量不超过5个时，应进行100%的重复样品分析)和1个至2个同矿种标准物质验证试验。

10.3 重复性分析，两次测定结果的绝对差应小于表1给出的重复性限r；再现性分析，不同实验室测定结果的绝对差应小于表 1 给出的再现性限 R。否则应查找原因,纠正错误后,重新进行校核。

11 特殊情况

当矿石中铜、铅的质量分数分别大于 5%、4%时,对镓量、铟量、铊量、钨量和钼量的测定存在不同的干扰,主量元素的干扰和消除情况参见附录 A。

附　录　A
（资料性附录）
仪器的参考工作条件及共存离子的干扰消除

A.1　仪器参考工作条件

仪器参考工作条件见表A.1和表A.2。

表A.1　电感耦合等离子体质谱分析仪参考工作条件

功率 W	冷却气(Ar)流速 L/min	辅助气(Ar)流速 L/min	采样深度 step	ϕ 采样锥 (Ni) mm	ϕ 截取锥 (Ni) mm
1 400	15	0.86	148	1.2	1.0
进样泵速 r/min	进样冲洗时间 s	分辨率 u	单个元素积分时间 s	扫描方式	
29	30	0.6～0.8	0.5	主跳峰	

表A.2　测量中选用的同位素及测量模式

测量元素	选用的 m/z	干扰及校正	测量模式
Ga	71		脉冲
In	115	$-0.003\times{}^{118}Sn$	脉冲
Tl	203		脉冲
W	95		脉冲
Mo	182		脉冲

A.2　主量元素的干扰

在ICP-MS分析过程中，由于试料经过一定稀释后才进入测量体系，当测定溶液中的溶解性总固体小于500 mg/L时，可以利用内标元素的补偿作用实现无基体干扰测定。未发现造岩、脉石成分Ca、Mg、Al、K、Na、Fe对测定Ga、In、Tl、W、Mo的干扰。

溶液中共存200 mg/L以下的锌(相对于样品的质量分数20%)，50 mg/L以下的铜(相对于样品的质量分数5%)和20 mg/L以下的铅(相对于样品的质量分数2%)对镓、铟、铊、钨、钼的测量没有干扰。溶液中共存大于50 mg/L的铜对镓、铟、铊、钨、钼的测量都有不同程度的负干扰。共存大于40 mg/L的铅对铊的测定有正干扰。^{204}Pb、^{206}Pb的强峰脱尾分别会干扰^{203}Tl和^{205}Tl同位素。从而产生增强信号效应，但由于^{206}Pb的相对丰度远远高于^{204}Pb(他们的相对丰度分别为23.60%和1.48%)因此^{205}Tl受到高浓度铅的影响大于^{203}Tl(共存大于20 mg/L的铅对^{205}Tl测定有干扰)，铊测定时同位素宜选择^{203}Tl。共存大于100 mg/L的铅对钨的测定有正干扰，对钼的测定有负干扰。

A.3 主量元素干扰的消除

A.3.1 铅对铊测定结果干扰的校正(校正系数法)

根据干扰试验结果,随着铅含量的增加,铅量对铊测定结果的正干扰,有一定的正向关系,将铊量测定结果的增加系数与铅的质量分数建立数学模型,校正系数 Y 与铅的质量分数 X 的关系为 $Y=5.547\,5X+1.047\,6$,可通过校正系数对铊量的测定结果进行校正。

A.3.2 通过将基体加入校准溶液的方法进行校正

在校准溶液中加入与干扰元素(Cu、Pb)相同浓度的溶液,可以消除铜、铅对测定元素的干扰。

A.3.3 混合内标法对基体干扰的校正

采用 Sc、Re、La 混合内标,分别测定相当于试料中质量分数分别为 5%、10%、20% 的铜、铅和锌溶液中 Ga、In、Tl、W、Mo 的浓度,除 Tl 外,其余元素的测定结果与加入量吻合。采用混合内标可以消除高含量铜和锌对测定结果的干扰,以及铅对钨钼测定结果的干扰,但不能消除铅对铊测定结果的干扰。

^{45}Sc 校正铜对 ^{71}Ga 的干扰,^{139}La 校正铜、铅对 ^{95}Mo、^{115}In 的干扰,^{185}Re 校正铜、铅对 ^{182}W 的干扰。

A.3.4 ^{115}Sn 对 ^{115}In 的干扰校正

用于测定所选择的 In 的同位素是 ^{115}In(丰度 95.7%),而 ^{115}Sn 对 ^{115}In 重叠,会产生 Sn 对 In 的干扰。可选择不受质谱干扰的 ^{118}Sn(丰度 24.4%)来定量测定进入样品溶液中 Sn 的浓度后进行数学校正,可得到 In 的准确结果。

校正公式:

$$C_{In}=C_{In表观}-K_{Sn-In}\times C_{Sn}$$

式中:

$C_{In表观}$ ——测定溶液中 In 的直接测定结果;

C_{Sn} ——测定溶液中 Sn 的直接测定结果;

K_{Sn-In} ——^{115}Sn 对 ^{115}In 的干扰校正系数,试验结果为 0.003。

附 录 B
（资料性附录）
实验室间试验结果数据的统计处理

B.1 方法重复性限、再现性限

根据 GB/T 6379.2—2004 确定了测量方法的重复性限与再现性限，统计分析结果见表 B.1～表 B.5。

表 B.1 镓量测定重复性限和再现性限统计分析结果

标准物质	GBW07236	GBW07235	GBW07233	GBW07163	GBW07287
参加实验室数	8	8	8	8	8
可接受结果的实验室数	8	7	8	8	7
平均值/(μg/g)	12.50	16.65	22.14	25.39	33.59
标准值/(μg/g)	11.7	16.7	22.6	26	34.6
重复性标准差(S_r)	0.511	0.323	0.977	0.612	0.621
重复性变异系数	4.37 %	1.93 %	4.32 %	2.35 %	1.79 %
重复性限(r)(2.8×S_r)	1.431	0.904	2.736	1.713	1.738
再现性标准差(S_R)	0.998	0.945	1.682	2.053	3.239
再现性变异系数	8.53%	5.66%	7.44%	7.89%	9.36%
再现性限(R)(2.8×S_R)	2.795	2.647	4.710	5.747	9.068

表 B.2 铟量测定重复性限和再现性限统计分析结果

标准物质	GBW07236	GBW07235	GBW07233	GBW07164	GBW07163	GBW07287
参加实验室数	8	8	8	8	8	8
可接受结果数	6	6	8	8	8	8
平均值/(μg/g)	0.089	0.121	1.56	3.20	10.6	70.9
标准值/(μg/g)	0.09	0.12	1.4	3.3	10	68
重复性标准差(S_r)	0.006 7	0.006 7	0.052 8	0.166	0.349	1.521
重复性变异系数	7.44 %	5.58 %	3.8 %	5.0 %	3.5 %	2.24 %
重复性限(r)(2.8×S_r)	0.018 8	0.018 8	0.148	0.466	0.978	4.258
再现性标准差(S_R)	0.011 6	0.007 7	0.130	0.166	0.563	3.321
再现性变异系数	12.89%	6.42%	9.31%	5.04%	5.63%	4.88%
再现性限(R)(2.8×S_R)	0.032 5	0.021 6	0.365	0.466	1.576	9.298

表 B.3 铊量测定重复性限和再现性限统计分析结果

标准物质	GBW07233	GBW07287	GBW07235	GBW07236	GBW07240
参加实验室数	8	8	8	8	8
可接受的结果数	6	8	8	7	7
平均值/(μg/g)	0.068	0.338	0.463	1.10	5.03
标准值/(μg/g)	0.06	0.33	0.43	1.0	5.0
重复性标准差(S_r)	0.006 6	0.039 5	0.029 6	0.045 1	0.149 3
重复性变异系数	11.00%	11.97%	6.88%	4.51%	2.99%
重复性限(r)(2.8×S_r)	0.018 5	0.111	0.082 9	0.126	0.418
再现性标准差(S_R)	0.040 4	0.046 9	0.052 6	0.079 1	0.348
再现性变异系数	67.33%	14.21%	12.23%	7.91%	6.96%
再现性限(R)(2.8×S_R)	0.113	0.131	0.147	0.222	0.975

表 B.4 钨量测定重复性限和再现性限统计分析结果

标准物质	GBW07287	GBW07233	GBW07235	GBW07163	GBW07236	GBW07240
参加实验室数	8	8	8	8	8	8
可接受结果数	8	8	8	8	8	8
平均值/(μg/g)	1.85	4.28	17.5	25.6	31.7	152.7
标准值/(μg/g)	1.9	4.1	17.6	25	30.6	150
重复性标准差(S_r)	0.162	0.238	0.564	1.084	3.276	5.145
重复性变异系数	8.53%	5.80%	3.20%	4.34%	10.71%	3.43%
重复性限(r)(2.8×S_r)	0.454	0.666	1.579	3.037	9.173	14.40
再现性标准差(S_R)	0.223	0.368	0.994	1.402	3.276	7.390
再现性变异系数	11.72%	8.96%	5.65%	5.61%	10.71%	4.93%
再现性限(R)(2.8×S_R)	0.623	1.029	2.784	3.926	9.173	20.69

表 B.5 钼量测定重复性限和再现性限统计分析结果

标准物质	GBW07287	GBW07235	GBW(E)070027	GBW07163	GBW07164
参加实验室数	8	8	8	8	8
可接受的结果数	8	7	8	8	8
平均值/(μg/g)	0.68	1.72	7.72	22.2	127.6
标准值/(μg/g)	0.66	1.6	7.8	24	137
重复性标准差(S_r)	0.071 1	0.139	0.315	1.044	6.301
重复性变异系数	10.77 %	8.70 %	4.03 %	4.35 %	4.60 %
重复性限(r)(2.8×S_r)	0.199	0.390	0.881	2.923	17.64
再现性标准差(S_R)	0.109	0.198	0.591	2.549	11.80
再现性变异系数	16.53 %	12.38 %	7.57 %	10.62 %	8.61 %
再现性限(R)(2.8×S_R)	0.306	0.554	1.654	7.137	33.05

B.2 方法正确度评估

根据 GB/T 6379.4—2006 确定标准测量方法正确度的基本方法，对方法正确度进行了统计评估，置信区间($\delta - AS_R \leqslant \delta \leqslant \delta + AS_R$)包含 0，测量方法的偏倚在置信水平 $\alpha = 5\%$ 下不显著，统计分析结果见表 B.6～表 B.10。

表 B.6 镓量测定的正确度统计分析

标准物质	GBW07236	GBW07235	GBW07233	GBW07163	GBW07287
单元测定次数(n)	3	3	3	3	3
可接受结果的验室数(p)	8	7	8	8	7
重复性标准差(S_r)	0.511 1	0.322 9	0.977 0	0.611 7	0.620 7
再现性标准差(S_R)	0.998 3	0.945 3	1.682 2	2.052 6	3.238 6
$\gamma = S_R/S_r$	1.953 1	2.927 2	1.721 8	3.355 6	5.217 9
A[a]	0.629 5	0.711 4	0.610 1	0.672 1	0.731 7
测试结果总平均值/(μg/g)	12.5	16.65	22.14	25.39	33.59
标准物质认定值/(μg/g)	11.7	16.7	22.6	26	34.6
测量方法的偏倚(δ)	0.8	−0.05	−0.46	−0.61	−1.01
$\delta - AS_R$	0.171 6	−0.722 5	−1.486 3	−1.989 6	−3.379 6
$\delta + AS_R$	1.428 4	0.622 5	0.566 3	0.769 6	1.359 6
RE%	6.84	−0.30	−2.04	−2.35	−2.92

[a] $A = 1.96\sqrt{\frac{n(\gamma^2 - 1) + 1}{\gamma^2 pn}}$。

表 B.7 铟量测定的正确度统计分析

标准物质	GBW07236	GBW07235	GBW07233	GBW07164	GBW07163	GBW(E)070027
单元测定次数(n)	3	3	3	3	3	3
可接受结果的验室数(p)	6	6	8	8	8	8
重复性标准差(S_r)	0.006 7	0.006 7	0.052 8	0.166 3	0.349 4	1.520 9
再现性标准差(S_R)	0.011 6	0.007 7	0.130 4	0.166 3	0.563 0	3.320 8
$\gamma = S_R/S_r$	1.741 6	1.154 7	2.468 9	1.000 0	1.611 4	2.183 4
A[a]	0.706 8	0.565 8	0.654 0	0.400 1	0.597 4	0.642 7
测试结果总平均值/(μg/g)	0.089	0.121	1.56	3.20	10.6	70.9
标准物质认定值/(μg/g)	0.09	0.12	1.4	3.3	10	68
测量方法的偏倚(δ)	−0.001	0.001	0.165	−0.103	0.55	2.94
$\delta - AS_R$	−0.010 4	−0.003 3	0.079 8	−0.169 5	0.213 6	0.805 8
$\delta + AS_R$	0.006 0	0.005 5	0.250 2	−0.036 5	0.886 4	5.074 2
RE%	−2.44	0.92	11.78	−3.12	5.50	4.32

[a] $A = 1.96\sqrt{\frac{n(\gamma^2 - 1) + 1}{\gamma^2 pn}}$。

表 B.8 铊量测定的正确度统计分析

标准物质	GBW07233	GBW07287	GBW07235	GBW07236	GBW07240
单元测定次数(n)	3	3	3	3	3
可接受结果的验室数(p)	6	8	8	7	7
重复性标准差(S_r)	0.006 6	0.039 5	0.029 6	0.045 1	0.149 3
再现性标准差(S_R)	0.040 4	0.046 9	0.052 6	0.079 1	0.348 1
$\gamma = S_R/S_r$	6.137 8	1.186 7	1.779 4	1.752 1	2.332 3
A[a]	0.793 1	0.502 9	0.615 7	0.655 5	0.693 9
测试结果总平均值/(μg/g)	0.068	0.338	0.463	1.10	5.03
标准物质认定值/(μg/g)	0.06	0.33	0.43	1.0	5.0
测量方法的偏倚(δ)	0.008	0.008	0.033 3	0.099	0.034 8
$\delta - AS_R$	−0.023 7	−0.015 3	0.000 9	0.047 2	−0.206 8
$\delta + AS_R$	0.040 3	0.031 9	0.065 7	0.150 8	0.276 4
RE%	13.83	2.52	7.74	9.90	0.696

[a] $A = 1.96\sqrt{\dfrac{n(\gamma^2-1)+1}{\gamma^2 pn}}$。

表 B.9 钨量测定的正确度统计分析

标准物质	GBW07287	GBW07233	GBW07235	GBW07163	GBW07236	GBW07240
单元测定次数(n)	3	3	3	3	3	3
可接受结果的验室数(p)	8	8	8	8	8	8
重复性标准差(S_r)	0.162 0	0.237 8	0.564 0	1.084 5	3.276 2	5.144 7
再现性标准差(S_R)	0.222 6	0.367 6	0.994 2	1.402 2	3.276 2	7.389 5
$\gamma = S_R/S_r$	1.374 4	1.545 5	1.762 8	1.293 0	1.000 0	1.436 3
A[a]	0.557 4	0.588 4	0.614 1	0.537 3	0.400 1	0.570 1
测试结果总平均值/(μg/g)	1.85	4.28	17.51	25.6	31.7	152.7
标准物质认定值/(μg/g)	1.9	4.1	17.6	25	30.6	150
测量方法的偏倚(δ)	−0.049	0.183	−0.086	0.618	1.059	2.755
$\delta - AS_R$	−0.173 1	−0.033 3	−0.696 6	−0.135 5	−0.251 8	−1.457 8
$\delta + AS_R$	0.075 1	0.399 3	0.524 6	1.371 5	2.369 8	6.967 8
RE%	−2.58	4.46	−0.49	2.47	3.46	1.84

[a] $A = 1.96\sqrt{\dfrac{n(\gamma^2-1)+1}{\gamma^2 pn}}$。

表 B.10 钼量测定的正确度统计分析

标准物质	GBW07287	GBW07235	GBW(E)070027	GBW07163	GBW07164
单元测定次数(n)	3	3	3	3	3
可接受结果的验室数(p)	8	7	8	8	8
重复性标准差(S_r)	0.071 1	0.139 2	0.314 7	1.043 8	6.301 0
再现性标准差(S_R)	0.109 1	0.198 0	0.590 8	2.549 0	11.802 4
$\gamma = S_R/S_r$	1.535 7	1.422 3	1.877 2	2.441 9	1.873 1
A[a]	0.586 9	0.606 6	0.624 0	0.653 1	0.623 7
测试结果总平均值/(μg/g)	0.68	1.72	7.72	22.2	127.6
标准物质认定值/(μg/g)	0.66	1.6	7.8	24	137
测量方法的偏倚(δ)	0.015	0.121 4	−0.08	−1.8	−9.396
$\delta - AS_R$	−0.049 0	0.001 3	−0.448 6	−3.464 7	−16.756 8
$\delta + AS_R$	0.079 0	0.241 5	0.288 6	−0.135 3	−2.035 2
RE%	2.27	7.59	−1.02	−7.50	−6.86

[a] $A = 1.96\sqrt{\dfrac{n(\gamma^2 - 1) + 1}{\gamma^2 pn}}$。

参 考 文 献

[1] GB/T 6379.2—2004 测量方法与结果的准确度(正确度与精密度) 第2部分:确定标准测量方法重复性与再现性的基本方法

[2] GB/T 6379.4—2006 测量方法与结果的准确度(正确度与精密度) 第4部分:确定标准测量方法正确度的基本方法

ICS 73.060
D 40

中华人民共和国国家标准

GB/T 14353.14—2014
代替 GB/T 14353.14—1993

铜矿石、铅矿石和锌矿石化学分析方法 第14部分:锗量测定

Methods for chemical analysis of copper ores, lead ores and zinc ore—
Part 14: Determination of germanium content

2014-12-05 发布　　　　2015-04-01 实施

中华人民共和国国家质量监督检验检疫总局
中国国家标准化管理委员会 发布

前　言

GB/T 14353《铜矿石、铅矿石和锌矿石化学分析方法》分为 18 个部分：

——第 1 部分：铜量测定；

——第 2 部分：铅量测定；

——第 3 部分：锌量测定；

——第 4 部分：镉量测定；

——第 5 部分：镍量测定；

——第 6 部分：钴量测定；

——第 7 部分：砷量测定；

——第 8 部分：铋量测定；

——第 9 部分：钼量测定；

——第 10 部分：钨量测定；

——第 11 部分：银量测定；

——第 12 部分：硫量测定；

——第 13 部分：镓量、铟量、铊量、钨量和钼量测定；

——第 14 部分：锗量测定；

——第 15 部分：硒量测定；

——第 16 部分：碲量测定；

——第 17 部分：铊量测定；

——第 18 部分：铜量、铅量、锌量、钴量和镍量测定。

本部分为 GB/T 14353 的第 14 部分。

本部分按照 GB/T 1.1—2009 给出的规则起草。

本部分代替 GB/T 14353.14—1993《铜矿石、铅矿石和锌矿石化学分析方法 四氯化碳萃取分离 溴化十六烷基三甲胺-苯芴铜光度法测定锗量》。

本部分与 GB/T 14353.14—1993 相比，主要变化如下：

——增加了“原子荧光光谱法测定铜矿石、铅矿石和锌矿石中锗量”的分析方法；

——删除了“四氯化碳萃取分离 溴化十六烷基三甲胺-苯芴铜光度法测定锗量”的分析方法；

——增加了有关“警告”的内容：在标准名称后，标出了危险的一般性提示；在相关危险试剂后给出了警告(见 4.2,4.3)；

——在“精密度”中，增加了有关精密度的表述(见第 9 章)；

——增加了第 6 章“试样”和第 10 章“质量保证与控制”；

——增加了附录 B“实验室间试验结果数据的统计处理”和参考文献。

本部分由中华人民共和国国土资源部提出。

本部分由全国国土资源标准化技术委员会(SAC/TC 93)归口。

本部分起草单位：陕西省地质矿产实验研究所。

本部分主要起草人：李小寒、董亚妮、牟乃仓、田萍。

本部分所代替标准的历次版本发布情况为：

——GB/T 14353.14—1993。

铜矿石、铅矿石和锌矿石化学分析方法 第14部分:锗量测定

警示:使用本部分的人员应有正规实验室工作的实践经验。本部分并未指出所有可能的安全问题。使用者有责任采取适当的安全和健康措施,并保证符合国家有关法规规定的条件。

1 范围

GB/T 14353的本部分规定了铜矿石、铅矿石和锌矿石中原子荧光光谱法测定锗量。

本部分适用于铜矿石、铅矿石和锌矿石中锗量的原子荧光光谱法测定。

测定范围:0.060 μg/g~100 μg/g的锗。

方法检出限:锗0.021 μg/g。

2 规范性引用文件

下列文件对于本文件的应用是必不可少的,凡是注日期的引用文件,仅注日期的版本适用于本文件。凡是不注日期的引用文件,其最新版本(包含所有的修改单)适用于本文件。

GB/T 6682 分析实验室用水规格和试验方法

GB/T 14505 岩石和矿石化学分析方法 总则及一般规定

3 原理

试料采用氢氟酸-硝酸-硫酸分解,热磷酸(1+4)提取。在磷酸(1+4)介质中,锗与硼氢化钾反应生成氢化物气体,以氩气为载气导入电热石英炉中,火焰中的氢基与氢化物碰撞解离成自由原子,以锗的高强度空心阴极灯作为光源,在原子荧光光谱仪上测量锗的荧光强度,根据原子荧光强度计算试料中的锗量。

4 试剂

本部分除非另有说明,在分析中均使用分析纯试剂和符合GB/T 6682的分析实验室用水。

4.1 硝酸(ρ=1.42 g/mL)。

4.2 氢氟酸(ρ=1.13 g/mL)。**警告:氢氟酸有毒,并有强腐蚀性,使用时应佩戴防腐手套,防止与皮肤接触!**

4.3 硫酸(1+1)。**警告:不当地稀释会发生危险!**

4.4 磷酸溶液(1+4)。

4.5 硼氢化钾溶液 [$\rho(KBH_4)$=30 g/L]:

称取30 g硼氢化钾于烧杯中,用氢氧化钾溶液[ρ(KOH)=5 g/L]搅拌溶解,并稀释至1 000 mL,摇匀,使用时临时配制。

4.6 锗标准溶液按下列步骤配制:

a) 锗标准储备溶液 [ρ(Ge) =100 μg/mL]

准确称取0.144 1 g经600 ℃灼烧过的光谱纯二氧化锗于250 mL烧杯中,加水约50 mL,加入

3 颗粒状氢氧化钠,缓慢加热搅拌溶解,冷却后,用水移入 1 000 mL 容量瓶中,加入 20 mL 磷酸(ρ=1.68 g/mL),用水稀释至刻度,摇匀,此溶液 1 mL 含 100 μg 的锗。

b) 锗标准工作溶液 [ρ(Ge)=0.1 μg/mL]

移取锗标准储备溶液[4.6 a)],用水逐级稀释,使最终溶液 1 mL 含 0.1 μg 锗。

5 仪器

5.1 原子荧光光谱仪,配锗高强度空心阴极灯。

5.2 分析天平:三级,感量 0.1 mg。

6 试样

6.1 按照 GB/T 14505 的相关规定,加工试样的粒径应小于 97 μm。

6.2 试样在 60 ℃~80 ℃烘箱中烘 2 h~4 h,并置于干燥器中冷却至室温备用。

7 分析步骤

7.1 试料

称取 0.1 g~0.5 g 试样,精确至 0.1 mg。

7.2 空白试验

随同试料进行双份空白试验,所用试剂应取自同一试剂瓶,加入同等的量。

7.3 验证试验

随同试料分析同矿种的标准物质。

7.4 试料分解

7.4.1 将试料(7.1)置于 50 mL 聚四氟乙烯烧杯中,用少量水润湿,加入 10 mL 硝酸(4.1)、10 mL 氢氟酸(4.2)、8 滴硫酸(4.3),在电热板上加热至硫酸冒白烟(电热板温度 200 ℃~220 ℃),取下,用少许水冲洗杯壁,再加入 10 mL 磷酸溶液(4.4),在电热板上加热溶解盐类至溶液清亮。

7.4.2 取下烧杯,将试液用磷酸溶液(4.4)移入 50 mL 比色管中并稀释至刻度,摇匀,备用。

7.5 校准溶液系列的配制

移取 0 .00 mL、0.25 mL、0.50 mL、1.00 mL、1.50 mL、2.00 mL、4.00 mL、8.00 mL、15.00 mL 锗标准溶液[4.6 b)],分别置于一组 50 mL 容量瓶中,用磷酸溶液(4.4) 稀释至刻度,摇匀备用。

7.6 测定

按仪器操作程序,调节仪器各参数使仪器达最佳测量状态(参考附录 A),以硼氢化钾溶液(4.5)作还原剂,以磷酸溶液(4.4)作载流,分别测定校准溶液和试料溶液中锗的荧光强度,同时测定空白试验溶液的荧光强度。

7.7 校准曲线的绘制

以锗量为横坐标,荧光强度为纵坐标,绘制校准曲线,从曲线上得到相应的锗量。

8 结果计算

锗量以质量分数 $w(\mathrm{Ge})$ 计，数值以 μg/g 表示，按式(1)计算：

$$w(\mathrm{Ge})=\frac{(\rho_1-\rho_0)\times V\times 10^{-3}}{m} \qquad \cdots\cdots(1)$$

式中：

ρ_1——从校准曲线上得到试料溶液中的锗量，单位为纳克每毫升(ng/mL)；

ρ_0——从校准曲线上得到空白试验溶液中的锗量，单位为纳克每毫升(ng/mL)；

V——试料溶液的体积，单位为毫升(mL)；

m——试料量，单位为克(g)。

计算结果表示为 0.0×× μg/g、0.×× μg/g、×.×× μg/g、××.× μg/g。

9 精密度

在重复性条件下获得的两次独立测试结果的测定值，在表1给出的水平范围内，其绝对差值不超过重复性限(r)，超过重复性限(r)的情况不超过5%，重复性限(r)按表1所列方程式计算。

在再现性条件下获得的两次独立测试结果的测定值，在表1给出的水平范围内，其绝对差值不超过再现性限(R)，超过再现性限(R)的情况不超过5%，再现性限(R)按表1所列方程式计算。

从实验室间试验结果得到的统计数据见附录B。

表1 方法精密度

单位为微克每克

元素	水平范围 m	重复性限 r	再现性限 R
锗	0.91～26.1	$r=0.098\,34\,m+0.014\,9$	$R=0.179\,1\,m-0.056\,2$
注：精密度数据由7个实验室对5个水平的试样进行试验确定。			

10 质量保证和控制

10.1 每次分析测试，应同时采用空白试验、重复分析、标准物质验证等方法进行质量保证与控制。

10.2 每分析批，应同时进行2个空白试验、20%～30%的重复样品分析(当样品数量不超过5个时，应进行100%的重复样品分析)和1个至2个同矿种标准物质验证试验。

10.3 重复性分析，两次测定结果的绝对差应小于表1给出的重复性限 r；再现性分析，不同实验室测定结果的绝对差应小于表1给出的再现性限 R。否则应查找原因，纠正错误后，重新进行校核。

附 录 A
（资料性附录）
仪器参考工作条件及共存离子的干扰消除

A.1 仪器参考工作条件

仪器参考工作条件见表 A.1 和表 A.2。

表 A.1 原子荧光光谱仪的参考工作条件

灯电流 mA	负高压 V	载气流量 L/min	屏蔽气流量 L/min	原子化器的高度 mm
90	300	550	1 100	8

表 A.2 断续流动程序的参考工作条件

步骤	时间 s	转速 r/min	读数
1	3	0	NO
2	10	100	NO
3	3	0	NO
4	16	120	YES
5	0	0	NO

A.2 共存离子的干扰消除

A.2.1 溶液中铜含量为 320 mg/L、铅含量为 320 mg/L、锌含量为 1 000 mg/L 以内，对锗的测定没有干扰。

A.2.2 如果干扰元素的含量超过干扰允许量，可以通过稀释或减少取样量的办法来消除干扰。

附 录 B
(资料性附录)
实验室间试验结果数据的统计处理

B.1 方法重复性限、再现性限

根据 GB/T 6379.2—2004 确定了测量方法的重复性限与再现性限,统计分析结果见表 B.1。

表 B.1 方法重复性限和再现性限的统计分析结果

标准物质	GBW07235	GBW07237	GBW07164	GBW07163	GBW07165
参加实验室数目	7	7	7	7	7
可接受结果的数目	6	7	6	7	6
平均值/(μg/g)	0.91	1.44	3.12	5.72	26.1
推荐值/(μg/g)	0.9	1.4	3.3	6.5	25
重复性标准差(S_r)	0.033 1	0.067 5	0.134 7	0.231 6	0.776 3
重复性变异系数	3.7%	4.8%	4.1%	3.6%	3.1%
重复性限($2.8\times S_r$)	0.093	0.189	0.377	0.648	2.17
再复性标准差(S_R)	0.033 1	0.209 2	0.282 3	0.993 8	1.206 3
再复性变异系数	3.7%	14.9%	8.5%	15.3%	4.8%
再复性限($2.8\times S_R$)	0.093	0.586	0.790	2.78	3.38

B.2 方法正确度评估

根据 GB/T 6379.4—2006 确定标准测量方法正确度的基本方法,对方法正确度进行了统计评估,置信区间($\delta-AS_R\leqslant\delta\leqslant\delta+AS_R$)包含 0,测量方法的偏倚在置信水平 $\alpha=5\%$下不显著,统计分析结果见表 B.2。

表 B.2 方法正确度统计分析

标准物质	GBW07235	GBW07237	GBW07164	GBW07163	GBW07165
单元测定次数(n)	3	3	3	3	3
可接受结果的验室数(p)	6	7	6	7	6
重复性标准差(S_r)	0.033 1	0.067 5	0.134 7	0.231 6	0.776 3
再现性标准差(S_R)	0.033 1	0.209 2	0.282 3	0.993 8	1.206 3
$\gamma=S_R/S_r$	1.000 0	3.100 7	2.096 0	4.290 9	1.553 8
A[a]	0.462 0	0.714 7	0.737 0	0.727 3	0.680 8
测试结果总平均值/(μg/g)	0.91	1.44	3.12	5.72	26.1

表 B.2（续）

标准物质	GBW07235	GBW07237	GBW07164	GBW07163	GBW07165
标准物质认定值/(μg/g)	0.9	1.4	3.3	6.5	25
测量方法的偏倚(δ)	0.013	0.038	−0.177	−0.778	1.09
$\delta - AS_R$	−0.002 3	−0.111 5	−0.385 0	−1.500 8	0.268 8
$\delta + AS_R$	0.028 3	0.187 5	0.031 0	−0.055 2	1.911 2
RE%	1.44	2.71	−5.36	−11.97	4.36

[a] $A=1.96\sqrt{\frac{n(\gamma^2-1)+1}{\gamma^2 pn}}$。

参 考 文 献

[1] GB/T 6379.2—2004 测量方法与结果的准确度(正确度与精密度) 第2部分:确定标准测量方法重复性与再现性的基本方法

[2] GB/T 6379.4—2006 测量方法与结果的准确度(正确度与精密度) 第4部分:确定标准测量方法正确度的基本方法

ICS 73.060
D 40

中华人民共和国国家标准

GB/T 14353.15—2014
代替 GB/T 14353.15—1993

铜矿石、铅矿石和锌矿石化学分析方法 第15部分:硒量测定

Methods for chemical analysis of copper ores, lead ores and zinc ores—Part 15: Determination of selenium content

2014-12-05 发布

2015-04-01 实施

中华人民共和国国家质量监督检验检疫总局
中国国家标准化管理委员会 发布

前　言

GB/T 14353《铜矿石、铅矿石和锌矿石化学分析方法》分为 18 个部分：

——第 1 部分：铜量测定；

——第 2 部分：铅量测定；

——第 3 部分：锌量测定；

——第 4 部分：镉量测定；

——第 5 部分：镍量测定；

——第 6 部分：钴量测定；

——第 7 部分：砷量测定；

——第 8 部分：铋量测定；

——第 9 部分：钼量测定；

——第 10 部分：钨量测定；

——第 11 部分：银量测定；

——第 12 部分：硫量测定；

——第 13 部分：镓量、铟量、铊量、钨量和钼量的测定；

——第 14 部分：锗量测定；

——第 15 部分：硒量测定；

——第 16 部分：碲量测定；

——第 17 部分：铊量测定；

——第 18 部分：铜量、铅量、锌量、钴量和镍量的测定。

本部分为 GB/T 14353 的第 15 部分。

本部分按照 GB/T 1.1—2009 给出的规则起草。

本部分代替 GB/T 14353.15—1993《铜矿石、铅矿石和锌矿石化学分析方法　3,3-二氨基联苯胺光度法测定硒量》。

本部分与 GB/T 14353.15—1993 相比，主要变化如下：

——增加了“原子荧光光谱法测定铜矿石、铅矿石和锌矿石中的硒量”的分析方法；

——删除了“3,3-二氨基联苯胺光度法测定硒量”的分析方法；

——增加了有关“警告”的内容：在标准名称后，标出了危险的一般性提示；

——在“精密度”中，增加了有关精密度的表述(见第 9 章)；

——增加了第 6 章“试样”和第 10 章“质量保证与控制”；

——增加了附录 B“实验室间试验结果数据的统计处理”和参考文献。

本部分由中华人民共和国国土资源部提出。

本部分由全国国土资源标准化技术委员会(SAC/TC 93)归口。

本部分起草单位：陕西省地质矿产实验研究所。

本部分主要起草人：田萍、董亚妮、胡建平、牟乃仓。

本部分所代替标准的历次版本发布情况为：

——GB/T 14353.15—1993。

铜矿石、铅矿石和锌矿石化学分析方法 第15部分：硒量测定

警示：使用本部分的人员应有正规实验室工作的实践经验。本部分并未指出所有可能的安全问题。使用者有责任采取适当的安全和健康措施，并保证符合国家有关法规规定的条件。

1 范围

GB/T 14353的本部分规定了铜矿石、铅矿石和锌矿石中原子荧光光谱法测定硒量。

本部分适用于铜矿石、铅矿石和锌矿石中硒量的原子荧光光谱法测定。

测定范围：0.06 μg/g～100 μg/g的硒。

方法检出限：硒0.020 μg/g。

2 规范性引用文件

下列文件对于本文件的应用是必不可少的，凡是注日期的引用文件，仅注日期的版本适用于本文件。凡是不注日期的引用文件，其最新版本(包含所有的修改单)适用于本文件。

GB/T 6682　分析实验室用水规格和试验方法

GB/T 14505　岩石和矿石化学分析方法　总则及一般规定

3 原理

试料采用艾斯卡试剂(碳酸钠和氧化锌)半熔法分解，沸水提取，使硒与其他共存干扰离子分离。在30%盐酸介质中，硒与硼氢化钾反应生成氢化物气体，以氩气作为载体导入电热石英炉，火焰中的氢基与氢化物碰撞解离成自由原子，以硒的高强度空心阴极灯作光源，采用原子荧光光谱仪测定硒的荧光光谱强度，根据原子荧光强度计算试料中的硒量。

4 试剂

除非另有说明，在分析中均使用分析纯试剂和符合GB/T 6682的分析实验室用水。

4.1　盐酸(ρ=1.19 g/mL)。

4.2　盐酸(1+1)。

4.3　盐酸(1+9)。

4.4　乙醇[$\varphi(CH_3CH_2OH)$=95%]。

4.5　硼氢化钾溶液[$\rho(KBH_4)$=30 g/L]：

称取30 g硼氢化钾，用氢氧化钾溶液[ρ(KOH)=5 g/L]搅拌溶解，并稀释至1 000 mL，摇匀，使用时临时配制。

4.6　三氯化铁溶液[ρ(Fe)=25 mg/mL]：

称取60.9 g三氯化铁($FeCl_3 \cdot 6H_2O$)于250 mL烧杯中，加入40 mL盐酸(4.3)溶解，用水移入500 mL容量瓶中，并稀释至刻度，摇匀，备用。

4.7 艾斯卡试剂：将碳酸钠和氧化锌按质量比 3∶2 混合，研磨、混匀，备用。

4.8 硒标准溶液按下列步骤配制：

a) 硒标准储备溶液[ρ(Se)=100 μg/mL]

准确称取 0.100 0 g 高纯硒粉于烧杯中，加入少量硝酸(ρ=1.42 g/mL)溶解，再加入 2 mL 高氯酸(ρ=1.67 g/mL)，置于沸水浴上加热除去硝酸后冷却，加入 10 mL 高氯酸(ρ=1.67 g/mL)，用水移入 1 000 mL 容量瓶中，稀释至刻度，摇匀，此溶液 1 mL 含 100 μg 硒。

b) 硒标准工作溶液[ρ(Se)= 0.1 μg/mL]

移取硒标准储备溶液[4.8a)]，用盐酸(1+9)逐级稀释，使最终溶液 1 mL 含 0.1 μg 硒。

4.9 酚红溶液[$\rho(C_{19}H_{14}O_5S)$=1 g/L]：

称取 0.1 g 酚红于 100 mL 烧杯中，加入 1.5 mL 氢氧化钠溶液[c(NaOH)=0.1 mol/L]溶解，用水移入 100 mL 容量瓶中，并稀释至刻度，摇匀备用。

5 仪器

5.1 原子荧光光谱仪，配硒高强度空心阴极灯。

5.2 分析天平：三级，感量 0.1 mg。

6 试样

6.1 按照 GB/T 14505 的相关规定，加工试样的粒径应小于 97 μm。

6.2 试样在 80 ℃烘箱中烘 2 h～4 h，并置于干燥器中冷却至室温备用。

7 分析步骤

7.1 试料

称取 0.2 g～1 g 试样，精确至 0.1 mg。

7.2 空白试验

随同试料进行双份空白试验，所用试剂应取自同一试剂瓶，加入同等的量。

7.3 验证试验

随同试料分析同矿种的标准物质。

7.4 试料的分解

7.4.1 将试料(7.1)置于预先盛有约 2 .0 g 艾斯卡试剂(4.7)的瓷坩埚中，用玻璃棒搅匀，在表面再覆盖约 1.5 g 艾斯卡试剂(4.7)，放入马弗炉中逐渐升温至 380 ℃，保温 0.5 h，继续升温至 750 ℃～800 ℃，保温 1 h，取出冷却后用热水浸取，加几滴乙醇(4.4)，在电炉上加热至微沸取下，洗出坩埚，冷却至室温，用水移入 50 mL 比色管中，并稀释至刻度，摇匀，放置澄清。

7.4.2 分取 10.0 mL 澄清试液(7.4.1)于 50 mL 比色管中，加入 1 滴酚红溶液(4.9)，用盐酸(4.2)调节酸度，使溶液呈黄色，加入 15 mL 盐酸(4.1)，摇匀，在沸水浴上加热 0.5 h，取下，冷却，再加入 2 mL 三氯化铁溶液(4.6)，用水稀释至刻度，摇匀备用。

7.5 校准溶液系列的配制

移取 0.00 mL、0.25 mL、0.50 mL、1.00 mL、2.00 mL、4.00 mL、8.00 mL、10. 00 mL、20.00 mL、硒标准溶液[4.8b)]，分别置于一组 50 mL 容量瓶中，加入适量水，加入 1 滴酚红溶液(4.9)，用盐酸(4.2)调节酸度，使溶液呈黄色，加入 15 mL 盐酸(4.1)，摇匀，在沸水浴上加热 0.5 h，取下，冷却，再加入 2 mL 三氯化铁溶液(4.6)，用水稀释至刻度，摇匀备用。

7.6 测定

按仪器操作程序，调节仪器各参数使仪器达最佳测量状态(参考附录 A)，以硼氢化钾溶液(4.5)作还原剂，以盐酸溶液(4.3)作载流，分别测定校准溶液和试料溶液中硒的荧光强度。同时测定空白试验溶液硒的荧光强度。

7.7 校准曲线的绘制

以硒量为横坐标，荧光强度为纵坐标，绘制校准曲线，从校准曲线上得到相应的硒量。

8 结果的计算

硒量以质量分数 $w(\mathrm{Se})$ 计，数值以 μg/g 表示，按式(1)计算：

$$w(\mathrm{Se})=\frac{(\rho_1-\rho_0)\times V\times V_2\times 10^{-3}}{m\times V_1} \quad \cdots\cdots(1)$$

式中：

ρ_1——从校准曲线上得到分取试料溶液中硒的浓度，单位为纳克每毫升(ng/mL)；

ρ_0——从校准曲线上得到空白试验溶液中硒的浓度，单位为纳克每毫升(ng/mL)；

V——试料溶液的总体积，单位为毫升(mL)；

V_2——试料溶液的测量体积，单位为毫升(mL)；

V_1——分取试料溶液体积，单位为毫升(mL)；

m——试料量，单位为克(g)。

计算结果表示为：0.××μg/g、×.××μg/g、××.×μg/g。

9 精密度

在重复性条件下获得的两次独立测试结果的测定值，在表 1 给出的水平范围内，其绝对差值不超过重复性限(r)，超过重复性限(r)的情况不超过 5%，重复性限(r)按表 1 所列方程式计算。

在再现性条件下获得的两次独立测试结果的测定值，在表 1 给出的水平范围内，其绝对差值不超过再现性限(R)，超过再现性限(R)的情况不超过 5%，再现性限(R)按表 1 所列方程式计算。

从实验室间试验结果得到的统计数据见附录 B。

表 1 方法精密度

单位为微克每克

元素	水平范围 m	重复性限 r	再现性限 R
硒	0.23～26	$r=0.076m+0.036\ 4$	$R=0.275\ 3m-0.036\ 8$
注：精密度数据由 7 个实验室对 5 个水平的试样进行试验确定。			

10 质量保证和控制

10.1 每次分析测试，应同时采用空白试验、重复分析、标准物质验证等方法进行质量保证与控制。

10.2 每分析批，应同时进行 2 个空白试验、20%～30%的重复样品分析(当样品数量不超过 5 个时，应进行 100%的重复样品分析)和 1 个～2 个同矿种标准物质验证试验。

10.3 重复性分析，两次测定结果的绝对差应小于表 1 给出的重复性限 r；再现性分析，不同实验室测定结果的绝对差应小于表 1 给出的再现性限 R。否则应查找原因，纠正错误后，重新进行校核。

附　录　A
（资料性附录）
仪器参考工作条件及共存离子的干扰消除

A.1　仪器参考工作条件

仪器参考工作条件见表 A.1 和表 A.2。

表 A.1　原子荧光光光度计的参考工作条件

灯电流 mA	负高压 V	载气流量 L/min	屏蔽气流量 L/min	原子化器的高度 mm
80	300	550	1 100	8

表 A.2　断续流动程序的参考工作条件

步骤	时间 s	转速 r/min	读数
1	3	0	NO
2	10	100	NO
3	3	0	NO
4	16	120	YES
5	0	0	NO

A.2　共存离子的干扰消除

溶液中共存 40 mg/L 的铜、8 mg/L 的铅、400 mg/L 的锌和 2 mg/mL 铋对硒的测定没有干扰，超出以上范围将会有干扰，但采用艾斯卡半熔法处理铜铅锌矿石样品，主量金属元素可以得到很好的分离，进入测量溶液的干扰元素大幅度减少，不干扰硒的测定。

附 录 B
（资料性附录）
实验室间试验结果数据的统计处理

B.1 方法重复性限、再现性限

根据 GB/T 6379.2—2004 确定了测量方法的重复性限与再现性限，统计分析结果见表 B.1

表 B.1 方法重复性限和再现性限统计分析结果

标准物质	GBW 07287	GBW 07235	GBW 07237	GBW 07233	GBW 007164
参加实验室数目	7	7	7	7	7
可接受结果的数目	15	21	21	21	21
平均值/(μg/g)	0.23	1.81	2.32	5.26	25.96
推荐值/(μg/g)	0.21	1.7	2.3	5.1	24
重复性标准差(S_r)	0.019 1	0.059 2	0.089 8	0.144 0	0.729 8
重复性变异系数	9.1%	3.5%	3.9%	2.8%	3.0%
重复性限($2.8\times S_r$)	0.053	0.166	0.251	0.403	2.04
再现性标准差(S_R)	0.035 2	0.267 5	0.224 7	0.458 6	2.772 8
再现性变异系数	16.8%	15.7%	9.8%	9.0%	11.6%
再现性限($2.8\times S_R$)	0.098	0.749	0.629	1.28	8.32

B.2 方法正确度评估

根据 GB/T 6379.4—2006 确定标准测量方法正确度的基本方法，对方法正确度进行了统计评估，置信区间($\delta-AS_R\leqslant\delta\leqslant\delta+AS_R$)包含 0，测量方法的偏倚在置信水平 $\alpha=5\%$ 下不显著，统计结果见表 B.2。

表 B.2 方法正确度统计分析

标准物质	GBW07287	GBW07235	GBW07237	GBW07233	GBW007164
单元测定次数(n)	3	3	3	3	3
可接受结果的验室数(p)	5	7	7	7	7
重复性标准差(S_r)	0.019 1	0.059 2	0.089 8	0.144 0	0.729 8
再现性标准差(S_R)	0.035 2	0.267 5	0.224 7	0.458 6	2.772 8
$\gamma=S_R/S_r$	1.842 9	4.517 9	2.503 6	3.185 4	3.799 5
A[a]	0.785 3	0.728 6	0.700 3	0.716 1	0.723 5
测试结果总平均值/(μg/g)	0.23	1.81	2.32	5.26	25.96
标准物质认定值/(μg/g)	0.21	1.7	2.3	5.1	24
测量方法的偏倚(δ)	0.02	0.106	0.015	0.161	1.962
$\delta-AS_R$	−0.007 7	−0.088 9	−0.142 4	−0.167 4	−0.044 1
$\delta+AS_R$	0.047 7	0.300 9	0.172 4	0.489 4	3.968 1
RE%	9.52	6.24	0.65	3.16	8.18

[a] $A=1.96\sqrt{\dfrac{n(\gamma^2-1)+1}{\gamma^2 pn}}$。

参 考 文 献

［1］ GB/T 6379.2—2004 测量方法与结果的准确定(正确度与精密度) 第2部分:确定标准测量方法重复性与再现性的基本方法
［2］ GB/T 6379.4—2006 测量方法与结果的准确定(正确度与精密度) 第4部分:确定标准测量方法正确度的基本方法

ICS 73.060
D 40

中华人民共和国国家标准

GB/T 14353.17—2014

铜矿石、铅矿石和锌矿石化学分析方法 第17部分:铊量测定

Methods for chemical analysis of copper ores, lead ores and zinc ores—Part 17: Determination of thallium content

2014-12-05 发布

2015-04-01 实施

中华人民共和国国家质量监督检验检疫总局
中国国家标准化管理委员会 发布

前 言

GB/T 14353《铜矿石、铅矿石和锌矿石化学分析方法》分为18个部分：

——第1部分：铜量测定；
——第2部分：铅量测定；
——第3部分：锌量测定；
——第4部分：镉量测定；
——第5部分：镍量测定；
——第6部分：钴量测定；
——第7部分：砷量测定；
——第8部分：铋量测定；
——第9部分：钼量测定；
——第10部分：钨量测定；
——第11部分：银量测定；
——第12部分：硫量测定；
——第13部分：镓量、铟量、铊量、钨量和钼量测定；
——第14部分：锗量测定；
——第15部分：硒量测定；
——第16部分：碲量测定；
——第17部分：铊量测定；
——第18部分：铜量、铅量、锌量、钴量和镍量测定。

本部分为GB/T 14353的第17部分。

本部分按照GB/T 1.1—2009给出的规则起草。

本部分由中华人民共和国国土资源部提出。

本部分由全国国土资源标准化技术委员会(SAC/TC 93)归口。

本部分起草单位：陕西省地质矿产实验研究所。

本部分主要起草人：王龙山、熊英、李小寒、牟乃仓。

铜矿石、铅矿石和锌矿石化学分析方法 第17部分:铊量测定

警示:使用本部分的人员应有正规实验室工作的实践经验。本部分并未指出所有可能的安全问题。使用者有责任采取适当的安全和健康措施,并保证符合国家有关法规规定的条件。

1 范围

GB/T 14353的本部分规定了铜矿石、铅矿石和锌矿石中石墨炉原子吸收光谱法测定铊量。

本部分适用于铜矿石、铅矿石和锌矿石中铊量的石墨炉原子吸收光谱法测定。

测定范围:0.06 μg/g~40 μg/g 的铊。

方法检出限:铊 0.02 μg/g 。

2 规范性引用文件

下列文件对于本文件的应用是必不可少的,凡是注日期的引用文件,仅注日期的版本适用于本文件。凡是不注日期的引用文件,其最新版本(包含所有的修改单)适用于本文件。

GB/T 6682 分析实验室用水规格和试验方法

GB/T 14505 岩石和矿石化学分析方法 总则及一般规定

3 原理

试料经硝酸-氢氟酸-高氯酸-硫酸分解,在10%硝酸介质中,在过氧化氢和铁盐存在下,用聚氨酯泡沫塑料富集,使铊与杂质元素分离,在沸水浴中解脱铊,加抗坏血酸作基体改进剂,在石墨炉原子吸收分光度计上,以铊空心阴极灯为光源,辐射出的铊元素特征光波,通过石墨炉中试料蒸汽时,被蒸汽中铊的基态原子所吸收,由辐射光强度减弱的程度,计算试料中的铊量。

4 试剂

除非另有说明,在分析中均使用分析纯试剂和符合GB/T 6682的分析实验室用水。

4.1 过氧化氢(30% H_2O_2)。

4.2 硝酸(ρ=1.42 g/mL) 。

4.3 氢氟酸 (ρ=1.13 g/mL) 。**警告:氢氟酸有毒并具有强腐蚀性,操作时应戴防腐手套,防止与皮肤接触。**

4.4 硫酸 (ρ=1.84 g/mL)。

4.5 高氯酸(ρ=1.68 g/mL)。**警告:易爆品,使用时小心!**

4.6 聚氨酯型泡沫塑料(2 cm×1 cm×0.5 cm)。

4.7 硫酸(1+1)。**警告:不当的稀释易发生危险!**

4.8 硝酸(2+8)。

4.9 抗坏血酸溶液(20 g/L):

称取 2 g 抗坏血酸于 150 mL 烧杯中,加适量蒸馏水溶解,移入 100 mL 容量瓶中,用水稀释至刻度,摇匀。

4.10 铁盐溶液[$\rho(Fe^{3+})$=100 mg/mL]:

称取 484 g 三氯化铁($FeCl_3 \cdot 6H_2O$)于 250 mL 烧杯中,加入 30 mL 盐酸与硝酸混合酸(1+1)及适量的水加热溶解后,用水移入 1 000 mL 容量瓶中,稀释至刻度,摇匀。

4.11 铊标准溶液按下列步骤配制:

a) 铊标准储备溶液[ρ(Tl)=200 μg/mL]:称取 50.0 mg 金属铊(>99.99%)于 100 mL 烧杯中,盖上表面皿,沿杯壁加入 10 mL 硝酸(4.2)置于控温电热板上加热溶解,加 5 滴硫酸(4.4),蒸干,用水浸取,移入 250 mL 容量瓶中,用水稀释至刻度,摇匀;

b) 铊标准工作溶液[ρ(Tl)=1 μg/mL]:吸取 5.00 mL 铊标准储备溶液[4.11 a)]于 1 000 mL 容量瓶中,用水稀释至刻度,摇匀。

5 仪器

5.1 配有石墨炉的原子吸收光谱仪。

5.2 铊单元素空心阴极灯。

5.3 分析天平:三级,感量 0.1 mg。

5.4 调速振荡器。

6 试样

6.1 按照 GB/T 14505 的相关规定,加工试样的粒径应小于 97 μm 。

6.2 试样在 60 ℃~80 ℃烘箱中干燥 2 h~4 h,并置于干燥器中冷却至室温备用。

7 分析步骤

7.1 试料

根据试样中铊量,称取 0.1 g~1 g 试样,精确至 0.1 mg。铊含量大于 5 μg/g,称取 0.1 g 试样。

7.2 空白试验

随同试料进行不小于 2 份空白试验,所用试剂应取自同一瓶试剂,加入同等的量。

7.3 验证试验

随同试料分析同矿种的标准物质。

7.4 试料分解

7.4.1 将试料(7.1)置于聚四氟乙烯烧杯中,加入 8 mL 硝酸(4.2),10 mL 氢氟酸 (4.3), 1 mL 硫酸(4.7),2 mL 高氯酸(4.5)置于电热板上加热溶解并蒸发至三氧化硫白烟冒尽,取下冷却。加入 25 mL 硝酸(4.8),加热溶解盐类,冷却,转入 250 mL 锥形瓶中,用水稀释至约 50 mL。

7.4.2 加入 2 mL 过氧化氢(4.1),2 mL 铁盐溶液(4.10),放入一块泡沫塑料(4.6),排去气泡,于调速振荡器上振荡 30 min,取出泡沫塑料,用自来水冲洗泡沫塑料上残留的样品,再用去离子水冲洗挤干泡塑,然后放入盛有 10 mL 水的 25 mL 比色管中,于 100 ℃ 水浴中保持 20 min,趁热取出泡沫塑料,加入

1滴硝酸(4.2),用水稀释至刻度,摇匀。

7.5 校准溶液系列的配制

移取0.00 mL、2.00 mL、4.00 mL、6.00 mL、8.00 mL、10.00 mL 铊标准溶液[4.11b)]分别置于100 mL容量瓶中,用水稀释至刻度,摇匀。得1 mL分别含0 ng、20 ng、40 ng、60 ng、80 ng、100 ng 铊的标准系列溶液。取上述标准系列溶液各3 mL分别置于250 mL锥形瓶中,加入20 mL硝酸(4.8),用水稀释至约50 mL。以下分析步骤按7.4.2进行。

7.6 测定

参考仪器工作条件(参见附录A),将待测溶液和抗坏血酸溶液(4.9)依次注入石墨炉中,分别测定校准溶液和试料溶液中铊的吸光度值,同时测定空白试验溶液的吸光度值。

7.7 校准曲线的绘制

以铊量为横坐标,吸光度为纵坐标,绘制校准曲线,从曲线上得到相应的铊量。

8 结果计算

铊量以质量分数 $w(\mathrm{Tl})$ 计,数值以 μg/g 表示,按式(1)计算:

$$w(\mathrm{Tl})=\frac{(\rho_1-\rho_0)\times V\times 10^{-3}}{m} \qquad \cdots\cdots(1)$$

式中:

ρ_1——从校准曲线上查得试料溶液中的铊量,单位为纳克每毫升(ng/mL);

ρ_0——从校准曲线上查得的空白试验溶液中的铊量,单位为纳克每毫升(ng/mL);

V——试料溶液的总体积,单位为毫升(mL);

m——试料量,单位为克(g)。

计算结果表示为0.0×× μg/g、0.×× μg/g、×.×× μg/g、××.× μg/g。

9 精密度

在重复性条件下获得的两次独立测试结果的测定值,在表1给出的水平范围内,其绝对差值不超过重复性限(r),超过重复性限(r)的情况不超过5%,重复性限(r)按表1所列方程式计算。

在再现性条件下获得的两次独立测试结果的测定值,在表1给出的水平范围内,其绝对差值不超过再现性限(R),超过再现性限(R)的情况不超过5%,再现性限(R)按表1所列方程式计算。

从实验室间试验结果得到的统计数据参见附录B。

表1 方法精密度

单位为微克每克

元素	水平范围 m	重复性限 r	再现性限 R
铊	0.06~5.0	$r=0.042\ 7\ m+0.012\ 1$	$R=0.077\ 8\ m+0.021\ 7$
注:方法精密度数据由7个实验室对5个水平的试样进行试验确定。			

10 质量保证和控制

10.1 每次分析测试，应同时采用空白试验、重复分析、标准物质验证等方法进行质量保证与控制。

10.2 每分析批，应同时进行 2 个空白试验、20%～30%的重复样品分析（当样品数量不超过 5 个时，应进行 100%的重复样品分析）和 1 个～2 个同矿种标准物质验证试验。

10.3 重复性分析，两次测定结果的绝对差应小于表 1 给出的重复性限 r；再现性分析，不同实验室测定结果的绝对差应小于表 1 给出的再现性限 R。否则应查找原因，纠正错误后，重新进行校核。

附 录 A
（资料性附录）
仪器参考工作条件

表 A.1、表 A.2 给出了测量时仪器的参考工作条件。

表 A.1 原子吸收分光光度计参考工作条件

波长 nm	灯电流 mA	单色器通带 nm	原子化器	氩气流量 mL/min	测量方式	背景扣除	进样体积 μL	基体改进剂 μL
276.8	6.0	0.8	普通管型	200	峰高	氘灯	20	5

表 A.2 石墨炉原子化器加热程序

步骤	温度 ℃	时间 s
干燥	80～120	45
灰化	600	15
原子化	1 600	2
除残	2 100	2

附　录　B
（资料性附录）
实验室间试验结果数据的统计处理

B.1　方法重复性限、再现性限

根据 GB/T 6379.2—2004 确定了测量方法的重复性限与再现性限，统计分析结果见表 B.1。

表 B.1　方法重复性限和再现性限统计分析

标准物质	GBW07287	GBW07235	GBW07237	GBW07233	GBW007164
参加实验室数目	7	7	7	7	7
可接受结果的数目	5	6	7	7	6
平均值/(μg/g)	0.067	0.37	1.05	2.04	5.06
推荐值/(μg/g)	0.06	0.36	1.0	1.8	5
重复性标准差(s_r)	0.004 7	0.013 3	0.067 3	0.054 1	0.060 6
重复性变异系数	7.83%	3.69%	6.73%	3.00%	1.21%
重复性限(2.8×s_r)	0.013	0.037	0.188	0.151	0.170
再现性标准差(s_R)	0.008 5	0.022 6	0.074 1	0.274 7	0.111 6
再现性变异系数	14.17%	6.28%	7.41%	15.26%	2.23%
再现性限(2.8×s_R)	0.024	0.063	0.207	0.769	0.312

B.2　方法正确度评估

根据 GB/T 6379.4—2006 确定标准测量方法正确度的基本方法，对方法正确度进行了统计评估，部分试验样品检测结果置信区间($\delta-AS_R\leqslant\delta\leqslant\delta+AS_R$)包含 0，测量方法的偏倚在置信水平 $\alpha=5\%$ 下不显著，统计结果见表 B.2。

表 B.2　方法正确度统计分析

标准物质	GBW07233	GBW07234	GBW07236	GBW07241	GBW07240
单元测定次数(n)	3	3	3	3	3
可接受结果的验室数(p)	5	6	7	7	6
重复性标准差(S_r)	0.004 7	0.013 3	0.067 3	0.054 1	0.060 6
再现性标准差(S_R)	0.008 5	0.022 6	0.074 1	0.274 7	0.111 6
$\gamma=S_R/S_r$	1.808 5	1.699 2	1.101 0	5.077 6	1.841 6
A[a]	0.782 1	0.701 7	0.497 0	0.731 2	0.717 2

表 B.2（续）

标准物质	GBW07233	GBW07234	GBW07236	GBW07241	GBW07240
测试结果总平均值/(μg/g)	0.067	0.37	1.05	2.04	5.06
标准物质认定值/(μg/g)	0.06	0.36	1.0	1.8	5
测量方法的偏倚(δ)	0.006 8	0.011 7	0.048 6	0.239	0.065
$\delta - AS_R$	0.000 4	−0.003 9	0.013 2	0.038 6	−0.020 0
$\delta + AS_R$	0.013 6	0.027 9	0.086 8	0.440 4	0.140 0
RE%	11.67	2.78	5.00	13.33	1.20

[a] $A = 1.96\sqrt{\dfrac{n(\gamma^2-1)+1}{\gamma^2 pn}}$。

参 考 文 献

[1] GB/T 6379.2—2004 测量方法与结果的准确度(正确度与精密度) 第2部分:确定标准测量方法重复性与再现性的基本方法

[2] GB/T 6379.4—2006 测量方法与结果的准确度(正确度与精密度) 第4部分:确定标准测量方法正确度的基本方法

ICS 73.060
D 40

中华人民共和国国家标准

GB/T 14353.18—2014

铜矿石、铅矿石和锌矿石化学分析方法 第18部分:铜量、铅量、锌量、钴量和镍量测定

Methods for chemical analysis of copper ores, lead ores and zinc ores—Part 18: Determination of copper content、lead content、zinc content、cobalt content and nickel content

2014-12-05 发布

2015-04-01 实施

中华人民共和国国家质量监督检验检疫总局
中国国家标准化管理委员会 发布

前　言

GB/T 14353《铜矿石、铅矿石和锌矿石化学分析方法》分为18个部分：

——第1部分：铜量测定；
——第2部分：铅量测定；
——第3部分：锌量测定；
——第4部分：镉量测定；
——第5部分：镍量测定；
——第6部分：钴量测定；
——第7部分：砷量测定；
——第8部分：铋量测定；
——第9部分：钼量测定；
——第10部分：钨量测定；
——第11部分：银量测定；
——第12部分：硫量测定；
——第13部分：镓量、铟量、铊量、钨量和钼量测定；
——第14部分：锗量测定；
——第15部分：硒量测定；
——第16部分：碲量测定；
——第17部分：铊量测定；
——第18部分：铜量、铅量、锌量、钴量和镍量测定。

本部分为GB/T 14353的第18部分。

本部分按照GB/T 1.1—2009给出的规则起草。

本部分由中华人民共和国国土资源部提出。

本部分由全国国土资源标准化技术委员会(SAC/TC 93)归口。

本部分起草单位：陕西省地质矿产实验研究所。

本部分主要起草人：熊英、王晓雁、胡建平。

铜矿石、铅矿石和锌矿石化学分析方法 第18部分：铜量、铅量、锌量、钴量和镍量测定

警示：使用本部分的人员应有正规实验室工作的实践经验。本部分并未指出所有可能的安全问题。使用者有责任采取适当的安全和健康措施，并保证符合国家有关法规规定的条件。

1 范围

GB/T 14353的本部分规定了铜矿石、铅矿石和锌矿石中电感耦合等离子体发射光谱法同时测定铜量、铅量、锌量、钴量和镍量。

本部分适用于铜矿石、铅矿石和锌矿石中铜量、铅量、锌量、钴量和镍量的电感耦合等离子体发射光谱法同时测定。

测定范围：0.002%～8.5%的铜，0.01%～5%的铅，0.005%～3%的锌，0.001 5%～0.5%的钴，0.003%～0.5%的镍。

方法检出限：铜0.000 66%，铅0.003 2%，锌0.001 7%，钴0.000 47%，镍0.001 0%。

2 规范性引用文件

下列文件对于本文件的应用是必不可少的。凡是注日期的引用文件，仅注日期的版本适用于本文件。凡是不注日期的引用文件，其最新版本（包含所有的修改单）适用于本文件。

GB/T 6682 分析实验室用水规格和试验方法

GB/T 14505 岩石和矿石化学分析方法 总则及一般规定

3 原理

试料经盐酸-硝酸-氢氟酸-高氯酸分解后，于20%的硝酸介质（含3%的盐酸）中，将待测试料溶液引入高温等离子炬中，使待测元素被激发成离子及原子，发射出所含元素的特征谱线。在规定的波长处测量各元素离子及原子的发射光谱强度，发射光谱强度与被测元素的浓度成正比，采用校准曲线法，由仪器自带计算机计算被测元素的含量。

4 试剂

除非另有说明，在分析中均使用分析纯试剂和符合GB/T 6682的分析实验室用水。

4.1 硝酸（ρ=1.42 g/mL）。

4.2 氢氟酸（ρ=1.13 g/mL）。**警告：氢氟酸有毒，并具有强腐蚀性，操作时应戴防腐手套，防止与皮肤接触。**

4.3 盐酸（ρ=1.19 g/mL）。

4.4 高氯酸（ρ=1.68 g/mL）。**警告：易爆品，小心操作！**

4.5 混合酸（硝酸+盐酸=4+1）。

4.6 硝酸(1+9)。

4.7 标准溶液的配制

4.7.1 铜标准溶液按下列步骤配制：

a) 铜标准储备溶液[ρ(Cu)=1.00 mg/mL]：称取 0.500 0 g 金属铜(>99.99%)，置于 250 mL 烧杯中，盖上表面皿，沿杯壁加入 10 mL 硝酸(1+1)，微热，待全部溶解后，加入 10 mL 硫酸(1+1)，蒸至冒三氧化硫白烟，取下冷却，加水溶解铜盐，用水洗去表面皿，冷却后移入 500 mL 容量瓶中，用水稀释至刻度，摇匀；

b) 铜标准溶液[ρ(Cu)=100.0 μg/mL]：分取 25.00 mL 铜标准储备溶液[4.7.1a)]，置于 250 mL 容量瓶中，用盐酸(5+95)稀释至刻度，摇匀；

c) 铜标准溶液[ρ(Cu)=20.0 μg/mL]：分取 50.00 mL 铜标准溶液[4.7.1b)]，置于 250 mL 容量瓶中，用盐酸(5+95)稀释至刻度，摇匀。

4.7.2 铅标准溶液按下列步骤配制：

a) 铅标准储备溶液[ρ(Pb)=1.00 mg/mL]：称取 1.000 0 g 金属铅(>99.99%)，置于 250 mL 烧杯中，盖上表面皿，沿烧杯壁加入 10 mL 硝酸(1+1)加热溶解后，用少量水洗去表面皿，移至 1 000 mL 容量瓶中，用水稀释至刻度，摇匀；

b) 铅标准溶液[ρ(Pb)=20.0 μg/mL]：分取 20.00 mL 铅标准储备溶液[4.7.2a)]，置于 1 000 mL 容量瓶中，用水稀释至刻度，摇匀。

4.7.3 锌标准溶液按下列步骤配制：

a) 锌标准储备溶液[ρ(Zn)=1.00 mg/mL]：称取 1.000 0 g 金属锌(>99.99%)，置于 250 mL 烧杯中，盖上表面皿，沿烧杯壁加入 10 mL 盐酸(1+1)，放置自溶(如酸不够可补加)，溶解完全后，用水洗去表面皿，移入 1 000 mL 容量瓶中，用水稀释至刻度，摇匀；

b) 锌标准溶液[ρ(Zn)=20.0 μg/mL]：分取 20.00 mL 锌标准贮备溶液[4.7.3a)]，置于 1 000 mL 容量瓶中，用水稀释至刻度，摇匀。

4.7.4 钴标准溶液按下列步骤配制：

a) 钴标准储备液[ρ(Co)=100 μg/mL]：称取 0.100 0 g 金属钴(>99.99%)，置于 100 mL 烧杯中，盖上表面皿，沿杯壁加入 20 mL 硝酸(1+1)，加热溶解，低温蒸干，用少量水冲洗表面皿，加入 5 mL 盐酸(4.3)，低温蒸干，重复一次。加入 10 mL 盐酸(4.3)溶解钴盐，冷却，用水移入 1 000 mL 容量瓶中，并稀释至刻度，摇匀，备用。

b) 钴标准溶液[ρ(Co)=10.0 μg/mL]：移取 50.00 mL 钴标准储备溶液[4.7.4a)]，置于 500 mL 容量瓶中，用盐酸(1+99)稀释至刻度，摇匀。

4.7.5 镍标准溶液按下列步骤配制：

a) 镍标准储备液[ρ(Ni)=100 μg/mL]：称取 0.100 0 g 金属镍(>99.99%)，置于 100 mL 烧杯中，盖上表面皿，沿杯壁加入 20 mL 硝酸(1+1)，加热溶解，低温蒸干，用少量水冲洗表面皿，加入 5 mL 盐酸(4.3)，低温蒸干，重复一次。再加入 10 mL 盐酸(4.3)溶解镍盐，冷却，用水移入 1 000 mL 容量瓶中，并稀释至刻度，摇匀。

b) 镍标准溶液[ρ(Ni)=10.0 μg/mL]：移取 50.00 mL 镍标准储备溶液[4.7.5a)]，置于 500 mL 容量瓶中，用盐酸溶液(1+99)稀释至刻度，摇匀。

5 仪器

5.1 电感耦合等离子体发射光谱仪。

5.2 分析天平：三级，感量 0.1 mg。

6 试样

6.1 按照 GB/T 14505 的相关规定，加工试样的粒径应小于 97 μm。

6.2 试样在 60 ℃～80 ℃烘箱中烘 2 h～4 h，并置于干燥器中冷却至室温备用。

7 分析步骤

7.1 试料

根据试样中被测元素的含量，按表 1 称取试样，精确至 0.1 mg。

表 1 试料量

元素	含量 10^{-2}	试料量 g	定容体积 mL	含量 10^{-2}	试料量 g	定容体积 mL
Co	0.001 5～0.1	0.25	25.00	0.1～0.5	0.1	100.0
Cu	0.002～0.1	0.25	25.00	0.1～8	0.1	100.0
Ni	0.003～0.1	0.25	25.00	0.1～0.5	0.1	100.0
Pb	0.01～0.1	0.25	25.00	0.1～5	0.1	100.0
Zn	0.005～0.1	0.25	25.00	0.1～3	0.1	100.0
对于同一个样品，当铜量、铅量、锌量、钴量和镍量的质量分数相差 4 个数量级以上时，可分别称取 0.25 g 和 0.1 g 试样，分解后，制备成 25.00 mL、100 mL 2 份试料溶液，同时测定。根据被测元素的含量范围，选择适宜的试料量的测定结果。						

7.2 空白试验

随同试料进行双份空白试验，所用试剂应取自同一试剂瓶，加入同等的量。

7.3 验证试验

随同试料分析同矿种、含量相近的标准物质。

7.4 试料分解

7.4.1 将试料(7.1)置于 100 mL 的聚四氟乙烯烧杯中，用适量水将样品润湿，加入 10 mL 盐酸(4.3)，加热至近干；加入 10 mL 硝酸(4.1)、10 mL 氢氟酸(4.2)、2 mL 高氯酸(4.4)，置于电热板上加热至试料全部溶解，并蒸至近干。

7.4.2 稍冷。加入 4 mL 混合酸(4.5)微热溶解盐类至溶液清亮，冷却，转入 25 mL 比色管或 100 mL 容量瓶中[转入 100 mL 容量瓶的试料溶液需补加 10 mL 混合酸(4.5)]。用硝酸(4.6)稀释刻度，摇匀，隔夜放置，待上机测定。

7.5 校准溶液系列的配制

分别移取各单一标准溶液[4.7.1c)、4.7.2b)、4.7.3b)、4.7.4b)、4.7.5b)]，稀释配制成所需的混合标准：BLANK，STD1，STD2，STD3，STD4，STD5。混合校准溶液系列见表 2。

表 2 混合校准溶液系列

标准系列	ρ(Cu)/(mg·L^{-1})	ρ(Pb)/(mg·L^{-1})	ρ(Zn)/(mg·L^{-1})	ρ(Co)/(mg·L^{-1})	ρ(Ni)/(mg·L^{-1})
BLANK	0	0	0	0	0
STD1	0.2	0.2	0.2	0.2	0.2
STD2	2.0	2.0	2.0	2.0	2.0
STD3	10.0	20.0	10.0	10.0	10.0
STD4	50.0	200.0	50.0	50.0	50.0
STD5	200.0	1 000.0	300.0	100.0	100.0

7.6 测量

参考仪器工作条件(参见附录 A),将仪器点火稳定后,将校准工作溶液和试料溶液先后引入高温等离子体焰中,对各元素进行测定,同时进行空白试验溶液和验证试验溶液的测定。并由计算机专用软件计算并保存数据。

7.7 校准曲线的绘制

根据含量范围选择校准溶液系列,采用高低两点校准溶液标准化,按(7.6)手续同时测定并将数据储存于计算机内,由计算机专用软件自动进行校准工作曲线绘制。

8 结果的计算

铜、铅、锌、钴和镍的含量以质量分数 w(Cu、Pb、Zn、Co、Ni)计,数值以%表示,按式(1)计算。

$$w(\text{Cu、Pb、Zn、Co、Ni}) = \frac{(\rho_1 - \rho_0) \times V \times 10^{-6}}{m} \times 100 \quad \cdots\cdots (1)$$

式中:

ρ_1——从校准曲线上查得试料溶液中的元素含量,单位为微克每毫升(μg/mL);

ρ_0——从校准曲线上查得空白溶液(7.2)中的元素含量,单位为微克每毫升(μg/mL);

V——试料溶液总体积,单位为毫升(mL);

m——试料量,单位为克(g)。

计算结果表示为 0.0××%、0.××%、0.××%、×.××%、××.××%。

9 精密度

在重复性条件下获得的两次独立测试结果的测定值,在表 3 给出的水平范围内,其绝对差值不超过重复性限(r),超过重复性限(r)的情况不超过 5%,重复性限(r)按表 3 所列方程式计算。

在再现性条件下获得的两次独立测试结果的测定值,在表 3 给出的水平范围内,其绝对差值不超过再现性限(R),超过再现性限(R)的情况不超过 5%,再现性限(R)按表 3 所列方程式计算。

从实验室间试验结果得到的统计数据参见附录 B。

表 3 方法精密度

元素	水平范围 m	重复性限 r	再现性限 R
铜	0.037%～8.44%	$r=0.024m+0.003\ 3$	$R=0.055m+0.004\ 6$
铅	0.025%～4.08%	$r=0.050\ 3m+0.001\ 9$	$R=0.094\ 2m+0.004\ 3$
锌	0.062%～2.70%	$r=0.041\ 5m+0.001\ 5$	$R=0.069\ 1m+0.007\ 6$
钴	15.6 μg/g～233 μg/g	$r=0.075\ 5m+0.151\ 2$	$R=0.216\ 2m-0.917\ 2$
镍	33.2 μg/g～379 μg/g	$r=0.101\ 6m-0.010\ 7$	$R=0.204\ 9m-0.043\ 4$
注：精密度数据由 8 个实验室对 6 个水平的试样进行试验确定。			

10 质量保证和控制

10.1 每次分析测试，应同时采用空白试验、重复分析、标准物质验证等方法进行质量保证与控制。

10.2 每分析批，应同时进行 2 个空白试验、20%～30%的重复样品分析(当样品数量不超过 5 个时，应进行 100%的重复样品分析)和 1 个至 2 个同矿种标准物质验证试验。

10.3 重复性分析，两次测定结果的绝对差应小于表 3 给出的重复性限 r；再现性分析，不同实验室测定结果的绝对差应小于表 3 给出的再现性限 R。否则应查找原因，纠正错误后，重新进行校核。

附 录 A
(资料性附录)
仪器参考工作条件及共存离子的干扰

A.1 仪器参考工作条件

仪器参考工作条件见表 A.1 和表 A.2。

表 A.1 仪器参考工作条件

功率 W	雾化器压力 PSI	积分时间 s	冷却气 L/min	辅助气 L/min	提升量 mL/min	观测高度 mm
1 100	31	长波 5,短波 10	14	0.5	1.85	15

表 A.2 各元素的分析波长

元素	波长 nm	读出宽度
Co	228.616	3
Cu	324.754	3
Ni	231.604	2
Pb	220.353	2
Zn	213.856	2

A.2 共存离子的干扰

在本实验条件下,共存 0.5 mg/mL 的铁、铝、钙、镁、钾、钠等离子不影响铜、铅、锌、钴和镍量的测定。

附 录 B
（资料性附录）
实验室间试验结果数据的统计处理

B.1 方法重复性限、再现性限

根据 GB/T 6379.2—2004 确定了测量方法的重复性限与再现性限，统计分析结果见表 B.1～表 B.5。

表 B.1 铜量测定的重复性限和再现性限统计分析

标准物质	GBW07236	GBW07235	GBW07237	GBW(E)070075	GBW07169	GBW(E)070076
参加实验室数目	8	8	8	8	8	8
可接受结果的数目	8	8	8	7	8	8
平均值/%	0.037	0.20	0.713	3.82	5.59	8.44
推荐值/%	0.035	0.2	0.71	3.84	5.49	8.53
重复性标准差(s_r)	0.001 3	0.007 1	0.009 4	0.027 2	0.060 1	0.066 8
重复性变异系数	3.71%	3.55%	1.32%	0.71%	1.09%	0.78%
重复性限($2.8\times s_r$)	0.003 6	0.020	0.026	0.076	0.168	0.187
再现性标准差(s_R)	0.002 2	0.008 3	0.018 4	0.051 2	0.202 7	0.277 2
再现性变异系数	6.28%	4.15%	2.59%	1.33%	3.69%	3.25%
再现性限($2.8\times s_R$)	0.006 2	0.023	0.052	0.143	0.568	0.776

表 B.2 铅量测定的重复性限和再现性限统计分析

标准物质	GBW(E)070075	GBW07237	GBW07236	GBW07169	GBW07170	GBW07235
参加实验室数目	8	8	8	8	8	8
可接受结果的数目	7	8	8	8	8	8
平均值/%	0.025	0.25	0.59	1.10	2.25	4.08
推荐值/%	0.024	0.25	0.61	1.12	2.24	4.17
重复性标准差(s_r)	0.001 1	0.007 4	0.012 8	0.029 8	0.031 1	0.070 1
重复性变异系数	4.58%	2.96%	2.10%	2.66%	1.39%	1.68%
重复性限($2.8\times s_r$)	0.003 1	0.021	0.036	0.083	0.087	0.196
再现性标准差(s_R)	0.002 5	0.007 7	0.027 7	0.040 1	0.105 9	0.126 1
再现性变异系数	10.42%	3.08%	4.54%	3.58%	4.73%	3.02%
再现性限($2.8\times s_R$)	0.007	0.022	0.078	0.112	0.296	0.353

表 B.3 锌量测定的重复性限和再现性限统计分析

标准物质	GBW07235	GBW(E)070075	GBW07236	GBW07169	GBW07170	GBW07237
参加实验室数目	8	8	8	8	8	8
可接受结果的数目	7	7	7	8	8	8
平均值/%	0.062	0.083	0.092	0.61	1.21	2.70
推荐值/%	0.062	0.083	0.092	0.61	1.21	2.75
重复性标准差(s_r)	0.001 5	0.001 5	0.003 0	0.008 2	0.020 9	0.043 5
重复性变异系数	2.42%	1.81%	3.26%	1.34%	1.73%	1.58%
重复性限(2.8×s_r)	0.004	0.004	0.008	0.023	0.058	0.122
再现性标准差(s_R)	0.004 1	0.005 1	0.004 8	0.020 1	0.030 6	0.068 2
再现性变异系数	6.61%	6.14%	5.22%	3.30%	2.53%	2.48%
再现性限(2.8×s_R)	0.012	0.014	0.013	0.056	0.086	0.191

表 B.4 钴量测定的重复性限和再现性限统计分析

标准物质	GBW07236	GBW(E)070075	GBW07169	GBW(E)070076	GBW07170
参加实验室数目	8	8	8	8	8
可接受结果的数目	8	8	8	8	8
平均值/(μg/g)	15.55	64.9	126	161	233
推荐值/(μg/g)	15.7	—	118	—	221
重复性标准差(s_r)	0.512 8	1.356 3	4.524 4	5.361 6	6.595 4
重复性变异系数	3.26%	(2.09%)	3.83%	(3.33%)	2.98%
重复性限(2.8×s_r)	1.44	3.80	12.7	15.0	18.5
再现性标准差(s_R)	0.865 0	5.697 0	8.024 4	10.985 7	23.012 2
再现性变异系数	5.51%	(8.79%)	6.80%	(6.82%)	10.4%
再现性限(2.8×s_R)	2.42	16.0	22.5	30.8	64.4

表 B.5 镍量测定的重复性限和再现性限统计分析

标准物质	GBW07236	GBW(E)070075	GBW(E)070076	GBW07169	GBW07170
参加实验室数目	8	8	8	8	8
可接受结果的数目	8	8	8	8	8
平均值/(μg/g)	33.2	52.4	105	212	379
推荐值/(μg/g)	34.5	—	—	212	376
重复性标准差(s_r)	1.547 2	1.546 2	3.671 5	8.055 9	15.530
重复性变异系数	4.48%	(2.95%)	(3.50%)	3.80%	4.10%
重复性限(2.8×s_r)	4.33	4.33	10.28	22.57	43.48
再现性标准差(s_R)	2.062 9	8.215 6	11.373 5	14.995 1	23.254 6
再现性变异系数	5.98%	(15.7%)	10.8%	(7.07%)	6.18%
再现性限(2.8×s_R)	5.78	23.0	31.8	42.0	65.1

B.2 方法正确度评估

根据 GB/T 6379.4—2006 确定标准测量方法正确度的基本方法，对方法正确度进行了统计评估，置信区间($\delta - AS_R \leqslant \delta \leqslant \delta + AS_R$)包含 0，测量方法的偏倚在置信水平 $\alpha = 5\%$ 下不显著，统计结果见表 B.6～表 B.10。

表 B.6 铜量测定的正确度统计分析

标准物质	GBW07236	GBW07235	GBW07237	GBW(E)070075	GBW07169	GBW(E)070076
单元测定次数(n)	3	3	3	3	3	3
可接受结果的验室数(p)	8	8	8	7	8	8
重复性标准差(S_r)	0.001 3	0.007 1	0.009 4	0.027 2	0.060 1	0.066 8
再现性标准差(S_R)	0.002 2	0.008 3	0.018 4	0.051 2	0.202 7	0.277 2
$\gamma = S_R/S_r$	1.631 6	1.180 2	1.968 6	1.885 6	3.372 4	4.151 3
A[a]	0.600 0	0.500 4	0.630 5	0.667 8	0.672 3	0.679 4
测试结果总平均值/(μg/g)	0.036 8	0.203 8	0.712 9	3.815 7	5.595 4	8.435 0
标准物质认定值/(μg/g)	0.035	0.2	0.71	3.84	5.49	8.53
测量方法的偏倚(δ)	0.001 8	0.003 8	0.002 9	−0.024 3	0.105 4	−0.095 0
$\delta - AS_R$	0.000 5	−0.000 4	−0.008 7	−0.058 5	−0.030 9	−0.283 3
$\delta + AS_R$	0.003 1	0.008 0	0.014 5	0.009 9	0.241 7	0.093 3
RE%	5.23	1.90	0.41	−0.63	1.92	−1.11

[a] $A = 1.96\sqrt{\dfrac{n(\gamma^2 - 1) + 1}{\gamma^2 pn}}$。

表 B.7 铅量测定的正确度统计分析

标准物质	GBW(E)070075	GBW07237	GBW07236	GBW07169	GBW07170	GBW07235
单元测定次数(n)	3	3	3	3	3	3
可接受结果的验室数(p)	7	8	8	8	8	8
重复性标准差(S_r)	0.001 1	0.007 4	0.012 8	0.029 8	0.031 1	0.070 1
再现性标准差(S_R)	0.002 5	0.007 7	0.027 7	0.040 1	0.105 9	0.126 1
$\gamma = S_R/S_r$	2.346 0	1.044 2	2.155 9	1.345 2	3.402 0	1.799 1
A[a]	0.694 5	0.432 0	0.641 3	0.550 7	0.672 7	0.617 5
测试结果总平均值/(μg/g)	0.025 1	0.247 7	0.590 1	1.111 1	2.246 3	4.078
标准物质认定值/(μg/g)	0.024	0.25	0.61	1.12	2.24	4.17
测量方法的偏倚(δ)	0.001 1	−0.002 3	−0.019 9	−0.008 9	0.006 3	−0.092
$\delta - AS_R$	−0.000 7	−0.005 6	−0.037 6	−0.034 1	−0.064 9	−0.169 9
$\delta + AS_R$	0.002 9	0.001 0	−0.002 2	0.013 1	0.077 5	−0.014 1
RE%	4.58	−0.92	−3.26	−0.80	0.28	−2.21

[a] $A = 1.96\sqrt{\dfrac{n(\gamma^2 - 1) + 1}{\gamma^2 pn}}$。

表 B.8 锌量测定的正确度统计分析

标准物质	GBW07235	GBW(E)070075	GBW07236	GBW07169	GBW07170	GBW07237
单元测定次数(n)	3	3	3	3	3	3
可接受结果的验室数(p)	7	7	7	8	8	8
重复性标准差(S_r)	0.001 5	0.001 5	0.003 0	0.008 2	0.020 9	0.043 5
再现性标准差(S_R)	0.004 1	0.005 1	0.004 8	0.020 1	0.030 6	0.068 2
$\gamma = S_R/S_r$	2.672 0	3.539 6	1.621 9	2.440 1	1.462 7	1.566 4
A[a]	0.705 4	0.720 8	0.640 1	0.653 0	0.575 0	0.591 4
测试结果总平均值/(μg/g)	0.062 1	0.083 3	0.091 7	0.612 6	1.208	2.704 3
标准物质认定值/(μg/g)	0.062	0.083	0.092	0.61	1.21	2.75
测量方法的偏倚(δ)	0.000 1	0.000 3	−0.000 3	0.002 6	−0.002 0	−0.045 7
$\delta - AS_R$	−0.002 8	−0.003 4	−0.003 4	−0.010 5	−0.019 6	−0.086 0
$\delta + AS_R$	0.003 0	0.004 0	0.002 8	0.015 7	0.015 6	−0.005 4
RE%	0.16	0.36	−0.33	0.43	−0.16	−1.66

[a] $A = 1.96\sqrt{\dfrac{n(\gamma^2-1)+1}{\gamma^2 pn}}$。

表 B.9 钴量测定的正确度统计分析

标准物质	GBW07236	GBW07169	GBW07170
单元测定次数(n)	3	3	3
可接受结果的验室数(p)	8	8	8
重复性标准差(S_r)	0.512 8	4.524 4	6.595 4
再现性标准差(S_R)	0.865 0	8.024 5	23.012
$\gamma = S_R/S_r$	1.687 0	1.773 6	3.489 2
A[a]	0.606 4	0.615 2	0.673 7
测试结果总平均值/(μg/g)	15.55	126.1	233.1
标准物质认定值/(μg/g)	15.7	118	221
测量方法的偏倚(δ)	−0.15	8.1	12.1
$\delta - AS_R$	−0.674 5	3.163 6	−3.403 9
$\delta + AS_R$	0.374 5	13.036 4	27.603 9
RE%	−0.96	6.86	5.48

[a] $A = 1.96\sqrt{\dfrac{n(\gamma^2-1)+1}{\gamma^2 pn}}$。

表 B.10 镍量测定的正确度统计分析

标准物质	GBW07236	GBW07169	GBW07170
单元测定次数(n)	3	3	3
可接受结果的验室数(p)	8	8	8
重复性标准差(S_r)	1.547 2	8.055 9	15.530 3
再现性标准差(S_R)	2.062 9	14.995 1	23.254 6
$\gamma=S_R/S_r$	1.333 4	1.861 4	1.497 4
A[a]	0.547 8	0.622 7	0.580 9
测试结果总平均值/(μg/g)	33.242	212.52	379.38
标准物质认定值/(μg/g)	34.5	212	376
测量方法的偏倚(δ)	−1.258	0.52	3.38
$\delta-AS_R$	−2.388 2	−8.818 1	−10.128 1
$\delta+AS_R$	−0.127 8	9.858 1	16.888 1
RE%	−3.65	0.24	0.90

[a] $A=1.96\sqrt{\dfrac{n(\gamma^2-1)+1}{\gamma^2 pn}}$。

参 考 文 献

[1] GB/T 6379.2—2004 测量方法与结果的准确度(正确度与精密度) 第2部分:确定标准测量方法重复性与再现性的基本方法

[2] GB/T 6379.4—2006 测量方法与结果的准确度(正确度与精密度) 第4部分:确定标准测量方法正确度的基本方法

ICS 13.220.40
C 80

中华人民共和国国家标准

GB/T 14403—2014
代替 GB/T 14403—1993

建筑材料燃烧释放热量试验方法

Test method for combustion heat release of building materials

2014-06-09 发布　　2014-10-01 实施

中华人民共和国国家质量监督检验检疫总局
中国国家标准化管理委员会　发布

前　言

本标准按照 GB/T 1.1—2009 给出的规则起草。

本标准代替 GB/T 14403—1993《建筑材料燃烧释放热量试验方法》。与 GB/T 14403—1993 相比，主要技术变化如下：

——修改了规范性引用文件(见第 2 章，1993 年版的第 2 章)；

——增加了试验前 24 h 燃烧室内温度条件(见 5.2)；

——修改了试验进行 5 min 后燃烧室的压力参数(见 5.4，1993 年版的 6.5)；

——修改了试样状态调节至恒定质量的判定条件(见 6.2，1993 年版的 5.2)；

——增加了在试样安装过程中试样背面背衬硅酸钙板的规定(见 7.2)。

本标准由中华人民共和国公安部提出。

本标准由全国消防标准化技术委员会防火材料分技术委员会(SAC/TC 113/SC 7)归口。

本标准起草单位：公安部四川消防研究所。

本标准主要起草人：邓小兵、张羽、周敏莉、朱磊。

本标准的历次版本发布情况为：

——GB/T 14403—1993。

建筑材料燃烧释放热量试验方法

1 范围

本标准规定了建筑材料燃烧释放热量试验的术语和定义、试验装置、试样制备、试验条件、试验程序、试验结果的表述和试验报告。

本标准适用于对不产生燃烧熔滴物的平板状建筑材料进行燃烧试验，测量其单位面积质量损失和燃烧释放热量。

2 规范性引用文件

下列文件对于本文件的应用是必不可少的。凡是注日期的引用文件，仅注日期的版本适用于本文件。凡是不注日期的引用文件，其最新版本(包括所有的修改单)适用于本文件。

GB/T 5907 消防基本术语 第一部分

GB/T 14107 消防基本术语 第二部分

GB/T 14402 建筑材料及制品的燃烧性能 燃烧热值的测定

3 术语和定义

GB/T 5907 和 GB/T 14107 界定的以及下列术语和定义适用于本文件。

3.1

净热值 net heat of combustion

单位质量的材料完全燃烧，其燃烧产物中的水(包括材料中所含水分生成的水蒸气和材料组成中所含的氢燃烧时生成的水蒸气)仍以气态形式存在时所放出的热量；在数值上等于总热值与材料燃烧后所生成的水蒸气在氧弹内凝结为水时所释放出的气化潜热之间的差值，单位为兆焦耳每千克(MJ/kg)。

3.2

单位面积质量损失 mass loss per unit area

在本标准规定试验条件下，单位面积试样损失的质量，单位为千克每平方米(kg/m^2)。

3.3

燃烧释放热量 combustion heat release

根据本标准的规定进行燃烧试验后，试样的净热值与单位面积质量损失的乘积，单位为兆焦耳每平方米(MJ/m^2)。

4 试验装置

4.1 试验炉

4.1.1 概述

试验炉应布置于封闭空间(试验室)内部，由燃烧室、燃烧器和测量设备组成。

注：试验炉可包括其他附加设备，如加热部件(安装位置和燃烧器相反)。

4.1.2 结构尺寸

燃烧室及其炉底、炉盖、炉壁和炉门的尺寸见图 1。炉壁应采用密度为 2 000 $kg/m^3 \pm 100$ kg/m^3 的耐火砖砌成，并应整体固定在钢质框架内。炉盖和炉底应采用密度为 2 100 $kg/m^3 \pm 100$ kg/m^3 的耐火混凝土制作。炉体外表面可采用厚度 2 mm 的钢板包覆，并可选择在炉壁和钢板包覆层之间填充隔热材料。

在较长炉壁和炉顶上安装试样的开孔数量不应超过 1 个，可选的可闭观察孔数量不应超过 2 个，观察孔净面积不应超过 100 cm^2。燃气出口的设计应能使试验开始 5 min 后燃烧室的最大内部压力达到 12 Pa。

单位为毫米

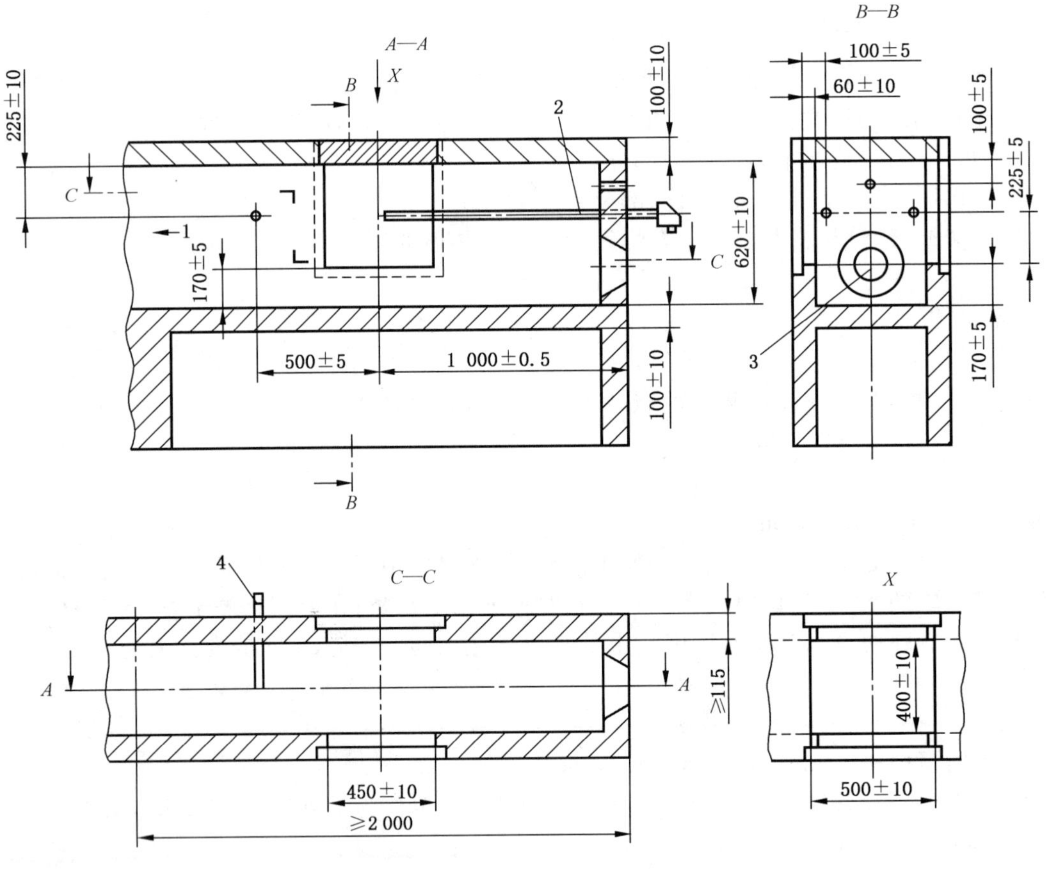

说明：

1——外接装有蝶阀的排烟装置；

2——铠装热电偶；

3——燃烧器开口；

4——测压接口，内径为 15 mm±5 mm。

图 1 试验炉

4.1.3 燃烧器

燃烧器应为能产生持续火焰的雾化燃油燃烧器。

4.2 测量设备

4.2.1 热电偶

炉内温度采用Ⅱ级精度、测量范围为 0 ℃～1 100 ℃、外径为 3 mm、带有保护套管的铠装热电偶测量。铠装和保护套管应为具有耐结垢特性的钢质材料。热电偶插入炉内的测温点应距离试样表面中心点 100 mm±5 mm。

4.2.2 测压装置

炉内静态压力应通过内径为 15 mm±5 mm 的钢质取样导管测量，其安装位置见图 1 中 A—A 和 C—C 截面图。

5 试验条件

5.1 每次试验应安装一个试样，试验炉其他开口应采用与炉壁和炉盖相同厚度和密度的耐火砖予以密封。

5.2 试验前 24 h，燃烧室内的温度不应低于 15 ℃或高于 25 ℃。

5.3 燃烧器用燃料为国产的 0 号或－10 号轻柴油。

5.4 试验进行 5 min 后，试样应在燃烧室内部压力达到 10 Pa±2 Pa 的条件继续试验。炉内温度与时间-温度标准曲线的偏差不应超过±15 ℃。时间-温度标准曲线的函数表达式见式(1)：

$$T - T_0 = 345\lg(8t + 1) \quad \cdots\cdots(1)$$

式中：

T ——t 时刻的炉内温度的数值，单位为摄氏度(℃)；

T_0——炉内初始温度的数值，单位为摄氏度(℃)；

t ——试验时间的数值，单位为分(min)。

6 试样制备

6.1 试样数量和规格

试样应具有代表性，试样尺寸为 500 mm×500 mm，试样厚度为实际使用厚度。对称性试样数量为 3 个；在非对称性试样的两个表面上均应进行试验，试样数量为 6 个。

注：对称性试样指试样的材料和结构沿厚度方向呈对称性分布。

6.2 状态调节

试验前，将试样放置于温度 23 ℃±2 ℃，相对湿度(50±5)%的条件下状态调节至质量恒定。在相隔 24 h 的两次称量中，当试样的质量之差不超过试样质量的 0.1%或 0.1 g(取数值最大者)时，则认为达到恒定质量。

7 试验程序

7.1 将试样状态调节至质量恒定后，称量试样的质量 m_1，精确至 0.5 g，再测量试样的实际边长，精确至 1 mm，根据实际边长计算该试样的面积 A。

7.2 在试样背面背衬一块尺寸为 500 mm×500 mm×20 mm，表观密度为 850 kg/m^3±50 kg/m^3 的硅

酸钙板，用金属试样架将试样连同背衬板一同安装固定在试验炉一侧的开口处，试样表面应正对燃烧室。对于非对称性试样，在试样的两个表面上均应试验。试样与实验炉开口的接合处应予以密封。

7.3 依次启动测量控制系统、排烟系统和供油供风系统，打开燃烧器并点火，同时开始计时。试验过程中的炉内温度控制应符合 5.4 规定。

7.4 试验时间为 30 min。试验结束后应依次关闭燃烧器、供油供风系统、测量控制系统和排烟系统。

7.5 取下试样，注意观察炉台上是否存在试样燃烧失落物。收集试样燃烧失落物，并连同试样按 6.2 规定进行状态调节后称取质量 m_2。

注：燃烧失落物指试验时和试验后从试样上碎裂或掉落的所有碳化物、灰和其他残屑。

7.6 按 GB/T 14402 给出的试验方法测量试样的净热值 PCI。

7.7 对于对称性试样，通常只需采用 2 个试样进行试验。当采用 2 个试样时，应按 8.1 规定计算 2 个试样的单位面积质量损失，并计算其算术平均值，若其中某个试样的单位面积质量损失与平均值之差超过 10%，则应在 2 个试样之外另取 1 个试样进行试验，这种情况下应报告这 3 个试样的算术平均值。对于非对称性试样，试样的正反面均应进行 2 次(或 3 次)试验，数据计算方式与对称性试样相同。

8 试验结果的表述

8.1 单位面积质量损失

单位面积质量损失 Δm 根据式(2)计算：

$$\Delta m=\frac{m_1-m_2}{A} \qquad \cdots\cdots(2)$$

式中：

Δm ——单位面积质量损失，单位为千克每平方米(kg/m^2)；

m_1 ——试验前的试样质量，单位为千克(kg)；

m_2 ——试验后的试样质量，单位为千克(kg)；

A ——试样的实际面积，单位为平方米(m^2)。

8.2 燃烧释放热量

燃烧释放热量 Q_{chr} 根据式(3)计算：

$$Q_{chr}=PCI\times\Delta m \qquad \cdots\cdots(3)$$

式中：

Q_{chr} ——燃烧释放热量，单位为兆焦耳每平方米(MJ/m^2)；

PCI ——净热值，单位为兆焦耳每千克(MJ/kg)；

Δm ——单位面积质量损失，单位为千克每平方米(kg/m^2)。

9 试验报告

试验结果仅与试样在特定试验条件下的性能相关，不能将其作为评价该材料在实际使用中潜在火灾危险性的唯一依据。

试验报告应给出下列基本信息：

a) 试验室名称及地址；

b) 试验依据的标准；

c) 建筑材料名称、型号规格、生产单位名称及地址、生产日期；

d) 试样的外观、厚度、组分和单位面积质量；

e) 试样尺寸,测试表面;
f) 试验次数;
g) 试验结果,包括试样的单位面积质量损失及其算术平均值,燃烧释放热量;
h) 试样的燃烧失落物现象;
i) 试验日期。

ICS 77.140.80
J 31

中华人民共和国国家标准

GB/T 14408—2014
代替 GB/T 14408—1993

一般工程与结构用低合金钢铸件

Low alloy steel castings for general engineering and structural purposes

2014-05-06 发布　　　　2014-12-01 实施

中华人民共和国国家质量监督检验检疫总局
中国国家标准化管理委员会　发布

前　言

本标准按照 GB/T 1.1—2009 给出的规则起草。

本标准代替 GB/T 14408—1993《一般工程与结构用低合金钢铸件》。本标准与 GB/T 14408—1993 相比，主要技术内容变化如下：

——结构上做了大的调整，取消了原标准附录 A，附录 A 中部分条款内容移入标准正文，删除了原标准附录中的 A1 询价和定货、A3 化学成分报告单、A15 检验文件条款内容；

——增加了化学成分光谱分析法；

——增加了 ZGD1030-1240、ZGD1240-1450 两个材料牌号；

——作为可选项，增加了对冲击吸收能量的要求；

——引用标准根据各标准更新变化情况，对原 17 个引用标准保留了 11 个，删除了 6 个，并增加了 13 个引用标准；

本标准由全国铸造标准化技术委员会(SAC/TC 54)提出并归口。

本标准负责起草单位：沈阳铸造研究所、中国一拖集团有限公司。

本标准参加起草单位：浙江裕融实业有限公司、安徽省宁国耐磨配件总厂、安徽省宁国新宁实业有限公司、兰州兰石铸造有限责任公司、广东省韶铸集团有限公司。

本标准主要起草人：李峰军、于波、李来龙、韩建普、李成虎、周道宏、赵子文、蒋春宏、刘启平、郭亚辉。

本标准所代替标准的历次版本发布情况为：

——GB/T 14408—1993。

一般工程与结构用低合金钢铸件

1 范围

本标准规定了一般工程(除高温承压耐蚀耐磨材料以外)与结构用低合金钢铸件的材料牌号、技术要求、试验方法、检验规则、标志、包装、贮运等。

本标准适用于一般工程与结构用低合金钢铸件。

2 规范性引用文件

下列文件对于本文件的应用是必不可少的。凡是注日期的引用文件,仅注日期的版本适用于本文件。凡是不注日期的引用文件,其最新版本(包括所有的修改单)适用于本文件。

GB/T 222 钢的成品化学成分允许偏差

GB/T 223.3 钢铁及合金化学分析方法 二安替比林甲烷磷钼酸重量法测定磷量

GB/T 223.4 钢铁及合金 锰含量的测定 电位滴定或可视滴定法

GB/T 223.60 钢铁及合金化学分析方法 高氯酸脱水重量法测定硅含量

GB/T 223.68 钢铁及合金化学分析方法 管式炉内燃烧后碘酸钾滴定法测定硫含量

GB/T 223.69 钢铁及合金 碳含量的测定 管式炉内燃烧后气体容量法

GB/T 228.1 金属材料 拉伸试验 第1部分:室温试验方法

GB/T 229 金属材料 夏比摆锤冲击试验方法

GB/T 230.1 金属材料 洛氏硬度试验 第1部分:试验方法(A、B、C、D、E、F、G、H、K、N、T标尺)

GB/T 231.1 金属材料 布氏硬度试验 第1部分:试验方法

GB/T 4336 碳素钢和中低合金钢 火花源原子发射光谱分析方法(常规法)

GB/T 4338 金属材料 高温拉伸试验方法

GB/T 5613 铸钢牌号表示方法

GB/T 5677 铸钢件射线照相检测

GB/T 5678 铸造合金光谱分析取样方法

GB/T 6060.1 表面粗糙度比较样块 铸造表面

GB/T 6414 铸件 尺寸公差与机械加工余量

GB/T 7233.1 铸钢件 超声检测 第1部分:一般用途铸钢件

GB/T 9443 铸钢件渗透检测

GB/T 9444 铸钢件磁粉检测

GB/T 11351 铸件重量公差

GB/T 16923 钢件的正火与退火

GB/T 16924 钢件的淬火与回火

GB/T 20066 钢和铁 化学成分测定用试样的取样和制样方法

3 材料牌号

低合金铸钢材料牌号共包含10种,按GB/T 5613的规定分为:ZGD270-480;ZGD290-510;

ZGD345-570；ZGD410-620；ZGD535-720；ZGD650-830；ZGD730-910；ZGD840-1030； ZGD1030-1240；ZGD1030-1240；ZGD1240-1450。

4 技术要求

4.1 化学成分

4.1.1 各材料牌号化学成分中的硫、磷含量应符合表1规定。当有要求时，可以进行成品化学成分分析，铸件成品化学成分的分析结果应符合表1的规定，但允许有GB/T 222规定的偏差。

表1 化学成分(质量分数) %

材料牌号	S ≤	P ≤
ZGD270-480	0.040	0.040
ZGD290-510		
ZGD345-570		
ZGD410-620		
ZGD535-720		
ZGD650-830		
ZGD730-910	0.035	0.035
ZGD840-1030		
ZGD1030-1240	0.020	0.020
ZGD1240-1450		

4.1.2 除另有规定外，各材料牌号化学成分由供方确定。除硫、磷外，其他元素不作为验收依据。

4.1.3 如需方对其他元素有要求时，元素种类、含量及残余总量，由供需双方共同商定。

4.2 力学性能

4.2.1 各材料牌号的力学性能应符合表2规定。

4.2.2 如需方无要求，其中断面收缩率和冲击吸收能量，由供方选择其一。

表2 力学性能

材料牌号	屈服强度 $R_{P0.2}$ MPa ≥	抗拉强度 R_m MPa ≥	断后伸长率 A_5 % ≥	断面收缩率 Z % ≥	冲击吸收能量 A_{KV} J ≥
ZGD270-480	270	480	18	38	25
ZGD290-510	290	510	16	35	25
ZGD345-570	345	570	14	35	20
ZGD410-620	410	620	13	35	20
ZGD535-720	535	720	12	30	18
ZGD650-830	650	830	10	25	18
ZGD730-910	730	910	8	22	15
ZGD840-1030	840	1 030	6	20	15
ZGD1030-1240	1 030	1 240	5	20	22
ZGD1240-1450	1 240	1 450	4	15	18

4.3 硬度

硬度不作为验收依据，需方要求时，硬度值由供需双方商定。

4.4 制造

除另有规定外，铸造方法由供方确定。

4.5 焊补

4.5.1 供方可对铸件缺陷进行焊补，焊补条件由供方确定。如需方对焊补有要求时应与供方协商。

4.5.2 铸件的重要部位，为焊补而准备的坡口深度超过铸件毛坯壁厚的40%或25 mm（坡口深度较小者为准），则认为是较大缺陷焊补。

4.5.3 较大缺陷焊补应事先征得需方同意。较大缺陷焊补应有焊补位置和范围等记录，并按该件同一标准进行检测，确认焊补合格。

4.6 矫正

铸件产生的变形可以通过矫正的方法消除，矫正后应做消除应力处理。

4.7 热处理

4.7.1 铸件均须进行热处理。除另有规定外，热处理工艺由供方确定。

4.7.2 常见的热处理工艺有：退火；正火；正火+回火；淬火+回火。

4.7.3 铸件的热处理按GB/T 16923、GB/T 16924的规定执行。

4.8 表面质量

4.8.1 铸件表面粗糙度应按GB/T 6060.1的选定，并在图样或订货合同中注明。

4.8.2 铸件应修整飞边、毛刺，去除浇冒口。表面应清除粘砂和氧化皮。

4.8.3 浇冒口切割残余量应符合供需双方认可的规定。

4.9 缺陷

4.9.1 不允许有影响铸件使用性能的缺陷存在。

4.9.2 铸件加工面上允许存在加工余量范围内的表面缺陷。

4.9.3 铸件非加工面上及铸件内部允许存在的缺陷种类、范围、数量由供需双方商定。

4.9.4 当需方要求铸件进行无损检测时，检测部位、方法和标准由供需双方确定，并在图样或合同中注明。

4.10 几何形状与尺寸、尺寸公差与机械加工余量

4.10.1 铸件的几何形状与尺寸应符合订货图样或合同规定要求。

4.10.2 铸件尺寸公差与机械加工余量应符合图样、合同要求或GB/T 6414的规定。

5 试验方法

5.1 化学成分分析

5.1.1 化学成分分析方法可以选用常规化学分析或光谱分析。

5.1.2 化学成分分析用试样的取样方法按GB/T 20066的规定执行。光谱分析用试样取样方法按

GB/T 5678的规定执行。

5.1.3 化学成分中碳、硅、锰、磷、硫的分析分别按 GB/T 223.69、GB/T 223.60、GB/T 223.4、GB/T 223.3、GB/T 223.68 或 GB/T 4336 的规定执行。

5.1.4 化学成分的仲裁采用常规化学分析方法。化学仲裁分析方法按 GB/T 223.69、GB/T 223.60、GB/T 223.4、GB/T 223.3、GB/T 223.68 的规定执行。

5.2 力学性能试验

5.2.1 试块

5.2.1.1 力学性能用试块,应在浇注中单独铸出或附铸在铸件上。当试块附铸在铸件上时,附铸的位置、方法和力学性能由供需双方协商。除另有规定外,试块类型的选用由供方自行决定。

5.2.1.2 单铸试块的形状、尺寸和试样的切取位置应符合图 1 的要求。单铸试块应与其所代表的铸件用相同的造型材料铸造。

单位为毫米

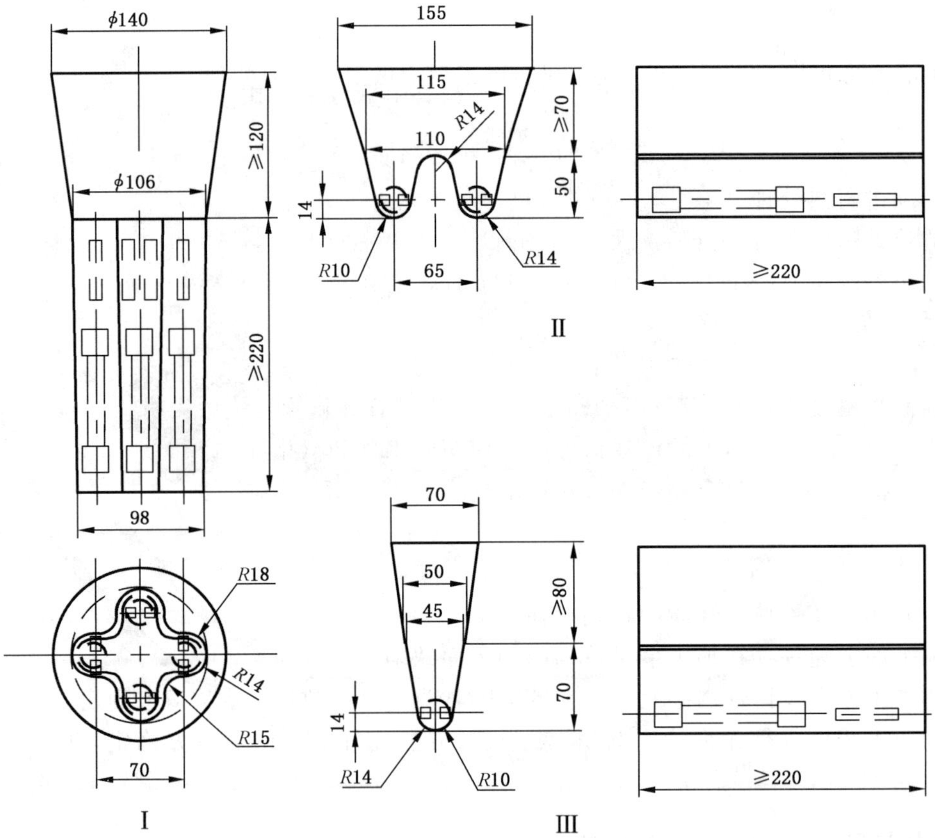

图 1 力学性能单铸试块图

5.2.1.3 附铸试块的形状、尺寸和取样位置由供需双方商定。

5.2.1.4 除另有规定外,试块与其所代表的铸件须同炉进行热处理,并做标记。

5.2.1.5 当备用试块不足时,允许从铸件本体上取样,取样部位及性能指标由供需双方商定。

5.2.2 拉伸试验

拉伸试验按 GB/T 228.1 的规定执行。

5.2.3 冲击试验

冲击试验按 GB/T 229 的规定执行。

5.2.4 硬度试验

洛氏硬度试验按 GB/T 230.1 的规定执行。布氏硬度试验按 GB/T 231.1 的规定执行。

5.3 表面检验

铸造表面粗糙度检验按 GB/T 6060.1 的规定执行。

5.4 几何形状和尺寸检验

铸件几何形状和尺寸检验应选择相应精度的检测工具,也可用三坐标测量仪或划线检查。

5.5 无损检测

5.5.1 渗透检测

铸件渗透检测按 GB/T 9443 的规定执行。

5.5.2 磁粉检测

铸件磁粉检测按 GB/T 9444 的规定执行。

5.5.3 超声检测

铸件超声检测按 GB/T 7233.1 的规定执行。

5.5.4 射线照相检测

铸件 X 或 γ 射线照相检测按 GB/T 5677 的规定执行。

6 检验规则

6.1 检验程序

除另有规定外,铸件的检验由供方执行。

6.2 检验地点

除另有规定外,最终检验应在供方进行。

6.3 批次的划分

6.3.1 按炉次:铸件由同一炉次钢液浇注,同炉热处理的为一批。

6.3.2 按数量或重量:同一材料牌号在熔炼工艺稳定的条件下,几个炉次浇注的并经相同工艺多炉次热处理后,以一定数量或以一定重量的铸件为一批。具体要求由供需双方商定。

6.4 化学成分分析

6.4.1 铸件按熔炼炉次进行成分分析,对于多炉钢水合浇的铸件,由供需双方商定。

6.4.2 砂型铸造的铸件,其屑状试样应取自铸造表面 6 mm 以下。

6.5 力学性能试验

6.5.1 力学性能试验时,每一批次取一个拉伸试样,试验结果应符合表2规定。
6.5.2 冲击性能试验时,每一批次取三个冲击试样进行试验,三个试样的平均值应符合表2规定,其中有一个试样的值可低于规定值,但不得低于规定值的三分之二。
6.5.3 因下列原因而导致不符合规定的试验结果是无效的。

a) 试样安装不当或试验机功能不正常;
b) 拉伸试样断在标距之外;
c) 试样加工不当;
d) 试样存在铸造缺陷。

此时应重新进行力学性能试验。

6.6 复验

6.6.1 当力学性能试验结果不符合要求,而不是由于6.5.3所列原因引起,供方可以复验。
6.6.2 当拉伸试验结果不合格时,从同一批量中取两个备用拉伸试样进行试验,如两个试验结果均符合表2的规定,则该批量铸件的拉伸性能仍为合格。若复验中仍有一个试样结果不合格,则供方可按6.7处理。
6.6.3 当冲击吸收能量不合格时,从同一批量中取三个备用的冲击吸收能量试样进行试验,该结果与原结果相加重新计算平均值,若新平均值符合表2的规定,则该批铸件的冲击吸收能量仍为合格,否则供方可按6.7处理。

6.7 重新热处理

当力学性能复验结果仍不符合表2规定时,可将铸件和试块重新进行热处理,按6.5.1和6.5.2重新试验,但未经需方同意的重新热处理次数不得超过两次(回火除外)。

6.8 表面质量、铸件缺陷检验

6.8.1 铸件表面质量按4.8要求,逐件检验。
6.8.2 铸件缺陷按4.9要求,逐件目测检验。

6.9 几何形状与尺寸、尺寸公差与机械加工余量检验

铸件的几何形状与尺寸、尺寸公差与机械加工余量可按4.10要求检验,或按双方商定的数量抽检。

6.10 无损检测

铸件无损检测的频次、数量由供需双方商定。

7 标志、包装、运输和贮存

7.1 标志与合格证

7.1.1 每个铸件应在非加工面上做下列标志或其中的一部分:

a) 供方标志;
b) 批量号;
c) 需方要求的标志。

当无法在铸件上做出标志时,标志可打印在附于每批铸件的标签上。

7.1.2 出厂铸件应附有检验合格证，合格证应包括：

a) 供方名称；

b) 铸件号或批量号；

c) 铸件图号或订货合同号；

d) 材料牌号、熔炼炉号、热处理状态；

e) 制造日期(或编号)；

f) 所规定的各项检验结果；

g) 双方商定的其他内容。

7.2 表面防护、包装、运输和贮存

7.2.1 铸件在检验合格后应进行防护处理或包装。

7.2.2 铸件表面防护、运输和贮存应符合订货合同。

8 附加要求

经供需双方协商，可规定下列附加要求的一项或几项。

8.1 重量和重量偏差

重量偏差按 GB/T 11351 的规定执行。

8.2 批量的均匀性

8.2.1 应在每一批量铸件的 5%(或至少 5 件)或在商定数量的铸件上作硬度试验，以鉴定每批铸件的均匀性。

8.2.2 硬度应在每个铸件相同的部位测定。

8.2.3 每一硬度值对代表该批量全部铸件硬度平均值的偏差不应超过 ±15% 或不超过双方商定的百分数，否则供方应对该批铸件逐件进行试验，对不合格的铸件要重新热处理或整批铸件重新热处理。

8.3 高温强度

高温力学性能的试验温度和性能指标由供需双方商定，其试验方法按 GB/T 4338 的规定执行。

8.4 低温冲击韧性试验

低温冲击试验的试验温度和性能指标由供需双方商定，其试验方法按 GB/T 229 的规定执行。

8.5 大截面试块

如果需方提出要求，可做大截面试块的力学性能。试块的尺寸、形状和性能指标由供需双方协商。

8.6 耐压致密程度试验

8.6.1 耐压致密程度试验应在未加工或加工铸件上进行。除另有规定外，测试条件(试验的压力、液体温度和试验时间)和试验要求由供需双方商定。

8.6.2 耐压试验的铸件，在试验前不能被氧化，且不应施加任何保护性涂料、涂层、镀层和渗透。

ICS 13.060.50, 71.040.40
G 76

中华人民共和国国家标准

GB/T 14420—2014
代替 GB/T 14420—1993

锅炉用水和冷却水分析方法 化学耗氧量的测定 重铬酸钾快速法

Analysis of water used in boiler and cooling system—Determination of chemical oxygen demand—Rapid method with potassium dichromate

2014-07-08 发布　　2014-12-01 实施

中华人民共和国国家质量监督检验检疫总局
中国国家标准化管理委员会　发布

前　言

本标准按照 GB/T 1.1—2009 给出的规则起草。

本标准代替 GB/T 14420—1993《锅炉用水和冷却水分析方法　化学耗氧量的测定　重铬酸钾快速法》，与 GB/T 14420—1993 相比，主要技术变化如下：

——增加了分光光度法。

本标准由中国石油和化学工业联合会提出。

本标准由全国化学标准化技术委员会水处理剂分技术委员会(SAC/TC 63/SC 5)归口。

本标准负责起草单位：中海油天津化工研究设计院、广州市特种承压设备检测研究院、厦门市华测检测技术有限公司、嘉善绿野环保材料厂、中国石油化工股份有限公司北京北化院燕山分院、重庆大学。

本标准主要起草人：白莹、侯洋、赵军明、万峰、俞明华、楼琼慧、郑怀礼、曾鸣。

本标准所代替标准的历次版本发布情况为：

——GB/T 14420—1993。

锅炉用水和冷却水分析方法 化学耗氧量的测定 重铬酸钾快速法

警告：本标准的硫酸汞属于剧毒化学品，硫酸具有较强的化学腐蚀性，操作时应按规定要求佩戴防护器具，避免接触皮肤和衣服。若被硫酸溅到，应立即用大量水冲洗，严重时应立即就医。加热回流在通风橱内操作，检测后的残渣残液应收集保留，按附录A处理。

1 范围

本标准规定了测定锅炉用水和冷却水中化学耗氧量的方法——重铬酸钾快速法。

本标准中的容量法适用于天然水、炉水、除盐水以及工业循环冷却水等水样中化学耗氧量的测定，测定范围为0 mg/L～50 mg/L(以氧计)，浓度大于50 mg/L的水样应稀释后测定；本标准中的分光光度法适用于地表水、地下水、生活污水和工业废水等水样中化学耗氧量的测定，测定范围为50 mg/L～1 000 mg/L（以氧计)，氯离子浓度不得大于1 000 mg/L，浓度大于1 000 mg/L或氯离子含量大于1 000 mg/L的水样应稀释后测定。

2 规范性引用文件

下列文件对于本文件的应用是必不可少的。凡是注日期的引用文件，仅注日期的版本适用于本文件。凡是不注日期的引用文件，其最新版本(包括所有的修改单)适用于本文件。

GB/T 6682—2008 分析实验室用水规格和试验方法

3 通则

本标准所用试剂，除非另有规定，应使用分析纯试剂。

4 容量法

4.1 方法提要

在水样中加入已知量的重铬酸钾溶液，在强酸介质下以银盐做催化剂，经沸腾回流后，以1,10-菲啰啉-亚铁为指示剂，用硫酸亚铁铵标准滴定溶液滴定水样中未被还原的重铬酸钾，由消耗的硫酸亚铁铵的量计算水样中化学耗氧量的质量浓度。测定中应加入适量硝酸银和硝酸铋，以消除氯离子的干扰。

$$Fe^{2+}+1/4\ O_2+H^+=Fe^{3+}+1/2\ H_2O$$

4.2 试剂和材料

4.2.1 水

符合GB/T 6682—2008中二级水的规定。

4.2.2 硫酸溶液

量取33 mL硫酸，缓缓注入约60 mL水中，冷却，稀释至100 mL。

4.2.3 硝酸银溶液(1 g/L)

称取 0.1 g 硝酸银,溶于水,稀释至 100 mL。贮存于棕色瓶中。

4.2.4 硝酸铋溶液(10 g/L)

称取 1 g 硝酸铋[$Bi(NO_3)_3 \cdot 5H_2O$],溶于 100 mL 硫酸溶液。

4.2.5 硫酸银-硫酸溶液(10 g/L)

向 1 L 硫酸中加入 10 g 硫酸银,放置 1 d～2 d,使之溶解,贮存于棕色瓶中,使用前小心摇晃均匀。

4.2.6 重铬酸钾标准溶液[$c(1/6K_2Cr_2O_7)=0.024\ 00$ mol/L]

称取 1.177 g 已于 120 ℃±2 ℃干燥至恒量的优级纯重铬酸钾,溶于水,转移至 1 L 容量瓶中,用水稀释至刻度。

4.2.7 硫酸亚铁铵标准滴定溶液{$c[(NH_4)_2Fe(SO_4)_2]\approx 0.012$ mol/L}

4.2.7.1 配制

称取 4.70 g 硫酸亚铁铵[$(NH_4)_2Fe(SO_4)_2 \cdot 6H_2O$]溶于水,加 10 mL 硫酸,冷却后转移至 1 L 容量瓶中,稀释至刻度,摇匀。临用前标定。

4.2.7.2 标定

移取 5.00 mL 重铬酸钾标准溶液置于 250 mL 锥形瓶中,加入 45 mL 水,5 mL 硫酸银-硫酸溶液。冷却后加入一滴 1,10-菲啰啉-亚铁指示液,用硫酸亚铁铵标准滴定溶液滴定至颜色从黄绿色突变至浅红色即为终点。

4.2.7.3 结果计算

硫酸亚铁铵标准滴定溶液浓度 $c[(NH_4)_2Fe(SO_4)_2]$,数值以摩尔每升(mol/L)表示,按式(1)计算:

$$c[(NH_4)_2Fe(SO_4)_2]=\frac{V_1c_1}{V} \qquad \cdots\cdots(1)$$

式中:

V_1——重铬酸钾标准溶液的体积的数值,单位为毫升(mL);

c_1——重铬酸钾标准溶液的浓度的准确数值,单位为摩尔每升(mol/L);

V——滴定消耗硫酸亚铁铵标准滴定溶液的体积的数值,单位为毫升(mL)。

4.2.8 1,10-菲啰啉-亚铁指示液

称取 1.48 g 邻菲啰啉和 0.70 g 硫酸亚铁($FeSO_4 \cdot 7H_2O$),溶于 200 mL 水中,贮存于棕色瓶中。

4.3 仪器、设备

4.3.1 球形冷凝器(长 30 cm～50 cm)。

4.3.2 电炉(600 W～800 W)。

4.3.3 石棉网。

4.3.4 微量滴定管(10 mL)。

4.3.5 秒表或计时器。

4.4 采样与保存

水样采集应不少于 100 mL,采集后应保存在洁净干燥的玻璃瓶中。采集的水样应在 24 h 内测定,否则,应加入硫酸调节水样 pH 值小于 2。在 0 ℃～4 ℃下保存,一般可保存 7 d。

4.5 分析步骤

4.5.1 移取 10 mL 水样置于 250 mL 磨口锥形瓶中,先加 1.0 mL 硝酸银溶液,摇匀,再加 1.0 mL 硝酸铋溶液,摇匀(当氯离子含量在 500 mg/L～3 000 mg/L 时,应各加 2 mL)。移入 5.00 mL 重铬酸钾标准溶液,再加入几颗碎瓷块或沸石(预先用硫酸和重铬酸钾煮沸,洗净),装上球形冷凝器并通入冷却水。

4.5.2 从冷凝器顶端管口小心缓慢加入 20 mL 硫酸银-硫酸溶液,摇匀,在管口处盖上小烧杯。用带有石棉网的电炉加热,从沸腾算起原水、除盐水、锅炉水加热回流 10 min,循环冷却水回流 40 min(若回流时颜色出现绿色,表示耗氧量过高,用水稀释后重新测定)。稍冷后从冷凝器顶端管口慢慢加入 50 mL 水洗涤管壁。取下锥形瓶冷却至室温。

4.5.3 滴加一滴 1,10-菲啰啉-亚铁指示液,用硫酸亚铁铵标准滴定溶液滴定至颜色从黄绿色突变至浅红棕色即为终点。同时做空白试验。

4.6 结果计算

水样中化学耗氧量 COD 含量以质量浓度 ρ 计,数值以毫克每升(mg/L)表示,按式(2)计算:

$$\rho=\frac{(V_0-V_1)cM/2}{V}\times 10^3 \qquad \cdots\cdots(2)$$

式中:

V_0——空白试验所消耗的硫酸亚铁铵标准滴定溶液的体积的数值,单位为毫升(mL);

V_1——测定水样所消耗的硫酸亚铁铵标准滴定溶液的体积的数值,单位为毫升(mL);

c ——硫酸亚铁铵标准滴定溶液的浓度的准确数值,单位为摩尔每升(mol/L);

M——氧的摩尔质量的数值(M=16.00),单位为克每摩尔(g/mol);

V ——所取水样的体积的数值,单位为毫升(mL)。

4.7 允许差

水样中化学耗氧量在不同范围时的允许差如表 1 所示。

表 1 化学耗氧量范围与允许差

化学耗氧量/mg/L	室内允许差/mg/L	室间允许差/mg/L
$\rho\leqslant5.0$	≤0.8	≤1.8
$5.0<\rho\leqslant10.0$	≤1.0	≤2.2
$10.0<\rho\leqslant20.0$	≤1.2	≤2.8
$20.0<\rho\leqslant30.0$	≤1.6	≤3.6
$30.0<\rho\leqslant40.0$	≤2.0	≤4.2
$40.0<\rho\leqslant50.0$	≤2.4	≤5.0

5 分光光度法

5.1 方法提要

在水样中加入已知量的重铬酸钾溶液，在强酸介质下以银盐为催化剂，经微波消解后，重铬酸钾被还原产生三价铬(Cr^{3+})，试样中的化学耗氧量与三价铬(Cr^{3+})产生的吸光度成线性关系，其最大吸光值在600 nm波长处。

5.2 试剂和材料

5.2.1 水：符合GB/T 6682—2008中三级水的规定。

5.2.2 硫酸汞。

5.2.3 硫酸银-硫酸溶液：同4.2.5。

5.2.4 硝酸银溶液：17 g/L。

5.2.5 重铬酸钾标准溶液：$c(1/6K_2Cr_2O_7)$=0.200 mol/L。称取9.806 7 g已于120 ℃±2 ℃干燥至恒量的优级纯重铬酸钾于1 L烧杯中，加入约500 mL水使之溶解，缓慢加入250 mL硫酸，混匀。冷却后，转移至1 L容量瓶中，用水稀释至刻度，摇匀。

5.2.6 邻苯二甲酸氢钾标准溶液：称取4.251 7 g已于105 ℃～110 ℃干燥至恒量的优级纯邻苯二甲酸氢钾溶于水中，后转移至1 L容量瓶中，用水稀释至刻度，摇匀。此溶液应在2 ℃～8 ℃下贮存。该溶液COD值为5 000 mg/L。

5.2.7 铬酸钾指示液：50 g/L。

5.3 仪器、设备

5.3.1 微波消解仪：配有消解罐，数量小于10个。

5.3.2 分光光度计：配有3 cm吸收池。

5.4 样品预处理

5.4.1 采样与保存

同4.4。

5.4.2 水样中氯离子的检测

在试管中加入2.00 mL水样，加入0.5 mL硝酸银溶液，充分混合后加入两滴铬酸钾指示液，摇匀。若溶液变红，表明氯离子含量小于1 000 mg/L；若仍为黄色，表明氯离子含量大于1 000 mg/L，应对水样进行稀释后测定。

5.5 分析步骤

5.5.1 校准曲线的绘制

分别移取0.00 mL(空白)、0.50 mL、1.00 mL、2.00 mL、4.00 mL、6.00 mL、8.00 mL邻苯二甲酸氢钾标准溶液于一系列50 mL容量瓶中，加水稀释至刻度，摇匀。该系列溶液的COD值分别为0.00 mg/L、50 mg/L、100 mg/L、200 mg/L、400 mg/L、600 mg/L、800 mg/L。取上述溶液及邻苯二甲酸氢钾标准溶液各5.00 mL，按5.5.2操作。以COD(mg/L)为横坐标，对应的吸光度为纵坐标，绘制校准曲线或计算出回归方程。

5.5.2 水样的测定

移取 5.00 mL 水样于消解罐中，加入 1 g 硫酸汞，充分摇匀使 Cl^- 与 Hg^{2+} 完全络合(若加入的硫酸汞溶解，补加硫酸汞直至有不溶为止)。移入 5.00 mL 重铬酸钾标准溶液，混匀，加入 5.0 mL 硫酸银-硫酸溶液，摇匀。旋紧密封盖，依次将消解罐均匀地排放在仪器转盘外圈，关好炉门，启动消解。消解时间的计算如表 2 所示。消解完毕，打开炉门待其冷却后将消解罐从炉中取出，待罐内液体冷却至室温后，向每个消解罐中加入 5.00 mL 水，盖上密闭盖，摇匀。冷却后，使用分光光度计，用 3 cm 吸收池，在 600 nm 波长处，以试剂空白为参比测定其吸光度。通过校准曲线查得或按回归方程计算出水样中的 COD 值。

表 2 消解样品数与消解时间对应表

样品数量/个	n
消解时间/(min+s)	$(n+2)$min$+(n\times10)$s

5.6 结果计算

水样中化学耗氧量 COD 含量以质量浓度 ρ 计，数值以毫克每升(mg/L)表示，按式(3)计算：

$$\rho=\rho_0 \qquad \cdots\cdots(3)$$

式中：

ρ_0——通过校准曲线查得或按回归方程计算出的 COD 含量的数值，单位为毫克每升(mg/L)。

5.7 允许差

取平行测定结果的算术平均值为测定结果。平行测定结果的相对偏差不大于 8.0%。

附 录 A
（规范性附录）
含汞废液处理方法

A.1 方法提要

在碱性介质中，用过量的硫化钠沉淀汞，用过氧化氢氧化过量的硫化钠，防止汞以多硫化物的形式溶解。

A.2 试剂和材料

A.2.1 通则：本附录所用试剂为工业级试剂。

A.2.2 硫化钠（$Na_2S \cdot 9H_2O$）。

A.2.3 氢氧化钠溶液：400 g/L。

A.2.4 过氧化氢溶液：30%。

A.3 处理步骤

将废液收集于约 50 L 的容器中，当废液达约 40 L 时依次加入 400 mL 氢氧化钠溶液，100 g 硫化钠（$Na_2S \cdot 9H_2O$），摇匀。10 min 后缓慢加入 400 mL 过氧化氢溶液，充分混合，放置 24 h 后将上部清液排入废水中，沉淀物转入另一容器中，由专人进行汞的回收。

ICS 83.080
G 32

中华人民共和国国家标准

GB/T 14590—2014
代替 GB/T 14590—1993

钮扣用液体不饱和聚酯树脂

Liquid unsaturated polyester resin for button

2014-07-08 发布　　2014-12-01 实施

中华人民共和国国家质量监督检验检疫总局
中国国家标准化管理委员会　发布

前 言

本标准按照 GB/T 1.1—2009 给出的规则起草。

本标准代替 GB/T 14590—1993《钮扣用液体不饱和聚酯树脂》，与 GB/T 14590—1993 相比，主要变化如下：

——将“2 引用标准”修改为“2 规范性引用文件”（见第 2 章，1993 年版的第 2 章）；

——增加了术语和定义中液体不饱和聚酯树脂、树脂浇铸体的定义（见第 3 章）；

——删除了术语和定义中最高放热温度的定义（见 1993 年版的第 3 章）；

——修改了第 4 章，将标题“树脂型号”改为“产品的命名”，并修改了命名规则（见第 4 章，1993 年版的第 4 章）；

——修改了第 5 章表 1，将“液体树脂技术指标”改为“液体树脂要求”，并修改了部分指标（见表 1，1993 年版的表 1）；

——修改了第 5 章表 2，将“浇铸体技术指标”改为“树脂浇铸体要求”，并修改了部分指标（见表 2，1993 年版的表 2）；

——修改了外观的检测方法（见 6.1.1，1993 年版的 6.1.1）；

——删除了最高温度和最小固化时间测定（见 1993 年版的 6.1.8）；

——增加了树脂浇铸体拉伸性能测定（见 6.2.3）；

——修改了浇铸体冲击强度测定方法（见 6.2.2，1993 年版的 6.2.3）。

本标准由中国石油和化学工业联合会提出。

本标准由全国塑料标准化技术委员会热固性分会（SAC/TC 15/SC 11）归口。

本标准负责起草单位：浙江天和树脂有限公司。

本标准参加起草单位：中国蓝星（集团）股份有限公司、天津合材树脂有限公司、华东理工大学华昌聚合物有限公司、江苏富菱化工有限公司、常州天马集团有限公司、国家合成树脂质量监督检验中心。

本标准主要起草人：马勇、林定多、周建军、肖淑红、杨萌、马跃群、姚元省、宣维栋、王永桂。

本标准所代替标准的历次版本发布情况为：

——GB/T 14590—1993。

钮扣用液体不饱和聚酯树脂

1 范围

本标准规定了钮扣用液体不饱和聚酯树脂的产品的命名、技术要求、试验方法、检验规则及包装、标志、运输和储存。

本标准适用于苯乙烯为主要交联剂用液体不饱和聚酯树脂。

2 规范性引用文件

下列文件对于本文件的应用是必不可少的。凡是注日期的引用文件，仅注日期的版本适用于本文件。凡是不注日期的引用文件，其最新版本(包括所有的修改单)适用于本文件。

GB/T 2035—2008 塑料术语及其定义

GB/T 2567—2008 树脂浇铸体性能试验方法

GB/T 3854—2005 增强塑料巴柯尔硬度试验方法

GB/T 7193—2008 不饱和聚酯树脂试验方法

GB/T 24148.1—2009 塑料 不饱和聚酯树脂(UP-R)第1部分:命名系统

GB/T 24148.2—2009 塑料 不饱和聚酯树脂(UP-R)第2部分:试样制备和性能测定

GB/T 24148.4—2009 塑料 不饱和聚酯树脂(UP-R)第4部分:黏度的测定

GB/T 24148.7—2014 塑料 不饱和聚酯树脂(UP-R)第7部分:室温条件下凝胶时间的测定

GB/T 24148.8—2014 塑料 不饱和聚酯树脂(UP-R)第8部分:铂-钴比色法测定颜色

3 术语和定义

GB/T 2035—2008 界定的以及下列术语和定义适用于本文件。

3.1

液体不饱和聚酯树脂 liquid unsaturated polyester resin

由多元醇与多元酸反应生成的不饱和聚酯溶解在与其有聚合能力的单体中而制得的液体树脂。

3.2

树脂浇铸体 resin casting

仅由加入引发剂(或再加促进剂)的树脂体系固化所得到的产物。

4 产品的命名

产品应按 GB/T 24148.1—2009 中的规定进行命名。

5 技术要求

5.1 液体树脂要求(见表1)

表 1　液体树脂要求

项　　目	技术指标
外观	黏稠液体，无异状
色号	≤70
酸值(以 KOH 计)/(mg/g)	指定值±3
黏度/Pa·s	指定值±25%
固体含量/%	指定值±3
凝胶时间/min	指定值±2
80 ℃热稳定性/h	≥24
注 1：一种牌号的树脂只允许有一个指定值。 注 2：凝胶时间的指定值应注明固化体系。	

5.2　树脂浇铸体要求(见表 2)

表 2　树脂浇铸体要求

项　　目	技术指标
冲击强度/(kJ/m^2)	≥7
拉伸强度/MPa	≥28
巴氏硬度/HBa	≥28

6　试验方法

6.1　树脂的试验方法

6.1.1　外观

把树脂样品倒入容积为 100 mL 的标准比色管内，使液面高度为 100 mm。用肉眼检查有无杂物、液体分层等异状。

6.1.2　色号

按 GB/T 24148.8—2014 执行。

6.1.3　酸值测定

按 GB/T 24148.2—2009 执行。

6.1.4　黏度测定

按 GB/T 24148.4—2009 执行。

6.1.5　固体含量测定

按 GB/T 7193—2008 中 4.3 执行。

6.1.6 凝胶时间测定

按 GB/T 24148.7—2014 执行。

6.1.7 80 ℃热稳定性测定

称取试样(100±1)g 于清洁干燥的白色广口瓶中,盖紧玻璃塞作好标记。每两个试样为 一组。将装有试样的白色广口瓶放入恒温(80±2)℃鼓风的电热干燥箱中,开始试验并记录时间。每隔 2 h 倒置白色广口瓶检查气泡,通过试样中气泡上升的情况,当气泡不能畅通、试样出现黏稠结块现象时,即试样已经出现凝胶,记下出现凝胶的时间。

6.2 浇铸体试验方法

6.2.1 试样制备

按 GB/T 24148.2—2009 的方法进行试样制备。

6.2.2 冲击强度测定

按 GB/T 2567—2008 执行。

6.2.3 拉伸强度测定

按 GB/T 2567—2008 执行。

6.2.4 巴氏硬度测定

按 GB/T 3854—2005 执行。

7 检验规则

7.1 产品以每釜为一批,产品的检验分出厂检验和型式检验两种。

7.1.1 出厂检验项目为表 1 的内容要求。

7.1.2 型式检验项目包括表 1、表 2 的全部要求。

7.1.3 有下列情况之一时,应进行型式检验:

a) 新产品的试制定型时;
b) 原材料或生产工艺有较大改变时;
c) 正常生产时,每半年至少进行一次;
d) 停产时间超过两个月后继续生产时;
e) 出厂检验结果与上次型式检验有较大差异时;
f) 质量监督部门提出型式检验要求时。

7.2 至每批产品总桶数 15%的桶中取样。

7.3 检验结果不符合技术要求时,按 7.2 加倍抽样复检,复检仍有不合格项目时,则判该产品不合格。

8 标志、包装、运输和贮存

8.1 应在产品所附的合格证上注明产品的名称、牌号、批号、生产厂名和地址、生产日期和净质量。

8.2 包装容器上应明显标示“易燃”字样。

8.3　包装容器应清洁、干燥、不影响质量和安全，包装后密封桶口。

8.4　在运输过程中，应符合有关危险、易燃品贮存的规定，并禁止在阳光下暴晒。

8.5　产品宜贮存在 25 ℃以下阴凉处，避免火种、远离热源和辐射源、防止雨淋和阳光直晒。

8.6　在符合上述包装、运输、贮存要求的条件下，自出厂之日起，贮存期为 6 个月，含促进剂的树脂贮存期为 3 个月。

ICS 77.150
H 63

中华人民共和国国家标准

GB/T 14592—2014
代替 GB/T 14592—1993

钼圆片

Molybdenum discs

2014-07-24 发布 2015-02-01 实施

中华人民共和国国家质量监督检验检疫总局
中国国家标准化管理委员会 发布

前 言

本标准是按照 GB/T 1.1—2009 给出的规则起草的。

本标准代替 GB/T 14592—1993《钼圆片》。

本标准与 GB/T 14592—1993 相比，主要有如下变动：

——修改了规范性引用文件；

——增加了电火花线切割和研磨车边类产品的标记和直径允许偏差；

——修改了钼圆片产品密度要求；

——修改了检验规则里的相关条款；

——增加了产品质量证明书和合同(或订货单)内容要求。

本标准由全国有色金属标准化技术委员会(SAC/TC 243)归口。

本标准起草单位：西安瑞福莱钨钼有限公司、宜兴市科兴合金材料有限公司、金堆城钼业股份有限公司。

本标准主要起草人员：淡新国、侯军涛、俞叶、赵娟、石大伟、金波。

钼　圆　片

1　范围

本标准规定了钼圆片产品的要求、试验方法、检验规则、标志、包装、运输、贮存、质量证明书和合同(或订货单)内容。

本标准适用于功率半导体器件及电真空器件等用钼圆片。

2　规范性引用文件

下列文件对于本文件的应用是必不可少的。凡是注日期的引用文件,仅注日期的版本适用于本文件。凡是不注日期的引用文件,其最新版本(包括所有的修改单)适用于本文件。

GB/T 2828.1　计数抽样检验程序　第1部分:按接收质量限(AQL)检索的逐批检验抽样计划

GB/T 3850　致密烧结金属材料与硬质合金密度测定方法

GB/T 4325(所有部分)　钼化学分析方法

YS/T 660—2007　钼及钼合金加工产品牌号和化学成分

3　要求

3.1　产品分类

3.1.1　产品的牌号和状态见表1。

表1

牌号	供货状态	制造方法举例	规格/mm	
			直径	厚度
Mo1、Mo2	毛坯(M),退火态	冲裁-切割	≥4.0	≥0.6
	喷砂车边(P),退火态	喷砂-车边	≥4.0	≥0.6
	粗磨车边(C),退火态	粗磨-车边	≥10.0	≥0.6
	精磨车边(J),退火态	精磨-车边	≥10.0	≥0.6
	精轧电火花切割(D),退火态	精轧-线切割	≥4.0	≥0.1
Mo1	研磨车边(Y),退火态	研磨-车边	≥15.0	≥0.9

3.1.2　产品型号表示方法。

产品型号按产品牌号、供货状态和尺寸规格的顺序表示并标记,标记示例如下:

示例1:

公称直径为20 mm,厚度为2 mm的Mo1牌号的毛坯钼圆片产品表示为:

Mo1M20×2.0。

示例2:

公称直径为45 mm,厚度为3 mm的Mo2牌号的喷砂车边钼圆片表示为:

Mo2P45×3.0。

示例 3：

公称直径为 80 mm，厚度为 4 mm 的 Mo1 牌号的粗磨车边钼圆片表示为：

Mo1C80×4.0。

示例 4：

公称直径为 55 mm，厚度为 2.5 mm 的 Mo1 牌号的精磨钼圆片表示为：

Mo1J55×2.5。

示例 5：

公称直径为 55 mm，厚度为 2.5 mm 的 Mo1 牌号的电火花切割钼圆片表示为：

Mo1D55×2.5。

示例 6：

公称直径为 30 mm，厚度为 4 mm 的 Mo1 牌号的研磨车边钼圆片产品表示为：

Mo1Y30×4.0。

3.2 化学成分

产品的化学成分应符合 YS/T 660—2007 中 Mo1，Mo2 牌号的要求。

3.3 密度

钼圆片的密度不小于 10.0 g/cm^3。

3.4 尺寸及其允许偏差

3.4.1 产品直径及其允许偏差见表 2，厚度及其允许偏差见表 3。

表 2

单位为毫米

直径范围	直径允许偏差		
	毛坯	车边	电火花线切割
4～10	±0.10	—	±0.10
>10～20	±0.10	−0.10	±0.10
>20～30	±0.12	−0.10	±0.10
>30～50	±0.14	−0.10	±0.10
>50～80	±0.16	−0.10	±0.10
>80	±0.16	−0.10	±0.10
注：其他直径产品公差由供需双方协商确定。			

表 3

单位为毫米

厚度范围	厚度允许偏差			
	毛坯，喷砂	粗磨	精磨	研磨
0.10～0.60	—	—	±0.04	+0.1
>0.60～2.00	±0.12	±0.10	±0.08	+0.1
>2.00～3.00	±0.15	±0.10	±0.08	+0.1
>3.00～4.00	±0.17	±0.12	±0.10	+0.1
>4.00～6.00	±0.20	±0.14	±0.10	+0.1
注：其他厚度产品公差由供需双方协商确定。				

3.4.2 毛坯产品平面度不大于 0.100 mm；粗磨产品平面度不大于 0.025 mm；精磨产品平面度不大于 0.015 mm；研磨产品平面度不大于 0.010 mm。

3.4.3 粗磨产品表面平行度不大于 0.030 mm；精磨产品表面平行度不大于 0.020 mm；研磨产品的表面平行度不大于 0.010 mm。

3.5 外观质量

3.5.1 产品表面不允许有鼓泡、夹杂、裂纹及超出厚度允许偏差的斑点、凹坑、划伤。

3.5.2 产品边缘应整齐，不允许有分层、崩边现象，允许有局部的轻微的不超过允许偏差的冲痕和小毛刺。

3.5.3 喷砂产品表面砂痕均匀，无目视可见的斑点、氧化点和残存砂痕。

3.5.4 磨光产品表面粗糙度及表面缺陷应符合表 4 规定。

表 4

品种	表面粗糙度 Ra/μm	周边粗糙度 Ra/μm	表面缺陷		
	不大于		尺寸/mm	间距/mm	数量/个
粗磨	6.3	6.3	≤ ϕ0.4×0.1	≥0.30	≤5
精磨	1.6	6.3			
研磨	0.63	6.3			

3.6 腐蚀性能

产品经过腐蚀检测后，表面无亮点凹坑缺陷产生，边缘无分层现象产生。

4 试验方法

4.1 化学成分分析方法

产品的化学成分分析按照 GB/T 4325 的规定进行。

4.2 密度检测方法

产品的密度测定按照 GB/T 3850 的规定进行。

4.3 尺寸及其允许偏差测量方法

4.3.1 产品的直径和厚度测量采用相应精度的量具测量。

4.3.2 产品的平面度检测应将钼圆片放在平台上，采用相应精度的量具进行。

4.3.3 产品的平行度用精度 0.010 mm 的千分尺测量，在相互垂直的方向测量 4 点，任意两点的差值不得超过平行度要求。

4.4 外观质量检测方法

产品的外观质量用目视法进行检测；粗糙度采用对比块检测。

4.5 腐蚀性能检测方法

磨光产品腐蚀检测方法如下：

a) 腐蚀溶液：30% H_2O_2 ∶ 10% NaOH 溶液＝90 ∶ 10（体积比）；

b) 腐蚀温度：室温（23 ℃±2 ℃）；

c) 时间：1 min～3 min；

d) 待反应生成深棕色泡沫后，立即用清水冲洗，吹干。

5 检验规则

5.1 检查和验收

5.1.1 产品应由供方进行检查，保证产品质量符合本标准和合同（或订货单）的要求，并附质量证明书。

5.1.2 需方可对收到的产品进行检验。如检验结果与本标准或定货合同的规定不符时，应在收到产品之日起三个月内向供方提出，由供需双方协商解决。

5.2 组批

产品应成批提交验收。每批由同一牌号、同一供货状态和同一型号的产品组成，批量不限。

5.3 检验项目及取样

每批产品的检验项目及取样见表5所示。

表 5

检验项目	取样规定	要求章节号	试验方法章节号
化学成分	每批任取1件，取样重量不小于50 g，供方可以在烧结坯料取样	3.2	4.1
密度	每批抽取5件取样	3.3	4.2
尺寸及其允许偏差	抽样检测，抽样方法按照GB/T 2828.1一般检查水平Ⅱ进行，或按照客户要求进行检测	3.4	4.3
外观质量	逐片检验	3.5	4.4
腐蚀性能	每批随机抽样3件	3.6	4.5

5.4 检验结果的判定

5.4.1 产品的化学成分和密度检验不合格时，则取双倍试样对不合格项目进行复验。如仍有一个结果不合格时，则整批不合格。

5.4.2 产品的尺寸及其允许偏差按正常检查一次抽样方案AQL＝2.5判定。不合格时按加严检查一次抽样方案AQL＝2.5复验。若仍不合格时，则整批不合格。

5.4.3 产品的外观质量检验不合格时，判该件产品不合格。

5.4.4 腐蚀性能检测后有不合格样品时，则取双倍试样进行复验。如仍有不合格样品时，则判该批不合格。

6 标志、包装，运输、贮存和质量证明书

6.1 标志

6.1.1 检验合格的产品应附有标签或标牌，其上注明：

a) 牌号；

b) 批号；

c) 净重；

d) 供方技术监督部门的检印。

6.1.2 产品包装箱上应标明：供方名称、产品名称、状态、批号、重量及"轻放"、"防潮"等字样或标志。

6.2 包装、运输和贮存

6.2.1 产品应装入垫有防潮纸的木箱、纸箱或铁桶内，用纸屑或泡沫塑料将产品隔开，并将箱体塞紧。

6.2.2 产品在运输途中应防水防潮，并避免剧烈震动。

6.2.3 产品应贮存在干燥的、不含腐蚀性气氛的场所。

6.3 质量证明书

每批产品应附有质量证明书。其上注明：

a) 供方名称、地址；

b) 产品名称；

c) 产品牌号、型号和状态；

d) 产品批号；

e) 净重和件数；

f) 各项分析检验结果及技术监督部门检印；

g) 本标准编号；

h) 检验日期(或包装日期)。

7 合同(或订货单)内容

本标准所列材料的合同(或订货单)应包括下列内容：

a) 产品名称；

b) 牌号、型号和状态；

c) 产品净重或件数；

d) 本标准编号；

e) 其他。

ICS 77.150.30
H 62

中华人民共和国国家标准

GB/T 14594—2014
代替 GB/T 14594—2005

电真空器件用无氧铜板和带

Oxygen-free copper sheets and strips for vacuum electron devices

2014-12-05 发布　　　　2015-05-01 实施

中华人民共和国国家质量监督检验检疫总局
中国国家标准化管理委员会　发布

前　言

本标准按照 GB/T 1.1—2009 给出的规则起草。

本标准代替 GB/T 14594—2005《无氧铜板和带》。本标准和 GB/T 14594—2005 相比，主要变化如下：

——标准名称由原来的“无氧铜板和带”改为“电真空器件用无氧铜板和带”；

——产品牌号增加了 TU00，删除了 TU2，修订后为 TU00、TU0、TU1；

——增加了与牌号相对应的代号；

——对板带材状态按 GB/T 29094—2012《铜及铜合金状态表示方法》的规定进行了相应修改；

——板材长度上限由“2 500 mm”调整为“3 000 mm”；

——带材厚度上限由“4.0 mm”调整为“6.0 mm”；

——对部分厚度分档进行了调整；

——对厚度允许偏差进行了修改，增加宽度 300 mm～1 000 mm 相应薄带厚度允许偏差的规定；

——对板材宽度允许偏差进行了修改；

——带材宽度允许偏差增加高精级规定，增加了“>2.5 mm～3.0 mm”厚带材宽度允许偏差规定；

——氧含量金相检验“应符合 YS/T 335 的规定”修改为“符合 YS/T 335 标准图片 1～3 级为合格”；

——增加氢脆试验要求及其相关规定；

——增加了化学成分分析方法 YS/T 482《铜及铜合金分析方法　光电发射光谱法》；

——增加了“板带材外形尺寸测量方法按 GB/T 26303.3 的规定进行”的规定；

——对组批量进行了修改；

——试验试样号按 GB/T 228.1 规定进行了修改；

——增加了“取样方法按 YS/T 668 的规定进行，力学性能和工艺性能试样的制备按 YS/T 815 的规定进行”的规定。

本标准由全国有色金属标准化技术委员会(SAC/TC 243)归口。

本标准起草单位：中铝洛阳铜业有限公司、中铝上海铜业有限公司、绍兴市力博电气有限公司、白银有色集团股份有限公司、有色金属技术经济研究院。

本标准主要起草人员：赵万花、张娟、郭慧稳、赵鲸、邵胜中、徐高磊、李双龙、张香云、陈伟文、陈晖。

本标准所代替标准的历次版本发布情况为：

——GB/T 14594—1993、GB/T 14594—2005。

电真空器件用无氧铜板和带

1 范围

本标准规定了无氧铜板和带的要求、试验方法、检验规则、标志、包装、运输、贮存、质量证明书和订货单(或合同)等内容。

本标准适用于电子工业部门作电真空器件用无氧铜板、带材。

2 规范性引用文件

下列文件对于本文件的应用是必不可少的。凡是注日期的引用文件,仅注日期的版本适用于本文件。凡是不注日期的引用文件,其最新版本(包括所有的修改单)适用于本文件。

GB/T 228.1—2010 金属材料 拉伸试验 第1部分:室温试验方法

GB/T 232 金属材料 弯曲试验方法

GB/T 351 金属材料电阻系数测量方法

GB/T 4340.1 金属材料 维氏硬度试验 第1部分:试验方法

GB/T 5121(所有部分) 铜及铜合金化学分析方法

GB/T 5231 加工铜及铜合金牌号和化学成分

GB/T 8888 重有色金属加工产品的包装、标志、运输和贮存

GB/T 23606 铜氢脆检验方法

GB/T 26303.3 铜及铜合金加工材外形尺寸检测方法 第3部分:板带材

YS/T 335—2009 无氧铜含氧量金相检验方法

YS/T 347 铜及铜合金平均晶粒度测定方法

YS/T 478 铜及铜合金导电率涡流检测方法

YS/T 482 铜及铜合金分析方法 光电发射光谱法

YS/T 668 铜及铜合金理化检测取样方法

YS/T 815 铜及铜合金力学性能和工艺性能试样的制备方法

3 要求

3.1 产品分类

3.1.1 牌号、状态、规格

板带材的牌号、状态和规格应符合表1的规定。

表 1 牌号、状态和规格

牌号	代号	供应状态	形状	规格/mm		
				厚度	宽度	长度
TU00	C10100	软化退火(O60)、1/2 硬(H02)、硬(H04)	板	0.4～10.0	200～1 000	1 000～3 000
TU0	T10130					
TU1	T10150	软化退火(O60)、1/4 硬(H01)、1/2 硬(H02)、硬(H04)	带	0.05～6.0	≤1 000	—
注：经供需双方协商，也可供应其他状态、规格的产品。						

3.1.2 标记示例

产品标记按产品名称、标准编号、牌号、状态和规格的顺序表示。标记示例如下：

示例 1：用TU0 制造的、软化退火(O60)状态、厚度为 0.5 mm、宽度为 200 mm 的带材标记为：

带 GB/T 14594-TU0 O60-0.5×200 或 带 GB/T 14594-T10300O60-0.5×200

示例 2：用TU1 制造的、1/2 硬(H02)状态、厚度为 5 mm、宽度为 1 000 mm、长度为 2 000 mm 的板材标记为：

板 GB/T 14594-TU1H02-5×1 000×2 000 或 板 GB/T 14594-T10150H02-5×1 000×2 000

3.2 化学成分

TU00、TU0 、TU1 的化学成分应符合 GB/T 5231 的规定。

3.3 外形尺寸及其允许偏差

3.3.1 板带材的厚度及其允许偏差应符合表 2 的规定。

3.3.2 板材的宽度及其允许偏差应符合表 3 的规定。带材的宽度及其允许偏差应符合表 4 的规定。

表 2 厚度及其允许偏差

单位为毫米

厚度	宽度							
	≤200		>200～300		>300～600		>600～1000	
	厚度允许偏差[a]							
	普通级	高精级	普通级	高精级	普通级	高精级	普通级	高精级
0.05～0.10	±0.006	±0.005	±0.010	±0.007	±0.013	±0.010	—	—
>0.10～0.20	±0.010	±0.008	±0.012	±0.010	±0.017	±0.012	±0.025	±0.020
>0.20～0.30	±0.012	±0.010	±0.015	±0.012	±0.020	±0.015	±0.030	±0.025
>0.30～0.50	±0.015	±0.012	±0.020	±0.015	±0.025	±0.020	±0.040	±0.030
>0.50～0.80	±0.025	±0.020	±0.030	±0.025	±0.040	±0.030	±0.050	±0.040
>0.80～1.20	±0.035	±0.025	±0.040	±0.035	±0.045	±0.035	±0.055	±0.045
>1.2～1.50	±0.040	±0.035	±0.045	±0.040	±0.050	±0.040	±0.060	±0.050
>1.50～2.00	±0.045	±0.040	±0.050	±0.045	±0.055	±0.045	±0.070	±0.060
>2.00～3.00	±0.055	±0.045	±0.060	±0.055	±0.070	±0.050	±0.090	±0.080
>3.00～5.00	±0.070	±0.055	±0.075	±0.065	±0.090	±0.070	±0.110	±0.100

表 2（续）

单位为毫米

厚度	宽度							
	≤200		>200～300		>300～600		>600～1 000	
	厚度允许偏差[a]							
	普通级	高精级	普通级	高精级	普通级	高精级	普通级	高精级
>5.00～8.00	±0.100	±0.090	±0.110	±0.100	±0.120	±0.100	±0.200	±0.180
>8.00～10.00	±0.110	±0.100	±0.120	±0.110	±0.150	±0.130	±0.250	±0. 230

[a] 需方要求厚度允许偏差为(＋)或(－)单向偏差时，其值为表中数值的 2 倍。

表 3　板材宽度及其允许偏差

单位为毫米

厚度	宽度		
	≤300	>300～600	>600～1 000
	宽度允许偏差[a]		
≤0.8	±0.80	±1.0	±1.5
>0.8～3.0	±1.00	±1.5	±2.5
>3.0～10.0	±2.5	±3.0	±4.0

[a] 需方要求宽度允许偏差为(＋)或(－)单向偏差时，其值为表中数值的 2 倍。

表 4　带材宽度及其允许偏差

单位为毫米

厚度[b]	宽度					
	≤300		>300～600		>600～1 000	
	宽度允许偏差[a]					
	普通级	高精级	普通级	高精级	普通级	高精级
≤0.5	±0.15	±0.10	±0.20	±0.15	±0.30	±0.25
>0.5～1.0	±0.20	±0.15	±0.25	±0.20	±0.40	±0.30
>1.0～1.5	±0.25	±0.20	±0.30	±0.25	±0.50	±0.40
>1.5～2.5	±0.30	±0.25	±0.40	±0.30	±0.60	±0.50
>2.5～3.0	±0.50	±0.40	±0.50	±0.40	±0.60	±0.50

[a] 需方要求宽度允许偏差为(＋)或(－)单向偏差时，其值为表中数值的 2 倍。

[b] 厚度大于 3.0 mm 的带材可不切边。

3.3.3　板材的长度分为定尺、倍尺和不定尺三种。定尺或倍尺应在不定尺范围内，其允许偏差应符合表 5 的规定。按倍尺供货的板材，应留有切口量，每一切口量为＋5 mm。

表 5　板材的长度允许偏差

单位为毫米

厚 度	长度允许偏差
≤0.8	+5 0
>0.8	+10 0

3.3.4　带材的侧边弯曲度应符合表 6 的规定。

表 6　带材的侧边弯曲度

宽 度/mm	侧边弯曲度/(mm/m) 不大于
≤100	4
>100～1 000	3

3.3.5　板材应平直，允许有轻微的波浪，其长度方向上的不平度应符合表 7 的规定。

表 7　板材的不平度

厚 度/mm	不 平 度/(mm/m) 不大于
≤1.5	15
>1.5～5.0	10
>5.0	8

3.3.6　板材的周边应切直，不应有裂边、卷边。带材的两边应切齐，无裂边、卷边等缺陷。

3.4　力学性能

厚度不小于 0.2 mm 的产品，其力学性能应符合表 8 的规定，厚度小于 0.2 mm 的带材，其力学性能指标由供需双方商定。拉伸试验和硬度试验均要求时，硬度试验结果仅供参考；仅要求硬度试验时，其试验结果可作为仲裁的依据。

表 8　力学性能

牌号	代号	状态	拉伸试验		维氏硬度 HV
			抗拉强度 R_m/MPa	伸长率 $A_{11.3}$/%	
TU00 TU0 TU1	C10100 T10130 T10150	O60	195～260	≥40	45～65
		H01	215～275	≥30	50～70
		H02	245～315	≥15	85～110
		H04	≥275	—	≥100

3.5 工艺性能

带材可进行弯曲试验,试验应符合表9的规定,试验后弯曲外侧不应有肉眼可见的裂纹。

表9 弯曲试验

牌号	代号	状态	厚度/mm	弯曲角度	内侧弯芯半径
TU00 TU0 TU1	C10100 T10130 T10150	O60	≤2	180°	0倍带厚
			>2		1倍带厚
		H01、H02	≤2		1倍带厚
		H04	≤2		1.5倍带厚

3.6 晶粒度

产品可进行晶粒度检验,并符合表10的规定。

表10 晶粒度

牌号	代号	状态	晶粒度/mm
TU00 TU0 TU1	C10100 T10130 T10150	O60	0.015～0.050
		H01	a～0.045
注:a是指完全再结晶后的最小颗粒。			

3.7 电性能

在20℃的温度下测试,产品的电性能应符合表11的规定。

表11 电性能

牌号	代号	状态	导电率/% IACS 不小于	电阻系数/($\Omega \cdot mm^2/m$) 不大于
TU00	C10100	O60	101	0.017 070
		H01	100	0.017 241
		H02	99	0.017 415
		H04	98	0.017 593
TU0 TU1	T10130 T10150	O60	100	0.017 241
		H01	99	0.017 415
		H02	98	0.017 593
		H04	97	0.017 774

3.8 氧含量金相检验

产品在氢气退火后,经金相检验,应符合YS/T 335—2009标准图片1～3级为合格。

3.9 氢脆试验

产品可进行氢脆试验。产品氢气退火后，在常温下进行闭合弯曲试验，试验后试样外侧面不得出现肉眼可见的裂纹。

3.10 表面质量

产品的表面应光滑、清洁，不允许有影响使用的缺陷。

4 试验方法

4.1 化学成分

板带材的化学成分分析方法应按 GB/T 5121(所有部分)或 YS/T 482 的规定进行，板带材的化学成分仲裁分析按 GB/T 5121(所有部分)的规定进行。

4.2 外形尺寸

板带材的外形尺寸测量方法按 GB/T 26303.3 的规定进行。

4.3 力学性能

板带材的拉伸试验方法按 GB/T 228.1—2010 的规定进行。试样应符合 GB/T 228.1—2010 附录 B表 B.1 中 P02 和附录 D 表 D.1 中 P09 的规定。维氏硬度试验按 GB/T 4340.1 的规定进行。

4.4 工艺性能

板带材的弯曲试验按 GB/T 232 的规定进行。

4.5 晶粒度

板带材的晶粒度检验按 YS/T 347 的规定进行。

4.6 电性能

板带材的导电率试验按 GB/T 351 或 YS/T 478 的规定进行，板带材导电率仲裁试验按 GB/T 351 的规定进行。

4.7 氧含量金相检验

板带材的氧含量金相检验方法按 YS/T 335—2009 的规定进行。

4.8 氢脆试验

板带材的氢脆检验方法按 GB/T 23606 的规定进行。

4.9 表面质量

板带材的表面质量应用目视检验。

5 检验规则

5.1 检查和验收

5.1.1 产品应由供方技术监督部门进行检验，保证产品质量符合本标准及订货单(或合同)的规定，并填写质量证明书。

5.1.2 需方应对收到的产品按本标准及订货单(或合同)的规定进行检验，如检验结果与本标准及订货单(或合同)的规定不符时，应以书面形式向供方提出，由供需双方协商解决。属于表面质量及尺寸偏差的异议，应在收到产品之日起一个月内提出；其他质量异议，应在收到产品三个月内提出。如需仲裁，仲裁取样应由供需双方共同进行。

5.2 组批

产品应成批提交验收，每批应由同一牌号、状态和规格组成。每批重量应不大于 5 000 kg(如为同一熔次，每批重量可不大于 10 000 kg)。

5.3 检验项目

每批产品应进行化学成分、外形尺寸及其允许偏差、拉伸试验、电性能、氧含量金相检验和外观质量的检验。当需方有要求时，还应进行维氏硬度、工艺性能、晶粒度和氢脆试验的检验。

5.4 取样

产品取样应符合表 12 的规定，取样方法按 YS/T 668 的规定进行，力学性能和工艺性能试样的制备按 YS/T 815 的规定进行。

表 12 取样

检验项目	取样规定	要求的章条号	试验方法的章条号
化学成分	供方 1 个试样/熔次，需方 1 个试样/批	3.2	4.1
外形尺寸及其允许偏差	逐张(卷)检查	3.3	4.2
拉伸试验	任取 2 张(卷)/批，板材沿垂直于轧制方向、带材沿轧制方向任取 1 个试样/张(卷)	3.4	4.3
维氏硬度	任取 2 张(卷)/批，1 个试样/张(卷)	3.4	4.3
工艺性能	任取 2 张(卷)/批，1 个试样/张(卷)	3.5	4.4
晶粒度	任取 2 张(卷)/批，1 个试样/张(卷)	3.6	4.5
电性能	任取 2 张(卷)/批，1 个试样/张(卷)	3.7	4.6
氧含量金相检验	在不同部位任取 2 个试样/批	3.8	4.7
氢脆试验	任取 2 张(卷)/批，1 个试样/张(卷)	3.9	4.8
表面质量	逐张(卷)检查	3.10	4.9

5.5 检验结果的判定

5.5.1 化学成分不合格时，判该批产品不合格。

5.5.2 产品的外形尺寸及其允许偏差或表面质量不合格时，判该张(卷)不合格。

5.5.3 当力学性能、工艺性能、晶粒度、电性能、氧含量金相检验或氢脆试验的试验结果中有试样不合格时，应从该批产品(包括原检验不合格的产品)中另取双倍数量的试样进行重复试验，重复试验结果全部合格，则判整批产品合格。若重复试验结果仍有试样不合格，则判该批产品不合格，或由供方逐张(卷)检验，合格者交货。

6 标志、包装、运输、贮存和质量证明书

产品的标志、包装、运输、贮存和质量证明书应符合 GB/T 8888 的规定。

7 订货单(或合同)内容

订购本标准所列产品的订货单(或合同)内应包括下列内容：

a) 产品名称；
b) 牌号；
c) 供应状态；
d) 规格；
e) 精度等级(普通级或高精级)；
f) 重量；
g) 维氏硬度(有要求时)；
h) 工艺性能(有要求时)；
i) 晶粒度(有要求时)；
j) 氢脆试验(有要求时)；
k) 本标准编号；
l) 其他。

ICS 71.100.20
G 86

中华人民共和国国家标准

GB/T 14602—2014
代替 GB/T 14602—1993、GB/T 24469—2009

电子工业用气体　氯化氢

Gases for electronic industry—Hydrogen chloride

2014-12-22 发布　　2015-07-01 实施

中华人民共和国国家质量监督检验检疫总局
中国国家标准化管理委员会　发布

前　言

本标准按照 GB/T 1.1—2009 给出的规则起草。

本标准代替 GB/T 14602—1993《电子工业用气体　氯化氢》、GB/T 24469—2009《电子工业用气体　5N 氯化氢》。与 GB/T 14602—1993、GB/T 24469—2009 相比，除编辑性修改外主要技术变化如下：

——修改了范围(见第 1 章，1993 年版的第 1 章、GB/T 24469—2009 的第 1 章)；

——修改了规范性引用文件(见第 2 章，1993 年版的第 2 章、GB/T 24469—2009 的第 2 章)；

——修改了技术要求(见第 3 章，1993 年版的第 3 章、GB/T 24469—2009 的第 3 章)；

——修改了抽样、判定(见 4.1，1993 年版的第 5 章、GB/T 24469—2009 的第 5 章)；

——修改了氧＋氩、氮、一氧化碳、二氧化碳、烃含量的测定方法(见 4.3，1993 年版的 4.2、4.3、GB/T 24469—2009的 4.3、4.5)；

——删除了氢含量的测定方法(见 1993 年版的 4.5)；

——修改了水分含量的测定方法(见 4.4，1993 年版的 4.4、GB/T 24469—2009 的 4.4)；

——修改了金属元素含量的测定方法(见 4.5，GB/T 24469—2009 的 4.6)；

——修改了标志、包装、贮运及安全(见第 5 章，1993 年版的第 6 章、第 7 章、GB/T 24469—2009 的第 6 章、第 7 章、第 8 章)。

本标准由全国半导体设备和材料标准化技术委员会(SAC/TC 203)提出并归口。

本标准起草单位：北京华宇同方化工科技开发有限公司、西南化工研究设计院有限公司、佛山市华特气体有限公司、光明化工研究设计院有限公司、上海华爱色谱分析技术有限公司、上海仪盟科技有限公司。

本标准主要起草人：张吉瑞、孙福楠、杜汉盛、方华、周鹏云、杨任。

本标准所代替标准的历次版本发布情况为：

——GB/T 14602—1993、GB/T 24469—2009。

电子工业用气体 氯化氢

1 范围

本标准规定了氯化氢的技术要求、试验方法、标志、包装、贮运及安全。

本标准适用于以工业氯化氢为原料,采用纯化制得的氯化氢产品。该产品主要用于微电子工业中气相抛光、外延和刻蚀工艺,也可用于硬质合金、玻璃表面处理、医药中间体和精细化学品制造、科学研究等领域。

分子式:HCl。

相对分子质量:36.458(按2009年国际相对原子质量计算)。

2 规范性引用文件

下列文件对于本文件的应用是必不可少的。凡是注日期的引用文件,仅注日期的版本适用于本文件。凡是不注日期的引用文件,其最新版本(包括所有的修改单)适用于本文件。

GB 190 危险货物包装标志

GB/T 3723 工业用化学产品采样安全通则

GB 5099 钢质无缝气瓶

GB/T 5832.3 气体中微量水分的测定 第3部分:光腔衰荡光谱法

GB 7144 气瓶颜色标志

GB 14193 液化气体气瓶充装规定

GB 15258 化学品安全标签编写规定

GB 16804 气瓶警示标签

GB/T 26571 特种气体储存期规范

GB/T 28726—2012 气体分析 氦离子化气相色谱法

气瓶安全监察规程(2000版)

危险化学品安全管理条例(2002版)

特种设备安全监察条例(2009版)

3 技术要求

氯化氢的技术要求应符合表1的要求。

表1 技术指标

项 目		指 标	
氯化氢纯度(体积分数)/10^{-2}	≥	99.999	99.999 5
氧+氩(O_2+Ar)含量(体积分数)/10^{-6}	<	1.0	0.5
氮(N_2)含量(体积分数)/10^{-6}	<	2.0	2.0
二氧化碳(CO_2)含量(体积分数)/10^{-6}	<	2.0	1.0

表 1 （续）

项目		指标	
一氧化碳(CO)含量(体积分数)/10^{-6}	<	1.0	0.5
烃($CH_4+C_2H_2$)含量(体积分数)/10^{-6}	<	1.0	0.5
水分(H_2O)含量(体积分数)/10^{-6}	<	1.0	0.5
总杂质含量(体积分数)/10^{-6}	≤	—	5
铁(Fe) 含量/ (mg/L)	≤	0.5	0.1
其他金属元素(锰、钴、锌、铜、铬、镍) 含量/(mg/L)	≤	0.1	0.1
颗粒		供需双方商定	供需双方商定

4 试验方法

4.1 抽样、判定

4.1.1 氯化氢产品应逐一检验并验收。当检验结果有任何一项指标不符合本标准技术要求时，则判该产品不合格。

4.1.2 氯化氢采样安全应符合 GB/T 3723 的相关规定。

4.2 氯化氢纯度

4.2.1 总杂质含量 Φ_7 按式(1)计算：

$$\Phi_7 = \Phi_1 + \Phi_2 + \Phi_3 + \Phi_4 + \Phi_5 + \Phi_6 \quad \cdots\cdots(1)$$

式中：

Φ_1——氧＋氩含量(体积分数)，10^{-6}；

Φ_2——氮含量(体积分数)，10^{-6}；

Φ_3——二氧化碳含量(体积分数)，10^{-6}；

Φ_4——一氧化碳 CO 含量(体积分数)，10^{-6}；

Φ_5——烃含量(体积分数)，10^{-6}；

Φ_6——水分含量(体积分数)，10^{-6}。

4.2.2 氯化氢纯度按式(2)计算：

$$\Phi = 100 - \Phi_7 \times 10^{-4} \quad \cdots\cdots(2)$$

式中：

Φ——氯化氢纯度(体积分数)，10^{-2}。

4.3 氧＋氩、氮、一氧化碳、二氧化碳、烃含量的测定

按 GB/T 28726—2012 规定的预切割(除)进样的方法测定氯化氢中的氧＋氩、氮、一氧化碳、二氧化碳、烃(CH_4、C_2H_2)含量。

预切割(除)柱：柱长约 2.0 m，内径约为 2 mm 的 Monel 400 合金柱，内装粒径为 0.18 mm～0.25 mm的 Porapak Q，或其他等效色谱柱。

色谱柱Ⅰ：柱长约 2 m、内径约 2 mm 的 Monel 400 合金柱，内装粒径为 0.18 mm～0.25 mm 的 5A 分子筛，或其他等效色谱柱。该柱用于分析氧＋氩、氮、一氧化碳含量。

色谱柱Ⅱ:柱长约 2 m、内径约 2 mm 的 Monel 400 合金柱,内装粒径为 0.18 mm~0.25 mm 的 Hayesep Q,或其他等效色谱柱。该柱用于分析二氧化碳、烃(CH_4、C_2H_2)含量。

气体标准样品:组分含量的体积分数为 1×10^{-6}~5×10^{-6},平衡气为氦。

允许采用其他等效的方法测定氯化氢中的氧+氩、氮、一氧化碳、二氧化碳、烃(CH_4、C_2H_2)含量。当以上测定结果有异议时,本标准规定的方法为仲裁方法。

4.4 水分含量的测定

按 GB/T 5832.3 的规定执行。允许采用其他等效的方法测定氯化氢中的水含量。当测定结果有异议时,GB/T 5832.3 规定的方法为仲裁方法。

4.5 铁以及其他金属元素含量的测定

4.5.1 仪器

采用电感耦合等离子质谱法测定氯化氢中的锰、钴、锌、铜、铬、镍等金属元素的含量。

检测限:不大于 0.01(mg/L);

天平:感量 0.01 g;

吸收系统;

金属元素标准溶液:标准溶液中金属元素的含量应当与被测试样中所对应的含量相近。

4.5.2 测定条件

氯化氢吸收量:不大于 5 g;

去离子水:不大于 50 mL;

高纯氮:20 mL/min。

4.5.3 样品吸收

吸收装置图参见附录 A。

在吸收系统中准确放入 50.00 mL 去离子水。

准确称量吸收系统(洗气瓶+吸收瓶+缓冲瓶)的初始质量 m_1。

将氯化氢样品缓慢通过吸收系统,当氯化氢吸收量大于 5 g 时,停止吸收。开启高纯氮瓶阀置换管路 1 min,停止通气。准确称量吸收系统的终止质量 m_2。吸收系统中的溶液为测定金属元素用样品溶液。

4.5.4 测定步骤

4.5.4.1 启动仪器

按电感耦合等离子质谱仪(ICP-MS)说明书开启仪器,调整仪器各部件达到测定条件,待仪器稳定后即可测定。

4.5.4.2 测定

4.5.4.2.1 标准样品的测定

用金属元素标准溶液进样。记录标准溶液中金属元素吸收峰的吸光度信号。每种标准溶液至少重复进样两次,直至两次平行测定的相对偏差不大于 5%,取平均值。

4.5.4.2.2 样品的测定

将吸收后的样品溶液以测定标准溶液同样的测定条件进样，记录不同金属元素吸收峰的吸光度信号，重复进样至少两次，直至两次平行测定的相对偏差不大于5%，取平均值。

4.5.5 结果处理

氯化氢中金属元素的含量按式(3)计算：

$$w_i = A_i / A_s \times w_s \times 50 / m \qquad \cdots\cdots (3)$$

式中：

w_i ——氯化氢中金属元素的含量，单位为毫克每升(mg/L)；

A_i ——样品的信号强度；

A_s ——标样的信号强度；

w_s ——标样的含量，单位为毫克每升(mg/L)；

m ——通过气体吸收瓶的氯化氢的质量，单位为克(g)，按式(4)计算。

通过气体吸收瓶的氯化氢的质量按式(4)计算：

$$m = m_2 - m_1 \qquad \cdots\cdots (4)$$

式中：

m ——通过气体吸收装置的氯化氢的质量，单位为克(g)；

m_1 ——吸收系统的初始质量，单位为克(g)；

m_2 ——吸收系统的终止质量，单位为克(g)。

5 标志、包装、贮运及安全

5.1 标志、包装及贮运

5.1.1 氯化氢的充装及贮运应符合《气瓶安全监察规程》《危险化学品安全管理条例》和《特种设备安全监察条例》的相关规定。

5.1.2 包装氯化氢的气瓶应符合GB 5099的规定。

5.1.3 推荐使用进行内表面处理的气瓶，气瓶内表面应满足本标准的要求。瓶阀出气口连接方式推荐使用CGA716、CGA330、DIS634。

5.1.4 应防止瓶口被污染和泄漏。

5.1.5 氯化氢的充装应符合GB 14193的相关规定。

5.1.6 氯化氢的包装标志应符合GB 190的相关规定，颜色标志应符合GB 7144的规定，标签应符合GB 16804、GB 15258规定的要求。

5.1.7 包装容器上应标明“电子氯化氢”字样。

5.1.8 瓶装氯化氢的最大充装量按式(5)计算：

$$m = F_r \cdot V \qquad \cdots\cdots (5)$$

式中：

m ——气瓶内氯化氢的质量，单位为千克(kg)；

V ——气瓶标明的内容积，单位为升(L)；

F_r ——氯化氢的充装系数，气瓶设计压力为12.5 MPa时，充装系数为0.57 kg/L。

5.1.9 氯化氢的充装量按实际称量的质量计。

5.1.10 氯化氢的保存期限按GB/T 26571规定执行。

5.1.11 氯化氢出厂时应附有质量合格证，其内容至少应包括：

——产品名称、生产厂名称、危险化学品生产许可证编号；

——生产日期或批号、充装质量，kg；

——本标准号及技术指标、检验员号。

5.1.12 氯化氢产品应存放在阴凉、干燥、通风的库房内，严禁曝晒，远离热源。

5.2 安全警示

5.2.1 氯化氢对眼、呼吸道黏膜具有强刺激性。急性中毒会引起头痛、呼吸困难、肺水肿等症状；慢性中毒会引起慢性支气管炎、胃功能障碍、牙齿酸蚀等特征。

5.2.2 氯化氢物化性质参见附录B。

5.2.3 氯化氢为不燃气体，但与活性金属接触，会发生反应，生成氢气，有潜在着火危险。瓶装氯化氢遇明火或高温，内压增高，有爆裂危险。可用干粉、二氧化碳、水或常规泡沫灭火。

5.2.4 皮肤接触：立即脱去被污染的衣物，用大量流动清水冲洗；眼睛接触：立即提起眼睑，用大量流动清水或生理盐水彻底冲洗；吸入：迅速脱离现场至空气新鲜处，保持呼吸畅通。严重时应就医。

5.2.5 氯化氢无腐蚀性，但遇水时有强腐蚀性。对环境有危害，应特别注意对水体的污染。

5.2.6 储存于阴凉、通风的仓库内。库区应备有泄露应急处理设备和消防器材。

5.2.7 最高容许浓度：中国(MAC)15 mg/m^3。

附 录 A
（资料性附录）
氯化氢中金属元素含量测定的吸收装置图

氯化氢中金属元素含量测定的吸收装置图参见图 A.1。

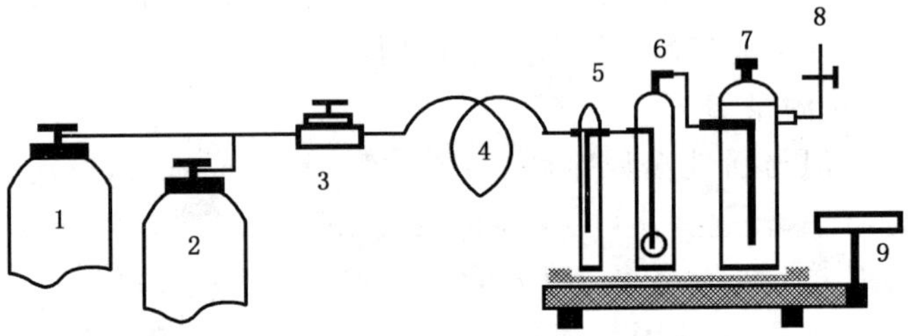

说明：
1——氮气钢瓶；
2——氯化氢钢瓶；
3——调压阀；
4——连接软管；
5——缓冲瓶；
6——洗气瓶；
7——碱吸收瓶；
8——氮气放空；
9——电子秤。

图 A.1 氯化氢中金属元素含量测定的吸收装置

附 录 B
（资料性附录）
氯化氢物化性质

分子式：HCl；

分子量：36.461；

常压沸点：−85 ℃；

气体密度：1.639 kg/m^3（0 ℃，0.1 MPa）；

气体比重：1.268（0 ℃，空气＝1）；

摩尔体积：22.25 L 。

氯化氢是一种无色、有刺激性、腐蚀性及窒息性的气体。极易溶于水和酒精，也可溶于乙醚。纯态氯化氢不与大多数金属发生反应。它虽能与碱金属、铝、锰、铁、铜、锡、铅、锌等金属反应，但会在其表面生成一层氯化物保护膜，使金属得到保护。

当有水存在时，与金属发生剧烈反应，生成金属氯化物，并产生氢气。

产品充装于承压钢瓶中，以气/液平衡的形态存在。只要钢瓶中有液体存在，压力将会保持恒定，其值与环境温度有关。当液相耗尽时，钢瓶压力会迅速下降。

液态氯化氢饱和蒸汽压见表 B.1。

表 B.1 液态氯化氢饱和蒸汽压

温度/℃	−85.03	−10	0	10	20	30	40
压力/MPa	0.1	1.96	2.57	3.32	4.21	5.27	6.53
密度/(g/cm^3)	1.191	0.962	0.924	0.881	0.831	0.772	0.697

ICS 59.080.30
W 04

中华人民共和国国家标准

GB/T 14644—2014
代替 GB/T 14644—1993

纺织品　燃烧性能　45°方向燃烧速率的测定

Textiles—Burning behaviour—45° test determination of flame spread rate

2014-09-30 发布　　　　2015-04-01 实施

中华人民共和国国家质量监督检验检疫总局
中国国家标准化管理委员会　发布

前 言

本标准按照GB/T 1.1—2009给出的规则起草。

本标准代替GB/T 14644—1993《纺织织物　燃烧性能　45°方向燃烧速率测定》，与GB/T 14644—1993相比，主要变化如下：

——修改了原标准的范围；
——删除了原标准中的“易燃性”术语，将“火焰蔓延速率”修改为“燃烧速率”，增加“火焰蔓延时间”和“表面闪燃”两个术语；
——增加了对燃烧试验箱的详细描述和要求(见5.1.1)；
——修改了原标准中燃烧试验箱的示意图(见图1)；
——修改了原标准中试样夹的示意图，并增加了对试样夹的详细描述和要求(见5.1.3)；
——修改了原标准中的刷毛装置，以及对刷毛装置的描述，并增加了对模板的技术要求(见5.2)；
——增加了“预试验”(见第6章)；
——将试样尺寸修改为160 mm×50 mm(见7.1)；
——增加了“安装”(见7.3)；
——原标准第7章“易燃性试验仪的调整”修改为现标准第8章“仪器设置”；
——增加了“点火时火焰垂直作用试样表面”的技术要求(见8.3)；
——增加了“点火处距离试样底边19 mm”的技术要求(见8.4)；
——试验步骤中增加了“发生底边点火时应重新试验”的要求(见9.2)；
——删除了原标准第9章“记录、计算和结果的说明”；
——重新编写了燃烧性能的分级(见第10章)；
——增加了测试试样洗涤后燃烧性能的要求(见第11章)。

本标准由中国纺织工业联合会提出。

本标准由全国纺织品标准化技术委员会基础标准分技术委员会(SAC/TC 209/SC 1)归口。

本标准起草单位：中纺标(北京)检验认证中心有限公司。

本标准主要起草人：徐路、刘飞飞。

本标准所代替标准的历次版本发布情况为：

——GB/T 14644—1993。

纺织品　燃烧性能　45°方向燃烧速率的测定

1　范围

本标准规定了采用45°方向表面点火测定织物燃烧性能的试验方法，以及燃烧性能的分级。

本标准适用于各类织物及其制品。

2　规范性引用文件

下列文件对于本文件的应用是必不可少的。凡是注日期的引用文件，仅注日期的版本适用于本文件。凡是不注日期的引用文件，其最新版本(包括所有的修改单)适用于本文件。

GB/T 6836　缝纫线

GB/T 8629　纺织品　试验用家庭洗涤和干燥程序

3　术语和定义

下列术语和定义适用于本文件。

3.1

绒面　raised surface

织物中具有绒毛的表面，如拉绒、起绒、簇绒、植绒、割绒或类似的表面。

3.2

燃烧速率　flame spread rate; rate of flame spread

在规定的试验条件下，单位时间内火焰前沿扩展的距离。

3.3

火焰蔓延时间　burning time

从点火开始到标志线断裂整个过程所需的时间，由计时器测试所得。以秒(s)表示。

3.4

表面闪燃　surface flash

在材料的基本结构未点燃的情况下，火焰在其表面迅速蔓延。

注：如果材料的基本结构在表面闪燃的同时或相继被点着，则不能认为是表面闪燃的一部分。

[GB/T 3291.3—1997，定义2.186]

4　原理

在规定的条件下，对45°角放置的试样表面点火，根据火焰蔓延时间来评定该试样的燃烧速率。绒面试样，底布的点燃作为燃烧剧烈程度的附加指标。

5　设备和材料

5.1　燃烧试验仪

5.1.1　燃烧试验箱：由耐热及耐烟雾侵蚀的材料制成，箱内尺寸为 370 mm×220 mm×350 mm，允许公差±10 mm。箱前部设有由耐热透明材料制作的观察门，观察门底部设有通风条。箱顶部后面有 11 个或 12 个均匀排列的直径为 12.7 mm 的通风孔。见图 1。

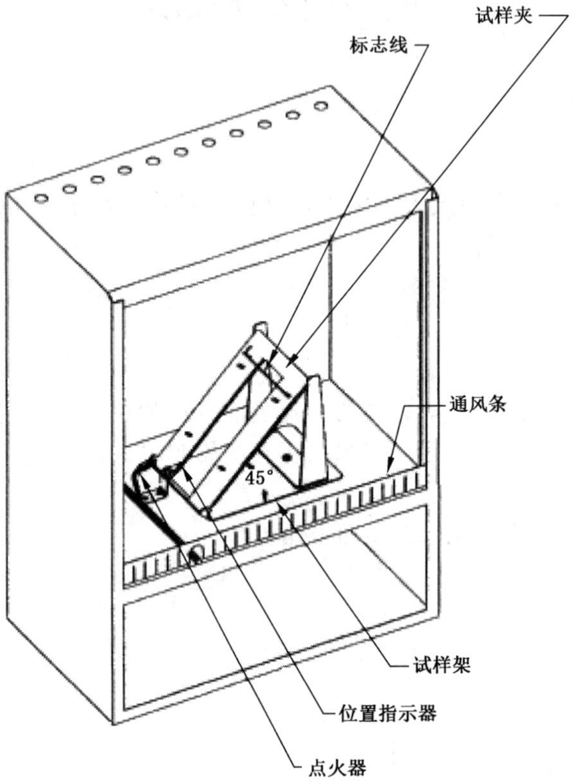

图 1　燃烧试验箱

5.1.2　试样架：可支撑、固定试样夹，使其倾斜为 45°角，并可根据试样的不同厚度调节其与火焰前端的相对位置。

5.1.3　试样夹：由两块厚 2.0 mm 的 U 形钢板组成，其内框尺寸为 152 mm×38 mm，试样固定于两板中间，两边用夹子夹紧。见图 2。

单位为毫米

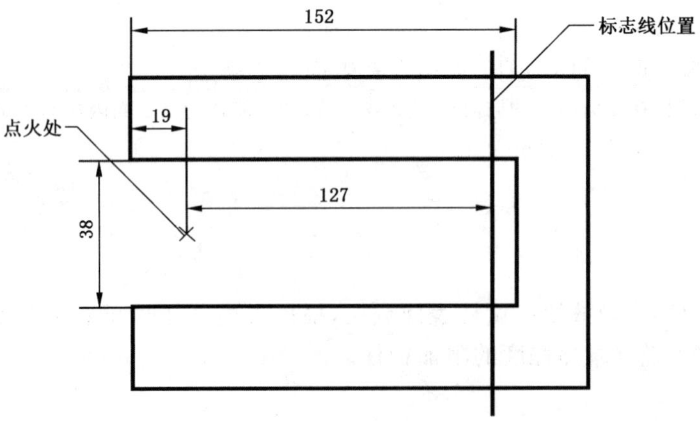

图 2　试样夹

5.1.4　燃烧器：由 $4^{1/2}$ 号注射器针头制成。

5.1.5　气体：丁烷(化学纯)。

5.1.6　标志线：白色棉丝光缝纫线(11.7 tex×3)，符合 GB/T 6836 的要求。

5.1.7　重锤，质量为 30 g±5 g。

5.1.8　计时器：自动计时，精确到 0.1 s。

5.2　刷毛装置

用于制备试样，由底板、导轨、滑动架、模板和毛刷构成。滑动架底部装四个轮子，可沿导轨方向前后移动，它的移动距离略大于 152 mm。模板尺寸略小于试样夹内框尺寸，厚度为 2.0 mm。毛刷由两排直径为 0.41 mm 的尼龙丝簇组成，两排毛簇交错排列，每簇 20 根丝，每 25 mm 有 4 簇。毛簇平整，长度为 19 mm。毛刷对试样向下施加 150 cN±5 cN 的压力。见图 3。

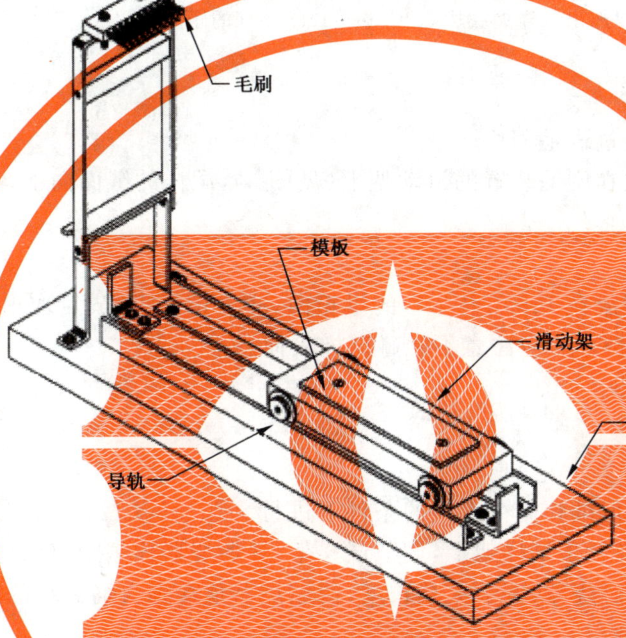

图 3　刷毛装置

5.3　烘箱

应有通风和恒温控制，箱内温度为 105 ℃±3 ℃。

5.4　干燥器。

6　预试验

对于未知燃烧性能的织物应进行预试验，以确定燃烧速率最快的方向和部位。

注：一般情况，绒面纺织品的火焰燃烧速率沿织物表面绒毛逆向时最迅速。对于服装，同一部位的所有各层以及接缝部位都宜进行预试验。

7　试样准备

7.1　尺寸和数量

尺寸为 160 mm×50 mm，数量为 5 块。

7.2 取样的方向

织物燃烧速率最快的方向作为试样的长度方向，如果织物的燃烧速率最快方向未知，则以预试验中确定的燃烧速率最快方向作为试样的长度方向。

注：对于预试验中试样经纬(纵横)向燃烧速率无区别的非绒面纺织品，宜以经(纵)向作为长度方向。

7.3 安装

7.3.1 将试样夹的下夹板放置在刷毛装置的滑动架上，使模板位于下夹板内框中。

7.3.2 将试样放置在下夹板上，欲燃烧的一面朝上，试样燃烧速率最快的方向端放置在试样夹顶部，放上试样夹的上夹板，用夹子夹紧上下夹板。

注：为了保证安装后试样的平整性，尤其是轻质、极薄的试样，可以使用胶带协助固定。为了减小发生底边点火的可能性，安装试样时可以超出试样夹底边 3.2 mm～12.7 mm 的距离。

7.4 刷毛

非绒面纺织品不需要经过刷毛程序。

将装好试样的试样夹放在刷毛装置的滑动架上(见图 3)，试样的绒面向上，逆向刷毛一次。

7.5 干燥

将装好试样的试样夹平放在 105 ℃±3 ℃的烘箱内，30 min±2 min 后取出，置于干燥器中，冷却不少于 30 min。干燥和冷却过程中，应注意不触碰试样表面。

8 仪器设置

8.1 可采用一般室温条件，但试验需在无风的条件下进行。

8.2 将已装好试样的试样夹置于试样架上，调节试样架，使燃烧器顶端距离试样表面 8 mm。

8.3 打开气体供给阀，点着燃烧器，调节火焰长度，使燃烧器顶端到火焰尖端的距离为 16 mm。点火时火焰垂直作用试样表面。

8.4 从试样表面的点火处到标志线的距离为 127 mm。点火处距离试样底边 19 mm。见图 2。

9 试验步骤

9.1 从干燥器中取出一个已装好试样的试样夹，置于燃烧试验箱内的试样架上，将标志线穿过试样架平板的导丝钩，然后在刚穿出导丝圈的标志线下方挂一重锤，使之绷紧。将计时器调至零点，关闭试验箱门。

9.2 点着燃烧器，使火焰与试样表面接触 1 s±0.05 s，同时开启计时器。当火焰烧到标志线时，重锤因线被烧断而下落，计时器停止计时。发生底边点火时应重新试验。从干燥器中取出试样到点燃试样的时间不得超过 45 s。

9.3 观察试样的燃烧状态，记录计时器所示的火焰蔓延时间以及燃烧状态。对于绒面纺织品，试样应继续燃烧以确定基布是否燃烧熔融。

9.4 每次试验结束后，打开风扇将试验中产生的烟气排出，在测试下一块试样前应关闭风扇。

10 分级

根据表 1 对测试结果进行计算和分级。

表 1 燃烧性能的分级

<table>
<tr><th colspan="2">试样数量</th><th colspan="2">火焰蔓延时间(t_i)</th><th>燃烧等级</th></tr>
<tr><td rowspan="12">5 块
(1≤i≤5)</td><td rowspan="5">非绒面纺织品</td><td colspan="2">无</td><td>1 级(正常可燃性)</td></tr>
<tr><td>仅有 1 个</td><td>t_i≥3.5 s</td><td>1 级(正常可燃性)</td></tr>
<tr><td></td><td>t_i<3.5 s</td><td>另增加 5 块试样,按 10 块试样评级</td></tr>
<tr><td rowspan="2">2 个及以上</td><td>$\bar{t}$≥3.5 s</td><td>1 级(正常可燃性)</td></tr>
<tr><td>$\bar{t}$<3.5 s</td><td>另增加 5 块试样,按 10 块试样评级</td></tr>
<tr><td rowspan="7">绒面纺织品</td><td colspan="2">不考虑火焰蔓延时间,基布未点燃</td><td>1 级(正常可燃性)</td></tr>
<tr><td colspan="2">无</td><td>1 级(正常可燃性)</td></tr>
<tr><td rowspan="2">仅有 1 个</td><td>t_i<4 s,基布未点燃;
t_i≥4 s,不考虑基布</td><td>1 级(正常可燃性)</td></tr>
<tr><td>t_i<4 s,同时 1 块基布点燃</td><td>另增加 5 块试样,按 10 块试样评级</td></tr>
<tr><td rowspan="3">2 个及以上</td><td>0 s<$\bar{t}$<7 s,仅有 1 块表面闪燃;
$\bar{t}$>7 s,不考虑基布;
4 s≤$\bar{t}$≤7 s,1 块基布点燃;
$\bar{t}$<4 s,1 块基布点燃</td><td>1 级(正常可燃性)</td></tr>
<tr><td>4 s≤$\bar{t}$≤7 s,大于等于 2 块基布点燃</td><td>2 级(中等可燃性)</td></tr>
<tr><td>$\bar{t}$<4 s,大于等于 2 块基布点燃</td><td>另增加 5 块试样,按 10 块试样评级</td></tr>
<tr><td rowspan="7">10 块[a]
(1≤i≤10)</td><td rowspan="3">非绒面纺织品</td><td colspan="2">仅有 1 个</td><td>1 级(正常可燃性)</td></tr>
<tr><td rowspan="2">2 个及以上</td><td>$\bar{t}$≥3.5 s</td><td>1 级(正常可燃性)</td></tr>
<tr><td>$\bar{t}$<3.5 s</td><td>3 级(快速剧烈燃烧)</td></tr>
<tr><td rowspan="4">绒面纺织品</td><td colspan="2">仅有 1 个</td><td>1 级(正常可燃性)</td></tr>
<tr><td rowspan="3">2 个及以上</td><td>$\bar{t}$<4 s,小于等于 2 块基布点燃;
4 s≤$\bar{t}$≤7 s,小于等于 2 块基布点燃;
$\bar{t}$>7 s</td><td>1 级(正常可燃性)</td></tr>
<tr><td>4 s≤$\bar{t}$≤7 s,大于等于 3 块基布点燃</td><td>2 级(中等可燃性)</td></tr>
<tr><td>$\bar{t}$<4 s,大于等于 3 块基布点燃</td><td>3 级(快速剧烈燃烧)</td></tr>
<tr><td colspan="5">注 1:"无"是指试样未点燃或标志线未烧断。
注 2:非绒面纺织品燃烧评级时需考虑两个因素:1)所有试样火焰蔓延时间(t_i)的个数;2)火焰蔓延时间值(t_i)或平均值($\bar{t}$)。绒面纺织品燃烧分级时需考虑三个因素:1)所有试样火焰蔓延时间(t_i)的个数;2)所有试样基布点燃的个数;3)火焰蔓延时间值(t_i)或平均值($\bar{t}$)。</td></tr>
<tr><td colspan="5">[a] 当需增加 5 块试样时,再按表中试样数量为 10 块时进行评级。</td></tr>
</table>

11 洗涤后试验

对于试样燃烧等级为 1 级或 2 级的样品,按照 GB/T 8629 中的规定,采用 A 型洗衣机,40 ℃正常搅拌程序对试样进行 1 次洗涤,测试试样洗涤后的燃烧性能,其中标准洗涤剂的加入量为 20 g±1 g,洗涤完成后摊平凉干,试样表面应平整无褶皱。将洗涤干燥后的样品再按照第 7 章～第 10 章进行测试和分级。原试样测试结果为3级的样品无需测试洗涤后燃烧性能。

如果需要，按照GB/T 19981.2—2005要求进行干洗，其中干洗程序选用GB/T 19981.2—2005中表1的正常材料干洗程序。

12 试验报告

试验报告应包括以下内容：

a) 试验是按本标准进行的；
b) 样品的描述；
c) 试验时的环境温湿度；
d) 所有试样火焰蔓延时间的实测值及其平均值，说明燃烧状态；
e) 说明洗涤剂种类以及洗涤前后的分级情况；
f) 试验日期及试验人员；
g) 任何偏离本标准的情况。

参 考 文 献

[1] GB/T 19981.2—2005 纺织品 织物和服装的专业维护、干洗和湿洗 第2部分:使用四氯乙烯干洗和整烫时性能试验的程序

ICS 59.080.30
W 04

中华人民共和国国家标准

GB/T 14645—2014
代替 GB/T 14645—1993

纺织品　燃烧性能　45°方向损毁面积和接焰次数的测定

Textiles—Burning behaviour—45° test determination of damaged area and ignition times

2014-09-30 发布　　2015-04-01 实施

中华人民共和国国家质量监督检验检疫总局
中国国家标准化管理委员会　发布

前　言

本标准按照 GB/T 1.1—2009 给出的规则起草。

本标准代替 GB/T 14645—1993《纺织织物　燃烧性能　45°方向损毁面积和接焰次数测定》，与 GB/T 14645—1993 相比，主要变化如下：

——修改了原标准的范围；

——增加了“点火时间”术语；

——修改了原标准燃烧试验箱的示意图（见图 1）；

——修改了原标准试样夹的示意图（见图 2），增加了试样夹上部和下部 2 个示意图（见图 3 和图 4）；

——增加了 B 法的试样支承线圈测试示意图（见图 6），修改了原标准的试验架（见图 5）；

——第 7 章“试样准备”中，增加了对纱线的取样说明；

——将 7.3 中 B 法的调湿修改为先将试样安装在试样支承线圈中再进行调湿处理；

——将原标准试验步骤 8.1.1 和 8.2.1 的内容单独列为第 8 章“试验条件”；

——基本保留原标准第 9 章试验步骤中的主要技术内容，对试验步骤重新描述；

——增加了“结果计算”一章。

本标准由中国纺织工业联合会提出。

本标准由全国纺织品标准化技术委员会基础标准分技术委员会（SAC/TC 209/SC 1）归口。

本标准起草单位：中纺标（北京）检验认证中心有限公司。

本标准主要起草人：徐路、刘飞飞。

本标准所代替标准的历次版本发布情况为：

——GB/T 14645—1993。

纺织品　燃烧性能　45°方向 损毁面积和接焰次数的测定

1　范围

本标准规定了45°方向纺织品采用表面点火和底边点火测定燃烧性能的两种方法。

本标准A法适用于各类织物及其制品(A法点不着的厚型纺织品的测定参见附录A);B法适用于受热熔融的纱线和织物。

2　规范性引用文件

下列文件对于本文件的应用是必不可少的。凡是注日期的引用文件,仅注日期的版本适用于本文件。凡是不注日期的引用文件,其最新版本(包括所有的修改单)适用于本文件。

GB/T 6529　纺织品　调湿和试验用标准大气

3　术语和定义

下列术语和定义适用于本文件。

3.1

续燃时间　afterflame time

在规定的试验条件下,移开点火源后材料持续有焰燃烧的时间。以秒表示。

[GB/T 3291.3—1997,定义 2.145]

3.2

阴燃时间　afterglow time

在规定的试验条件下,当有焰燃烧终止后,或本为无焰燃烧者,移开火源后,材料持续无焰燃烧的时间。以秒表示。

[GB/T 3291.3—1997,定义 2.146]

3.3

损毁长度　damaged length

在规定的试验条件下,在规定方向上材料损毁部分的最大长度。以厘米表示。

[GB/T 3291.3—1997,定义 2.157]

3.4

损毁面积　damaged area

在规定的试验条件下,材料因受热而造成的不可复原的损伤总面积。包括材料损失、收缩、软化、熔融、炭化、燃烧及热解等。以平方厘米表示。

[GB/T 3291.3—1997,定义 2.156]

3.5

点火时间　flame application time

点火源的火焰施加到试样上的时间。

[GB/T 8746—2009,定义 3.1]

3.6

接焰次数　ignition times

在规定的试验条件下，试样燃烧 90 mm 的距离需要接触火焰的次数。

4　原理

A 法：用规定燃烧器产生的火焰，对 45°方向的试样表面点火，测量规定点火时间后，试样的续燃时间、阴燃时间、损毁长度和损毁面积。

B 法：用规定燃烧器产生的火焰，对 45°方向的试样底边点火，测量接焰次数。

5　试验人员的健康和安全

纺织品的燃烧可能会产生影响操作人员健康的烟雾和有毒气体，试验人员需配戴防毒面罩。可将测试仪器安装在通风橱内，每次试验后应排除烟雾和烟尘，但在试样燃烧过程中要关闭通风系统，以免影响试验结果。

6　设备和材料

6.1　燃烧试验仪

6.1.1　燃烧试验箱：由耐热及耐烟雾侵蚀的材料制成，箱前部设有由耐热透明材料制作的观察门，箱内能固定放置试样夹持器，使试样夹持器成 45°。见图 1。

单位为毫米

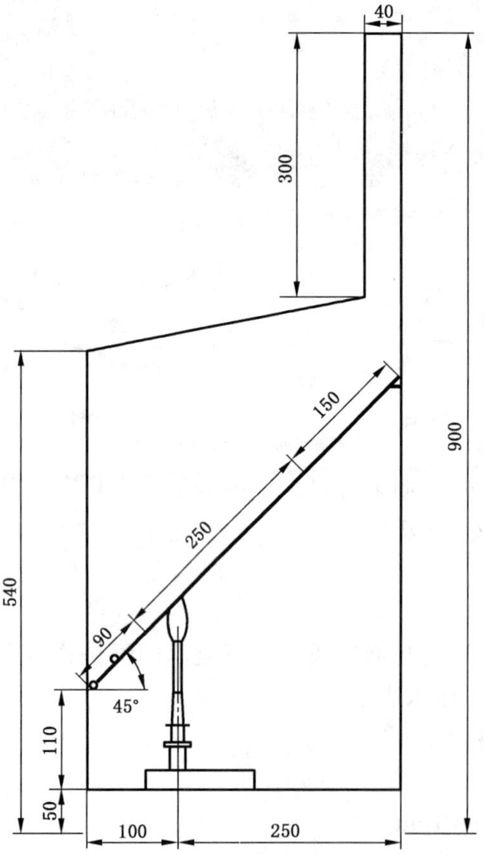

图 1　燃烧试验箱

6.1.2　试样夹持器：A 法试样夹持器，由两块厚 2.0 mm、长 490 mm、宽 230 mm 的不锈钢框架组成，其内框尺寸为 250 mm×150 mm。见图 2～图 4。B 法试样夹持器即试样支承线圈(见图 5)，是由直径为 0.5 mm 硬质不锈钢丝，绕制成的内径为 10 mm、线与线间距为 2 mm、长 150 mm 的线圈。图 6 为试样支承线圈测试示意图。

单位为毫米

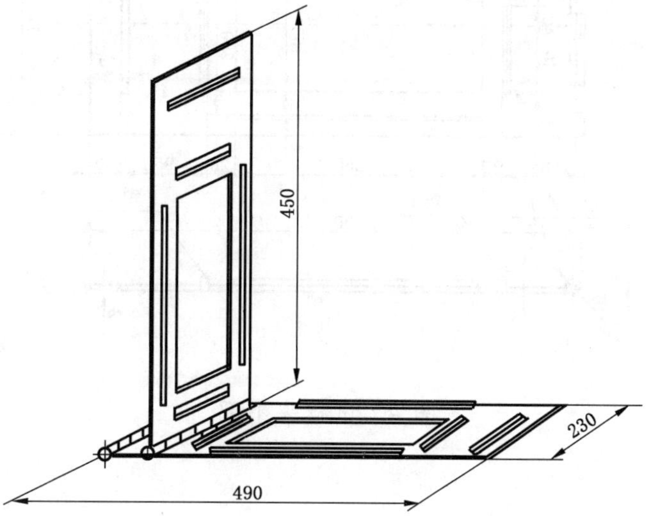

图 2　试样夹

单位为毫米

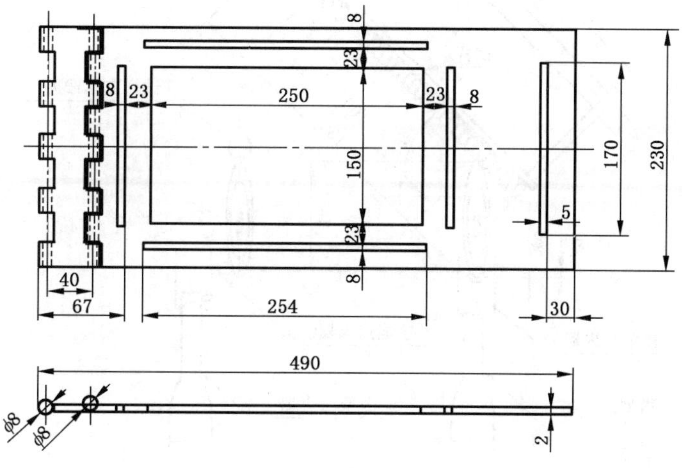

图 3　试样夹上部

单位为毫米

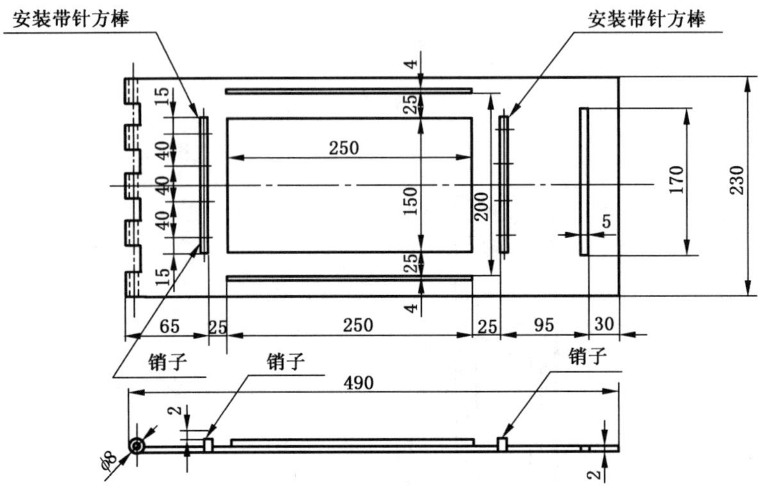

图 4　试样夹下部

单位为毫米

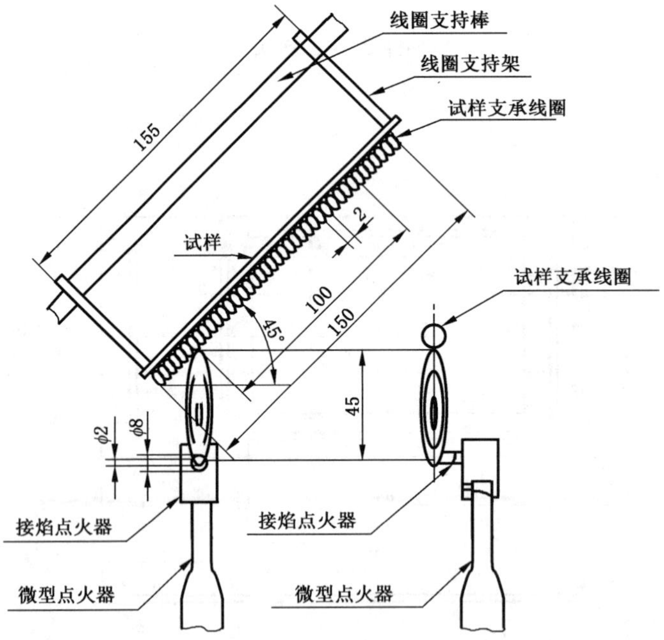

图 5　试样架

单位为毫米

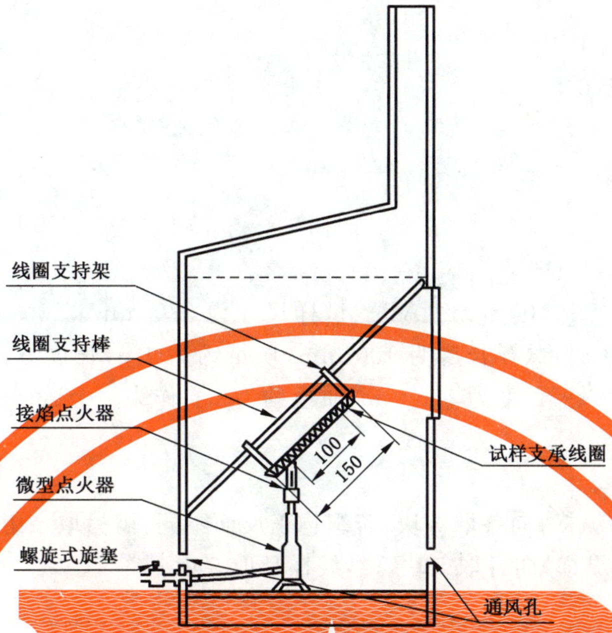

图 6　试样支承线圈测试示意图

6.1.3　燃烧器:无空气进口。见图 7。

单位为毫米

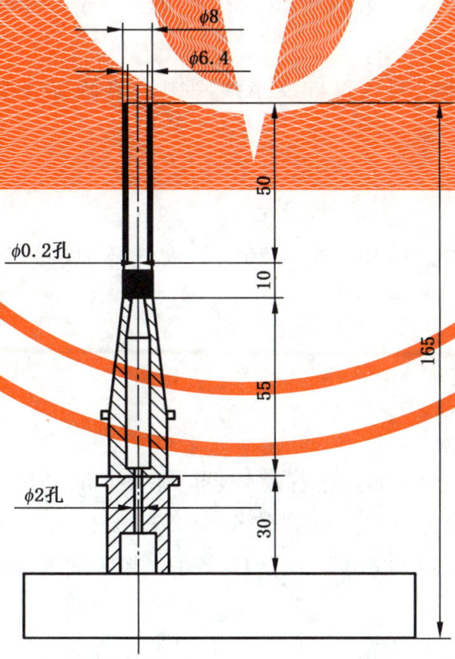

图 7　燃烧器

6.1.4　燃烧器计时装置:用来控制和测量点火时间,精确至 0.1 s。

6.1.5　气体:工业用丙烷或丁烷气体。

6.1.6　计时器:精确至 0.1 s。

6.2　烘箱:应有通风和恒温控制,箱内温度为(105±3)℃。

6.3 密封容器。

6.4 干燥器。

6.5 直尺：最小刻度不得大于 1 mm。

6.6 求积仪：分辨率不低于 0.1 cm^2。

7 试样准备

7.1 试样尺寸

剪取试样时距离布边至少 100 mm。A 法：试样尺寸为 330 mm×230 mm，长度方向与织物的经(纵)向或纬(横)向平行。B 法：试样长度为 100 mm，质量约为 1 g，长度方向与织物的经(纵)向或纬(横)向平行。对于纱线，取一束长度为 100 mm，质量约为 1 g 作为一个试样。

7.2 试样数量

A 法：每一样品，经纬(纵横)向各取 3 块，若织物正反面不同，需另取一组试样，分别对两面试验。

B 法：每一样品，经纬(纵横)向各取 5 块。纱线样品取 5 束。

7.3 调湿或干燥

根据需要选用下列条件之一对试样进行调湿或干燥：

a) 将试样放置在 GB/T 6529 规定的标准大气条件下进行调湿，然后将调湿后的试样放入密封容器内；

b) 将试样置于(105±3)℃的烘箱内干燥至少(60±2)min，取出后放置在干燥器中至少冷却 30 min。

对于 B 法，先将试样卷成圆筒状塞入试样支承线圈中后再调湿或干燥。

8 试验条件

在温度为 10 ℃～30 ℃、相对湿度为 15%～80%的大气环境中进行试验。

9 试验步骤

9.1 A 法

9.1.1 关闭试验箱前门，打开气体供给阀，点着燃烧器，调节火焰高度，使其稳定达到(45±2)mm。在开始第一次试验前，火焰应在此状态下稳定地燃烧至少 2 min，然后熄灭火焰。

9.1.2 将试样从密封容器或干燥器内取出装入试样夹中，待测试的一面朝向试样夹下部，并用固定针固定试样，使试样平整不松弛。

9.1.3 将试样夹呈 45°放置在燃烧试验箱中，燃烧器顶端与试样表面距离为 45 mm。

9.1.4 点着燃烧器，使试样表面与火焰接触，点火时间为 30 s。试样从密封容器或干燥器中取出至点火应在 1 min 以内完成。

9.1.5 观察和测定续燃时间和阴燃时间，精确至 0.1 s。

9.1.6 打开风扇，将试验中产生的烟气排出。

9.1.7 打开试验箱，取出试样，用求积仪测定损毁面积，测量损毁长度。当燃烧引起布面不平整时，先用复写纸将损毁面积复写在纸上，再用求积仪测量。对于脆损边界不清晰的试样，撕剥边界后测量。

9.1.8 清除试验箱中碎片，关闭风扇，再测试下一个试样。

9.2 B法

9.2.1 点着燃烧器，调节火焰高度，使其稳定达到(45±2)mm。在开始第一次试验前，火焰应在此状态下稳定地燃烧至少2 min，然后熄灭火焰。

9.2.2 将试样支承线圈从密封容器或干燥器内取出，45°方向放在线圈支持架上，并调节试样最下端与火焰顶端接触(见图6)。

9.2.3 对试样点火，当试样熔融、燃烧停止时，重新调节试样架，使残存的试样最下端与火焰接触，反复进行这一操作，直到试样熔融燃烧90 mm的距离为止。

9.2.4 记录试样熔融燃烧90 mm距离所需接触火焰的次数。当试样在接近90 mm处再次点火时，若继续燃烧超过90 mm，此次的燃烧不记录到接焰次数中。

9.2.5 打开风扇，将试验中产生的烟气排出。

9.2.6 打开试验箱，去除残留物，测试下一个试样。

10 结果计算

A法：分别计算经纬向试样续燃时间、阴燃时间、损毁长度和损毁面积的平均值，结果精确至0.1 s、1 mm和1 cm^2。

B法：分别计算经纬(纵横)向试样或纱线试样接焰次数的平均值，结果取整数。

11 试验报告

报告应包括下列内容：

a) 试验是按本标准进行的；
b) 样品描述；
c) 试样调湿条件；
d) 试验时的环境温湿度；
e) 试验方法(A法或B法)；
f) 试验时选用的气体；
g) A法分别列出经纬(纵横)向3块试样续燃时间、阴燃时间、损毁长度和损毁面积的实测值及其平均值；B法分别列出经纬向(纵横向)5块试样接焰次数的实测值及其平均值；
h) 燃烧特征，如炭化、熔融、收缩、卷曲等；
i) 试验日期及人员；
j) 任何偏离本标准的情况。

附 录 A
（资料性附录）
厚型纺织品燃烧性能测定——45°法

A.1 本方法适用于采用本标准中的 A 法点不着的厚型纺织品。

A.2 本方法中燃烧器采用大喷嘴的默克尔燃烧器，见图 A.1。火焰高度为(65±2)mm，燃烧器顶端与试样表面距离为 65 mm，点火时间为 120 s。其他部分均按照本标准中的 A 法。

单位为毫米

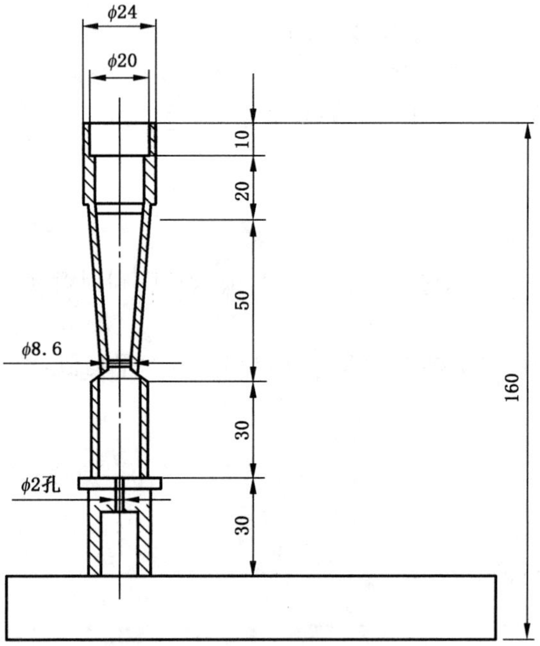

图 A.1 默克尔燃烧器

ICS 53.100
P 97

中华人民共和国国家标准

GB/T 14781—2014/ISO 5010:2007
代替 GB/T 14781—1993

土方机械 轮胎式机器 转向要求

Earth-moving machinery—Rubber-tyred machines—Steering requirements

(ISO 5010:2007,IDT)

2014-07-24 发布 2015-01-01 实施

中华人民共和国国家质量监督检验检疫总局
中国国家标准化管理委员会 发布

前　言

本标准按照 GB/T 1.1—2009 给出的规则起草。

本标准代替 GB/T 14781—1993《土方机械　轮式机械的转向能力》。本标准与 GB/T 14781—1993 相比,除编辑性修改外主要技术变化如下:

——修改了标准的名称;

——修改了标准的适用范围(见第 1 章,1993 年版的第 1 章);

——增加了方向盘、操纵杆、操纵手柄、操纵按钮和操纵踏板的术语和定义(见 3.3.1、3.3.2、3.3.3、3.3.4和 3.3.5);

——增加了传递装置、转向轮和安全状态的术语和定义(见 3.8、3.9 和 3.10);

——增加了所有转向系统一般要求的有关内容(见 4.1.1.1、4.1.1.2、4.1.1.3 和 4.1.1.4);

——增加了意外操作的要求(见 4.1.10);

——增加了带有正常和附加转向操纵元件的转向系统的要求(见 4.2);

——增加了带有电力/电子传递装置转向系统的要求(见 4.3);

——增加了操纵力的要求值(见表 1);

——增加了附加转向操纵元件的转向试验(见 10.4 和图 3)。

本标准使用翻译法等同采用 ISO 5010:2007《土方机械　轮胎式机器　转向要求》。

与本标准中规范性引用的国际文件有一致性对应关系的我国文件如下:

——GB/T 8498—2008　土方机械　基本类型　识别、术语和定义(ISO 6165:2006,IDT);

——GB/T 8592—2001　土方机械　轮胎式机器转向尺寸的测定(eqv ISO 7457:1997);

——GB/T 8595—2008　土方机械　司机的操纵装置(ISO 10968:2004,IDT);

——GB/T 10913—2005　土方机械　行驶速度测定(ISO 6014:1986,MOD);

——GB/T 16855.1—2008　机械安全　控制系统有关安全部件　第 1 部分:设计通则(ISO 13849-1:2006,IDT);

——GB/T 16855.2—2007　机械安全　控制系统有关安全部件　第 2 部分:确认(ISO 13849-2:2003,IDT);

——GB/T 21152—2007　土方机械　轮胎式机器　制动系统的性能要求和试验方法(ISO 3450:1996,IDT)。

本标准由中国机械工业联合会提出。

本标准由全国土方机械标准化技术委员会(SAC/TC 334)归口。

本标准负责起草单位:天津工程机械研究院、陕西同力重工股份有限公司、厦门厦工机械股份有限公司。

本标准参加起草单位:内蒙古北方重型汽车股份有限公司、中国龙工控股有限公司、常林股份有限公司、约翰迪尔(中国)投资有限公司。

本标准主要起草人:吴红丽、孟园园、李蔚苹、王逢全、裴洁、兰福寿、周榕梅、冷雪鹰。

本标准所代替标准的历次版本发布情况为:

——GB/T 14781—1993。

土方机械
轮胎式机器　转向要求

1　范围

本标准规定了用于评价按 ISO 6014 所测定的行驶速度大于 20 km/h 自行的橡胶轮胎式土方机械转向能力的转向系统试验方法和性能准则。

本标准适用于 ISO 6165 中定义的安装机械转向系统、动力助力转向系统或动力转向系统的推土机、装载机、挖掘装载机、挖掘机、自卸车、铲运机和平地机。

本标准不适用于压路机、压实机或吊管机。

2　规范性引用文件

下列文件对于本文件的应用是必不可少的。凡是注日期的引用文件，仅注日期的版本适用于本文件。凡是不注日期的引用文件，其最新版本(包括所有的修改单)适用于本文件。

ISO 3450　土方机械　轮胎式机器　制动系统的性能要求和试验方法(Earth-moving machinery—Braking systems of rubber-tyred machines—Systems and performance requirements and test procedures)

ISO 6014　土方机械　行驶速度测定(Earth-moving machinery—Determination of ground speed)

ISO 6165　土方机械　基本类型　识别、术语和定义(Earth-moving machinery—Basic type—Identification and terms and definitions)

ISO 7457　土方机械　轮胎式机器转向尺寸的测定(Earth-moving machinery—Determination of turning dimensions of wheeled machines)

ISO 10968　土方机械　司机的操纵装置(Earth-moving machinery—Operator's controls)

ISO 13849(所有部分)　机械安全　控制系统有关安全部件(Safety of machinery—Safety-related parts of control systems)

ISO 15998　土方机械　应用电子元件的机器控制系统(MCS)　功能性安全的性能准则和试验(Earth-moving machinery—Machine-control systems (MCS) using electronic components—Performance criteria and tests for functional safety)

IEC 62061　机械安全　与安全有关的电气、电子和可编程电子控制系统的功能性安全(Safety of machinery—Functional safety of safety-related electrical, electronic and programmable electronic control systems)

3　术语和定义

下列术语和定义适用于本文件。

3.1

转向系统　steering system

司机与接地轮胎之间所有参与机器转向的机器元件组成的系统。

3.1.1

机械转向系统　manual steering system

完全依靠司机本身的力量转向的系统。

3.1.2

动力助力转向系统　power-assisted steering system

利用辅助动力源减轻司机操纵力进行转向的系统。

注 1： 在没有辅助转向动力源的情况下，机器可以仅依靠人力转向。

注 2： 见 6.2.1。

3.1.3

动力转向系统　full power-assisted steering system；fully powered steering system

依靠一个(或几个)动力源进行转向的系统。

注： 动力转向系统可描述为在没有动力助力时，需要施加 115 N 或更大的人力进行转向。

3.1.4

应急转向系统　emergency steering system

在正常转向动力源失效或发动机停止工作的情况下进行转向的系统。

3.2

转向动力源　steering power source

3.2.1

正常转向动力源　normal steering power source

为动力助力或动力转向系统提供动力的装置。

示例： 液压泵、空气压缩机、发电机。

3.2.2

应急转向动力源　emergency steering power source

为应急转向系统提供动力的装置。

示例： 液压泵、空气压缩机、储能器、蓄电池。

3.2.3

正常转向动力源的失效　failure of normal steering power source

输出的正常转向动力源瞬时完全中断。

注： 这里假定在同一时间内的失效不多于一起。

3.3

转向操纵元件　steering control element

被司机用于使机器按照所需进行转向的操纵元件。

3.3.1

方向盘　steering wheel

圆形的或圆形的一部分，使转向轮产生转向角的操纵元件。

3.3.2

操纵杆　lever control

由两个独立控制驱动系统的左右两侧的相对速度的杆组成的操纵元件。

3.3.3

操纵手柄　joystick control

通过向左侧或右侧触动该操纵元件，使转向轮产生一个转向角或者使驱动系统的左右两侧产生相对速度的操纵元件。

3.3.4

操纵按钮　pushbutton control

由两个独立的、可使转向轮产生一个转向角或控制驱动系统左右两侧的相对速度的按钮组成的操纵元件。

3.3.5

操纵踏板　foot pedal control

通过压两个独立踏板使转向轮产生一个转向角，或使驱动系统的左右两侧产生相对速度的操纵元件。

3.4

转向操纵力　steering effort

司机施加在转向操纵元件上的、机器转向所必需的力。

3.5

转向角　steering angle

当车轮围绕一个或多个垂直转向轴线从正常直线位置转到转向位置时，前轮和后轮之间的相对偏转角度。

注1：多桥机器转向角为最前桥和最后桥车轮之间的相对偏转角度。

注2：阿克曼转向的内侧转向轮转向角比外侧车轮的转向角大。因此，对于阿克曼转向，要规定转向角的测量位置。采用包括阿克曼转向在内的组合几何形状的转向系统，其转向角应指出测量位置。

3.6

轮胎通过圆　tyre circle

按第9章的规定确定的外侧轮胎通过直径。

3.7

工作回路压力　working circuit pressure

由泵供给特定回路的额定压力。

3.8

传递装置　transfer device

转向系统(3.1)中用于在转向操纵元件(3.3)和转向动力源(3.2)(如适用)之间传递力(触动力和转向力)和/或转向指令的部件。

注：转向力和/或转向指令可以被以下方式传递：

——机械方式；

——液压方式；

——电力方式；

——电子方式；

或以上方式的组合。

3.9

转向轮　steered wheels

可以直接或间接地修正运动方向来确定机器的行进方向的车轮。

3.10

安全状态　safe state

在转向操纵系统失效后，通过受控设备、程序或系统停止或转换为安全模式，以预防意外运动或潜在的存储能量释放危害，自动或手动应用的状态。

注：安全状态是许多因素的作用，包括操作条件、工艺、故障探测能力和安全观念。对于电液转向操纵系统，故障期间使电子部分失效并依靠液压转向系统仅是达到安全状态的几种方法之一。

4 一般要求

4.1 所有转向系统

以下要求适用于本标准中规定的所有转向系统。

4.1.1 正常转向操纵元件在任何情况下都应是司机控制机器转向的装置。

4.1.1.1 转向控制元件被释放时,所选的转向轮胎通过圆(见3.6)应在行进前进方向保持一致或变大。

4.1.1.2 转向系统应被设计成转向控制元件的运动方向与转向效果一致。如果控制操作不明显,应提供操作标记(例如:使用符号)。

4.1.1.3 机器运转期间,电子转向控制系统的正常操作应无非受控的转向运动出现。

4.1.1.4 转向控制元件应允许转向比率逐渐的调整。如果转向速度无法逐渐的调整,最高机器速度应限制在10 km/h以内。

4.1.2 所有转向系统的设计及在机器上的安装都应使转向系统能承受紧急情况下司机施加的预定操纵力,而不会引起转向功能损坏(见10.1.1)。

4.1.3 正常转向系统应具有充分的灵敏性,可调节性和响应性,以使熟练的司机能保证机器始终在预定的路线上行驶,并应经过验证以达到10.2的要求。如果转向控制不允许调整转向速度,机器的速度应降低到不大于10 km/h。

4.1.3.1 后轮转向的机器还应满足5.2.2的转向稳定性要求。

4.1.3.2 倒挡速度超过20 km/h的机器,其前进和倒退两方向均应具有相近的转向系统力、转向速度和持续性。可通过系统简图或计算验证,不需做倒挡试验。

4.1.4 若采用液压转向,则油路应满足下列要求:

a) 设置避免液压回路超压的压力控制装置;

b) 液压软管、接头和管材的爆破压力应不小于正常转向和应急转向系统内工作回路控制装置压力的4倍;

c) 管路的安装和布置应避免软管弯曲过急、扭转、摩擦和阻塞。

4.1.5 元件的布置方案应便于检查和维护,以提高转向系统的可靠性。

4.1.6 为减少对转向系统的干扰应采取4.1.6.1和4.1.6.2给出的措施。

4.1.6.1 机器其他功能对转向系统产生的干扰,应通过恰当的布置和几何学方法降到最低。例如,悬挂元件的变形或位移,机器侧倾或车桥摆动及由于作用于车轮上的驱动力矩和制动力矩引起的转向变化等,均应通过恰当的布置和几何学方法降到最低。

4.1.6.2 在机器设计中应考虑外力对转向系统的干扰,其干扰不应对转向操纵有较大影响。

4.1.7 动力助力转向和动力转向系统应符合4.1.7.1和4.1.7.3规定的条件。

4.1.7.1 这些系统尽可能与其他动力系统和油路分开,或者应比除符合ISO 3450规定性能水平的紧急制动系统外的其他系统或油路优先布置。

4.1.7.2 如果正常转向动力源也为其他系统(耗能装置)提供动力,则这些系统(耗能装置)的任何失效都应视为是与正常转向动力源相同的失效。

4.1.7.3 若机器满足10.3的要求,则转向动力源失效后转向操纵元件与转向轮之间的传动比变化是允许的。

4.1.8 若机器装有应急转向系统,该系统尽可能与其他动力系统或油路分开,或者应比除符合ISO 3450规定性能水平的紧急制动系统外的其他系统或油路优先布置。

4.1.9 若机器装有应急转向系统，其司机手册中应包括下列内容：

a) 指示机器装有应急转向系统；

b) 应急转向能力的极限值；

c) 验证应急转向系统作用的现场试验方法。

4.1.10 意外操作——除方向盘外，所有转向操纵元件应设计、布置（即司机位置布局）为非工作状态（即联锁）或安全的，以减小当人进入或离开司机区域时意外触发的可能。

4.2 带有正常和附加转向操纵元件的转向系统

如果使用一个以上转向操纵元件，应符合4.1及下列要求。

4.2.1 如果转向操纵元件之一的方向盘始终被使用，且比任何其他转向控制元件优先，应考虑作为正常转向操纵元件。

4.2.2 可被使用/停用的或有速度限制的转向操纵元件，应在使用时有一个视觉或听觉指示给司机。

4.2.3 如果转向操纵元件的使用受限于10.4规定的转向试验的特定行驶速度，机器的行驶速度应通过设计使转向操纵元件触发时限制为该速度。

4.2.4 如果需要附加转向操纵元件在公路上行驶时不起作用，其功能应能够被关掉或不起作用。

4.3 带有电力/电子传递装置转向系统

除4.1的要求外，这些转向系统应该满足ISO 15998、ISO 13849或IEC 62061及下列的要求。

4.3.1 当电力/电子转向操纵系统的单一失效导致危险，且机器的行驶速度大于10 km/h时，转向系统应进入安全状态。

4.3.2 机器行驶速度大于20 km/h的机器，使用电力/电子转向操纵系统时，应符合下列性能准则：

a) 在出现单一失效[1)]时，转向性能应能保持；

b) 意外转向的可能性应降到最小；

c) 出现失效[1)]时应对司机发出警告。

4.3.3 当附加的转向控制元件的动力源失效，且如果正常转向控制元件不受影响时，4.3.2的a)和b)的要求不适用。

4.3.4 4.3.2中所列的要求应经过制造商规定的相关危险分析方法验证，如FMEA、FTA、ETA或类似方法。

5 人类工效学要求

下列要求适用于本标准规定范围内的所有转向系统。

5.1 机器转向应与转向操纵元件的移动方向对应，即方向盘顺时针转动则使机器右转弯，反之则左转弯。

机器处于正常功能情况下，转向操纵元件的操作应符合ISO 10968的规定。

5.2 3.4定义的转向操纵力应尽可能小，并且不得超过5.2.1和5.2.2规定的值。

5.2.1 按照第10章的规定转向试验时，使用方向盘的正常转向系统的转向操纵力不应超过115 N。

操纵元件的转向力（方向盘的分力）应按照表1的规定。

1) 按照ISO 13849或类似方法的规定，“失效”是指诊断覆盖率平均为80%的任何故障。

5.2.2 按照第10章的规定进行转向试验，应急转向系统的转向操纵力不应超过350 N。

5.3 左右转向各达到30°转向角，转向操纵元件在左右两方向的移动量相差不得超过25%(可通过计算得到)。对于阿克曼转向，采用内侧转向车轮的转向角。

5.4 为继续改变转向角，应继续移动转向操纵元件，较理想的是在给定的转向角度范围内，转向操纵元件在机器向前直线行驶位置附近的移动量较大，例如通常采用的蜗杆变速转向机构。

表1 操纵力

操作动作		操纵力 N		
		最大	正常 (频繁操作)	最小[a]
手	杆(前/后)	230	80	20
	杆(侧向)	100	60	15
	制动杆(向上)	400	60	15
脚	踏板	450	120[b]	30
	中间铰接踏板	230	50	30
脚尖	踏板	90	50	12
手指尖	杆或开关	20	10	2

[a] 仅供参考。因为沿着操纵杆的行进，操纵力是可变的，标示值是在动作期间(尤其是接合至棘爪位置之前)预期达到的值。

[b] 具有背面支撑时为150 N。

6 性能要求

6.1 正常转向系统

正常转向操作系统，无论机械、动力助力或动力系统，在进行10.2.3规定的试验时，其转向操纵力(见3.4)都不得超过115 N。

6.2 动力助力应急转向系统

6.2.1 在10.3.5和10.3.6规定的应急转向试验中，转向操纵力(见3.4)不得超过350 N，否则此转向系统应归为动力转向系统，并且按动力转向系统试验。

6.2.2 应安装显示正常转向动力源失效的听觉或视觉报警装置。当正常转向动力源失效时启动报警装置。应急转向能力只要保持在6.2.1规定的限度内，则不需要应急转向动力源或报警装置，不考虑转向时间和转向次数；若在转过给定角度过程中，转向操纵力明显增大或方向盘转角明显增加，能明确显示正常转向动力源失效，则不需要应急转向动力源或报警装置。

6.2.3 机器倒挡的最大额定速度超过20 km/h时，应急转向系统在机器倒车时应起作用。

6.3 动力应急转向系统

6.3.1 机器装有应急转向系统，应急转向动力源应符合 3.2.2 的规定。

6.3.2 按照 10.3.5 和 10.3.6 的规定进行试验时，转向操纵力不得超过 350 N。

6.3.3 应安装一个显示正常转向动力源失效的听觉或视觉报警装置，该装置应在正常转向动力源失效时触发。

6.3.4 机器倒挡的最大额定速度超过 20 km/h 时，该应急转向系统在机器倒车时应起作用。

6.4 所有转向系统

所有转向系统(正常转向系统和应急转向系统)按 10.1.1 的规定进行试验后，均不应有功能性损坏。

7 转向试验场地

7.1 所有转向试验均应在经压实的土地或铺砌的路面上进行，路面应平坦，任何方向的坡度不得大于 3%(见第 9 章、10.2.1、10.3.3、图 1 和图 2)。

7.2 试验场地尺寸应按照轮胎通过圆、轴距、轮胎外侧宽度和机器形式确定。见图 1。

7.3 图 1 所规定的最小值对最小型机器提供一个合理的试验场地。

7.4 多桥机器的轴距是指从最前端的桥到最后端的桥之间的距离，以此来确定图 1 的试验场地尺寸。

7.5 试验场地可以采用图 1 的对称图形。

7.6 具有多种可选轮胎尺寸的机器进行试验时，应选制造商确认的接地宽度最窄的轮胎。

7.7 带有附加转向操纵元件操纵杆、操纵手柄和操纵按钮的附加转向试验应按照 10.4 的规定进行。

单位为米

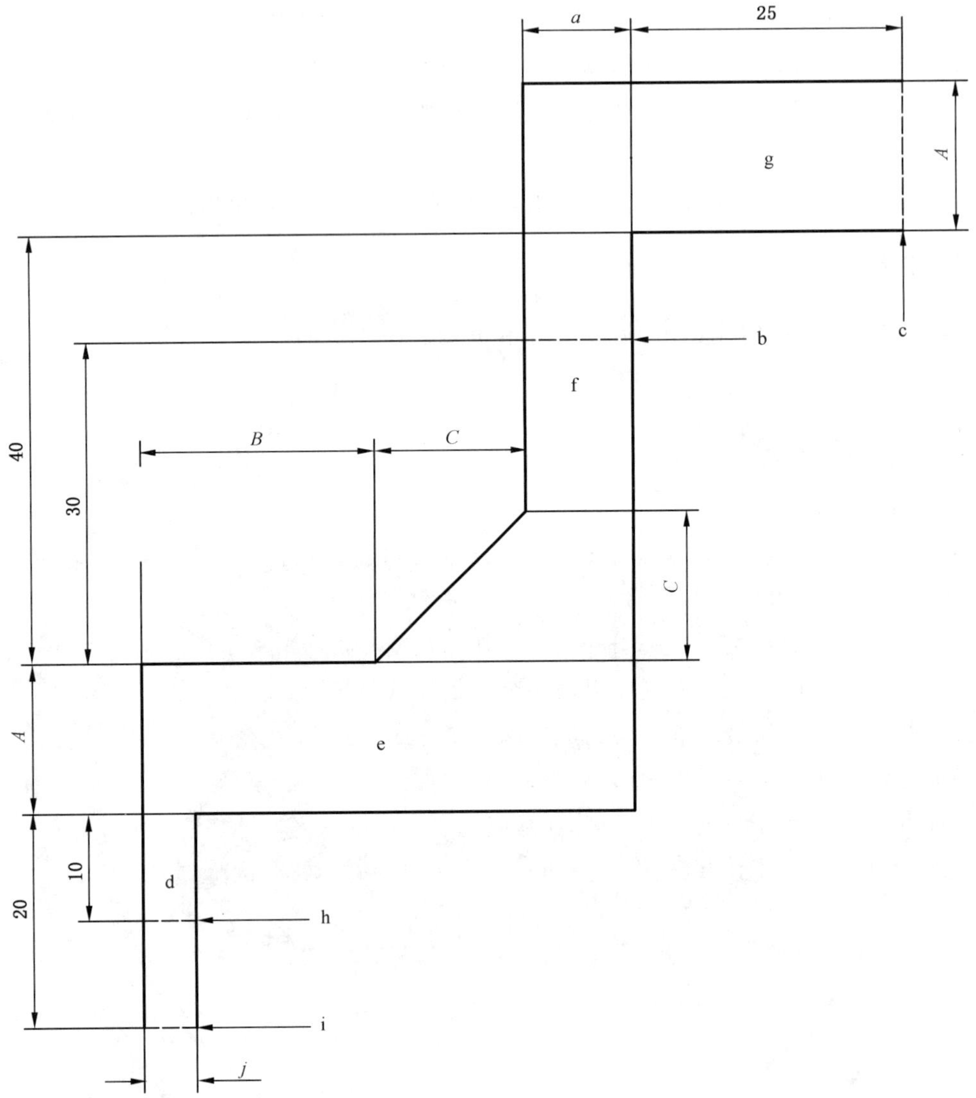

场地尺寸：

A=1.1 倍轮胎通过圆或 14 m,取长者；

B=1.75 倍轮胎通过圆或 22 m,取长者；

C=2 倍最大轴距或 15 m,取短者。

场地长度：

所有轮胎通过圆小于 12 m 的轮胎式推土机和平地机试验时,起点应在起点 1,终点应在终点 1。所有其他机器试验时,起点应在起点 2,终点应在终点 2。

a——2.5 倍最大轮胎外侧宽度；

b——终点 1；

c——终点 2；

d——通道 3；

e——通道 4；

f ——通道 2；

g ——通道 1；

h ——起点 1；

i ——起点 2；

j ——1.25 倍最大轮胎外侧宽度。

图 1　转向试验场地

8 机器试验要求

8.1 铲运机和自卸车应为按制造商规定的机器最大额定总质量和最大额定桥荷分配，包括经制造商认可的最大质量的工作装置与附属装置、司机(75 kg)及加满燃油的燃油箱。

8.2 轮胎式装载机、推土机、挖掘机和平地机应为制造商规定的空载机器质量，包括制造商认可的对转向桥产生最大载荷的工作装置和附属装置的最大质量、司机(75 kg)、加满燃油的燃油箱。

8.3 所有与转向能力有关的零部件参数都应符合制造商的规定，如轮胎尺寸和压力、液压系统压力和流量、报警装置动作点等。

9 轮胎通过圆试验程序

轮胎通过圆(用于计算图1和图2的试验场地尺寸)由外侧轮胎通过直径(见ISO 7457)及以下要求确定。

9.1 只使用正常转向操纵元件(例如方向盘)及正常转向系统。不得使用具有影响转向路线的其他功能的操纵装置(例如：转向制动器、平地机车轮倾斜、平地机后平衡架转向)。

9.2 对于左右转向通过圆不同的机器，采用较小的轮胎通过圆计算试验场地的尺寸。

9.3 包括挂车在内的三桥或多桥机器，应在没有半挂或全挂设备的条件下确定其轮胎通过圆，以排除拖拉和牵引两部分之间转向停顿的干扰。

10 转向试验

10.1 转向系统整体试验

10.1.1 有方向盘作为转向操纵元件的转向系统应能承受作用在转向操纵元件上并与其移动方向一致的900 N的力而无功能性损坏(见4.1.2)。

其他转向操纵元件应能承受表1规定的最大操纵力两倍的载荷。

10.1.2 机器轮胎应位于图1和图2所示的试验场地界限内，三桥或多桥的机器(包括半挂或全挂)除外。半挂或全挂机器的轮胎轨迹不予考虑。

10.2 正常转向系统试验

10.2.1 转向系统的性能应足以保持机器在一条长100 m，宽1.25倍轮胎外侧最大宽度的平直路面内以最大前进速度运行。允许司机做正常的转向校正。

10.2.2 后轮转向的机器以(8±2)km/h的速度沿圆形轨迹行驶，圆形轨迹直径约为以二分之一最大转向角转向时所得的直径。放松操纵元件后，转向角不得增加。

10.2.3 转向系统应具备足够的能力，以保证在前桥进入试验场地到离开试验场地的时间内，机器的轮胎位于图1的试验场地内(见10.1.2)，以(16±2)km/h的速度向前行驶。转向操纵力应予以记录且不得超过115 N。为得到平稳的转向操纵力，允许司机试操纵几次，以使司机平稳地施加力于转向操纵元件。

单位为米

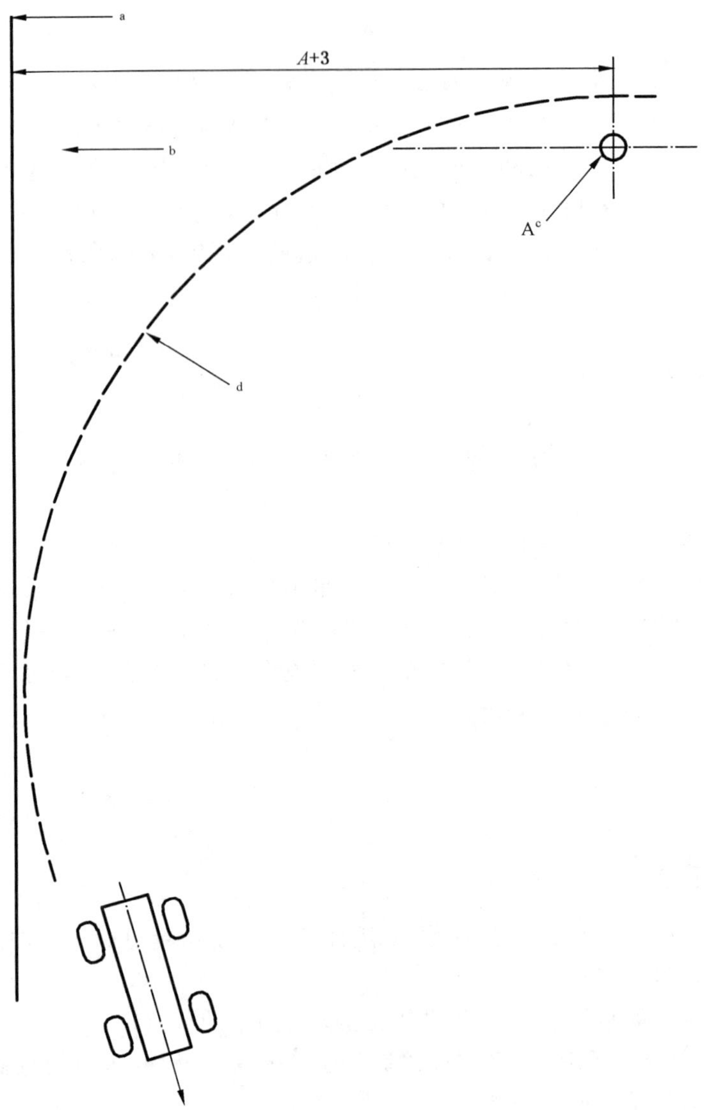

说明：

A=1.1 倍轮胎通过圆或 14 m，取长者。

[a] 与行驶的起始方向垂直。

[b] 行驶的起始方向。

[c] 点 A：转向操纵装置动作开始时的前桥位置(见 10.3.8)。

[d] 轮胎最外侧轨迹。

图 2 应急转向灵敏度

10.3 应急转向系统试验

10.3.1 按 6.2.2 和 6.3.3 的规定检查应急转向报警装置是否正常工作。

10.3.2 如机器为发动机驱动，应把正常转向系统与发动机断开，因为按 10.3.3、10.3.5、10.3.6 和 10.3.8 规定发动机的动力要用于驱动机器通过试验场。

10.3.3 机器的应急转向系统应有足够好的性能，使机器在以(16±2)km/h 的速度行驶时，其轮胎(见 10.1.2)保持在长 100 m，宽 1.25 倍最大轮胎外侧宽度的平直路面内。允许司机做正常的方向校正。

10.3.4 任何应急转向试验开始所能得到的应急转向动力不得大于正常转向动力源失效显示瞬间可得到的动力。

10.3.5 应急转向应有足够的转向力和持续时间，使机器在以(8±2)km/h 的速度行驶时，从其前桥进入试验场地到到达试验场地终点的时间内，其轮胎(见 10.1.2)保持在试验场地(由图 1 确定)内。

10.3.6 应急转向应有足够的转向力和转向速度，使机器以(16±2)km/h 的速度行驶时，从其前桥进入试验场地到到达试验场地终点的时间内，其轮胎(见 10.1.2)保持在试验场地(由图 1 确定)内。

10.3.7 在 10.3.5 和 10.3.6 所规定的试验中，转向操纵力应予以记录且不得超过 350 N。为得到平稳的转向操纵力，允许司机试操纵几次，以使司机平稳地施加力于转向操纵元件。

10.3.8 应急转向灵敏度试验应通过如图 2 所示的试验场地内以(16±2)km/h 的速度进行。如果在与图 1 方向相反的试验场地进行转向试验，则此试验也要与图 2 对称的场地进行。按照应急转向系统的正常能力状况，进入试验场地。按图 2 所示，从 A 点开始转弯转向。转向操纵元件的动作宜开启一个装在前桥下的地面标志，同时模拟正常转向动力源失效。机器应完成 90°转向且其轮胎轨迹应保持在规定的界限内。

10.4 附加转向操纵元件的转向试验

附加转向操纵元件的试验按图 1 的规定进行。如果失效，最大允许速度应符合图 3 规定。

机器的轮胎应保持在图 3 所示的试验场地分界线以内，三桥或多桥的机器(包括半挂部分、全挂部分或单元)除外，即：排除这些半拖拽或拖拽的轮胎轨迹(除了避免障碍物)。

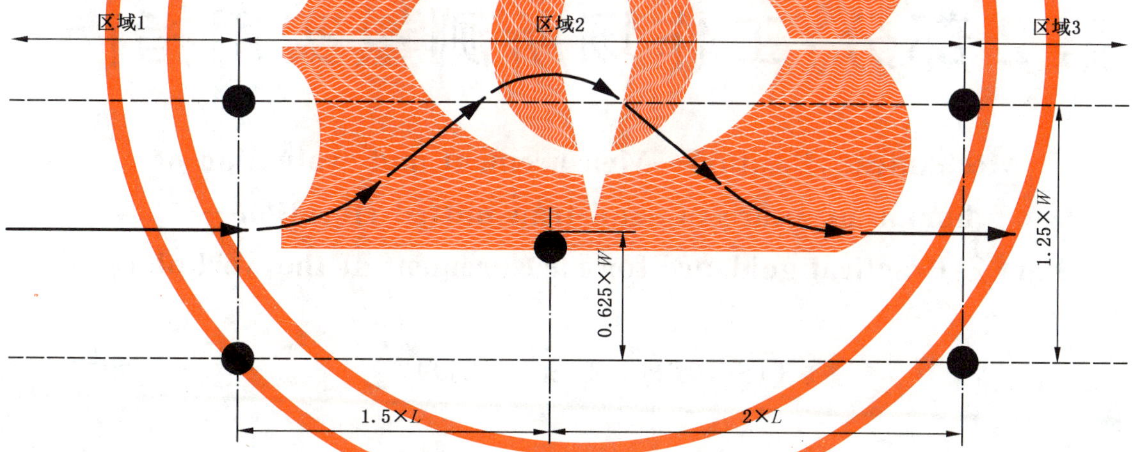

说明：

L——机器的总长(如：轮胎式装载机的机器的总长为铲斗在运输位置时平衡重和铲斗的切削刃之间的长度)；

W——机器的总宽，铲斗的横向测量值。

不应从锥体上驶过。

机器应与以方向盘作为操纵元件的对比机器具有相同的可操纵性，且应提供相同的安全性和效率。

区域 1：宜在区域 1 达到的最大速度。机器应从锥体和场地平行面之间区域 2 的中心进入。机器前边缘到达第一组锥体之后仅速度降低。

区域 2：在该区域，允许司机采取使用制动器外的其他任何方式保持或降低速度。机器应绕某一锥形急转向，不允许附加的操纵(如回转)。

区域 3：在该区域，司机在前轮胎中心通过锥体后可使用制动器，机器应能保持路线直到完全停止。

图 3 附加转向操纵元件的转向试验(回避障碍物试验)

ICS 13.160
C 71

中华人民共和国国家标准

GB/T 14790.2—2014/ISO 5349-2:2001

机械振动 人体暴露于手传振动的测量与评价 第2部分:工作场所测量实用指南

Mechanical vibration—Measurement and evaluation of human exposure to hand-transmitted vibration—Part 2: Practical guidance for measurement at the workplace

(ISO 5349-2:2001,IDT)

2014-05-06 发布 2014-12-01 实施

中华人民共和国国家质量监督检验检疫总局
中国国家标准化管理委员会 发布

前　言

GB/T 14790《机械振动　人体暴露于手传振动的测量与评价》分为两个部分：

——第1部分：一般要求；

——第2部分：工作场所测量实用指南。

本部分为GB/T 14790的第2部分。

本部分按照GB/T 1.1—2009和GB/T 20000.2—2009给出的规则起草。

本部分使用翻译法等同采用国际标准ISO 5349-2:2001《机械振动　人体暴露于手传振动的测量与评价　第2部分：工作场所测量实用指南》(英文版)。

与本部分中规范性引用的国际文件有一致性对应关系的我国文件如下：

——GB/T 2298—2010　机械振动、冲击与状态监测　词汇(ISO 2041:2009,IDT)

——GB/T 15619—2005　机械振动与冲击　人体暴露　词汇(ISO 5805:1997,IDT)

——GB/T 23716—2009　人体对振动的响应　测量仪器(ISO 8041:2005,IDT)

——GB/T 8910(所有部分)　手持便携式动力工具手柄振动测量方法[ISO 8662(所有部分)]

本部分由全国机械振动、冲击与状态监测标准化技术委员会(SAC/TC 53)提出并归口。

本部分起草单位：吉林省安全科学技术研究院、北京市劳动保护科学研究所、中国铁道科学研究院节能环保劳卫研究所、杭州爱华仪器有限公司。

本部分主要起草人：肖建民、郑凡颖、邵斌、马筠、张绍栋、王永胜、张春彗。

引　言

操作机械可使工人暴露于可能影响舒适、工作效率以及在一些情况下影响健康和安全的手传机械振动环境中。在 GB/T 14790.1 中规定了测量与评价手传振动的一般要求。为了能够按照 GB/T 14790.1 进行正确的测量，本部分提供了实用指南，并给出了在工作场所进行手传振动测量的有效策略。

本部分描述的策略应用将得到在工作场所操作者的日振动暴露和相关不确定度的实际情况。

振动暴露评价可分为几个不同的步骤：

——识别构成操作者正常工作模式的一系列操作；

——选择要测量的操作；

——测量每个所选操作的加速度均方根(r.m.s.)；

——评价每个识别操作的典型日暴露时间；

——计算 8 h 等能量振动总值(日振动暴露量)。

GB/T 14790.1 所描述的振动暴露评价只是基于在手握部位或手柄处的振动幅值测量和暴露时间。其他因素，如由操作者施加的握力和推进力、手臂的姿势、振动的方向和环境条件等，没有加以考虑。本部分作为 GB/T 14790.1 的应用，没有规定对这些其他因素的评价指南。然而一般认为，报告全部这些相关信息对于提出评价振动风险的改进方法是重要的。

机械振动 人体暴露于手传振动的测量与评价 第2部分:工作场所测量实用指南

1 范围

本部分为按 GB/T 14790.1 规定在工作场所进行手传振动测量与评价提供了指南。

GB/T 14790 的本部分描述了为计算 8 h 等能量振动总值(日振动暴露量)进行的有代表性振动测量和确定每种操作的日暴露时间应采取的措施。本部分提供了在评价振动暴露时,应考虑的确定相关操作的方法。

本部分适用于人体暴露于(承受)由手持式或手导式机械、振动工件、移动式或固定式机械的控制装置传向手臂系统振动的所有场合。

2 规范性引用文件

下列文件对于本文件的应用是必不可少的。凡是注日期的引用文件,仅注日期的版本适用于本文件。凡是不注日期的引用文件,其最新版本(包括所有的修改单)适用于本文件。

GB/T 14790.1—2009 机械振动 人体暴露于手传振动的测量与评价 第1部分:一般要求(ISO 5349-1:2001,IDT)

ISO 2041 机械振动、冲击与状态监测 词汇(Mechanical vibration,shock and condition monitoring—Vocabulary)

ISO 5805 机械振动与冲击 人体暴露 词汇(Mechanical vibration and shock—Human exposure—Vocabulary)

ISO 8041 人体对振动的响应 测量仪器(Human response to vibration—Measuring instrumentation)

ISO 8662(所有部分) 手持便携式动力工具 手柄振动测量(Hand-held portable power tools—Measurement of vibrations at handle)

3 术语、定义和符号

3.1 术语和定义

ISO 2041 和 ISO 5805 中界定的以及下列术语和定义适用于本文件。

3.1.1

手进料机械 hand-fed machine

操作者将工件送到机械的工作部分,通过手持工件受到振动暴露的机械。

示例:带锯、固定式砂轮机。

3.1.2

手导式机械 hand-guided machine

操作者用手引导,通过手柄、方向盘或方向舵受到振动暴露的机械。

示例:乘坐式草坪修剪机、动力码垛机、悬挂式砂轮机。

3.1.3

手持工件　hand-held workpiece

由手握持的工件,仅通过手握持工件,而不是通过或同时也通过动力工具手柄受到振动暴露。

示例:对着固定式砂轮机握持的铸件、推向带锯的木料。

3.1.4

手持式动力工具　hand-held power tool

由手握持的动力工具。

示例:电钻、气铲、链锯。

3.1.5

嵌入工具　inserted tool

装入或装在动力工具或机器上的可互换或可替换的附件。

示例:钻头、铲头、锯链、锯片、砂轮。

3.1.6

操作　operation

为进行有代表性的振动幅值测量的可识别的工作任务,其可以是采用单一动力工具或手持工件形式或单独的任务时段。

3.1.7

操作者　operator

使用手进料机械、手导式机械或手持式机械或动力工具的人。

3.1.8

工具操作　tool operation

任何动力工具运转且操作者暴露于手传振动的时间过程。

3.1.9

工件　workpiece

借助动力工具对其加工的物品。

3.2 符号

本部分使用以下符号:

$a_{\mathrm{hw}i}$　对于操作 i 的手传振动单轴向频率计权加速度均方根(r.m.s.)值,单位为米每二次方秒($\mathrm{m/s^2}$)。附加下标 x、y 或 z 用来表示测量的方向,即 $a_{\mathrm{hw}ix}$,$a_{\mathrm{hw}iy}$,和 $a_{\mathrm{hw}iz}$;

$a_{\mathrm{hv}i}$　对于操作 i(三个轴向振动分量 $a_{\mathrm{hw}i}$ 值平方和的方根)的振动总值(以前所称的矢量和或频率计权加速度和),单位为米每二次方秒($\mathrm{m/s^2}$);

$A(8)$　日振动暴露量,单位为米每二次方秒($\mathrm{m/s^2}$);

$A_i(8)$　操作 i 对日振动暴露量的贡献,单位为米每二次方秒($\mathrm{m/s^2}$),为方便起见,简称为"部分振动暴露";

T_0　8 h(28 800 s)参考时间;

T_i　相对于操作 i 的振动暴露总时间(每天)。

4 评价的量

对于振动暴露期间的每个操作 i,应评价两个基本量:

——振动总值 $a_{\mathrm{hv}i}$,用 $\mathrm{m/s^2}$ 表示;该值由三个独立轴向的频率计权手传振动 $a_{\mathrm{hw}ix}$、$a_{\mathrm{hw}iy}$、和 $a_{\mathrm{hw}iz}$ 的

均方根值计算得出；

——对于操作 i 的振动暴露时间(每天)T_i。

应报告的参数为日振动暴露量 $A(8)$。该值通过对全部操作 i 的 a_{hvi} 值和 T_i 值的计算得出(见第8章)。

5 测量程序准备

5.1 通则

操作者在工作场所的工作由一系列操作组成，其中一些可能是重复的。由于使用不同的动力工具或机械，或对一种动力工具采用不同的操作方式，所以从一种操作到另一种操作的振动暴露可能变化很大。

为了评价日振动暴露，首先应识别那些可能对总的振动暴露有显著贡献的操作。然后对这些操作中的每一个，应确定测量振动暴露的程序。采用的方法取决于工作环境、工作模式和振源的特性。

5.2 测量操作的选择

对所有可能对日振动暴露量有显著贡献的动力工具或工件进行测量是很重要的。为了获得平均日振动暴露的可靠结果，应对以下所有因素进行识别：

a) 振动暴露源(即使用的机械和工具)。

b) 动力工具的操作模式，例如：

——链锯可能以怠速运转、锯切树干时满负荷运转或锯切侧枝时的低负荷运转；

——动力钻以冲击模式或非冲击模式使用以及可能适用的调速范围。

c) 可能影响振动暴露的操作条件的变化，例如：

——道路破碎机开始在坚硬混凝土表面使用，然后在其下面的松软土层使用；

——砂轮机开始用来去除大块金属，然后进行复杂的清理和成形操作。

d) 可能影响振动暴露的嵌入工具，例如：

——磨光机可能使用一系列由粗到细不同粒度的砂纸；

——石工可能使用装有一系列錾头的气錾。

此外，获得以下信息可能有用：

e) 由工人和管理者处得到他们认为产生最高振动幅值的信息。

f) 利用制造商提供的振动排放值信息，参见附录 A，或利用已发布类似动力工具以前测量的结果，评估每一种操作的潜在振动危险。

5.3 测量的组织

测量的组织可按四种基本方式处理：

a) 连续工具操作的长时间测量

操作时间长且连续，在此期间操作者与振动表面保持接触。在这种情况下，振动测量可在动力工具的正常使用期间内长时间测量。如果振动幅值变化是正常工作程序的一部分，则操作可以包括这种振动幅值的变化。

除了振动幅值信息，日振动暴露评价还要求评估每天的振动暴露时间。

b) 间歇工具操作的长时间测量

操作时间长但包括无振动暴露的短暂间歇，然而在操作和间歇期间，操作者均保持与(振动)表面的接触。在这种情况下，如果任何操作中的间歇是正常工作程序的一部分，而且操作者未减少与动力工具或工件的接触，或未明显改变其手在动力工具或手持工件上的位置，则可在动力工具的正常使用期间进行长时间的振动测量。

除了振动幅值信息,日振动暴露评价还要求评估每天的振动暴露时间。在这种情况下,暴露于操作的时间包括在振动暴露中的短暂间歇,因此大于暴露于振动的时间。

c) 间歇工具操作的短时间测量

在很多情况下,手经常放下动力工具或手持工件,例如将动力工具放下,让手移动到动力工具的不同部位,或握住另一个手持工件。在其他情况下,需要改变使用的动力工具,例如,不同的嵌装砂带或钻头或使用另一种动力工具。在这种情况下,只能在操作的每个阶段期间内进行短时间测量。

在有些情况下,由于暴露时间相对于测量而言太短,在正常工作过程中进行可靠的测量是困难或是不可能的。在这种情况下,可以在人为安排的与正常工作状态尽可能接近的较长时间无间歇暴露的模拟操作期间进行振动测量。

除了振动幅值信息,日振动暴露评价还要求评估与每个工作时段相关的暴露时间。

d) 猝发工具操作或者单次或多次冲击的固定时间测量

有些操作涉及暴露于短时间猝发振动,其可以是单次或多次冲击,例如铆钉机,打钉机等,或猝发暴露,例如动力冲击扳手。在这种情况下,尽管每天的振动猝发次数是可以估算的,但评估实际暴露时间是困难的。此时,可在包括一次或多次完整的工具操作的整个固定时间内进行测量。测量的时间应尽可能不包括猝发振动前、猝发之间及猝发后的时间。

除了振动幅值信息和每天猝发振动暴露的次数评估,日振动暴露评价还要求有关测量时间长度和测量期间猝发振动的次数的信息。

注1:在工人暴露于多次单一冲击或瞬间振动的情况下(例如紧固工具),GB/T 14790.1—2009 规定的方法可能不适当,并有可能低估冲击暴露的严重程度。然而在缺少更好的方法时,GB/T 14790.1—2009 仍可适用,但使用时应谨慎,并用报告的信息加以说明。

注2:在振动幅值的测量需要比较的场合(例如比较两种不同的动力工具或嵌入工具选择方案产生的振动),进行连续工具操作的测量,即在振动暴露中没有间歇是重要的。

5.4 振动测量的时间长度

5.4.1 正常工作期间的测量

测量应在动力工具、机械或过程典型作业的样本整个期间内进行平均。在可能的场合,测量时间应从工人手开始接触振动表面起,到脱离接触为止。该期间可能包括振动幅值的变化,甚至可包括无暴露时段。

在可能的场合,应在一天内的不同时间进行一系列样本测量,然后平均,以便能考虑一天内的振动变化。

注:一系列 N 个振动幅值样本的平均振动幅值由下式给出:

$$a_{hw} = \sqrt{\frac{1}{T}\sum_{j=1}^{N} a_{hwj}^{2} t_j}$$

式中:

a_{hwj}——对样本 j 测量的振动幅值;

t_j ——样本 j 的测量时间;

$T = \sum_{j=1}^{N} t_j$ 。

振动暴露通常是在工作日内重复多次的短持续时间暴露。尽管测量能够在整个操作期间(包括振源关断时间)进行平均,但通常可能仅在手与振动表面接触的整个短持续时间内进行平均。

可接受的最短测量持续时间取决于信号、仪器和操作特性。总的测量时间(即样本数量乘以每次测量持续时间)宜不小于 1 min 。多次较短持续时间样本优于单次长持续时间样本。对于每种操作样本数不宜少于三个。

很短持续时间(例如小于 8 s)的测量的样本未必是可靠的,尤其是在评价其低频分量时,应尽可能避免这种情况。在很短持续时间测量不可避免的场合(例如某些接触时间可能很短的固定砂轮机磨削),恰当的方法是取三个以上的样本以确保样本的总时间大于 1 min。

5.4.2 模拟工作程序

当正常工具操作期间测量不可能进行或有困难时,模拟工作程序可用来简化振动测量过程。

模拟工作程序主要用来实现比正常生产工作更长的持续时间的测量。例如小铸件用固定砂轮机磨削时,每次铸件磨削可能仅持续几秒时间,但如果多次对每个小铸件进行磨削,则能用少量小块铸件进行模拟,而不必试图对大量铸件进行短时间测量。

拿起、放下或更换动力工具或手持工件可能干扰测量。借助设计成避免操作之间任何间歇的模拟工作程序期间的测量也可以避免此类干扰。

5.5 日振动时间评估

应得到每个振源的日暴露时间。通常典型的日振动暴露时间基于以下因素:

——正常使用期间实际暴露时间的测量(例如,一个完整的工作周期或典型的 30 min 期间内);

——有关工作速率的信息(例如,每个班次的工作周期数量或该班次的时间长度)。

首要的是测量确定在规定的时间内操作者暴露于振动的时间长度及其振源的类型。可采用各种技术方法,例如:

——使用秒表;

——使用与动力工具使用率相关的专用数据记录仪;

——影像记录分析;

——活动采样。

关于典型工作速率信息的最可靠来源是工作记录。然而重要的是确保信息与日振动暴露评价要求相符。例如,工作记录可能给出关于每个工作日结束时完成的工作项目数量的非常精确的信息,但是,存在一个以上的操作者,或在下班时有未完成的项目,这种信息不可能直接用于振动暴露评价。

无论采用何种方法进行振动测量,均应得到每天的总暴露时间。在振动已经在整个工作周期平均的场合,日暴露时间就是工作周期时间与每个工作日内工作周期总数之积。如果在手与振动表面接触的持续时间内进行了测量,则应评估每天的总接触时间。

警告! 通常当要求操作者提供其典型的日动力工具使用率时,其通常过高估计,给出的使用动力工具时间长度评估包括工具操作中的间歇(例如当使用螺母扳机时,两个螺母之间的工具操作间歇或准备新工件的时间)。

注:GB/T 14790.1—2009 仅规定了一个工作日内评价日振动暴露的方法,不能假定 GB/T 14790.1—2009 提供的方法可以外推到其允许在大于一个工作日的暴露时间内进行平均。然而在某些情况下,以得到的大于一个工作日整个时间内暴露信息为基础进行暴露评价是符合要求的。例如,在某些类型工作中使用动力工具的总时间由一个工作日到下一个工作日显著变化(例如建筑业、造船和修理业),因此使用观察或工作记录获得典型的日暴露时间是困难或不可能的。附录 B 给出了用于一天以上时间振动暴露的评价方法示例。

6 振动幅值测量

6.1 测量设备

6.1.1 通则

振动测量系统通常采用加速度计来测定振动表面的运动。来自加速度计的信号能够以一些不同的方式处理以实现频率计权加速度的测量。

振动测量可以采用简单的单个振动计进行，其特点为内装频率计权和积分装置。这类系统主要是设计用来评价工作场所的振动暴露；其在本部分所涉及的多数情况下通常可以满足要求。但是，简单的仪器不能显示振动测量的误差。

更复杂的测量系统通常基于某种形式的频率分析（例如 1/3 倍频程或窄带），它们可能采用数字或模拟数据记录仪存储时域信息，它们可能使用基于计算机的数据采样和分析技术。这类系统与单机式系统相比价格更高，操作更复杂。

在对加速度信号的质量有疑问时（例如直流漂移，见 6.4.2），由频率分析得到的信息更为有用。频率分析也能提供有关任何优势频率及谐波的信息，这可能有助于识别有效的振动控制措施。

在 GB/T 14790.1—2009 的应用受到限制时（例如，重复的单次冲击，优势的频率分量超过 1 250 Hz），任何可以得到的附加信息，例如来自更复杂测量系统的信息可能是有用的。

对合适的测量及分析仪器的最低性能要求（例如频率计权特性、允许误差、动态范围、灵敏度、线性和过载能力）在 ISO 8041 中给出。

6.1.2 加速度计

6.1.2.1 通则

通常情况下加速度计的选择根据预期的振动幅值、要求的频率范围、被测量表面的物理特性和要使用的环境来确定。

6.1.2.2 振动幅值

手持式机械能产生高振动幅值。例如气铲可产生 20 000 m/s^2～50 000 m/s^2 的最大加速度。然而这些能量大部分都远在本部分所采用的频率之外。因此为测量选择的加速度计应能在这些极高振动幅值下工作，并且在 6.3 Hz～1 250 Hz 频率范围（1/3 倍频程中心频率）内仍能响应更低的幅值。关于采用机械滤波器滤除极高频振动，参见附录 C。

6.1.2.3 频率范围

加速度计的选择还受加速度计的基本共振频率影响，这是加速度计的一个特性（该特性有时称为“安装共振频率”、“固有频率”或“共振频率”）。有关基本共振频率的信息可通过加速度计的制造厂得到。ISO 5348 建议，基本共振频率宜高于所关注最高频率的五倍（对于手传振动，该频率为 6 250 Hz）。对于压电加速度计，基本共振频率宜更高，最好高于 30 kHz），以使直流漂移失真的可能性减至最小（见 6.2.4）。

注：加速度计的基本共振频率不宜与安装在手持工件或动力工具上的加速度计的共振频率相混淆，后者是整个加速度计安装系统的特性。实际上，安装在手持工件或动力工具上的加速度计的共振频率显著低于基本共振频率（见 6.1.4）。

6.1.2.4 质量影响

当加速度计安装在振动表面时，该表面的振动特性也改变。加速度计质量越轻，引起的误差越小（见 6.1.5）。

6.1.2.5 环境条件

当选择加速度计，尤其是在恶劣环境下使用时，必须考虑加速度计与温度、湿度或其他环境因素相关的灵敏度（见 ISO 8041）。

6.1.3 加速度计的位置

按照GB/T 14790.1—2009要求振动测量应在振动传入人体的手(或双手)的表面或靠近该表面进行。加速度计的位置优选在手握区域的中心(例如当手握住动力工具手柄时,选在手的宽度二分之一处),正是在该位置能得到对传入手的振动的最有代表性的评价。然而通常不可能在该点安装传感器,因为传感器将会妨碍操作者施加正常的握力。

通常只有使用专门的安装适配器(参见附录D)才有可能直接在手的下方进行测量。这类适配器安装在手的下方或手指之间,对于大多数实际测量,加速度计安装在手的一侧或靠近手的中部的工具手柄下方。借助安装在手指之间的适配器,传感器安装应尽可能接近工具手柄的表面,以使其对回转振动分量的放大减到最小。适配器不宜有影响所测量振动的任何结构共振。

获得在手的宽度上的振动测量差别是合理的,尤其是手持式动力工具带有侧向手柄时,例如角式砂轮机,特别是这些手柄柔性安装时。在这类场合,建议所用的两个加速度计的位置分别在手的两侧,两处测量进行平均后用来评价振动暴露。

对于许多手持式动力工具,ISO 8662和其他国际标准针对振动排放测量已经规定了特定的测量位置和轴向;这些测量位置在附录A中作为测量位置示例汇总给出。ISO 8662中规定的测量位置是为特定的型式试验测量(通常仅为单轴向)而设计的,对于振动暴露评价其未必合适。然而在有些情况下,确保在工作场所进行的振动测量与振动排放量测量所采用的位置和轴向一致可能是合适的。

6.1.4 加速度计的安装

6.1.4.1 通则

加速度计应刚性固定在振动表面。附录D给出了一些安装方法的细节。应选择能在振动表面适当固定,且不妨碍动力工具的操作同时本身不影响振动表面的振动特性的方法。选择的安装方法取决于特定的测量情况,每种方法都有自己的优点和缺点。

安装系统在要测量的整个频率范围内应有平直的频率响应,即在该频率范围内,不应衰减或放大信号,同时不应有任何共振。安装系统应可靠地固定在振动表面,在测量前及测量后应仔细检查所有固定件。

在动力工具或手持工件上安装加速度计必然干扰并对操作者的工作方式有一定影响。传感器的安装方式应尽可能使操作者正常工作。重要的是在测量之前,观察动力工具或手握工件的握持方式,以识别加速度计的最佳位置和方向。传感器的位置(或多个位置)和方向应予以报告。

最重要的是避免妨碍动力工具的控制或者动力工具或机械的安全运行。对于动力工具常见的情况,最佳的测量位置是开关所在的位置。应注意确保传感器、安装件或电缆不会(及不导致)妨碍动力工具的控制。

6.1.4.2 安装在有弹性覆盖层的表面上

当动力工具手柄具有软的外覆盖层时,覆盖层的振动传递特性将取决于安装系统的连接力。在这种情况下应注意确保振动测量不受弹性材料影响。如果认为覆盖层不会减少振动暴露,则可采用以下方法处理:

——除去传感器下方区域的弹性材料;

——采用充分压紧弹性材料的力固定传感器。

在多数场合,这种方法是合适的。然而这种方法没有考虑弹性层的振动传递特性。

通常,动力工具手柄上的弹性材料并未试图提供振动衰减,而是提供良好的握持表面。任何弹性覆盖层通常不会影响频率计权振幅。

如果弹性覆盖层可能提供一些振动暴露衰减，例如，如果覆盖层是厚的弹性材料，则将传感器固定在适配器上(见D.2.4)，适配器由操作者以正常的手握力对着振动表面握住(可以用胶带在动力工具手柄和适配器周围轻缠以使其定位)。这种类型测量尽管困难，但可以得到实际振动暴露的更好数据。

注：弹性材料选择不当有可能在某些频率放大振动。

6.1.4.3 安装在轻质、柔性材料制造的手柄或手握部位

对于装有轻质、柔性材料制造的手柄或手握部位的动力工具，例如在一些磨光机和砂轮机上的塑料侧面手柄，可采用粘合剂将轻质量加速度计安装在材料的表面。

6.1.5 加速度计的质量

加速度计安装到振动表面将会影响表面的振动方式。安装到表面的质量越大，影响越大。如果加速度计和安装系统的总质量与要连接的动力工具、动力工具手柄或手持工件的质量相比很小(小于5%)，则这种影响可以忽略。

注：已有质量小于30 g的实用三轴向测量系统可供使用。

如果对传感器的影响程度有怀疑，则宜进行以下实验：

a) 将加速度计安装在动力工具手柄或手持工件上，然后进行振动幅值测量；
b) 用一个与加速度计质量相近的附加质量块，另外安装在动力工具或手持工件的靠近加速度计位置处重复进行测量；
c) 若两次测量的振幅有明显差别，则宜采用更轻的加速度计或安装系统。

6.1.6 三轴向测量

振动的三轴向测量宜采用GB/T 14790.1—2009中规定的基本中心坐标系。然而，有一些场合不可能或不必进行三轴向测量。此时，GB/T 14790.1—2009要求对单轴或两轴向测量结果选用适当的倍率因子，以给出所评价的振动总值。

采用的倍率因子的值由对强优势单轴向工具时的1.0至用所测量的轴向可代表所有三个轴向振动时的1.7(当两个非优势轴向的振动幅值均比优势的轴向振动幅值小30%时，该轴向为优势)。在采用单轴向测量的场合，所测轴向应为优势轴向。

示例1：

当工件在操作者的手中频繁改变方向时(例如小工件在固定砂轮机上磨削)，单一轴向的测量足以提供有代表性的振动暴露评价。振动总值由下式给出：

$$a_{hv}=\sqrt{a_{hwx}^2+a_{hwy}^2+a_{hwz}^2}$$

在本示例中，评价的振动总值通过一个测量的加速度 $a_{hw,measured}$ 计算，该测量值被假定为基本中心坐标系中所有三个轴向振动的代表，即

$$a_{hv}=\sqrt{a_{hw,measured}^2+a_{hw,measured}^2+a_{hw,measured}^2}$$
$$=\sqrt{3}a_{hw,measured}=1.73a_{hw,measured}$$

因此应选用倍率因子1.73(圆整为1.7)来评价振动总值。则评价的振动总值为测量的单轴向振动幅值的1.7倍。

示例2：

对道路破碎机的初始测量表明，垂直轴向的振动占优势，而其他轴向的振动总是比优势轴向的加速度 $a_{hw,dominant}$ 小30%。在这种场合评价的振动总值由下式给出：

$$a_{hv}=\sqrt{a_{hw,dominant}^2+(0.3a_{hw,dominant})^2+(0.3a_{hw,dominant})^2}$$
$$=\sqrt{1+2\times0.3^2}a_{hw,dominant}=1.086a_{hw,dominant}$$

因此倍率因子1.086(圆整为1.1)是恰当的。则评价的振动总值为优势轴向振动的1.1倍。

6.1.7 同步测量和顺序测量

宜在三个轴向同步进行振动测量。然而，有些仪器只允许单轴向测量，以及对于很轻的被测对象，

由于需要确保加速度计和安装系统的总质量小于动力工具、动力工具手柄或手握工件的质量，每次只进行一个方向的测量(顺序测量)可能更为合适。

在进行顺序测量的场合，重要的是确保 x 轴、y 轴及 z 轴向振动的三次测量中的全部操作条件保持不变。

6.1.8 频率计权

有关频率计权的细节在 GB/T 14790.1—2009 及 ISO 8041 中给出。

频率计权可通过以下方法实现：

——模拟滤波器；

——时域信号的数字滤波；

——将频率计权因子用于 1/3 倍频程或窄带频率分析频谱。

重要的是，数字方法如数字滤波和快速傅里叶(Fourier)变换(FFT)分析完全能够在 1/3 倍频程 6.3 Hz～1 250 Hz 覆盖的整个频率范围内提供精确分析。这种分析应能提供良好的低频分辨率，并使用足够高的采样频率以获得高频精确数据。

FFT 分析采用合适的时间窗是重要的。对不间断操作的回转或回转冲击工具，汉宁(Hanning)窗函数通常是合适的。对于冲击式工具，当冲击频率(每秒冲击次数)小于窄带分析的频率增量 1/10 时，则应考虑其他窗函数。对于极低的冲击频率，例如在冲击频率等于或小于频率增量时，则宜采用指数窗的触发分析。

6.1.9 数据记录仪的使用

振动信号的数据记录通常是有用的，其可以对同一组数据用不同的方法进行分析。

数据记录仪可以采用模拟或数字记录技术来实现。在所有场合，数据记录应有足够的动态范围以确保在整个频率范围内振动信号能够可靠记录。通常由于加速度的低频信号在磁带噪声中损失，模拟数据记录仪动态范围为 40 dB～50 dB。数字记录系统能提供更好的动态范围特性，尽管仍然需要注意保证可达到动态范围的更好应用。

一些模拟及数字记录系统采用数据压缩技术以使数据所占空间最小；宜避免使用这类技术，除非能够证明这种系统不会损失信号数据。

包括数据记录元件在内的测量仪器应符合 ISO 8041 的要求。

6.1.10 测量范围

大多数仪器允许使用者选择仪器能够测量的最大加速度幅值。这种设定确定了仪器的实际测量范围。在使用者必须选择仪器的输入范围时，可以通过进行试验性测量来确定合适的测量范围。为了得到最佳的信噪比特性，应选择未产生过载的、最低的可能测量范围。

6.1.11 平均时间

振动幅值宜在动力工具正常使用的整个时间内或与手持工件接触的整个时间内进行平均。在一个或多个完整的操作或工作周期内，采用线性平均进行均方根(r.m.s.)平均。

只有当振动测量仪器不允许线性平均且振动信号足够稳定允许进行平均振动值的可靠评价时才可采用指数平均。

6.2 振动测量不确定度的原因

6.2.1 电缆连接问题

手传振动测量中最常见的问题是确保加速度计和信号电缆之间保持可靠的连接。通常应注意，保证全部电缆连接可靠及电缆不受任何方式破坏。尤其是与加速度计的连接,应特别注意保证电缆和接头不承受动力工具或手持工件操作产生的过大应力。

错误的信号连接可简单表现为信号丢失,在这种情况下可表现为没有振动。信号连接的间断损失可表现为直流偏移(DC-offset),偏移之间信号正常。

错误的电缆屏蔽连接可能引起电气干扰,造成电力频率高电平。对于电动工具,当优势频率通常等于相关的电力频率或其谐波频率时,难以发现此类错误。对于使用高阻抗输入信号调节放大器的压电加速度计,电缆接地屏蔽连接损耗可导致电力频率的严重干扰。

6.2.2 电磁干扰

防止电场、磁场或电磁场影响振动测量是重要的。在存在电容和电感耦合干扰信号时,可通过以下方式减少不可避免的电磁场影响:

——屏蔽电缆;

——使用绞合电缆;

——信号屏蔽电缆仅在一端接地,通常在放大器端;

——对地平衡的传感器连接方式(例如使用差动放大器);

——避免信号电缆与电源线平行布置;

——加速度计与振动表面之间电绝缘措施。

6.2.3 摩擦电影响

仪器电缆不宜暴露在高幅值振动应力下,尤其是在具有高内阻系统(例如压电加速度计)中,因为可产生导致失真的电信号。由于这种原因,信号电缆靠近加速度计处宜固定在振动表面(例如使用胶带)。对于气动手持式动力工具,沿着供气管线按一定间距固定电缆通常是有效的。

6.2.4 直流漂移

当压电加速计暴露于极高幅值的高频加速度时,例如在没有阻尼系统的冲击式工具上,可能导致直流漂移的产生,此时振动信号失真导致在振动信号中出现错误的附加低频分量。直流漂移失真出现在传感器中,是由于对传感器而言过大的瞬间激励,导致压电系统机械过载。避免直流漂移的装置可以是机械滤波器,参见附录C。

在冲击频率以下的低频范围出现直流漂移是最明显的;因此直流漂移通常借助振动信号的频率分析可以发现。在频率分析时失真可表现为不实际的低频振动高幅值。用公式 $d=a/(40f^2)$(式中 f 为频率分析频带的中心频率),将未计权的加速度均方根(r.m.s.)a 转换为位移 d 通常提供直流漂移是否已经发生的指标。如果由加速度谱计算的位移明显大于所观察到的传感器的移动(例如大于观察到的移动的两倍),则很可能已发生了直流漂移。

如果直流漂移已经发生,则可以通过振动信号的低频分量检测来发现。然而直流漂移失真会影响整个振动谱。因此任何显示直流漂移迹象的测量结果均宜放弃;不宜通过对有显示直流漂移的频谱去除或修正低频谱带来确定频率计权振动值。

6.3 测量通道的检验和检定

6.3.1 性能常规检验

在测量程序之前及之后,整个测量通道环节均应采用在已知频率产生已知的正弦加速度的振动校准器(参考振源)进行检验。

注:实际上,在测量期间加速度计的灵敏度很少偏移,然而其可能产生机械故障。因此宜关注表观灵敏度变化,若

有必要可放弃测量。

6.3.2 测量系统的定期检定

测量系统的特性应定期(例如每两年)进行检定。这些检定应确保仪器在 ISO 8041(也可参见 DIN 45671-3)规定的允差内运行。

除了定期检定外,测量系统的任何重要部件简单维修后都要对系统进行检定。这些检定结果均应记录。

7 日振动暴露评价的不确定度

7.1 加速度测量的不确定度

当测量传递到工人的振动时,其不确定度受到与各个测量有关因素的影响,例如:

——仪器的精度;

——校准;

——电气干扰;

——加速度计安装;

——加速度计的质量;

——加速度计的位置;

——由动力工具正常操作变化到手的姿势以及由测量过程(即加速度计安装和附加电缆)引起的施加力的变化;

——为适应正在测量项目面引起的操作者工作方法的变化。

此外,振动暴露综合评价的不确定度受到任何工作日期间发生变化影响,如:

——动力工具和嵌入工具状态的变化(例如砂轮机的砂轮变化可能显著改变传向操作者的振动);

——姿势和施加力的变化;

——被加工材料特性的变化。

注 1:与仪器和校准、电气干扰及加速度计的质量和安装有关的不确定度通常比测量位置的选择和工作操作的变化引起的不确定度要小。

注 2:当调查个人暴露史时,尽可能测量不同年代和不同维护状态的机械和嵌入工具。

注 3:当测量的目的是与特定任务有关的暴露时,操作者之间的差异(经验、身高等)可能也是不确定度的原因(见7.3)。

7.2 暴露时间测量的不确定度

暴露时间评估的不确定度受以下不确定度影响:

——暴露时间的测量;

——每天工作周期数量的评估;

——由操作者提供的暴露时间评估(参见附录 B),这可能是由于对问题的误解(动力工具使用和实际振动暴露相混淆)以及发生振动暴露持续时间的不当评估(见 5.5)。

7.3 不确定度的评估

不确定度的原因取决于测量的操作。试验者应确定主要原因(例如,操作砂轮机时砂轮不平衡),并应进行多次测量以确定不确定度程度及计算与不确定度主要原因相关的标准差(例如测量安装不同平衡状态砂轮的砂轮机可能有用)。

如果测量目的不是评价特定工人的振动暴露,而是评价特定任务的振动暴露,振动暴露的评价应尽可能基于对至少三个不同工人的测量。报告的结果应为测量的算术平均值,标准差也应报告。

8 日振动暴露计算

在许多场合，工人的日振动暴露来自若干个操作。对于每个操作 i，其振动总值 a_{hvi}，及对于该振源的暴露时间 T_i，均应进行测量。日振动暴露量 $A(8)$，单位 m/s^2，应按下式计算：

$$A(8)=\sqrt{\frac{1}{T_0}\sum_{i=1}^{n}a_{hvi}^{2}T_i} \qquad \cdots\cdots(1)$$

式中：

T_0——8 h(28 800 s)参考时间；

n ——操作的数量。

为了便于在不同操作之间进行比较及评估特定操作对日振动暴露量 $A(8)$ 各自的贡献，对于独立的操作的部分振动暴露 $A_i(8)$ 计算，按下式计算：

$$A_i(8)=a_{hvi}\sqrt{\frac{T_i}{T_0}} \qquad \cdots\cdots(2)$$

则日振动暴露量按下式计算：

$$A(8)=\sqrt{\sum_{i=1}^{n}A_i^2(8)} \qquad \cdots\cdots(3)$$

对于操作者的双手应分别评价 $A(8)$。

与 $A(8)$ 评价相关的不确定度通常较高(例如 20%～40%)。因此 $A(8)$ 值通常不用两位以上有效数字表示。

日振动暴露计算的实际应用在附录 E 中给出。

9 报告的信息

评价报告应按本部分要求，并根据调查的情况给出以下信息：

a) 一般信息：
——公司或客户名称；
——测量的目的(例如，特定工人、工人组的振动暴露评价，控制措施评价，流行病学研究)；
——评价日期；
——项目或特定暴露评价的项目；
——进行测量和评价的人员。

b) 工作场所的环境条件：
——测量地点(例如，室内、室外、厂区)；
——温度；
——湿度；
——噪声。

c) 用来选择测量操作的信息(见 5.2)。

d) 每个评价的操作的日工作方式：
——测量的操作描述；
——使用的机械和嵌入工具；
——使用的材料或工件；
——暴露方式(例如，工作时间、间歇时间)；
——用以确定日暴露时间的信息(例如，工作速率或每天的工作周期或工作分段数量，每个周期或手持工件的暴露时间)。

e) 振源详情:

——动力工具或机械的技术描述;
——类别或型号;
——动力工具或机械的使用年限和维护状态;
——手持动力工具或手持工件的重量;
——机械或动力工具的振动控制措施;
——采用的手柄形式;
——机械的自动控制系统(例如,螺母扳手的扭矩控制);
——机械的动力源;
——回转频率或冲击速度;
——嵌入工具型号和类别;
——任何附加信息(例如,嵌入工具的不平衡)。

f) 仪器:

——仪器详情;
——校准记录;
——最近检定试验日期;
——性能检测结果;
——干扰试验结果。

g) 加速度测量条件:

——加速度计的位置和方向(包括草图和尺寸);
——传感器安装方法;
——加速度计和安装架的质量;
——操作条件;
——臂的姿势和手的位置(包括操作者是左手还是右手习惯);
——任何附加信息(例如有关推进力和握力的数据)。

h) 测量结果:

——尽可能对应每个操作的 x 轴、y 轴和 z 轴的频率计权手传振动均方根值(a_{hwix}、a_{hwiy} 和 a_{hwiz});
——测量时间长度;
——若进行频率分析,则给出非计权频谱;
——若进行单轴向或两轴向测量,则给出进行振动总值评估的倍率因子(包括采用单轴向或两轴测量的理由和使用倍率因子的理由)。

i) 日振动暴露评价结果:

——每个操作的振动总值 a_{hvi};
——每个操作的振动暴露时间 T_i;
——若可能,给出每个操作的部分振动暴露量 $A_i(8)$;
——日振动暴露量 $A(8)$;
——日振动暴露结果的不确定度评估。

附 录 A
（资料性附录）
测量位置示例

A.1 引言

按照6.1.3描述的在手握区域中间，振动传入人体的手的表面进行测量并不总是可行的，例如，带有封闭或敞开的弓形手柄或枪式手柄，开关的位置使得不可能在手柄的中间进行测量。实际上，测量位置通常不得不在手的一侧。动力控制和手的防护位置也可影响安装加速度计的位置。图A.1给出了一些常见的动力工具的测量位置示例。

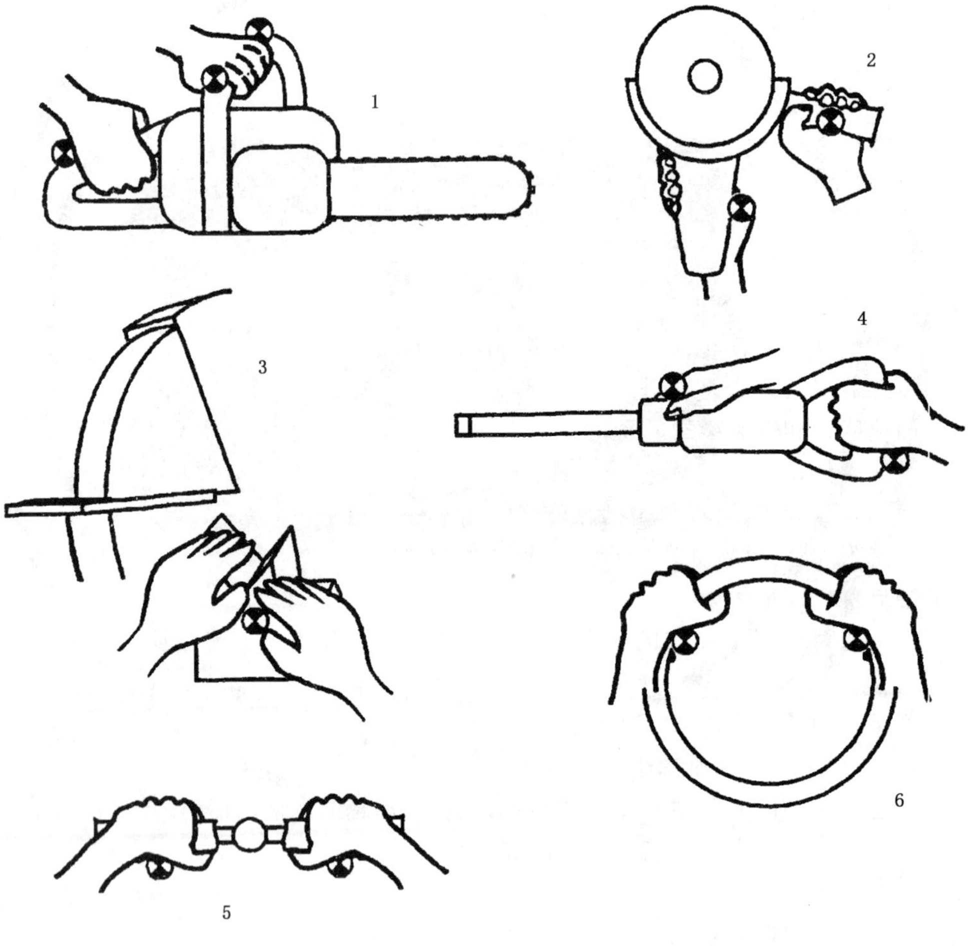

说明：
1 ——链锯；
2 ——角式砂轮机；
3 ——固定砂轮机；
4 ——气铲；
5 ——手导机械；
6 ——方向盘；
◐——测量位置。

图 A.1 一些常见动力工具类型的实用测量位置示例

A.2 振动型式试验标准中使用的测量位置

表A.1举例列出ISO 8662-2～ISO 8662-14、ISO 7505和ISO 7916规定的测量位置，上述标准规定了为确定振动排放值在不同手持式动力工具手柄测量振动的试验室方法。

表A.1中列出的位置是好的方案，但可能不适用于振动暴露的测量。振动暴露测量的目的与型式试验的目的有很大的不同。对于振动暴露评价，测量的位置应基于手实际握持动力工具的位置，而不是型式试验期间手握的位置。振动型式试验标准的基本要求是在操作者以标准方法握持动力工具及施加推进力时在主要握持区域进行测量。通常型式试验标准仅确定一个测量位置和轴向。

表A.1列出的示例适用于刚性手柄或手握区域(弹性安装手柄见6.1.4)。

表 A.1　振动型式试验标准中加速度计在动力工具上的位置

<table>
<tr><th>标准</th><th>动力工具类型</th><th colspan="3">安装位置</th><th>型式试验要求说明</th></tr>
<tr><td>ISO 8662-2</td><td>气铲
铆钉机</td><td rowspan="2">弯柄或环柄
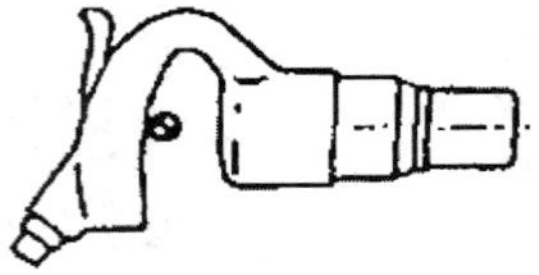</td><td rowspan="2">枪柄
</td><td rowspan="2">直柄动力工具
</td><td rowspan="6">传感器通常的位置应为施加推进力的主柄长度的 1/2 处。
在具有环柄或弯柄或枪柄的动力工具上，开关的位置可使这种安装不可能实现。此时，传感器应尽可能靠近手，在拇指和食指之间，或尽可能靠近手柄长度的 1/2 位置。
对于有对称手柄的动力工具，传感器应安装在没有开关的手柄上。
若动力工具没有阻尼系统时，在与冲击方向或钎杆轴线平行方向进行振动测量足以满足要求。</td></tr>
<tr><td>ISO 8662-14</td><td>采石工具
针束除锈器</td></tr>
<tr><td>ISO 8662-3</td><td>凿岩机
回转锤</td><td>凿岩机
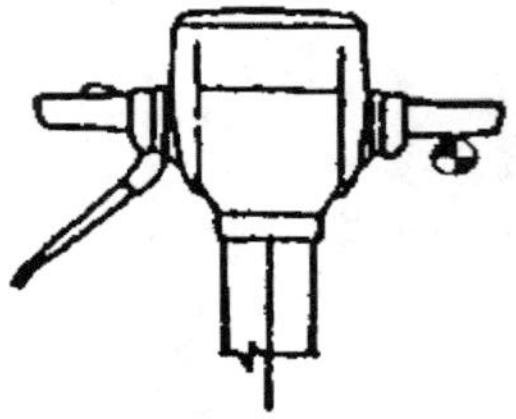</td><td>重型回转锤
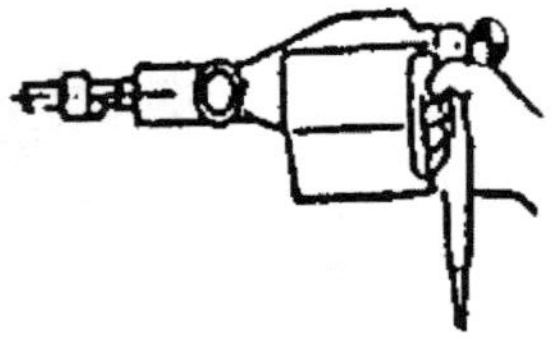</td><td>轻型回转锤
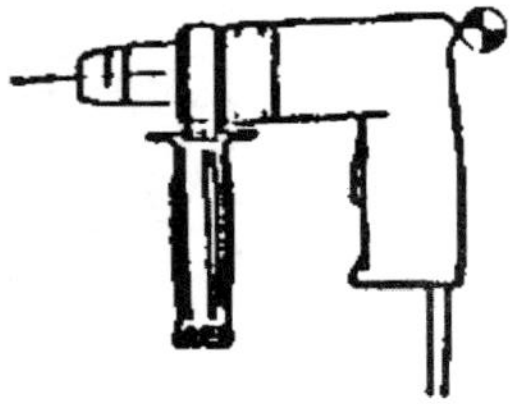</td></tr>
<tr><td>ISO 8662-5</td><td>路面破碎机
气镐</td><td rowspan="2">气镐
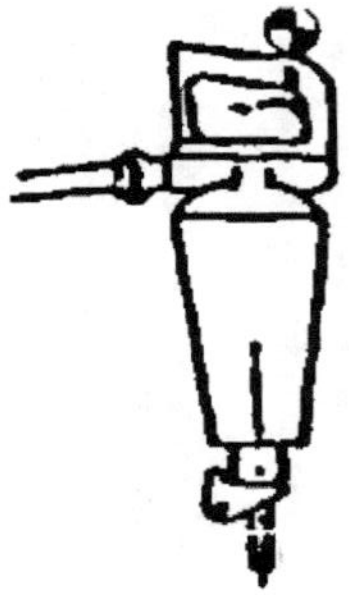</td><td rowspan="2">路面破碎机
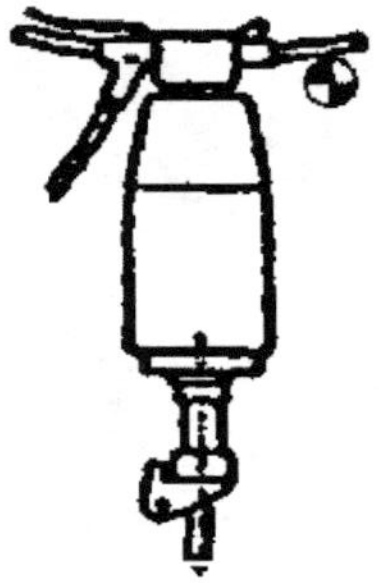</td><td rowspan="2">冲击钻
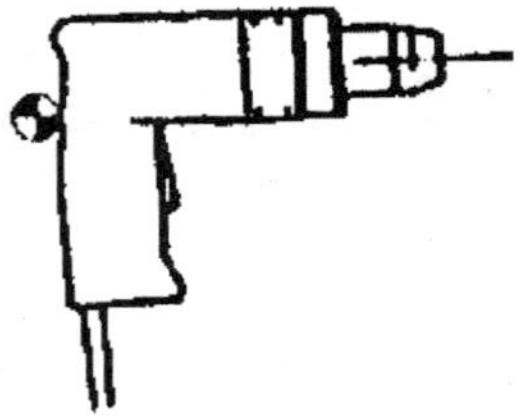</td></tr>
<tr><td>ISO 8663-6</td><td>冲击钻</td></tr>
<tr><td>ISO 8662-9</td><td>捣固机</td><td colspan="3">捣固机
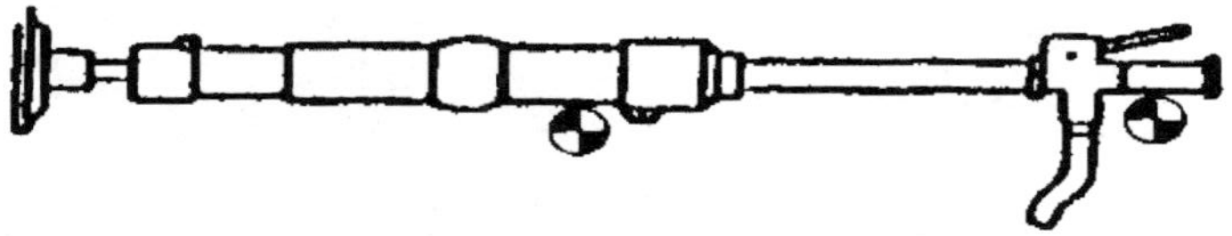</td></tr>
</table>

表 A.1（续）

标准	动力工具类型	安装位置		型式试验要求说明
ISO 8662-4	砂轮机	小角式砂轮机 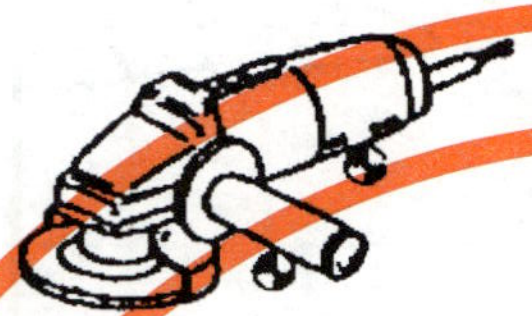	大角式砂轮机 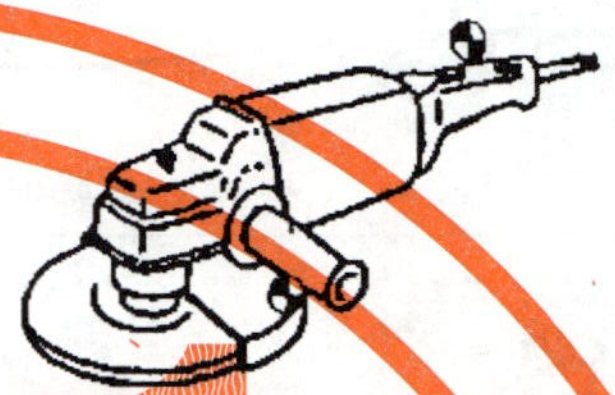	测量应在两个手柄处进行，每个手柄使用一个传感器。传感器的位置应首选手柄的下方，并在操作者正常握持手柄位置（距手柄末端 60 mm）处对称安装。 传感器应垂直于手柄表面安装。
		端面砂轮机 	直柄砂轮机 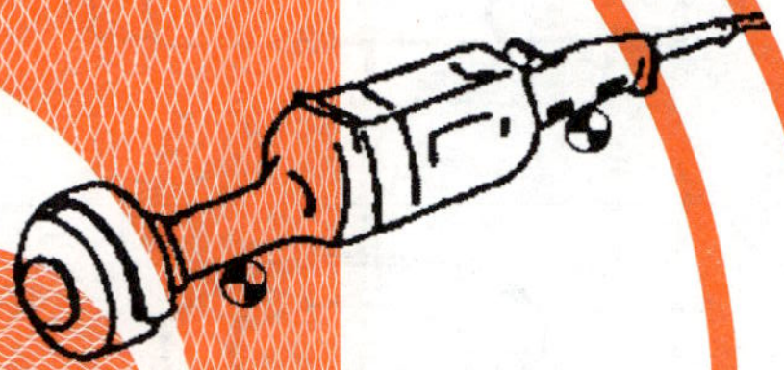	
ISO 8662-7	气扳机 气螺刀 螺母旋具	直柄动力工具 	角式动力工具 	测量应在操作者正常握持动力工具手柄的图示位置进行。传感器的正常位置应在手柄长度的 1/2 处。如果开关的位置使得不可能这样测量，则传感器应尽可能靠近该位置安装。 对于直柄动力工具，传感器安装应使其能测量驱动轴切线方向动力工具表面的加速度。传感器安装应尽可能靠近动力工具表面。
		枪柄动力工具 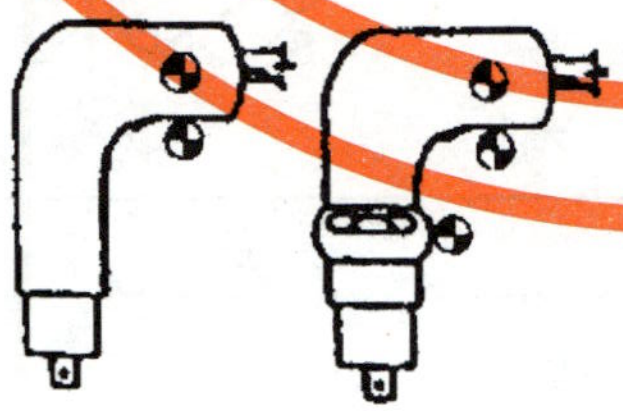	环柄动力工具 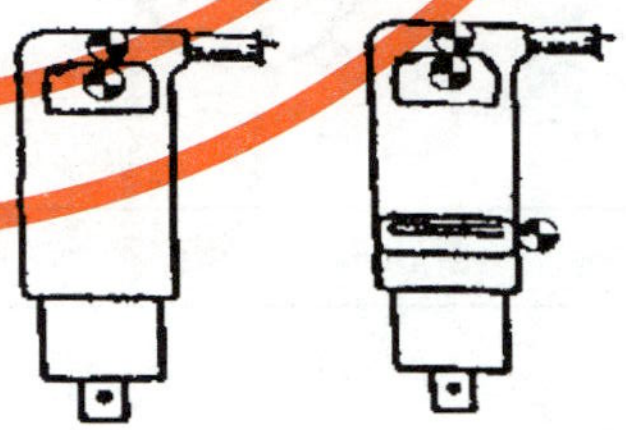	

表 A.1（续）

<table>
<tr><th>标准</th><th>动力工具类型</th><th colspan="2">安装位置</th><th>型式试验要求说明</th></tr>
<tr><td rowspan="2">ISO 8662-8</td><td rowspan="2">抛光机
磨光机</td><td>无轨迹磨光机
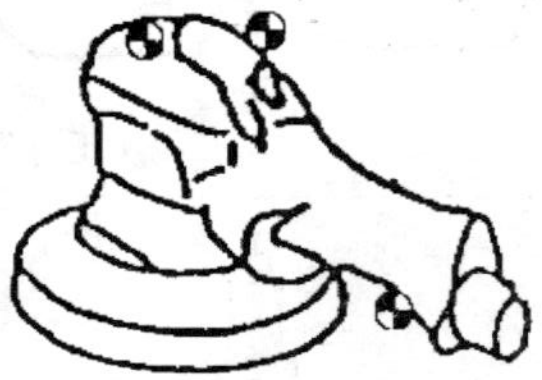</td><td>轨迹磨光机
</td><td rowspan="2">测量应在操作者正常握持动力工具和施加推进力的壳体及手柄处同时进行（若可能）。然而如果机械设计成借助壳体上的球形柄握持而不是壳体本身握持，则测量应在球形柄处进行。
对具有两个手柄的磨光机和抛光机，测量应在两个手柄上进行。然而，对于小回转角式磨光机和抛光机，当电机壳体用来握持时，壳体应视为手柄。
手柄上的传感器应安装在其长度的1/2处（若可能），且最好在下方。</td></tr>
<tr><td>角式磨光机/抛光机
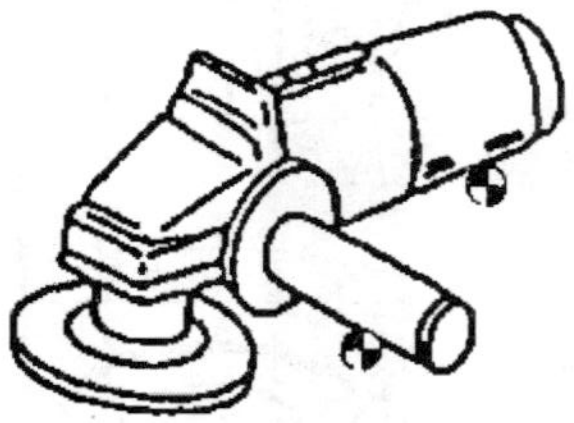</td><td>端面磨光机/抛光机
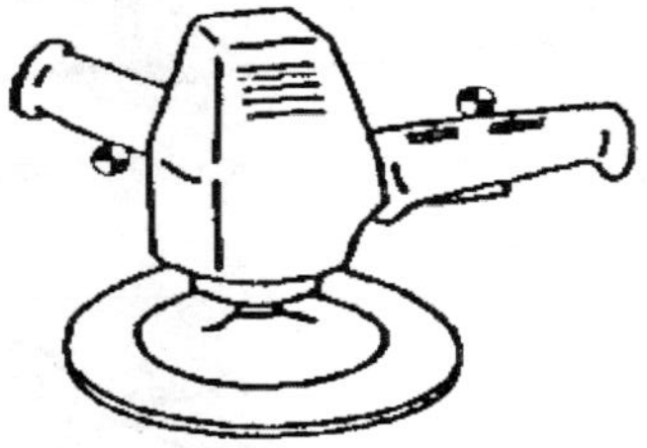</td></tr>
<tr><td rowspan="2">ISO 8662-10</td><td rowspan="2">冲剪
剪</td><td colspan="2">冲剪
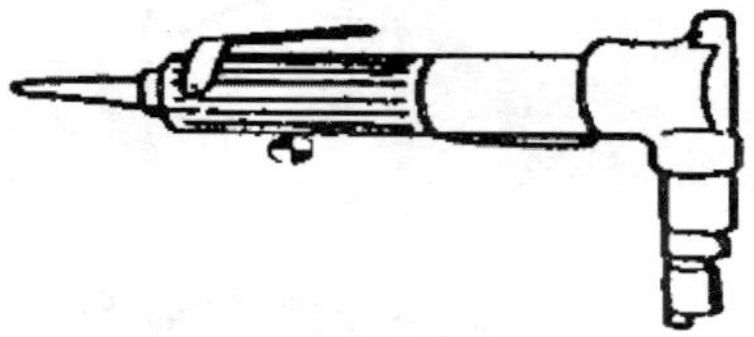 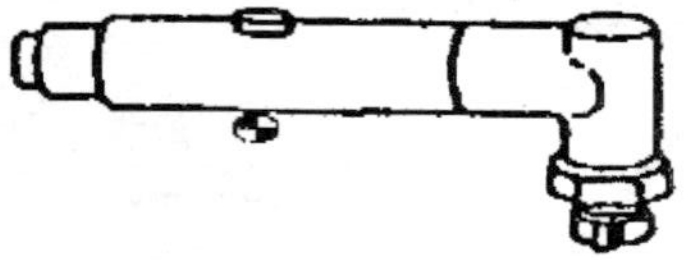</td><td rowspan="2">测量应在操作者正常握持动力工具和施加推进力的主手柄处进行。
传感器的正常位置应在手柄长度1/2处的下方。如果开关的位置使其不能这样安装，则传感器应安装在食指和中指之间尽可能靠近手的位置。</td></tr>
<tr><td>剪
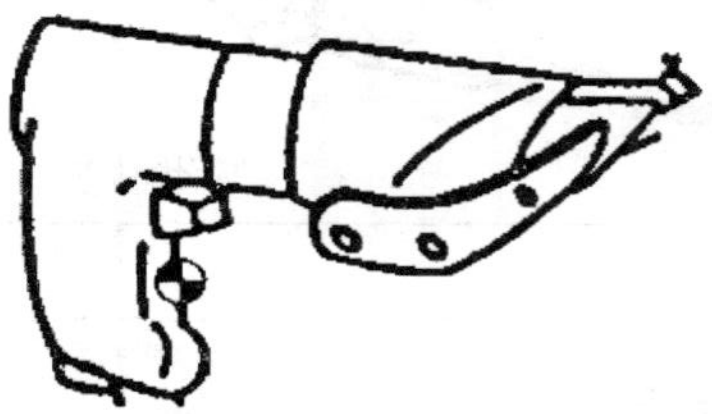</td><td>圆形切割剪
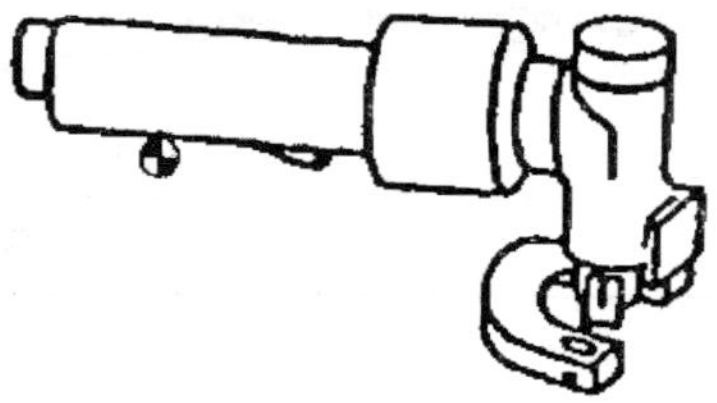</td></tr>
</table>

表 A.1（续）

标准	动力工具类型	安装位置	型式试验要求说明
ISO 8662-12	锯 锉刀	摆式锯 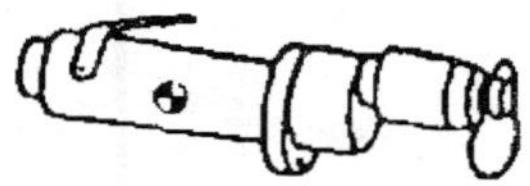 圆片式锯 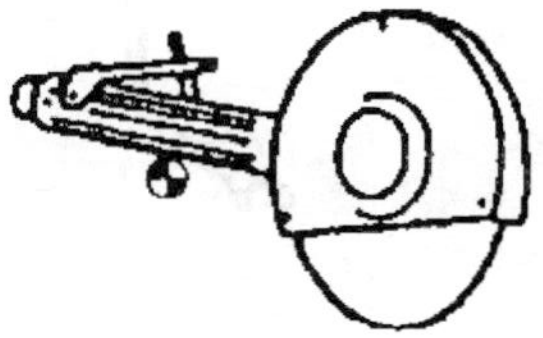 往复式锉刀  往复式锯  环柄往复式锯 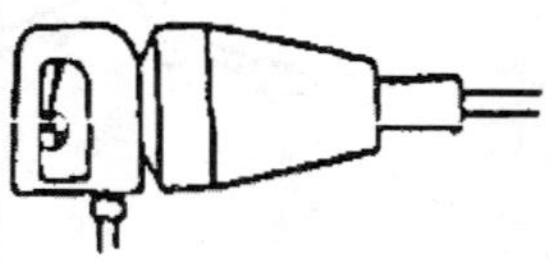 往复式锯(细线锯) 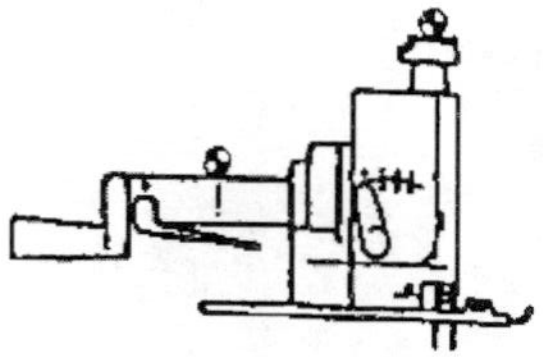	测量应在操作者正常握持动力工具和施加推进力的主手柄处进行。 传感器的正常位置应在手柄长度1/2处的下方。如果开关的位置使得不能这样安装，则传感器应安装在食指和中指之间尽可能靠近手的位置。
ISO 8662-13	模具砂轮机	直柄模具砂轮机  角式模具砂轮机 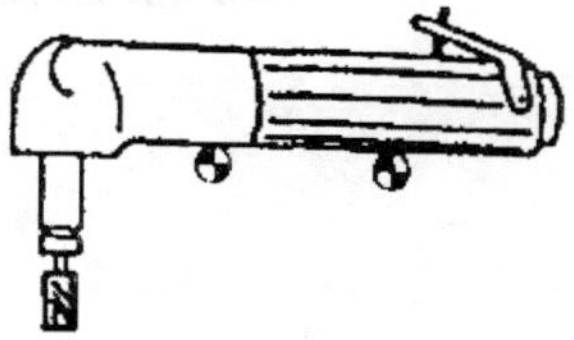	测量应在主手柄处进行，两传感器的距离为100 mm。
ISO 8662-11	打钉机 钉合机 排钉枪	打钉机 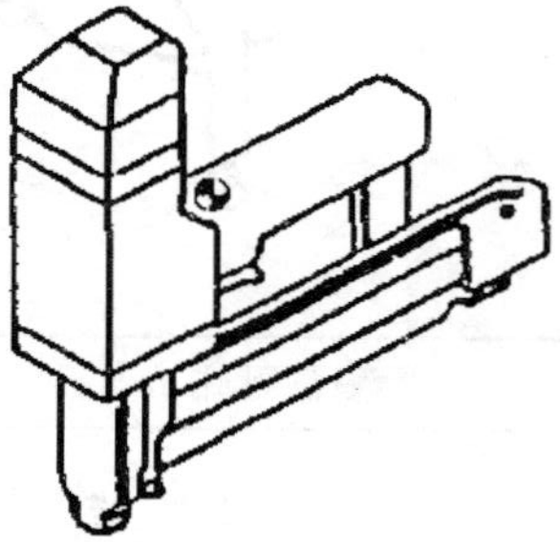	测量应在操作者正常握紧驱动工具的压柄以启动动力工具的手柄处进行。传感器的位置应在对着驱动方向的手握区域的前方，以防止由于握持和操作带来的干扰。

表 A.1（续）

标准	动力工具类型	安装位置	型式试验要求说明
ISO 7505	链锯	链锯 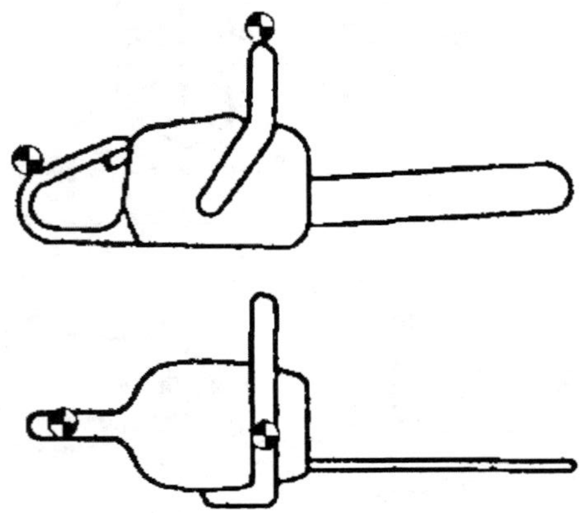	加速度计应尽可能靠近操作者的手安装，且不妨碍正常握持。加速度计重心与最靠近的手距离应不大于20 mm。
ISO 7916	割灌机	割灌机 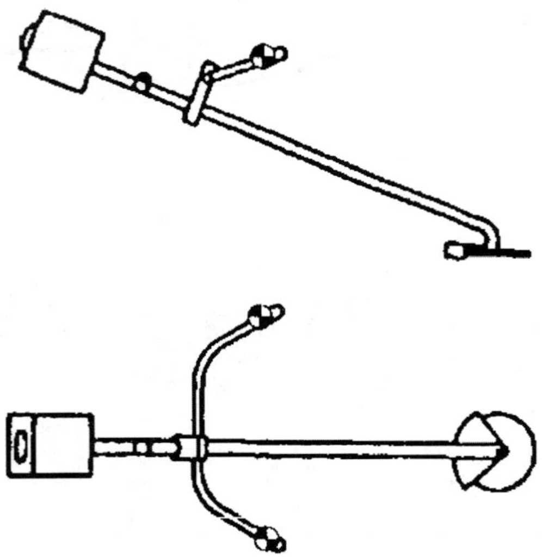	

附　录　B
（资料性附录）
一天以上时间振动暴露的评价

B.1　引言

GB/T 14790.1—2009 仅给出了一个工作日内评价日振动暴露的方法。GB/T 14790.1—2009 中规定的日振动暴露计算方法并未打算用于一天以上时间，而 GB/T 14790.1—2009 附录 C 中给出的指南是基于日振动暴露不变的工作场合。

对于某些工作场合，最好是根据一天以上时间获得的振动暴露信息得出暴露评价。在一些工作形式中，使用振动工具的时间长度从一天到另一天有显著变化（例如，建筑业或造船业或修理行业）；采用单个工作日的观察或工作记录来获得典型日暴露时间是困难或不可能的。在另外一些场合，代表在延续时间期间的总的振动暴露值（例如一生的暴露）可能是有用的。

本附录给出用来评价一天以上时间振动暴露的方法示例。在评价一天以上时间的振动暴露的场合，其结果不应用于确定健康风险。在进行这种评价时，也宜进行实际的日振动暴露评价并予以报告。

B.2　每天暴露不同时典型的日振动暴露评价

在工人暴露于以天为基础的振动，且振动暴露从一天到另一天变化时（例如，在一个工作任务耗时一天以上的建筑项目中），比较典型振动暴露，例如对制定振动控制计划，可能是有用的。在这种场合，典型的振动暴露评价 $A_{tp}(8)$ 由式（B.1）给出：

$$A_{tp}(8)=\sqrt{\frac{1}{N}\sum_{d=1}^{N}A_{d}^{2}(8)} \qquad \text{(B.1)}$$

式中：

$A_{tp}(8)$——工作日 d 的日振动暴露量；

N　　——确定评价时间内的工作日天数。

若每个工作日中的振动幅值相同（即每天使用相同的动力工具），但每天使用动力工具的时间有变化，则公式变为：

$$A_{tp}(8)=a_{hv}\sqrt{\frac{\bar{t}_{d}}{T_{0}}} \qquad \text{(B.2)}$$

式中：

a_{hv}——该操作的振动总值；

T_0——8 h（28 800 s）的参考时间；

$\bar{t}_d$——平均日振动暴露时间。

注：该评价假定 $A(8)$ 计算的时间依赖性对于一天以上时间是有效的。

B.3　振动暴露并非每天发生时的评价

振动暴露可能不规律的发生，例如一天进行有振动暴露的操作，而另一天无振动暴露（例如铸造厂化铁炉的清理）。在存在振动暴露那些天，日振动暴露量及每周、每月或每年发生振暴露工作天数应予报告。

附 录 C
（资料性附录）
机械滤波器

C.1 通则

压电加速度计的直流漂移失真(见 6.2.4)风险可通过加速度计的精心选择(见 6.1.2)来减小。然而在测量冲击式或回转冲击式动力工具时或有疑问的情况下，建议在传感器和振动表面之间安装机械滤波器。该滤波器衰减瞬态的极高频率信号，并防止压电系统的机械过载。作为低通滤波器的机械滤波器会衰减引起直流漂移的频率，同时对所关注的频率范围的振动没有影响。

注：直流漂移是由压电加速度计的电荷耦合引起的失真。其他类型的加速度计，如压敏加速度计不受直流漂移影响。因此只有在使用压电加速度计时才有需要采用机械滤波器防止直流漂移。

机械滤波器在减少不需要的高频振动对加速度计的影响，防止由高频加速度信号引起的信号处理过载或允许使用比没有机械滤波器时灵敏度高的加速度计方面，可能也是有效的。

C.2 选择

机械滤波器应与加速度计相匹配。机械滤波器的截止频率受加速度计质量的影响。机械滤波器可通过一些传感器制造厂得到，或选用适当的弹性材料制作。对于小质量加速度计(2 g 左右)，在传感器座下方放置一层简单的薄弹性材料可能是有效的。

机械滤波器在所关注的频率范围，应不改变测量系统的频响特性，即对频率 1 250 Hz 以下的振动信号既不放大也不衰减，机械滤波器的附加质量不应改变振动表面的振动特性。对不产生直流漂移的动力工具进行用和不用机械滤波器的对比测试可用来评估机械滤波器的频率响应。

由机械滤波器和传感器组成的系统应尽可能紧凑，以确保传感器的中心尽可能靠近振动表面。

在一个机械滤波器上安装三轴向传感器是不可行的。

C.3 在与冲击轴垂直的轴向上使用

通常仅在振动占优势的轴向即冲击或撞击式动力工具的冲击轴向测量加速度时才需要使用机械滤波器来避免直流漂移。

在直流漂移成为冲击式动力工具的非优势轴向问题的场合，机械滤波器宜谨慎使用；在这种场合，机械滤波器可能通过允许加速度计的过量回转运动而增加振动表观横向灵敏度。加速度宜按对准冲击轴向，横向灵敏度最小方向安装，以使由回转运动引起的影响最小。

附 录 D
（资料性附录）
加速度计安装指南

D.1 引言

已研究出将加速度计安装在振动表面的不同方法。图 D.1～图 D.4 给出了一些安装方法及其可能适用的场合和与之相关的优缺点。选择这些示例是因为其在所关注的频率范围内有平直的频率响应。关于进一步的指南，参见 ISO 5348。

D.2 安装方法

D.2.1 双头螺栓安装（旋紧）

在振动表面钻孔并攻丝。加速度计（一个或多个）用标准双头螺栓与孔直接连接。也可再使用粘接剂以防止螺栓受振松动。

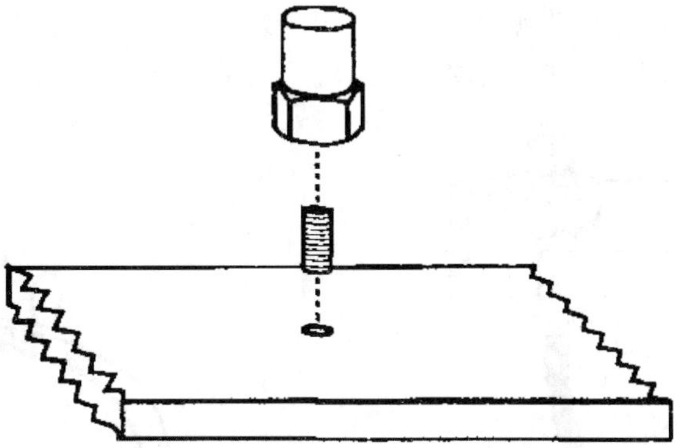

优点	缺　点
频率响应好 不受表面温度影响	接触表面应为平面 在可能影响动力工具的电气或气动安全的情况下不能使用

图 D.1　双头螺栓安装（旋紧）

D.2.2 用胶水或粘接剂安装

胶水或环氧树脂粘接剂可用来将加速度计固定在振动表面。通常用胶水（可清除的）粘接螺栓以避免将胶水直接涂到加速度计上。建议不使用软凝固胶水或蜂蜡，因为这种粘接使连接不牢固，导致频率响应不好。

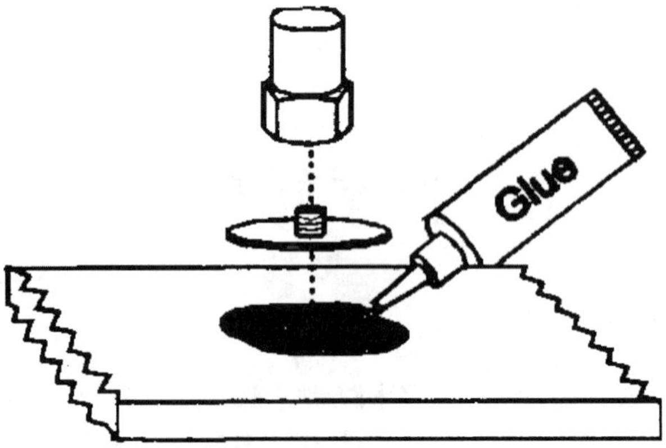

	优点	缺点
胶水	频率响应好	接触表面须为平面且清洁
粘接剂/环氧树脂	频率响应好 适合不平表面	接触表面须清洁

图 D.2 用胶水或粘接剂安装

D.2.3 卡具安装

加速度计安装到轻体安装架上。安装架借助柔性带固定到振动表面上。金属或尼龙带已成功得到应用。尼龙电缆固定带应为能紧固类型(可重复使用的棘齿式电缆固定带不适合使用)。应注意确保这种安装组件的共振频率远比测量频率范围上限要高。

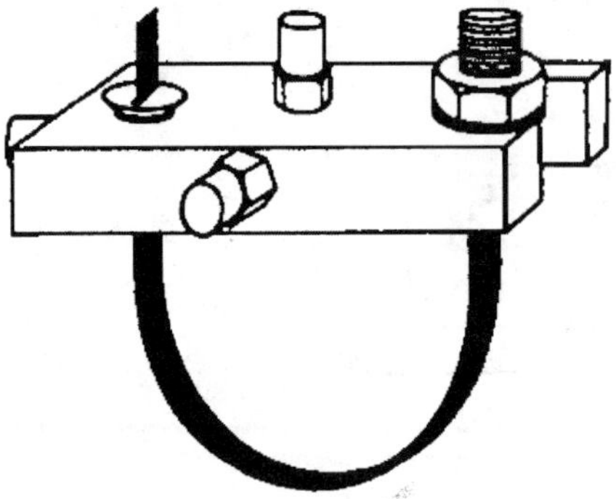

a） 金属 U 型卡具(金属带固定)

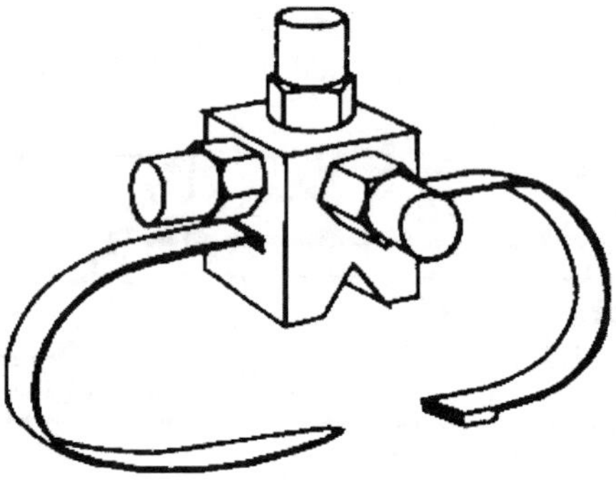

b） 尼龙带或金属管箍固定

	优点	缺点
金属 U 型卡具 (金属带固定)	适合三轴向测量	体积大、重量大
尼龙带或金属管箍固定	可快速安装 适合三轴向测量 重量轻 无锐边	主要限于动力工具手柄处测量

图 D.3 卡具安装

D.2.4 手握适配器

固定的安装系统并不总是可行的，尤其在操作者手握表面有弹性材料覆盖的场合。尽管使用弹性胶粘带将适配器轻粘在振动表面通常是可行的，但手握安装系统是借助操作者的握力将安装系统固定到位。

对一些难以固定的表面，单独成型的适配器可能更为适用。这类适配器采用造型材料制作一个椭圆形盘，其下表面形状与工作表面外形相符，而上表面形状与手掌形状相符，并留有空间供安装加速度计。模型一经硬化后，加速度计便可装入适配器，适配器可舒适地置于手与工作表面之间。

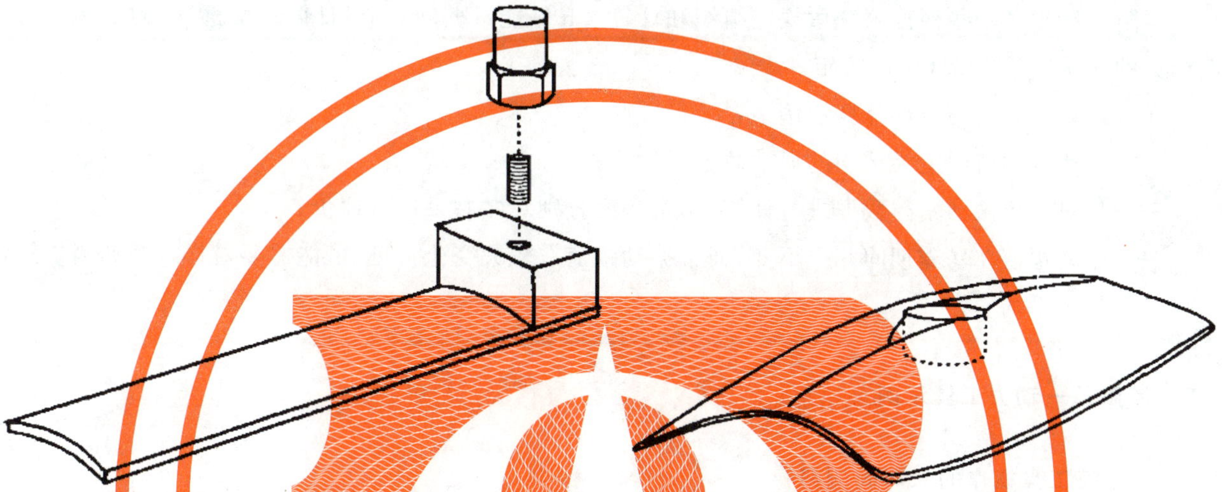

a) 简单手握适配器　　b) 成型手握适配器

	优点	缺点
简单手握适配器	可用于不适合固定安装的情况，例如软材料或弹性材料上	仅适用于固定的手姿势及手柄始终被握住的情况 频率响应取决于表面材料 适配器的存在可改变动力工具的操作及振幅测量结果 对横向振动测量要求附加固定（如粘接）
单独成型适配器	可用于不适合固定安装的情况，例如软材料或弹性材料 适配器对动力工具操作影响小 频率响应曲线平直	适配器的准备过程费力、费时 难以在三轴向测量中使用

图 D.4 手握适配器

附 录 E
（资料性附录）
日振动暴露计算示例

E.1 引言

本附录给出了一些根据第8章规定组织和计算8 h等能量振动总值(日振动暴露量)的示例。与示例相关的测量方法见5.3中的规定。

在本附录中给出的全部计算示例中：

——加速度幅值假定为平均的振动总值；

——只对一个振动暴露数据进行计算,通常需要分别对左右手进行评价；

——振动幅值在暴露期间几乎不变,通常振动幅值有较大变化常见,可能需要对样本振动测量进行某种平均。

E.2 使用单一动力工具示例

E.2.1 连续工具操作的长时间测量

这是最简单的测量情况。动力工具连续长时间操作,在使用期间手与动力工具或手握工件始终接触。这种类型操作的例子有使用振动盘式打夯机平整大块地面,地板抛光和乘坐式草坪修剪机。

在这种场合：

——振动幅值测量可长时间进行,并给出好的有代表性数值；

——暴露时间为动力工具操作时间。

a) 优点

振动幅值可方便地用于暴露时间可能不同的其他情况的振动暴露评价。

b) 缺点

这种类型测量没有实质性缺点,但实际上在许多场合不可能这样作。

示例：

在一个工作日期间,使用振动盘式打夯机总时间为2.5 h,未使用其他振动工具。振动暴露形式与图E.1所示相似。对动力工具手柄振动三次测试的算术平均值表明,振动总值 a_{hv} 为7.4 m/s²。

日振动暴露量 $A(8)$ 由对应单一暴露的式(2)给出：

$$A(8) = a_{hv}\sqrt{\frac{T}{T_0}}$$

$$= 7.4\sqrt{\frac{2.5}{8}} = 4.1\ \text{m/s}^2 \qquad \cdots\cdots(E.1)$$

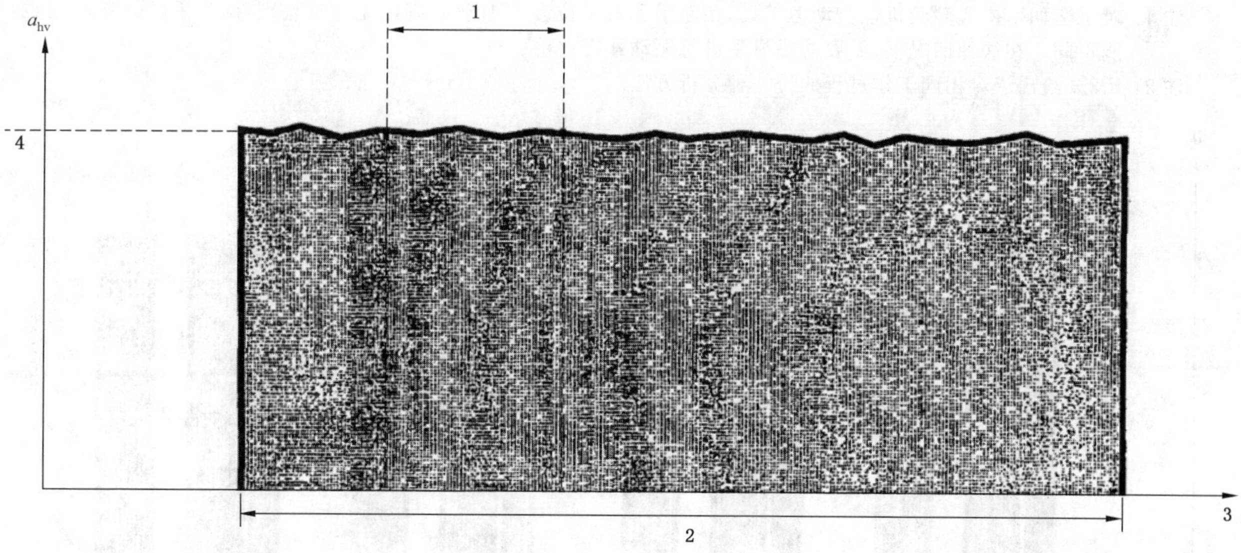

说明：

1——测量时间长度；

2——操作时间（=暴露时间）；

3——时间；

4——$a_{hv, measured}$，测量值。

图 E.1　连续暴露的长时间测量

E.2.2　间歇工具操作的长时间测量

对于许多动力工具，在使用期间手始终与动力工具或手持工件接触，但动力工具并不连续操作，而是在使用时存在操作中的短暂间歇，这种类型的操作的例子包括使用砂轮机、链锯和除锅锈锤。

如果在大多数使用期间内，都对动力工具进行操作，则一种选择为：

——在整个有代表性的使用期间，进行长时间的振动幅值测量，在这种情况下

——暴露时间是该工作日中使用动力工具的时间。

a)　优点

振动幅值为实际作业的代表值，包括机械加速到工作速度及减速到怠速或关闭的时间（时间可不包括用其他方法操作）。

b)　缺点

用这种方法得到的振动幅值与动力工具在使用者手中的操作时间成正比。因此这种振动幅值信息不容易转换成使用相同动力工具其他的情况。

测量可能包含与振动暴露无关的冲击（例如将动力工具放在工作台引起的冲击）。

示例：

砂轮机用来磨削盘形铸件。工作记录显示每天平均加工 100 个铸件。对每个铸件操作者先磨削铸件周围，然后磨削上下表面。振动暴露形式与图 E.2 所示相似。一个工作周期时间内测量的平均振动为 3.6 m/s²。

每个工作周期需要 2 min 完成。按每天 100 个铸件的工作速率，则总的日暴露时间为 200 min，即 3 h 20 min(3.33 h)。日振动暴露量 $A(8)$ 按对应单一暴露的式(2)给出：

$$A(8) = a_{hv}\sqrt{\frac{T}{T_0}}$$

$$= 3.6\sqrt{\frac{3.33}{8}} = 2.3\ \text{m/s}^2 \qquad \cdots\cdots(\text{E.2})$$

注1：对于诸如手持式砂轮机这类动力工具，在左手和右手位置的振动幅值可能会有差别，两只手的暴露时间也可能不同。在这种情况下，需要对每只手进行振动暴露评价。

注2：E.2.3给出了对相同工作过程的另一种分析方法。

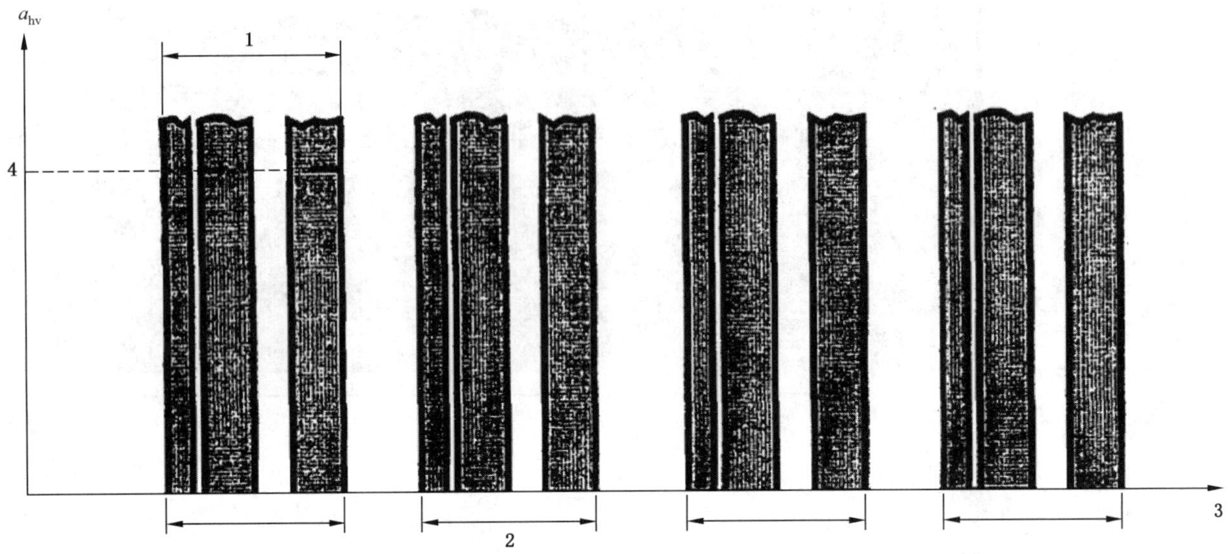

说明：

1——测量时间长度；

2——暴露时间＝总使用时间；

3——时间；

4——$a_{hv,\ measured}$，测量值。

图E.2　间歇暴露的长时间测量

E.2.3　间歇工具操作的短时间测量

对于许多动力工具，在使用期间手始终与动力工具接触。但动力工具并不连续操作（操作期间有长间歇），或者在使用期间手离开动力工具。这种类型的操作例子包括使用手持式砂轮机、固定式砂轮机、链锯、割灌机和除锅锈锤。

在这种情况下：

——在整个连续操作期间进行短时间振动幅值测量。这可以是不间断的工作模拟（例如在固定式砂轮机上使用报废零件）；

——暴露时间是该工作日中使用动力工具的时间。

a）　优点

振动幅值可方便用于暴露时间可能不同的其他场合的振动暴露评价。

b）　缺点

振动评价不包括机械加速到操作速度及减速到怠速或停机的时间。如果加速或减速的时间与工作速度所占用时间相差不大，则这种方法不可能正确评价整个振动暴露。

示例：

砂轮机用来磨削盘形铸件。工作记录显示每个工作日平均加工100个铸件。对于每个铸件操作者先磨削铸件周围，然后磨削上、下表面。振动暴露形式与图E.3所示相似。

每个工作周期由三个使用时段组成：

——20 s磨削周围；

——40 s磨削上表面，然后翻转铸件；

——40 s磨削下表面。

因此砂轮机在每个工作周期内操作时间为100 s（即在2 min工作周期内，动力工具操作1 min 40 s），按每天100个铸件的工作速率总的日暴露时间为 167 min,即 2 h 47 min (2.78 h)。

使用对报废铸件连续磨削模拟工作测量确定磨削期间振动幅值为 3.9 m/s²。日振动暴露量 $A(8)$ 按对应单一暴露的式(2)给出:

$$A(8) = a_{hv}\sqrt{\frac{T}{T_0}}$$

$$= 3.9\sqrt{\frac{2.78}{8}} = 2.3\ \text{m/s}^2 \quad \cdots\cdots\cdots\cdots (E.3)$$

注:E.2.2 给出对相同的工作过程的另一种分析方法。

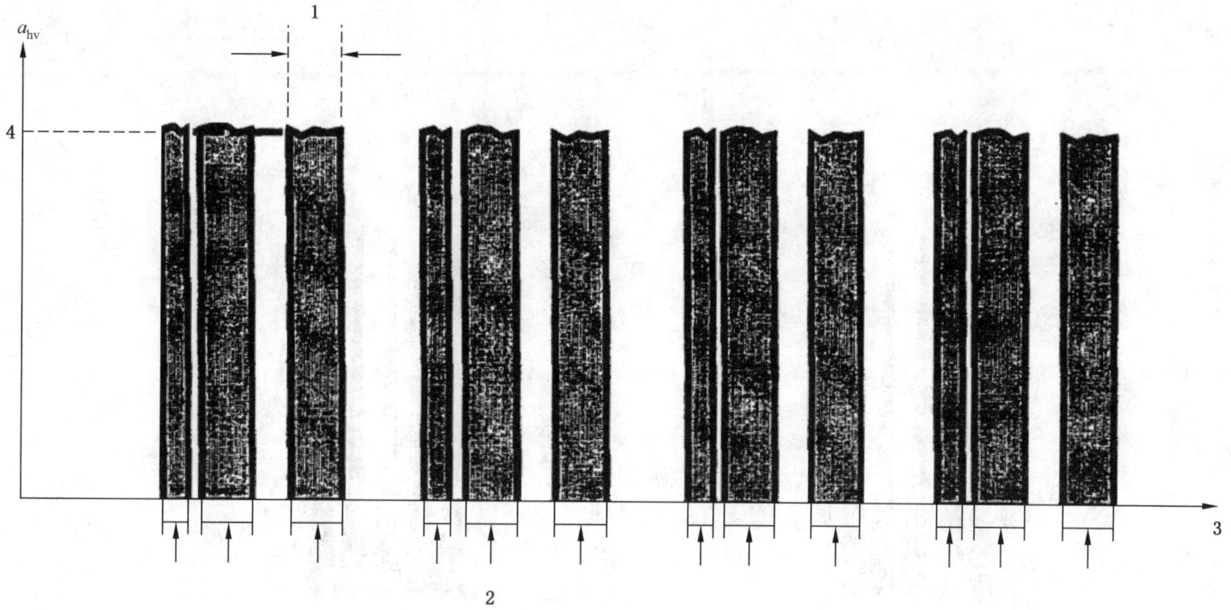

说明:

1——测量时间长度;

2——暴露时间=总的操作时间;

3——时间;

4——$a_{hv,\ measured}$,测量值。

图 E.3 间歇暴露的短时间测量

E.2.4 工具操作的单次冲击或振动猝发的固定时间测量

对于一些动力工具,动力工具产生单次冲击或振动猝发,冲击或猝发之间有长时间间歇,无规律。这种类型的操作包括射钉枪和动力冲击扳手。

在这种场合:

——在包括已知次数的冲击或振动猝发(可能一次或更多)固定时间内进行平均振动幅值的测量;

——暴露时间为测量时间长度乘以每天冲击次数除以测量期间内冲击或振动猝发次数。

a) 优点

振动幅值可用于其他场合的振动暴露(只要测量时间长度有记录)。

b) 缺点

目前尚不能确定这种方法(基于 GB/T 14790.1—2009)是否适用于冲击振动的测量。

示例:

使用动力冲击扳手装配轮胎螺母。每辆车需要 40 个轮胎螺母。工具操作者正常使用冲击扳手安装 5 个轮胎螺母,然后放下动力工具,同时改变位置到下一个轮胎处。工作记录显示,平均每天完成 50 辆车装配,即 1 000 个轮胎螺母。

振动幅值测量可只在装配 5 个轮胎螺母所用的时间内进行。在这种场合操作者握持冲击扳手至少 20 s,因此对于旋紧五个轮胎螺母,采用 20 s 的固定时间测量,见图 E.4。20 s 时间的平均振动幅值为 14.6 m/s²。为了确保总的平均时间大于 60 s,应进行至少四次测量。

总的日暴露时间为:

$$T = \frac{\text{每天螺母数}}{\text{测量期间螺母数}} \times \text{测量时间}$$

$$= \frac{1\ 000}{5} \times 20\ \text{s} = 4\ 000\ \text{s} \qquad \cdots\cdots\cdots\cdots (\text{E.4})$$

总的日暴露时间为 4 000 s 即 1 h 6.7 min(1.1 h),振动幅值 a_{hv} 为 14.6 m/s^2,因此日振动暴露量 $A(8)$ 为:

$$A(8) = a_{hv}\sqrt{\frac{T}{T_0}}$$

$$= 14.6\sqrt{\frac{1.1}{8}} = 5.4\ m/s^2 \qquad \cdots\cdots\cdots\cdots (\text{E.5})$$

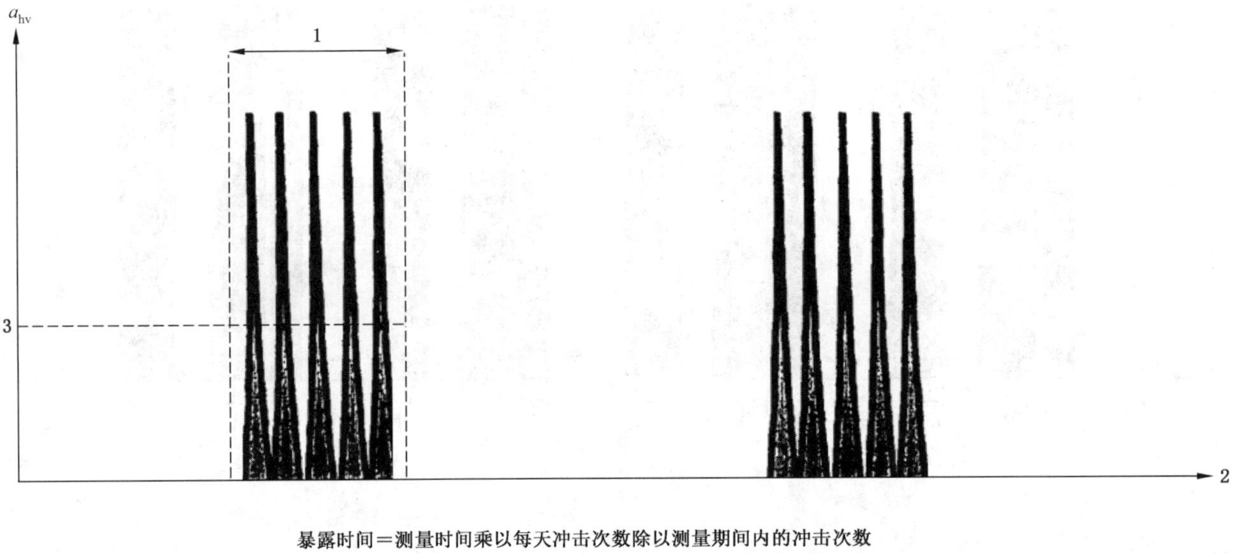

说明:

1——测量时间长度;

2——时间;

3——$a_{hv,measured}$,测量值。

图 E.4 工具操作的单次冲击或振动猝发的固定时间测量

E.3 使用一种以上动力工具的振动评价示例

在一种以上动力工具或过程构成日振动暴露时,宜采用 E.2 中所给出的适当方法确定对应每种特定动力工具或过程的部分振动暴露。

通常在许多工作场合发现:

——使用一种以上动力工具;或

——对动力工具进行一种以上模式操作,每种操作使操作者暴露于不同幅值的振动。

在包含一种以上的动力工具、过程或操作模式的场合,通常使用 E.2 中给出的基本评价方法进行综合。

示例:

本示例中,日振动暴露可识别为源自三种独立的作业。在计算总的日振动暴露时,对三种作业分别进行分析,以计算部分的振动暴露。在这种情况下,对每种作业采用不同的评价方法是合理的。

一林业工人用一个工作日的第一部分时间使用割灌机在森林中作清理工作,操作者在此处连续工作 2 h。工作日的第二部分时间使用链锯,此处首先伐倒树木,然后打去树干的树枝;每个工作日伐倒并打枝 30 棵树。

振动暴露形式与图E.5所示相似。日振动暴露评价可通过将该工作日分为三种作业：割灌机操作、伐木和打枝来进行。

对于割灌机操作，连续工作时间2 h。振动幅值的测量在若干工具使用样本期间内进行，得出平均值为4.6 m/s²。部分振动暴露 $A_{\text{brushsaw}}(8)$，由式(2)计算：

$$A_i(8)=a_{\text{hv}i}\sqrt{\frac{T_i}{T_0}}$$

$$A_{\text{brushsaw}}(8)=4.6\sqrt{\frac{2}{8}}=2.3\ \text{m/s}^2 \qquad \cdots\cdots(\text{E.6})$$

使用链锯伐木，每棵树平均用时2 min，即30棵树总计用时1 h。在伐木期间测量的平均振动幅值为6 m/s²。如割灌机操作一样，部分振动暴露 $A_{\text{felling}}(8)$，由式(2)计算：

$$A_{\text{felling}}(8)=6.0\sqrt{\frac{1}{8}}=2.1\ \text{m/s}^2 \qquad \cdots\cdots(\text{E.7})$$

对每棵伐倒的树上打枝耗平均用时4 min，即30棵树总计用时2 h。由于振动幅值随链锯切割单个树枝过程增大和减小，因此采用长时间平均，以包含这种操作的有代表性时段。在打枝期间测量的平均振动幅值为3.6 m/s²。部分振动暴露 $A_{\text{stripping}}(8)$，由式(2)计算：

$$A_{\text{stripping}}(8)=3.6\sqrt{\frac{2}{8}}=1.8\ \text{m/s}^2 \qquad \cdots\cdots(\text{E.8})$$

由日振动暴露三种作业得出的部分振动暴露用公式(3)进行综合，得到8 h等能量振动总值(日振动暴露量) $A(8)$：

$$A(8)=\sqrt{\sum_{i=1}^{n}A_i^2(8)}=\sqrt{A_{\text{brashsaw}}^2(8)+A_{\text{felling}}^2(8)+A_{\text{stripping}}^2(8)}$$

$$=\sqrt{2.3^2+2.1^2+1.8^2}=3.6\ \text{m/s}^2 \qquad \cdots\cdots(\text{E.9})$$

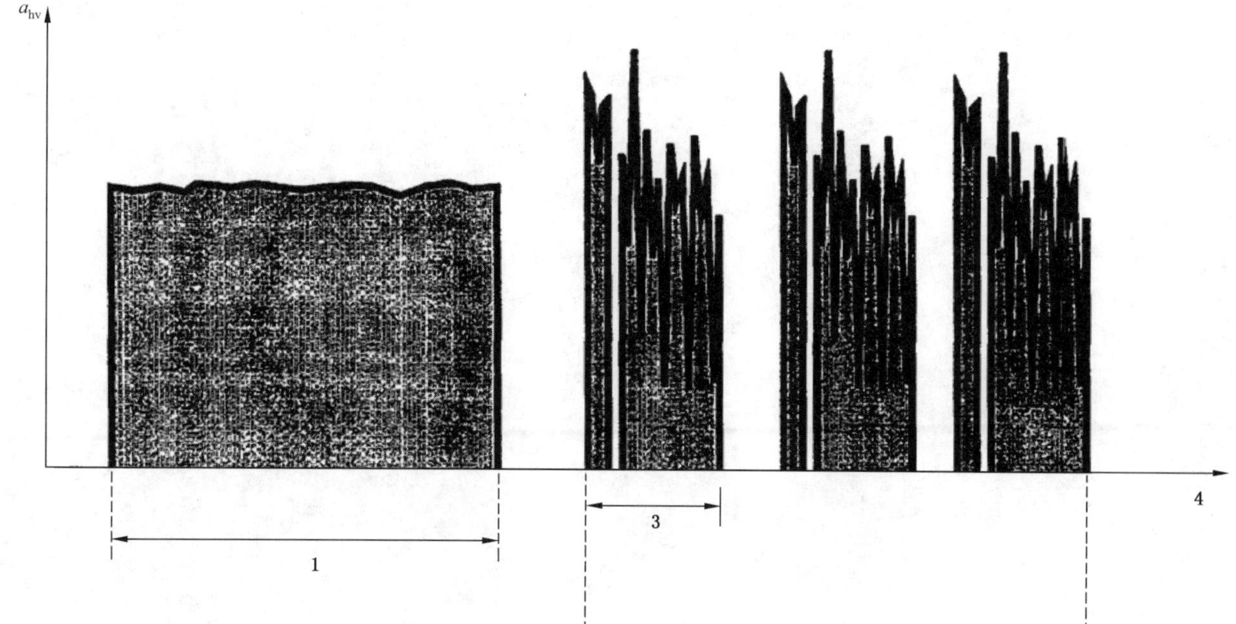

说明：

1——工具1；

2——工具2；

3——工作周期；

4——时间。

图E.5 使用一种以上动力工具的振动暴露测量

参 考 文 献

[1] ISO 5348,Mechanical vibration and shock—Mechanical mounting of accelerometers

[2] ISO 7505,Forestry machinery—Chain saws—Measurement of hand-transmitted vibration

[3] ISO 7916,Forestry machinery—Portable brush-saws—Measurement of hand-transmitted vibration

[4] EN 1033,Hand-arm vibration—Laboratory measurement of vibration at the grip surface of hand-guided machinery—General

[5] DIN 45671-3,Messung mechanischer Schwingungen am Arbeitsplatz—Teil 3:Prüfung (Kalibrierung und Beurteilung) des Schwingungsmessers—Erstprüfung, Nachprüfung, Zwischenprüfung, Prüfung am Einsatzort. (Measurement of occupational vibration immissions—Part 3:Test (calibration and assessment) of the vibration meter—Primary test, verification, intermediate test, check in situ)

[6] Health and Safety Executive HS(G)88:Hand-Arm Vibration. Published:HSE Books, Sudbury, Suffolk, United Kingdon, 1994

[7] Kaulbars, U.:Vibration am Arbeitsplatz; Grundlagen, Messerfahrungen und Praktische für den Arbeitsschutz. Verlag TÜV Rheinland, Köln, 1994

ICS 29.130.10
K 43

中华人民共和国国家标准

GB/T 14810—2014
代替 GB/T 14810—1993

额定电压 72.5 kV 及以上交流负荷开关

Alternating current switches for rated voltages of 72.5 kV and above

(IEC 62271-104:2009,MOD)

2014-05-06 发布　　2014-10-28 实施

中华人民共和国国家质量监督检验检疫总局
中国国家标准化管理委员会　发布

前　言

本标准按照 GB/T 1.1—2009 给出的规则起草。

本标准代替 GB/T 14810—1993《110 kV 及以上交流高压负荷开关》。

本标准与 GB/T 14810—1993 相比，主要差别是：

——适用范围。额定电压由“110 kV 及以上”改为“72.5 kV 及以上”并增加了确定输电系统中使用的专用和特殊用途负荷开关的要求。

——增加了开关装置、负荷开关的部件、操作、特性参量等方面的术语和定义。

——在“设计和结构”中增加了依赖动力的操作、储能操作、不依赖人力或动力的操作、铭牌、联锁装置、外壳的防护等级、户外绝缘子的爬电距离、火灾（易燃性）、电磁兼容性（EMC）、X 射线发射、腐蚀。

——增加了防护等级验证、电磁兼容性试验、辅助和控制回路的附加试验、真空灭弧室的 X 射线试验程序和电容器组电流开合试验（与 GB 1984 中的规定一致：引入了 C1 级和 C2 级）。

——增加了接地故障电流和接地故障条件下的电缆或线路充电电流（试验方式 7a 和 7b）及其相关试验回路。

——增加特殊用途负荷开关在频繁操作情况下，延长机械寿命试验（M1 级、M2 级）。

——增加了机械操作试验中和试验后负荷开关的状态。

——对于开断试验，工频试验电压在开断后至少应保持的时间由原来的 0.1 s 提高到 0.3 s。

——提高了负荷开关的试验方式 3、试验方式 4a 和 4b 及试验方式 5b 等的操作循环次数。

——增加了“负荷开关的选用导则”“查询、投标和订货时提供的资料”“运输、储存、安装、运行和维护规则”“安全”“产品对环境的影响”等。

本标准使用重新起草法修改采用 IEC 62271-104：2009《高压开关设备和控制设备　第 104 部分：额定电压 52 kV 及以上交流负荷开关》。

本标准与 IEC 62271-104：2009 相比，主要差别是：

——适用范围。根据我国电网的实际情况，去掉了 IEC 62271-104：2009 中额定频率 60 Hz 的有关内容；根据我国中高压的划分习惯，适用的额定电压由“52 kV 及以上”改为“72.5 kV 及以上”。

——额定电压。去掉了与我国电网无关的额定电压数值，按照 GB/T 11022—2011（或 GB/T 156）中所列的电压给出；并根据我国电网的实际运行经验和发展现状，给出了额定电压为1 100 kV 的相关参数。

——规范性引用文件按我国实际情况做了调整。

——根据 GB 1985 增加了 M0 级负荷开关、M1 级负荷开关、M2 级负荷开关的要求及试验方法。

——根据我国电网电压等级标准，按 IEC 62271-104 中提供的计算公式，对标准中涉及的 TRV 参数进行了重新计算确定。

——修改了试验方式 2a 和 2b 作为闭环输电线路和并联电力变压器电流开合试验的试验回路，同时增加了接地故障条件下开断试验的试验回路（试验方式 7a 和 7b）。

——删除了短路关合试验期间负荷开关可能遭到损伤而需要维护的内容，例如更换零部件、更新灭弧介质或者清洁以及调整使负荷开关恢复到其试验前的状态。

——铭牌参数信息根据我国实际做了相应修改，如按 GB/T 11022—2011 规定将额定短路持续时间由 1 s 改为 2 s。

——完善了“负荷开关的选用导则”，增加了负荷开关适用的多种应用场合和功能，如代替断路器和有效限制GIS中出现的快速暂态过电压(VFTO)和GIS外壳的对地瞬态电压(TVE)等。

本标准与GB/T 11022一起使用,除本标准中另有规定外,本标准参照GB/T 11022。为了简化相关要求的重复表述,本标准的章条号与GB/T 11022相同。对这些章条内容的补充在同一引用标题下给出,而附加的条款从101开始编号。

本标准由中国电器工业协会提出。

本标准由全国高压开关设备标准化技术委员会(SAC/TC 65)归口。

本标准起草单位:平高集团有限公司、西安高压电器研究院有限责任公司、西安西电开关电气有限公司、阿尔斯通电网中国技术中心、特变电工(上海)中发依帕超高压电器有限公司、上海天灵开关厂有限公司、新东北电气集团高压开关有限公司、浙江时通电气制造有限公司、北京北开电气股份有限公司、深圳电气科学研究所、ABB(中国)有限公司、日升集团有限公司。

本标准起草人:赵鸿飞、阎关星、王向克、田恩文、张实、吴鸿雁、姚锋娟、闫站正、姬秋红、周华、樊楚夫、黄超、徐晟、曹迎、李六零、刘根根、谭燕、曹阳、张勐、叶树新、张文波、尹弘彦、肖敏英、刘智平、樊建荣、林爱民、金泰宏。

本标准所替代标准的历次版本发布情况为:

——GB/T 14810—1993。

额定电压 72.5 kV 及以上交流负荷开关

1 概述

1.1 范围

本标准适用于额定电压 72.5 kV 及以上、额定频率 50 Hz、具有关合和开断电流额定值、用于户内和户外安装的三极交流负荷开关。

本标准也适用于负荷开关的操动机构及其辅助设备。

注 1：本标准涵盖了气体绝缘金属封闭开关设备(GIS)中的负荷开关。

注 2：具有隔离功能的负荷开关即隔离负荷开关还应满足 GB 1985 的要求。

注 3：本标准没有涵盖接地开关。作为负荷开关整体一部分的接地开关包含在 GB 1985 中。

本标准的主要目标是确定输电系统中使用的负荷开关的要求。设计此用途的通用负荷开关以满足下述运行要求：

——连续承载额定电流；

——在规定的时间内承载短路电流；

——开合有功负载电流；

——开合空载变压器；

——开合空载电缆、架空线路或母线的充电电流；

——开合闭环回路；

——关合短路电流。

本标准的更高的目标是确定输电系统中使用的专用和特殊用途负荷开关的要求。

专用负荷开关应满足上述的一种或多种运行工况。

特殊用途负荷开关除满足通用负荷开关的一种或多种运行工况外，还应满足下述一种或多种工况：

——开合单个电容器组；

——开合背对背电容器组；

——开合并联电抗器，包括从变压器一次侧开合二次侧或第三绕组侧并联电抗器；

——要求提高的操作循环次数的工况；

——在中性点非有效接地系统中的接地故障条件下的开合。

1.2 规范性引用文件

下列文件对于本文件的应用是必不可少的。凡是注日期的引用文件，仅注日期的版本适用于本文件。凡是不注日期的引用文件，其最新版本(包括所有的修改单)适用于本文件。

GB/T 311(所有部分)　绝缘配合

GB/T 762—2002　标准电流等级(IEC 60059:1999,EQV)

GB 1984—2014　高压交流断路器(IEC 62271-100:2008,MOD)

GB 1985—2014　高压交流隔离开关和接地开关(IEC 62271-102:2002+A1:2011,MOD)

GB/T 2900.20—1994　电工术语　高压开关设备(neq IEC 60050)

GB 3804—2004　3.6 kV～40.5 kV 高压交流负荷开关 (IEC 60265-1:1998,MOD)

GB/T 4109—2008　交流电压高于 1 000 V 的绝缘套管(IEC 60137 Ed.6.0,MOD)

GB/T 4473—2008　高压交流断路器的合成试验(IEC 62271-101:2006,MOD)

GB/T 7354—2003　局部放电测量(IEC 60270:2000,IDT)

GB/T 11022—2011　高压开关设备和控制设备标准的共用技术要求(IEC 62271-1:2007,MOD)

GB/T 29489—2013　高压交流开关设备和控制设备的感性负载开合(IEC 62271-110:2009,MOD)

2　正常和特殊使用条件

GB/T 11022—2011 的第 2 章适用。

3　术语和定义

GB/T 311、GB 3804、GB/T 2900.20 和 GB/T 11022—2011 界定的以及下列术语和定义适用于本文件。

3.1

通用术语　general terms

无特别的定义。

3.2

装置　assemblies

无特别的定义。

3.3

装置的部件　parts of assemblies

无特别的定义。

3.4

开关装置　switching devices

3.4.101

负荷开关　switch

能够在回路正常条件(也可包括规定的过载条件)下关合、承载和开断电流以及在规定的异常回路条件(如:短路)下,在规定的时间内承载电流的开关装置。

[GB 3804—2004 中 4.4.101]

3.4.102

隔离负荷开关　disconnecting-switch

在断开位置,能满足对隔离开关所规定的隔离要求的一种负荷开关。

[GB 3804—2004 中 4.4.102]

3.4.103

通用负荷开关　general-purpose switch

能够在电流直到其额定开断电流条件下进行正常的关合和开断操作,并能够关合和在规定的时间内承载短路电流的负荷开关。

注:参见 4.108 为通用负荷开关规定的额定值。

3.4.104

专用负荷开关　limited-purpose switch

只有通用负荷开关的一种或几种,而非全部功能的负荷开关。

[GB/T 2900.20—1994 中 3.31]

3.4.105

特殊用途负荷开关　special-purpose switch

适合于开合要求不同于那些通用负荷开关所规定的负荷开关。

注：这种特殊要求的例子如开合电容器组、开合并联电抗器、接地故障条件下的开合以及提高的操作循环次数的能力。

3.4.106

C1 级负荷开关　switch class C1

经过规定的型式试验验证的、在容性电流开断期间具有低的重击穿概率的特殊用途负荷开关。

3.4.107

C2 级负荷开关　switch class C2

经过规定的型式试验验证的、在容性电流开断期间具有非常低的重击穿概率的特殊用途负荷开关。

3.4.108

单个电容器组负荷开关　single capacitor bank switch

用于开合充电电流的特殊负荷开关。其开合的充电电流值应小于或等于额定单个电容器组开断电流。

[GB 3804—2004 中 4.4.105.1]

3.4.109

背对背电容器组负荷开关　back-to-back capacitor bank switch

用于开断负荷开关的电源侧接有一个或多个电容器组，且电容器组充电电流值小于或等于额定背对背电容器组开断电流的特殊用途负荷开关。这种负荷开关应能关合小于或等于其额定电容器组关合涌流的所有电流值。

[GB 3804—2004 中 4.4.105.2]

3.4.110

并联电抗器负荷开关　shunt reactor switch

用于开合并联电抗器(包括变压器一次侧、二次侧或第三绕组侧并联电抗器)的一种特殊用途负荷开关。

3.4.111

M0 级负荷开关　switch class M0

具有 1 000 次操作循环的机械寿命，适合输电系统中使用且满足本标准一般要求的通用负荷开关。

3.4.112

M1 级负荷开关　switch class M1

具有 3 000 次操作循环的延长机械寿命的特殊用途负荷开关，主要用于负荷开关和同等级的隔离开关关联操作的场合。

3.4.113

M2 级负荷开关　switch class M2

具有 10 000 次操作循环的延长机械寿命的特殊用途负荷开关，主要用于负荷开关和同等级的隔离开关关联操作的场合。

3.5

负荷开关的部件　Parts of switches

无特别的定义。

3.6

操作　Operation

无特别的定义。

3.7

特征参量　Characteristic quantities

3.7.101

开断能力(开关装置和熔断器的)　breaking capacity (of a switching device or a fuse)

在规定的使用与性能条件下以及在指定电压下，开关装置或熔断器能够开断的预期电流值。

[GB 3804—2004 中 4.7.101]

注1：规定条件和指定电压均在相关标准中指出。

注2：对于开关装置，开断能力可以按照规定条件所包含的电流种类来描述，例如，线路充电开断能力、电缆充电开断能力、单个电容器组开断能力等。

3.7.102

有功负载开断能力　mainly active load-breaking capacity

开断有功负载回路，其负载可用电阻和电抗并联表示。

3.7.103

空载变压器开断能力　no-load transformer breaking capacity

开断空载变压器回路的能力。

[GB 3804—2004 中 4.7.103]

3.7.104

闭环开断能力　closed-loop breaking capacity

开断闭环输电线路，或开断与一个或多个电力变压器并联的电力变压器的能力。即负荷开关开断后，其两侧均带电，且其端子间的电压基本上小于系统电压。

[GB 3804—2004 中 4.7.104，修改过]

3.7.105

电缆充电开断能力　cable-charging breaking capacity

开断空载电缆回路的能力。

[GB 3804—2004 中 4.7.105，修改过]

3.7.106

线路充电开断能力　line-charging breaking capacity

开断空载架空线路的能力。

[GB 3804—2004 中 4.7.106]

3.7.107

母线充电开断能力　busbar charging breaking capacity

开断空载母线回路的能力。

3.7.108

单个电容器组开断能力　single capacitor bank breaking capacity

开断接在电源上的单个电容器组回路(此时没有其他电容器组与被开合的电容器组邻近)的能力。

[GB 3804—2004 中 4.7.107]

3.7.109

背对背电容器组开断能力　back-to-back capacitor bank breaking capacity

开断接在电源上的电容器组回路(此时有一个或多个电容器组与被开合的电容器组邻近)的能力。

[GB 3804—2004 中 4.7.108]

3.7.110

电容器组关合涌流　capacitor bank inrush making current

把一个电容器组投到电源上出现的高频和高幅值的电流，包括一个或多个电容器组与被投入的电容器组邻近。

注：涌流的频率和幅值取决于电容器组之间的电容和电感的数值。

3.7.111

并联电抗器开断能力　shunt reactor breaking capacity

开断并联电抗器回路(包括变压器一次侧、二次侧或第三绕组侧并联电抗器)的能力。

3.7.112

接地故障开断能力　earth-fault breaking capacity

在中性点非有效系统中，负荷开关的负载侧的空载电缆或架空线存在接地故障时开断故障相的能力。

3.7.113

接地故障条件下电缆充电或线路充电开断能力　cable and line-charging breaking capacity under earth fault conditions

在中性点非有效接地系统中，在负荷开关的电源侧发生接地故障时切除空载电缆或架空线路健全相的开断能力。

3.7.114

开断电流（开关装置或熔断器的）　breaking current (of a switching device or a fuse)

在开断过程中产生电弧瞬间流过开关装置的一极或流过熔断器的电流。

[GB 3804—2004 中 4.7.113]

3.7.115

（峰值）关合电流　(peak) making current

在关合操作过程中，电流出现后的瞬态阶段负荷开关一极中电流的第一个大半波的峰值。

注 1：一极和另一极以及一次操作和另一次操作的峰值不同，因为它们取决于电流出现瞬间所对应的外施电压的波形。

注 2：对于三相回路，除非另有规定，（峰值）关合电流的数值是指所有相中的最高值。

3.7.116

短路关合能力　short-circuit making capacity

在规定条件下，包括开关装置的接线端子短路在内的接通能力。

[GB 3804—2004 中 4.7.115]

3.7.117

极间同期性　simultaneity between poles

合闸时第一极和最后一极触头接触瞬间的最大时间差异；分闸时第一极和最后一极触头分离瞬间的最大时间差异。

4　额定值

4.1　概述

GB/T 11022—2011 中 4.1 适用，并作如下补充。

4.2　额定电压（U_r）

GB/T 11022—2011 中 4.2 适用。

4.3　额定绝缘水平

GB/T 11022—2011 中 4.3 适用。

4.4　额定频率（f_r）

GB/T 11022—2011 中 4.4 适用，并作如下修改：

高压交流负荷开关额定频率的标准值为 50 Hz。

4.5　额定电流和温升（I_r）

GB/T 11022—2011 中 4.5 适用。

4.6 额定短时耐受电流(I_k)

GB/T 11022—2011 中 4.6 适用。

4.7 额定峰值耐受电流(I_p)

GB/T 11022—2011 中 4.7 适用。

4.8 额定短路持续时间(t_k)

GB/T 11022—2011 中 4.8 适用。

4.9 合、分闸装置和辅助、控制回路的额定电源电压(U_a)

GB/T 11022—2011 中 4.9 适用。

4.10 合、分闸装置和辅助回路的额定电源频率

GB/T 11022—2011 中 4.10 适用。

4.11 可控压力系统用压缩气源的额定压力

GB/T 11022—2011 中 4.11 适用。

4.12 绝缘和/或开合用的额定充入水平

GB/T 11022—2011 中 4.12 适用。

4.101 额定接地故障开断电流(I_{7a})

对于中性点非有效接地系统，额定接地故障开断电流是负荷开关在其额定电压下能够开断的故障相的最大接地故障电流。

注：即使在失调状态下，中性点绝缘系统的 TRV(瞬态恢复电压)严酷于谐振接地系统。

4.102 额定短路关合电流(I_{ma})

额定短路关合电流是负荷开关在其额定电压下能够关合的最大预期峰值电流。

4.103 额定有功负载开断电流(I_1)

额定有功负载开断电流是负荷开关在其额定电压下能够开断的最大有功负载电流。

4.104 额定闭环开断电流(I_{2a}和 I_{2b})

额定闭环开断电流是负荷开关能够开断的最大闭环电流。可以分别规定输电线路的额定线路闭环开断电流(I_{2a})和额定并联电力变压器闭环开断电流(I_{2b})额定值。

4.105 额定容性开合电流

4.105.1 额定电缆充电开断电流(I_{4a})

额定电缆充电开断电流是负荷开关在其额定电压下能够开断的最大电缆充电电流。

4.105.2 额定线路充电开断电流(I_{4b})

额定线路充电开断电流是负荷开关在其额定电压下能够开断的最大线路充电电流。

4.105.3 额定单个电容器组开断电流(I_{4d})

额定单个电容器组开断电流是负荷开关在其额定电压下且没有其他与被开合的电容器组邻近的电容器组接在负荷开关的电源侧时能够开断的最大电容器组电流。

4.105.4 额定背对背电容器组开断电流(I_{4e})

额定背对背电容器组开断电流是特殊用途负荷开关在其额定电压下且有一个或多个与被开合的电容器组邻近的电容器组接在负荷开关的电源侧时能够开断的最大电容器组电流。

该开断电流对应于一台或几台并联电容器组接在负荷开关的电源侧时并联电容器组的开合,得到的关合涌流等于额定背对背电容器组关合涌流。

注:类似的条件适用于变电站中电缆的开合。

4.105.5 单个电容器组关合涌流

如果负荷开关规定了额定背对背电容器组关合涌流值,则不需要规定单个电容器组关合涌流值,本标准没有规定单个电容器组关合涌流额定值或者优选值。

4.105.6 额定背对背电容器组关合涌流(I_{in})

额定背对背电容器组关合涌流是负荷开关在其额定电压下且涌流频率与使用条件一致时能够关合的电流峰值(见 GB 1984—2014 中表 9)。

注:如果试验过的峰值关合涌流等于或大于额定值,且试验过的关合涌流的频率等于或者大于额定值的 77%(本规则的适用范围仅限于频率小于 6 000 Hz),则已经满足背对背电容器组关合性能要求。

4.105.7 接地故障条件下的额定电缆或线路充电开断电流(I_{7b})

对于中性点非有效接地系统,接地故障条件下的额定电缆充电或线路充电开断电流是负荷开关在其额定电压下能够开断的健全相中的最大电流。

注:接地故障条件下额定电缆充电或线路充电电流是正常条件下的电缆充电和线路充电电流的 $\sqrt{3}$ 倍。这覆盖了单屏蔽电缆时出现的最严酷情况。

4.106 额定感性负载开合电流

4.106.1 额定并联电抗器开断电流(I_{5b})

额定并联电抗器开断电流是负荷开关在其额定电压下能够开断的最大并联电抗器电流。

注:负荷开关能够开断的最小并联电抗器电流,如果不是零,应该由制造厂规定。

4.106.2 额定空载变压器开断电流(I_{5a})

额定空载变压器开断电流是负荷开关在其额定电压下能够开断的最大空载变压器电流。

4.107 额定端子机械负荷

GB 1985—2014 中 4.103 适用。

4.108 通用负荷开关额定值的配合

通用负荷开关对下列每种开合方式应该具有规定的额定值:

——额定有功负载开断电流等于额定电流;

——额定空载变压器开断电流等于额定电流的 1.0%;

——额定输电线路闭环开断电流等于额定电流;

——额定并联电力变压器闭环开断电流等于额定电流的50%；
——额定电缆充电开断电流如表1所示；
——额定线路充电开断电流如表1所示；
——额定短路关合电流等于额定峰值耐受电流。
额定值的标准值应在GB/T 762规定的R10系列中选取。

表1 通用负荷开关额定线路和电缆充电开断电流的优选值

额定电压 U_r kV	额定电缆充电开断电流 I_{4a} A	额定线路充电开断电流 I_{4b} A
72.5	25	3
126	31.5	8
252	40	25
363	50	50
550	—	80
800	—	125
1 100	—	160
注1：符合R10系列的更高的数值可以由制造厂规定。 注2：对于特殊用途负荷开关可以参考GB 1984规定的额定线路和电缆充电开断电流。		

4.109 专用负荷开关和特殊用途负荷开关额定值的配合

如果表1额定值适用，专用负荷开关优先采用和通用负荷开关相同的额定值。如果规定了其他额定值，应在R10系列中选取。

特殊用途负荷开关通常不要求有配合的额定值。必要时，配合的额定值应该在GB/T 762规定的R10系列中选取。

5 设计与结构

5.1 负荷开关中液体的要求

GB/T 11022—2011中5.1适用。

5.2 负荷开关中气体的要求

GB/T 11022—2011中5.2适用。

5.3 负荷开关的接地

GB/T 11022—2011中5.3适用。

5.4 辅助设备

GB/T 11022—2011中5.4适用。

5.5 依赖动力的操作

GB/T 11022—2011中5.5适用。

5.6 储能操作

GB/T 11022—2011 中 5.6 适用。

5.7 不依赖人力或动力的操作(非锁扣的操作)

GB/T 11022—2011 中 5.7 适用。

5.8 脱扣器操作

GB/T 11022—2011 中 5.8 适用。

5.9 低压力和高压力闭锁和监测装置

GB/T 11022—2011 中 5.9 适用。

5.10 铭牌

GB/T 11022—2011 中 5.10 适用,并作如下补充:负荷开关和其操动机构的铭牌应按表 2 的内容标注。

表 2 铭牌参数

	缩写	单位	负荷开关	操动机构	条件:仅当需要时才标注
(1)	(2)	(3)	(4)	(5)	(6)
制造厂			X	X	
型号或系列号			X	X	
额定电压	U_r	kV	X		
额定雷电冲击耐受电压	U_p	kV	X		
额定操作冲击耐受电压	U_s	kV	Y		额定电压 363 kV 及以上时
额定频率	f_r	Hz	X		对 50Hz 不适用时
额定电流	I_r	A	X		
额定短时耐受电流	I_k	kA	X		
额定短路持续时间	t_k	s	Y		不同于 2 s 时
额定短路关合电流	I_{ma}	kA	X		
有功负载开断操作的次数	N		Y		不同于 10 次
额定有功负载开断电流	I_1	A	(X)		
额定输电线路闭环开断电流	I_{2a}	A	(X)		
额定并联电力变压器闭环开断电流	I_{2b}	A	(X)		
额定电缆充电开断电流	I_{4a}	A	(X)		
额定线路充电开断电流	I_{4b}	A	(X)		

表 2（续）

	缩写	单位	负荷开关	操动机构	条件：仅当需要时才标注
(1)	(2)	(3)	(4)	(5)	(6)
额定母线充电开断电流	I_{4c}	A	(X)		
额定单个电容器组开断电流	I_{4d}	A	(X)		
额定背对背电容器组开断电流	I_{4e}	A	(X)		
额定空载变压器开断电流	I_{5a}	A	(X)		
额定并联电抗器开断电流	I_{5b}	A	(X)		
额定接地故障开断电流	I_{7a}	A	(X)		
接地故障条件下额定电缆或线路充电开断电流	I_{7b}	A	(X)		
额定背对背电容器组关合涌流	I_{in}	kA	(X)		
操作用的额定充入压力	P_{rm}	MPa		(X)	
开断用的额定充入压力	P_{re}	MPa	(X)		
额定辅助电压	U_a	V		X	
质量(包括液体)	m	kg	Y	Y	超过 300 kg 时
温度等级			Y	Y	不同于：户内－5 ℃；户外－25 ℃

X 表示这些值的标注是强制性的；(X)表示这些值的标注是可选的；Y 表示按照栏(6)中的条件标注的值。

注 1：栏(2)中的缩写可以代替栏(1)中的术语。采用栏(1)中的术语时可不出现“额定”。

注 2：如果数值相同，允许将缩写合并，例如：$I_r I_1 I_{2a}$ 400 A。

5.11 联锁装置

GB/T 11022—2011 中 5.11 适用。

5.12 位置指示

GB/T 11022—2011 中 5.12 适用。

5.13 外壳的防护等级

GB/T 11022—2011 中 5.13 适用。

5.14 户外绝缘子的爬电距离

GB/T 11022—2011 中 5.14 适用。

5.15 气体和真空的密封

GB/T 11022—2011 中 5.15 适用。

5.16 液体的密封

GB/T 11022—2011 中 5.16 适用。

5.17 火灾(易燃性)

GB/T 11022—2011 中 5.17 适用。

5.18 电磁兼容性(EMC)

GB/T 11022—2011 中 5.18 适用。

5.19 X 射线发射

GB/T 11022—2011 中 5.19 适用。

5.20 腐蚀

GB/T 11022—2011 中 5.20 适用。

5.101 合闸机构

对于具有短路关合电流额定值的负荷开关,仅允许具有储能合闸或者依赖于动力合闸操作的机构。

5.102 额定端子机械负荷

按照制造厂的说明书安装后,负荷开关应能承受额定机械端子负载以及电动力而不降低它们的可靠性和电流承载能力。

5.103 动触头系统的位置及其指示或信号装置

5.103.1 位置锁定

负荷开关及其操动机构的构造不应使得它们在重力、振动、合理的冲击或意外地碰撞其连杆所产生的力或者电动力的作用下脱离分闸或合闸位置。负荷开关及其操动机构的设计应允许采取措施以防止误操作。

5.103.2 位置的指示

位置的指示应能识别负荷开关的分闸和合闸位置。如果满足下列条件之一,就认为达到要求:

a) 间隙或隔离断口可见;

b) 每一动触头的位置用一可靠的指示装置指明。

注 1:可见的动触头可用作指示装置。

注 2:在某些情况下隔离开关设计成断口可见。

注 3:当负荷开关的所有极都连在一起作为一个整体时,允许使用一个公共的位置指示装置。

5.103.3 信号用辅助触头

除非动触头分别到达其合闸或分闸位置,并满足 5.103.1 的要求,否则不应发出合闸和分闸位置指示和位置信号。

6 型式试验

6.1 总则

GB/T 11022—2011 第 6 章适用,并做如下补充:

负荷开关的型式试验列于表 3 中。试品的数量应符合 GB/T 11022—2011 中 6.1.2 的要求。

表 3 型式试验

型式试验项目		条款号
绝缘试验		6.2
主回路电阻测量		6.4
温升试验		6.5
短时耐受电流和峰值耐受电流试验		6.6
辅助和控制回路的附加试验		6.10
机械操作试验		6.101
关合和开断试验		6.102 和 6.107
取决于应用、额定值或设计的型式试验项目	要求型式试验的条件	条款号
无线电干扰电压试验	$U_r \geqslant 126$ kV	6.3
防护等级的验证	规定的防护等级	6.7
密封试验	可控、密封或封闭的压力系统	6.8
EMC 试验	二次系统中包含电子设备或元件	6.9
特殊用途负荷开关延长的机械寿命试验	规定有 M2 级的额定值	6.101.3
低温和高温试验	规定的温度级别	GB 1984—2014 中 6.101.3
端子静负载试验	户外负荷开关	6.101.6
严重冰冻条件下的操作验证试验	具有规定覆冰厚度(10 mm 或20 mm)的户外负荷开关	6.101.5
局部放电试验	如有规定	6.2.10
容性电流开合试验	如有规定	6.103
感性负载开合试验	如有规定	6.106
接地故障条件下的开断试验	$U_r < 252$ kV	6.103.6
通用负荷开关的试验	仅对通用负荷开关	6.107
专用负荷开关的试验	仅对专用负荷开关	6.108
特殊用途负荷开关的试验	仅对特殊用途负荷开关	6.109
人工污秽试验	用于污秽地区的户外负荷开关	GB/T 11022—2011 中 6.2.8
真空灭弧室的 X 射线试验	仅对真空灭弧室	6.11

所有的型式试验应在完整的负荷开关(包括根据要求在指定压力或降低压力下指定类型的液体或气体的数值)及其操动机构和辅助设备下进行。

受试负荷开关在图样的所有细节方面应与规定类型的负荷开关保持一致。

6.2 绝缘试验

GB/T 11022—2011 中 6.2 适用,并做如下补充。

6.2.10 局部放电试验

GB/T 11022—2011 中 6.2.10 由下述内容代替:

完整的负荷开关不要求进行局部放电试验。然而,若负荷开关采用的元件有相关的国家标准,且包括有局部放电测量(例如:套管,见 GB/T 4109)时,制造厂应提供证据,说明这些元件已按相关的国家标准通过了规定的局部放电试验。关于局部放电测量,见 GB/T 7354。

6.3 无线电干扰电压(r.i.v.)试验

GB/T 11022—2011 中 6.3 适用,并做如下补充:

试验可以在负荷开关的一极上进行,负荷开关应分别处于分闸和合闸位置。

注:对于额定电压 72.5 kV 及 GIS 中的负荷开关,不要求进行此项试验。

6.4 主回路电阻测量

GB/T 11022—2011 中 6.4 适用。

6.5 温升试验

GB/T 11022—2011 中 6.5 适用。

6.6 短时耐受电流和峰值耐受电流试验

GB/T 11022—2011 中 6.6 适用。

6.7 防护等级验证

GB/T 11022—2011 中 6.7 适用。

6.8 密封试验

GB/T 11022—2011 中 6.8 适用。

6.9 电磁兼容性试验(EMC)

GB/T 11022—2011 中 6.9 适用。

6.10 辅助和控制回路的附加试验

GB/T 11022—2011 中 6.10 适用。

6.11 真空灭弧室的 X 射线试验程序

GB/T 11022—2011 中 6.11 适用。

6.101 机械操作试验

6.101.1 受试负荷开关的布置

受试负荷开关应该安装在其自己的支架上,且其操动机构应按规定的方式进行操作。根据其类型进行试验如下:

——三极共用一个基架的负荷开关,应作为一个整体单元进行试验;

——每极或者每个柱分别由单独的负荷开关组成的三极负荷开关应按一个整体单元进行试验,但为了方便或由于试验室的限制,只要在整个试验范围内在下列方面与整台三极负荷开关的试验等价或者不会更有利,也可在负荷开关的一个极上进行单相试验:

- 关合操作中的机械行程特性(见 GB 1984—2014 中 6.101.1.1);
- 开断操作中的机械行程特性(见 GB 1984—2014 中 6.101.1.1);

- 灭弧介质的可用性；
- 合闸和分闸机构的功率和强度；
- 结构的刚度。

若负荷开关无法进行整极试验，可以将单元试验作为型式试验。单元为不依赖于整体负荷开关（例如：极、开断单元、操动机构）可操作的独立功能分装。适合于试验的单元由制造厂确定。

进行单元试验时，制造厂应证明试验期间单元上承受的机械应力不小于完整负荷开关试验时施加在同一单元上的机械应力。若单元试验作为型式试验替代完整的负荷开关试验，它们应包含完整负荷开关所有不同类型的元件，不同类型的单元应完成各自相应的型式试验项目。

按照相关标准制造的辅助和控制设备的部件应符合有关产品标准。与负荷开关其他部件的功能有关的这些部件的固有功能应进行验证。

除非另有规定，试验可以在任何方便的周围空气温度下进行。

在负荷开关操作期间，操动机构的电源电压应在端子处测量，包括构成操动机构一部分的辅助设备。为了调节外施电压，不应在电源和机构端子间增加阻抗。

对于人力操作的负荷开关，为了便于试验，如果负荷开关触头的操作速度等效于人力手柄操作时的速度，手柄可以用外部动力装置来代替。

6.101.2 通用负荷开关的试验

机械操作试验应在主回路中无电压和无电流的情况下由 1 000 次操作循环（M0 级）组成。具有动力操动机构的负荷开关应按下述进行试验：

——在额定电源电压和/或额定操作压力下，进行 900 次操作循环；

——在规定的最低电源电压和/或最低操作压力下，进行 50 次操作循环；

——在规定的最高电源电压和/或最高操作压力下，进行 50 次操作循环。

人力操作的负荷开关应进行下述试验：

——采用运行中出现的典型操作力的范围下进行 1 000 次操作循环。

操作循环以及合闸和分闸操作不要求规定时间间隔。在操作循环之间或合闸和分闸操作之间，不要求规定时间间隔。这些试验应该按电气控制元件带电时的温升不超过规定值的速率进行。

6.101.3 专用和特殊用途负荷开关的试验

除非另有规定，专用负荷开关试验应按照通用负荷开关试验的要求进行。

特殊用途负荷开关在频繁操作情况下，延长的机械寿命试验应按照 GB 1985—2014 中 6.102.6 进行。

6.101.4 机械操作试验中和试验后负荷开关的状态

对于每一个操作循环，负荷开关都应完全达到分闸和合闸位置。

验证试验期间操动机构、辅助和控制触头以及位置指示装置（如果有）的可靠动作。

试验期间允许按照制造厂的说明书进行润滑，但是不允许进行机械调整。

试验后，所有的部件应处于良好状态且无过度磨损。试验后，在接触区有镀层的触头，表面的镀层仍应保持，否则触头被认为是裸露的。

6.101.5 严重冰冻条件下的操作

6.101.5.1 概述

如果要求，试验应按 GB 1985—2014 中 6.103 进行（6.101.5.2 除外）。

6.101.5.2 操作的检查

对依赖于人力操作机构的负荷开关,即使成功的分闸或合闸需要几次试操作,也可以认为试验是满意的。具有储能或者依赖于动力操动机构的负荷开关应在第一次试操作就正常可靠。

6.101.6 端子静负载试验

端子静负载试验是为了验证在冰、风及连接导体同时作用下负荷开关能正确地操作。

如果进行该试验,GB 1985—2014 中 6.102.5 适用。

6.102 关合和开断试验的各项规定

6.102.1 受试负荷开关的布置

受试负荷开关应完整安装在其自身的支架或与之等效的支架上,其操动机构应按规定的方式进行操作。对动力操作的操动机构,应该在操作用的最低电源电压或者最低操作压力下进行。

在进行关合和开断试验之前,应进行空载操作,并记录下负荷开关机械特性,例如运动速度、合闸时间和分闸时间等的详细数据。

如果适用,试验应在开断和绝缘用气体的最低功能压力下进行。

带有人力操作的负荷开关,只要此时触头的运动与人力操作时的等效,可通过远距离控制或动力储能的方法进行操作。

试验时应考虑负荷开关任一端子带电的影响。当负荷开关两侧在使用中都可连接电源,而负荷开关一侧的实际布置不同于另一侧时,试验回路的电源侧应该连接到能够代表最严酷条件的一侧。如有怀疑,合-分操作试验总次数的50%应将试验回路的电源接到负荷开关的一侧进行,而剩余的50%应将电源接到负荷开关的另一侧进行。

三极负荷开关应进行如下的关合和开断试验:

——三极共用一个基架的负荷开关,应作为一个整体单元进行试验;除非可以表明在关合或开断期间,极间没有相互影响或联系。否则只允许进行三相关合和开断试验;

——对不具有完全独立的开合装置的三极负荷开关,应按一个整体单元进行试验,最好进行三相关合和开断试验,但为了方便或由于试验室的限制,也可在负荷开关的一个极上进行单相试验,只要它在整个试验过程中在下列方面不比整台三极负荷开关处于更有利的条件:

- 关合操作中的机械行程特性(见 GB 1984—2014 中 6.101.1.1);
- 开断操作中的机械行程特性(见 GB 1984—2014 中 6.101.1.1);
- 灭弧介质的可用性;
- 合闸和分闸装置的功率和强度;
- 结构的刚度。

在允许单相试验时,只要负荷开关满足 GB 1984—2014 中 6.102.4.1 的要求,就可以进行单元试验。

单相或三相合成试验按 GB/T 4473 相应规定进行。

除了气体绝缘金属封闭负荷开关外,对于通常置于金属壳内,并在开断和关合期间都有火焰或金属粒子喷射特征的负荷开关要求按下列程序进行试验,试验时负荷开关应安装在金属外壳内,或者用金属屏放在带电部件附近,带电部件与金属屏间的距离由制造厂决定,金属屏、框架及其他正常接地的部件应当与地绝缘,并通过一个由直径 0.1 mm、长度 50 mm 的铜丝构成的接地装置接地。试验后,如果铜丝完整无损,则认为未出现显著的泄漏电流。

6.102.2 开断试验中负荷开关的性能

负荷开关应能成功地通过试验而不出现机械的或电气的损伤,应没有火焰或物质从负荷开关内喷出，不应产生对操作人员有害的噪声。

操作过程中没有向外喷出可能有损于负荷开关绝缘水平的火焰或金属粒子。

对接地构架或接地屏没有危及操作人员或者损伤绝缘材料的明显的泄漏电流。

6.102.3 开断试验后负荷开关的状态

试验后，负荷开关不应有明显的劣化，应能正常操作，承载其额定电流并能耐受绝缘试验规定的电压。触头的状态不应影响关合和/或开断直到其电流额定值的性能。弧触头或规定的任何其他可更换件允许烧损，用于熄弧的油或其他介质的性能可能降低，其数值可能降低至正常水平以下，在绝缘子上，可能沉淀有熄弧介质分离而产生的物质。

试验后，为了核实上面的要求，对负荷开关进行外观检查和空载操作，通常是足够的。

如果对负荷开关满足绝缘要求的能力有怀疑，应按 GB/T 11022—2011 中表 1 或表 2 栏(2)数值的 80％进行工频耐压试验。

隔离负荷开关的隔离性能，在分闸位置时，不应由于与隔离断口相邻或相并联的绝缘件的损伤而降低到规定值以下，应按 GB/T 11022—2011 中表 1 或表 2 栏(3)数值的 100％进行工频耐压试验。

6.102.4 短路关合试验中和试验后负荷开关的状态

在试验期间，带电部分与地之间，或相间不应发生击穿放电。试验期间，负荷开关可能遭受损伤，但负荷开关仍应符合下列要求：

a） 机械状态：负荷开关在机械上应是可以操作的，并且当进行分闸操作时，应按指定的方式分闸；
b） 开断能力：负荷开关应具有开断额定开断电流的能力；
c） 绝缘要求：分闸的负荷开关断口间及对地的隔离特性不应由于与隔离断口相邻或者并联的绝缘件的损伤而降低到规定值以下；隔离负荷开关的隔离特性，在分闸位置时，不应由于与隔离断口相邻或者并联的绝缘件的损伤而降低到规定值以下。应按 GB/T 11022—2011 中表 1 或表 2 栏(3)数值的 100％进行工频耐压试验；
d） 载流能力：负荷开关应能承载额定电流，而与绝缘材料接触的金属部件的稳定温升不超过 GB/T 11022—2011 中表 3 允许值的 10 K，除了温升应达到稳定值外，对负荷开关其他部件的温升不作具体规定。

试验后负荷开关的外观检查和空载操作通常足以验证上述要求。

如果对负荷开关满足 6.102.4 c)要求的能力有怀疑，应进行 1 min 工频电压试验。试验电压应为 GB/T 11022—2011 中表 1 栏(2)数值的 80％。

6.103 关合和开断试验的试验回路

6.103.1 概述

除 6.101.1 的规定外，三极负荷开关的关合和开断试验可以采用三相试验回路或单相试验回路进行。

6.103.2 试验回路和负荷开关的接地

额定电压 126 kV 及以下的通用三极负荷开关，采用的三相试验回路可以在电源或负载回路的中性点接地的情况下，进行开断试验。在第一种情况下，电源侧的零序阻抗应小于三倍的正序阻抗。在另一种情况下，试验回路和负荷开关的框架应接地，使得熄弧后带电部件对地以及负荷开关断口间的电压条件能够代表运行的电压条件。

额定电压 252 kV 及以上的通用负荷开关，可以在电源和负载回路的中性点均接地的情况下进行试验。

对三极负荷开关进行单相开断试验时，应将被试极的一端接到电源，而另一端接负载，负载和电源的公共连接线可以接地，如图 1 和图 2 所示。但是，为了保证多单元负荷开关的单元之间的电压正确分布，可以将电源回路的其他点接地。

对于容性试验回路，见 6.105.1 和 6.105.2。试验报告中应注明所有试验所采用的接线方式。

注：通用负荷开关试验推荐的接地方式是：对额定电压 126 kV 及以下中性点非有效接地系统(电源或负载或者两者)；对额定电压 126 kV 及以上中性点有效接地系统(电源和负载)；对于在其他的接地方式下进行特殊用途或专用负荷开关的关合和开断试验，应根据用户和制造厂之间的协议确定其额定值。

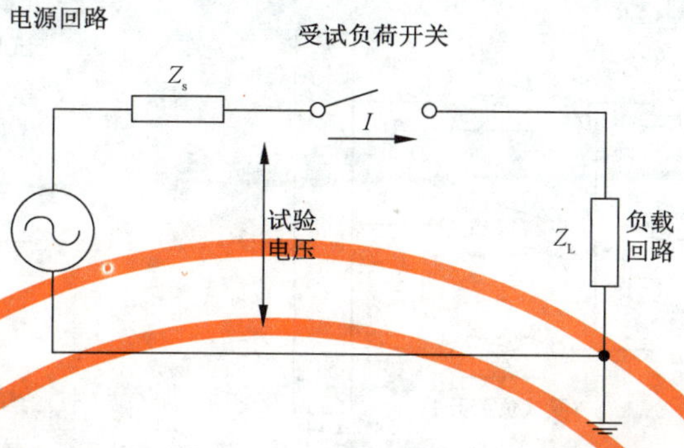

表 6 和表 7 中确定的试验电压和电流：

——功率因数≤0.2；

——$Z_T = Z_s + Z_L$；

——$|Z_s| = (0.15 \pm 0.03)|Z_T|$；

——TRV 参数：表 4、表 6 和表 7。

负载回路：

——功率因数 = 0.65～0.75。

图 1　试验方式 1 和 3 有功负载电流开合试验的单相试验回路

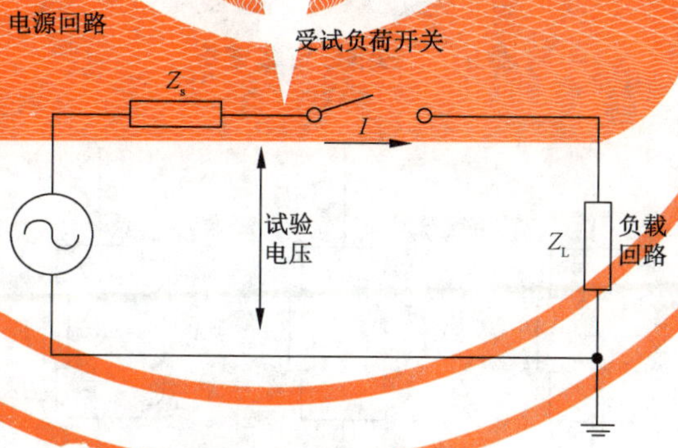

试验方式 2a——输电线路闭环回路：

——试验电压、电流和 TRV 参数在表 5、表 6 和表 7 中规定；

——功率因数≤0.3。

试验方式 2b——并联电力变压器回路：

——试验电压、电流和 TRV 参数在表 5、表 6 和表 7 中规定；

——功率因数≤0.2。

图 2　试验方式 2a 和 2b 闭环输电线路和并联电力变压器电流开合试验的单相试验回路

6.103.3　有功负载回路(试验方式 1 和试验方式 3)

试验回路如图 1 和图 3 所示，由电源回路和负载回路组成。电源回路总的串联阻抗应由电抗和电阻串联组成，且功率因数不超过0.2。试验方式1(在100％额定电流时)，电源回路的阻抗应是试验回路总阻抗的(15±3)％。同样的电源回路阻抗也可用于较低电流的所有试验。

代表电源侧回路的阻抗可以接在负荷开关的电源侧，或者分开接在负荷开关的两侧。在端子故障条件下电源回路的预期瞬态恢复电压不应严于表4中的规定。负载回路的功率因数应为0.7±0.05，且应由电抗和电阻并联而成。制造厂可以自行决定采用较低的功率因数。

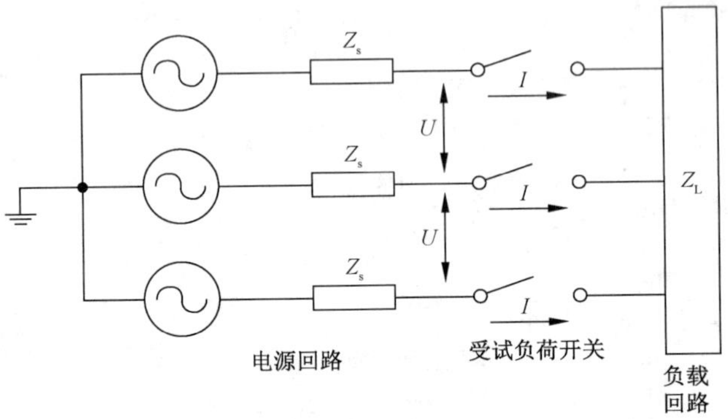

试验方式1：$I=I_1$

试验方式3：$I=0.05I_1$

电源回路：

——功率因数≤0.2；

——$Z_T=Z_s+Z_L$；

——$|Z_s|=(0.15\pm0.03)|Z_T|$；

——TRV参数：表4。

负载回路：

——功率因数=0.65～0.75。

a) 通用回路

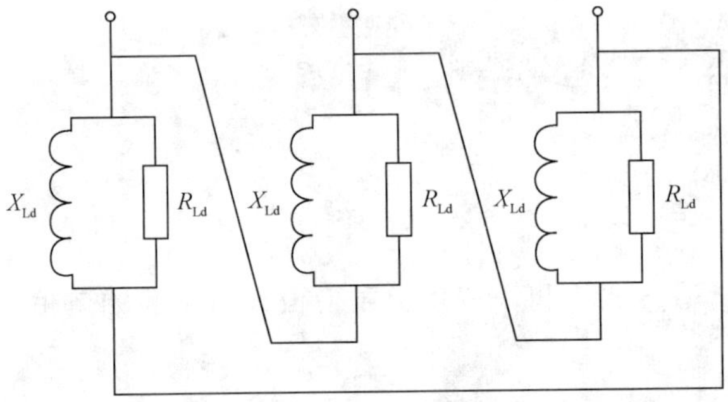

b) 三角形负载连接

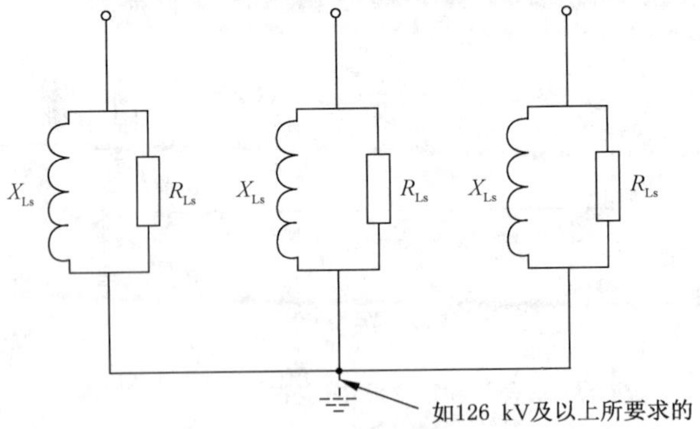

c) 星形负载连接

说明：

X_{Ld}——三角形负载连接的感应阻抗；

R_{Ld}——三角形负载连接的阻尼电阻；

X_{Ls}——星形负载连接的感应阻抗；

R_{Ls}——星形负载连接的阻尼电阻。

图3 试验方式1和3有功负载电流开合的三相试验回路

表 4　有功负载电流开断试验的电源回路 TRV 参数

额定电压 U_r kV	电源分量	
	峰值电压 u_c kV	时间 t_3 μs
72.5	15	28
126	27(18)[a]	40
252	35	66
363	51	82
550	76	102
800	110	119
1 100	152	—

注 1：瞬态呈(1−cos)曲线形式，数值对应首开极。负荷开关电源和负载侧瞬态曲线在图 4 中说明。

注 2：串联的电源阻抗为总阻抗的 15%，功率因数≤0.2。负载由并联的电阻和电抗组成。负载上的 TRV 是一按指数衰减的电压，其峰值取决于负载的功率因数。因此，负载侧的 TRV 完全取决于负载回路，不需规定。

注 3：和电源串联的阻抗是当地变压器阻抗(假定为 10%)和远方电源阻抗(假定为 5%)的组合，变压器的 TRV 频率比电源的 TRV 频率要大得多。因此，TRV 的电源回路分量仅只由变压器部分导出。对于额定电压 252 kV 以下，变压器的中性点为非有效接地，首开极系数 k_{pp} 取 1.5，对于额定电压 252 kV 及以上，变压器的中性点为固定接地，首开极系数取 1.0。根据 GB 1984 对短路试验方式 T10 的规定，振幅系数为 1.7。

$$u_c = U_r\sqrt{\frac{2}{3}} \times k_{pp} \times 1.7 \times 0.10$$

[a] 括号中数例是对变压器的中性点为固定接地时，首开极系数取 1.0、振幅系数为 1.7 时的值。

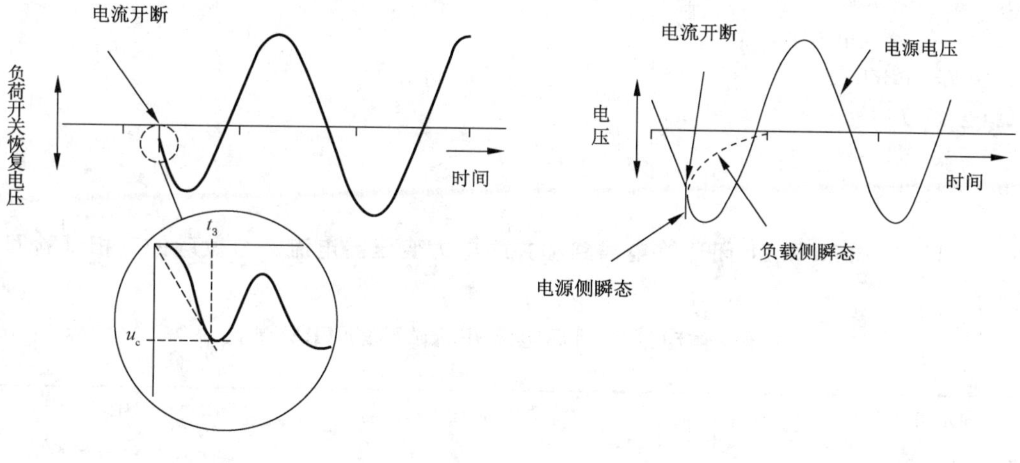

图 4　有功负载电流开合试验电源侧和负载侧瞬变曲线

6.103.4　闭环回路(试验方式 2)

a)　输电线路回路(试验方式 2a)

试验回路(图 2 和图 5)的功率因数应不超过 0.3，预期瞬态恢复电压不应小于表 5 中的规定。

在开路状态时，三极负荷开关三相试验的相间试验电压，对额定电压小于 363 kV 的负荷开关为额定电压的20%，对额定电压363 kV及以上的负荷开关为额定电压的15%，单相试验的试验电压示于表6和表7中。

注：这些数值是暂定的。

通常认为长的或者串联补偿的输电线路是特殊工况，试验时的实际电压可能高于规定值。对这种应用情况，应按照制造厂和用户之间的协议进行试验。

由于连接的输电线的波阻抗影响，规定的预期瞬态恢复电压波形呈三角形，然而为了试验的方便，如果用两参数法求值表明RRRV(恢复电压上升率)和 u_c 已达表5中规定的数值，则瞬态恢复电压可用(1－cos)的波形。

b) 并联电力变压器回路(试验方式2b)

试验回路(图2和图5)的功率因数应不超过0.2，预期瞬态恢复电压不应小于表8中的规定。

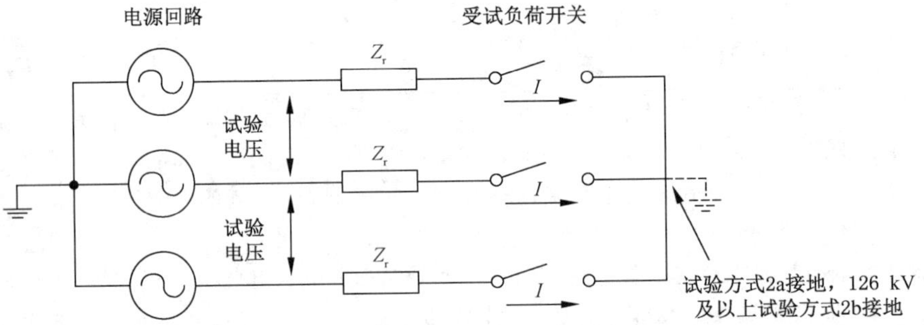

试验方式2a——输电线路：

——试验电压＝$0.2U_r$(额定电压＜363 kV)；

——试验电压＝$0.15U_r$(额定电压≥363 kV)；

——试验电流＝I_{2a}；

——功率因数≤0.3；

——TRV参数：表5。

试验方式2b——并联电力变压器：

——试验电压＝$0.15U_r$；

——试验电流＝I_{2b}；

——功率因数≤0.2；

——TRV参数：表8。

图5 试验方式2a和2b闭环输电线路和并联电力变压器电流开合试验的三相试验回路

表5 输电线路闭环电流开断试验的TRV参数

额定电压 U_r kV	峰值电压 u_c kV	RRRV系数[a] kV/μs/kA
72.5	19	0.189
126	33	0.189
252	66	0.189
363	71.5	0.145
550	110	0.145
800	157	0.145

表 5（续）

额定电压 U_r kV	峰值电压 u_c kV	RRRV 系数[a] kV/μs/kA
1 100	215	0.145

注 1：瞬态过程在峰值电压前呈斜角坡，为便于试验，可采用(1－cos)波形，典型瞬变过程见图 6。

注 2：稳态、相间、开路的试验电压，对额定电压小于 363 kV 是额定电压的 20%；对额定电压 363 kV 及以上是额定电压的 15%。u_c 是根据中性点固定接地系统的首开极系数 k_{pp} 为 1.0，按照 GB 1984 近区故障时振幅系数等于 1.6 算得的：

$$u_c = U_r \times (0.20 \text{ 或 } 0.15)\sqrt{\frac{2}{3}} \times 1.0 \times 1.6$$

注 3：RRRV 根据 di/dt 乘以等值波阻抗 Z_{eq} 计算，等值波阻抗按首极开断计算，因为在这种情况下开合电流最高：

$$Z_{eq} = \frac{3\left(\frac{Z_1}{2}\right)Z_0}{\frac{Z_1}{2} + Z_0}$$

式中，Z_1 为正序波阻抗，Z_0 为零序波阻抗。

对于 252 kV 及以下，$Z_{eq}=425\ \Omega$；对于 252 kV 以上，$Z_{eq}=325\ \Omega$。Z_{eq} 与近区故障时所用的典型值不同。Z_{eq} 是针对首开极的而不是近区故障时的后开极。大于 252 kV，波阻抗发生了变化是由于采用了分裂导线。还应注意到在闭环开合期间导体不会碰在一起。

[a] 表中给出的峰值电压 u_c 和以千安(kA)表示的试验电流 I，可根据每千安的 RRRV 计算时间坐标：

$$t_3 = \frac{u_c}{\text{RRRV 系数} \times I}$$

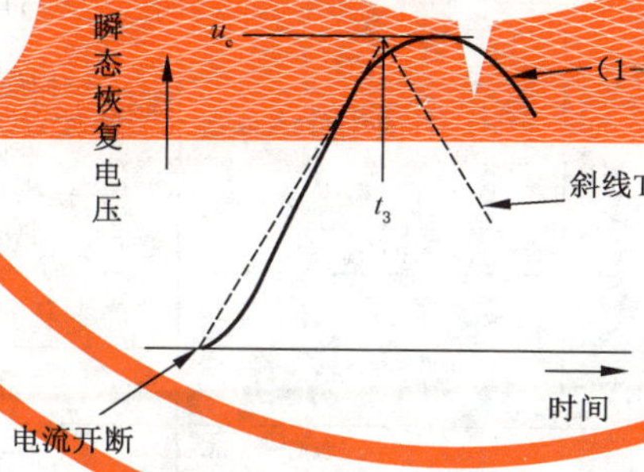

图 6　与输电线路闭环电流开断试验相关的瞬态图解

表 6　同期性四分之一周波及以下的三极负荷开关的单相试验方式

试验方式		额定电压	试验电压[a] $^{+10}_{\ 0}\%$	试验电流 $^{+10}_{\ 0}\%$	操作循环的次数
序号	类型				
1 *	100%有功负载电流	<252 kV	$1.5\times U_r/\sqrt{3}$[b]	I_1	10
		≥252 kV	$U_r/\sqrt{3}$		
2a *	闭环-输电回路电流	<363 kV	$0.20\times U_r/\sqrt{3}$	I_{2a}	10
		≥363 kV	$0.15\times U_r/\sqrt{3}$		

表 6（续）

试验方式		额定电压	试验电压[a] $^{+10}_{0}\%$	试验电流 $^{+10}_{0}\%$	操作循环的次数
序号	类型				
2b *	闭环-并联电力变压器回路电流	<252 kV	$1.5\times0.15\times U_r/\sqrt{3}$	I_{2b}	10
		≥252 kV	$0.15\times U_r/\sqrt{3}$		
3 *	5%有功负载电流	<252 kV	$1.5\times U_r/\sqrt{3}$[b]	$0.05\times I_1$	20
		≥252 kV	$U_r/\sqrt{3}$		
4a *	电缆充电电流	全部	$U_r/\sqrt{3}$	I_{4a}	48
				$(0.1\sim0.4)\times I_{4a}$	
4b *	线路充电电流	全部	$1.2\times U_r/\sqrt{3}$[b]	I_{4b}	
				$(0.1\sim0.4)\times I_{4b}$	
4c	母线充电电流	全部	**	**	**
4d	单个电容器组电流	全部	[bc]	I_{4d}	48
				$(0.1\sim0.4)\times I_{4d}$	
4e	背对背电容器组电流	全部	[bc]	I_{4e}	
				$(0.1\sim0.4)\times I_{4e}$	
5a	空载变压器电流	全部	**	**	**
5b	并联电抗器电流	<126 kV	$1.5\times U_r/\sqrt{3}$	630 A	100
				200 A[d]	
		≥126 kV <252 kV	$1.5\times U_r/\sqrt{3}$	315 A	
				100 A[d]	
		≥252 kV	$U_r/\sqrt{3}$	315 A	
				100 A[d]	
6 *	短路关合电流	全部	$U_r/\sqrt{3}$	I_{ma}	2 次关合操作
7a	接地故障电流	< 252 kV	$U_r/\sqrt{3}$	I_{7a}	10
7b	接地故障条件下的电缆或线路充电电流	<252 kV	U_r	I_{7b}	24

* 对通用负荷开关要求做这些试验。

** 根据制造厂和用户之间的协议。

[a] TRV 数值在相应的表中规定。

[b] 关合操作的试验电压可以降到 $U_r/\sqrt{3}$。

[c] 试验电压见 6.105.7。

[d] 如果规定了最小开断电流，则该规定的开断电流适用于本试验。

表 7　同期性大于四分之一周波的三极负荷开关和逐极操作的负荷开关的单相试验方式

试验方式		额定电压	试验电压[a] $^{+10}_{0}\%$	试验电流 $^{+10}_{0}\%$	操作循环的次数
序号	类型				
1 *	100%有功负载电流	<252 kV	$1.5\times U_r/\sqrt{3}$	I_1	10
		≥252 kV	$U_r/\sqrt{3}$		
2a *	闭环-输电回路电流	<363 kV	$0.20\times U_r/\sqrt{3}$	I_{2a}	10
		≥363 kV	$0.15\times U_r/\sqrt{3}$		
2b *	闭环-并联电力变压器回路电流	<252 kV	$1.5\times 0.15\times U_r/\sqrt{3}$	I_{2b}	10
		≥252 kV	$0.15\times U_r/\sqrt{3}$		
3 *	5%有功负载电流	<252 kV	$1.5\times U_r/\sqrt{3}$	$0.05\times I_1$	20
		≥252 kV	$U_r/\sqrt{3}$		
4a *	电缆充电电流	全部	$U_r/\sqrt{3}$	I_{4a}	48
				$(0.1\sim0.4)\times I_{4a}$	
4b *	线路充电电流	全部	[b]	I_{4b}	
				$(0.1\sim0.4)\times I_{4b}$	
4c	母线充电电流	全部	**	**	**
4d	单个电容器组电流	全部	[d]	I_{4d}	48
				$(0.1\sim0.4)\times I_{4d}$	
4e	背对背电容器组电流	全部	[d]	I_{4e}	
				$(0.1\sim0.4)\times I_{4e}$	
5a	空载变压器电流	全部	**	**	**
5b	并联电抗器电流	<126 kV	$1.5\times U_r/\sqrt{3}$	630 A	100
				200 A[d]	
		≥126 kV <252 kV	$1.5\times U_r/\sqrt{3}$	315 A	
				100 A[d]	
		≥252 kV	$U_r/\sqrt{3}$	315 A	
				100 A[d]	
6 *[e]	短路关合电流	全部	U_r	$0.87I_{ma}$	2 次关合操作
			$U_r/\sqrt{3}$	I_{ma}	
7a	接地故障电流	<252 kV	$U_r/\sqrt{3}$	I_{7a}	10
7b	接地故障条件下电缆或线路充电电流	<252 kV	U_r	I_{7b}	24

* 对通用负荷开关要求做这些试验。

** 根据制造厂和用户之间的协议。

表 7（续）

试验方式		额定电压	试验电压[a] $^{+10}_{0}\%$	试验电流 $^{+10}_{0}\%$	操作循环的次数
序号	类型				

[a] TRV 数值在相应的表中规定。

[b] 对于逐极操作的负荷开关，试验电压在 6.105.7 中确定。对于其他负荷开关，采用 $1.5\times U_r/\sqrt{3}$。

[c] 试验电压见 6.105.7。

[d] 如果规定了最小开断电流，则该规定的开断电流适用于本试验。

[e] 如上面规定需要两次试验。对于逐极操作的负荷开关，在 $1.0\times I_{ma}$ 时的试验电压可以降至 $U_r/\sqrt{3}$。

表 8　并联电力变压器电流开断试验的 TRV 参数

额定电压 U_r kV	峰值电压 u_c kV	时间坐标系数 K[a]
72.5	11.5	14
126	20(13.5)[b]	19
252	26.5	31
363	38.5	48
550	58	67
800	84	67
1 100	115	—

注 1：瞬态过程是(1－cos)形式且数值对应首开极。

注 2：假定为中性点有效接地系统，对于额定电压 252 kV 及以上，首开极系数 k_{pp} 取 1.0；假定为中性点非有效接地系统，对于额定电压小于 252 kV，首开极系数 k_{pp} 取 1.5。假定振幅系数等于 1.7，符合 GB 1984 的试验方式 T10。假定开断并联的两台电力变压器中的一台变压器。TRV 主要由被开断的变压器决定。这意味着瞬态幅值仅按稳态恢复电压的一半计算：

$$u_c=U_r\times\sqrt{\frac{2}{3}}\times k_{pp}\times 1.7\times\frac{0.15}{2}$$

注 3：系数 K 是变压器注入低电压电流而得到的瞬态恢复电压的频率导出的。该频率代表了变压器额定电流接近试验电流时的典型值。

[a] 时间坐标可以根据 $t_3=\frac{K}{\sqrt{I}}$ 计算得出，式中 t_3 的单位为 μs，I 为以 kA 表示的试验电流。

[b] 括号中数例是对变压器的中性点为固定接地时，首开极系数取 1.0、振幅系数为 1.7 时的值。

6.103.5　短路关合试验的试验回路(试验方式 6)

三极负荷开关的三相试验的试验回路应如图 7 所示。逐极操作的三极负荷开关或用在三相系统中的单极负荷开关的单相试验可以采用如图 8 所示的单相试验回路。

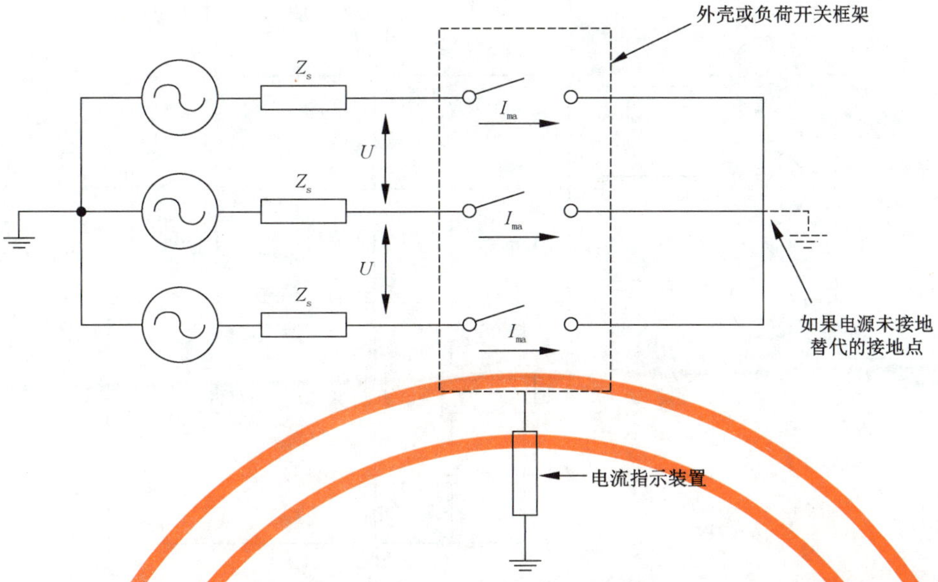

图 7　试验方式 6 短路关合电流试验的三相试验回路

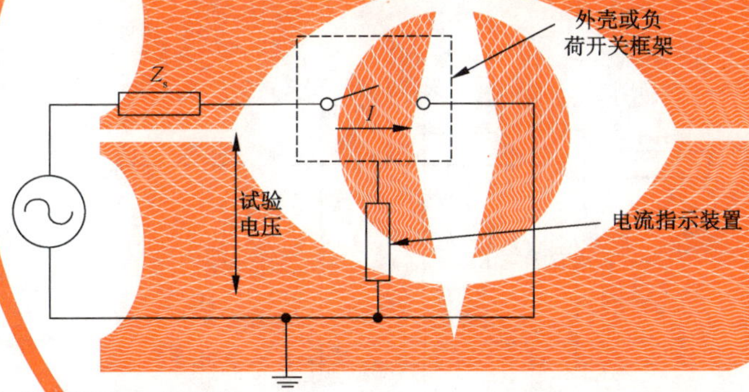

试验电压和试验电流在表 6 和表 7 中规定。

图 8　试验方式 6 短路关合电流试验的单相试验回路

6.103.6　接地故障条件下开断试验的试验回路(试验方式 7a 和 7b)

试验仅适用于额定电压 126 kV 及以下的负荷开关。应采用图 9 和图 10 的试验回路，且其电源阻抗(Z_s)应等于通用负荷开关试验方式 1 的试验回路的电源侧阻抗。应采用其阻值不超过容抗值 5% 的无感电阻与电容器串联。

本标准假定额定电压 252 kV 及以上的电源中性点均为有效接地的，因此，在这些电压下接地故障会导致短路电流。对于额定电压 252 kV 及以上的不同于中性点有效接地系统的系统，试验应按照用户和制造厂之间的协议进行。

可以采用单相容性回路进行接地故障条件下的开断试验。

接地故障条件下的接地故障电流和充电电流为容性电流。因此进行这些试验的条件以及所采用的电源回路和容性回路的特性和 6.105 中描述的容性回路的要求相同。

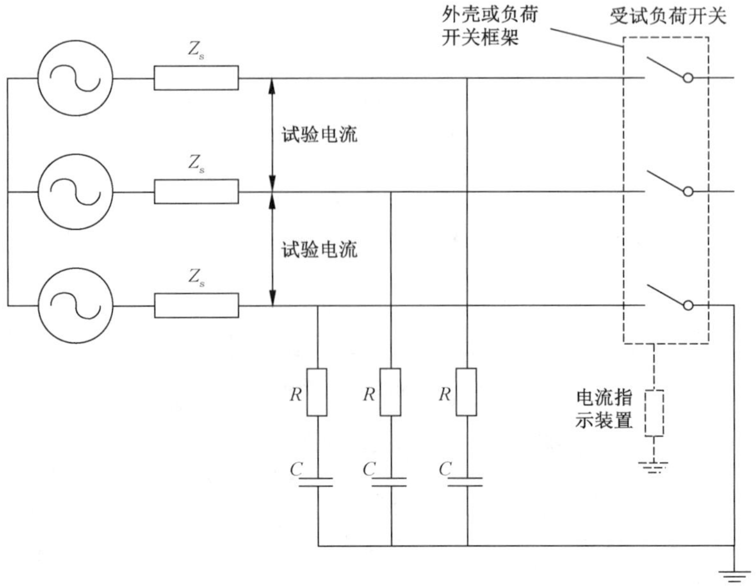

图 9　接地故障开断电流(试验方式 7a)的三相试验回路

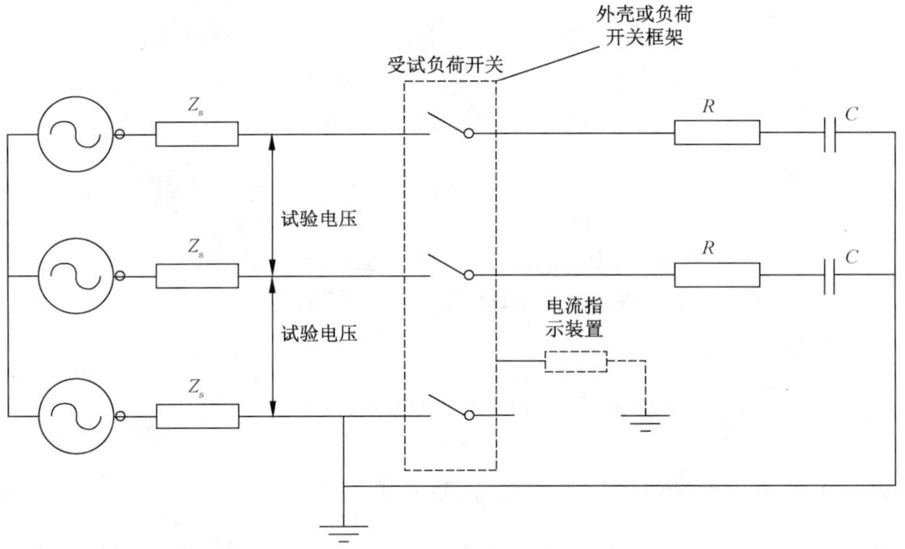

图 10　接地故障条件下电缆充电开断电流试验(试验方式 7b)的三相试验回路

6.104　试验参量

6.104.1　试验频率

负荷开关应在偏差为±10%的额定频率下进行试验。但是,为了试验方便,与上述允差的一些偏离是允许的;例如,额定频率为 50 Hz 的负荷开关在 60 Hz 下进行试验,反之亦然。但在解释试验结果时应慎重,应考虑到所有显而易见的事实,如负荷开关的类型和所进行试验的类型。

注:在某些情况下,负荷开关用在 60 Hz 和用在 50 Hz 时的额定特性可能会有差异。

6.104.2 开断试验的试验电压

除了特定试验方式的说明外，三相试验的试验电压应等于负荷开关的额定电压。试验电压在表9中给出。

如果能够说明已满足6.102.1的条件，则单相试验可以用于代替三极负荷开关的三相试验。若设计的负荷开关允许单极操作而不需考虑其余极的状态，则此负荷开关也可以进行单相试验。

三极负荷开关可以按照极间同期性分成两类。具有同期性四分之一周波及以下的负荷开关的单相试验应按照表6中的规定值进行。

具有同期性大于四分之一周波的负荷开关以及逐极操作的负荷开关的单相试验应按照表7中的规定值进行。

试验方式1和试验方式3的TRV峰值应该是相应的表中数值的1.15倍。

同期性应采用能产生最大不同期的操动机构的电源电压或压力以及灭弧室的气体压力来测定。

试验电压除容性负载应在触头刚分前进行测量外，都应在电流回路刚开断后测量。测量电压点应尽可能靠近负荷开关的接线端子(即测量点和接线端子间无明显的阻抗)。三相试验时，试验电压应用相间试验电压的平均值表示，任何两相之间的试验电压与试验电压的平均值之差不应超过10%。

对于开断试验，工频试验电压在开断后应保持至少0.3 s，但对容性负载开断试验，包括直流分量的电压应保持至少0.3 s。如果由于试验室的限制而无法满足该要求时，GB 1984—2014中6.111.5的规定适用。

对于单元试验，降低的试验电压应在多单元负荷开关的一个单元上施加适当的电压。

6.104.3 开断电流

开断电流应是对称电流。触头分离时刻的直流分量应小于20%。负荷开关的触头在接通电路所产生的瞬态电流消失之前不应分离。

三相试验的开断电流应为规定试验方式的额定电流，且为所有极中测得的开断电流的平均值。平均电流和各极电流之差不应超过平均值的10%。

三相试验和单相试验的开断电流分别如表9以及表6和表7所示。

对于容性回路开断试验，试验电流的波形应为正弦形。如果全电流的有效值与基波分量有效值之比不超过1.2，则认为符合要求，试验电流在每个工频半波中的过零数不得多于一次。

应按下列项目规定开断能力：

a) 试验电压；

b) 开断电流；

c) 回路的功率因数；

d) 试验回路；

e) 瞬态恢复电压参数；

f) 合-分操作循环次数。

表 9　三极负荷开关三相试验的试验方式

试验方式		额定电压	试验电压[a] $^{+10}_{0}\%$	试验电流 $^{+10}_{0}\%$	操作循环的次数
序号	类型				
1 *	100%有功负载电流	全部	U_r	I_1	10
2a *	闭环-输电回路电流	<363 kV	$0.20U_r$	I_{2a}	10
		≥363 kV	$0.15U_r$		
2b *	闭环-并联电力变压器回路	全部	$0.15U_r$	I_{2b}	10
3 *	5%有功负载电流	全部	U_r	$0.05 \times I_1$	20
4a *	电缆充电电流	全部	U_r	I_{4a}	24
				$(0.1 \sim 0.4) \times I_{4a}$	
4b *	线路充电电流	全部	U_r	I_{4b}	
				$(0.1 \sim 0.4) \times I_{4b}$	
4c	母线充电电流	全部	**	**	**
4d	单个电容器组电流	全部	U_r	I_{4d}	24
				$(0.1 \sim 0.4) \times I_{4d}$	
4e	背对背电容器组电流	全部	U_r	I_{4e}	
				$(0.1 \sim 0.4) \times I_{4e}$	
5a	空载变压器电流	全部	**	**	**
5b	并联电抗器电流[b]	全部	U_r	I_{5b}	100
				$(0.1 \sim 0.4) \times I_{5b}$	
6 *	短路关合电流	全部	U_r	I_{ma}	2 次关合操作
7a	接地故障电流	<252 kV	U_r	I_{7a}	10
7b	接地故障条件下电缆或线路充电电流	<252 kV	U_r	I_{7b}	12

* 对通用负荷开关要求做这些试验。

** 根据制造厂和用户之间的协议。

[a] 首开极的 TRV 在相应的表中给出。

[b] 如果规定了最小开断电流，则该规定的开断电流适用于本试验。

6.104.4　短路关合试验的试验电压

短路关合试验仅适用于通用负荷开关。三极负荷开关应优先在负荷开关的额定电压下进行三相试验。

只要能够说明满足了 6.102.1 的条件，则三极负荷开关也可进行单相试验。此外，必须应说明单相试验时在每一极和操动机构上产生的机械力等于或严于三相试验时所产生的机械力。单相试验时试验电压如表 6 和表 7 所示。

对于更高的电压等级，由于受到试验室的限制，在额定电压和额定电流下进行直接试验非常困难。在这些情形下，可以采用合成关合回路，由一个电源产生要求的试验电压，而由另外的一个电源产生额定关合电流。

对于验证关合非对称故障电流的试验，试验可以在降低的电压下而不使用任何触发预击穿的人工方法下进行。但必须说明降低电压试验的严酷度不低于表6、表7和表9给出的合适电压下的电压试验。

对于验证具有最长预击穿时间的关合对称故障电流的试验，在某些情况下，也可以使用降低的外施电压。应提供一个方法，使得在合闸时电弧起燃的距离与在适当的三相或单相试验电压下所达到的电弧起燃距离相同。合闸过程中关合电流不应有明显的畸变或间断。

如果预击穿的触发采用了替代的方法（例如：采用熔丝），则应在关合试验前，在额定电压下和降低的电流时进行10次关合试验来确定预击穿距离。电流应足够低，使得触头的烧蚀不影响预击穿时间。电流从1 A～50 A通常足以确定预击穿距离。每次试验应通过位移传感器或等效装置确定预击穿距离。应汇总测量的预击穿时间且应确定平均值及其标准偏差。估计预击穿距离所进行的所有关合试验应使得电流起始时刻对应外施电压波形上的75°～105°。对于三相试验，这一要求仅适用于一相。短路关合试验所用的预击穿距离应该按上述方法确定的平均预击穿时间加两个标准偏差来确定。

6.104.5 短路关合电流（试验方式6）

短路关合电流应该用关合电流峰值和对称关合电流的有效值表示。对于通用负荷开关，每一极中电流的对称有效值在0.2 s时至少应为额定短时耐受电流的80%。

短路电流的持续时间至少应为0.2 s。

负荷开关应能够关合电压波形上任一点出现预击穿电弧时的电流。两种极端的情况规定如下：

a) 在电压峰值处关合，将产生对称的短路电流和最长的预击穿电弧；

b) 在电压零点关合，将产生完全非对称的短路电流而没有预击穿。

关合电流应尽可能不要出现在同一极。

通用负荷开关应能够在低于其额定电压的电压下运行，可能关合完全的非对称电流。电压的下限（如果有）应由制造厂规定。

应按下列项目规定短路关合电流：

a) 试验电压；

b) 关合电流（非对称关合的峰值和对称关合的有效值）；

c) 短路电流持续时间；

d) 试验回路；

e) 关合操作次数。

6.105 容性电流开合试验（试验方式4）

6.105.1 适用性

容性电流开合试验适用于规定有下述一个或多个额定值的所有负荷开关，且应按照GB 1984—2014中6.111进行：

——额定线路充电开断电流；

——额定电缆充电开断电流；

——额定单个电容器组开断电流；

——额定背对背电容器组开断电流；

——额定背对背电容器组关合涌流。

额定容性开合电流的优选值在GB 1984—2014的表9中给出。

注1：本标准没有包含开合容性电流时过电压的确定。

注 2：关于容性电流开合的解释性的注解在 GB 1984—2014 附录 I 的 I.3 给出。

注 3：对于用在中性点不接地系统中的负荷开关，具有额定电缆充电电流的，在中性点接地系统中的电缆充电电流不需要进行试验。

注 4：对于用在中性点接地系统中且具有铠装电缆的额定电缆充电电流的负荷开关，如果屏蔽电缆该方式的电流额定值等于或小于铠装电缆的值，则不需对屏蔽电缆进行电缆充电电流试验。如果额定电缆充电电流开断试验采用的试验回路具有的首开极系数等于或大于线路充电电流开断试验回路所产生的首开极系数，且如果表 1 中列出的那样线路充电电流额定值小于或等于电缆充电电流额定值，则不需要进行线路充电电流试验。

6.105.2 概述

容性电流开合试验期间允许出现复燃。根据负荷开关的重击穿性能可以将其分为两级：

——C2 级：特定的型式试验(6.105.9.1)验证的容性电流开合期间具有非常低的重击穿概率；

——C1 级：特定的型式试验(6.105.9.2)验证的容性电流开合期间具有低的重击穿概率。

注 1：该概率与负荷开关型式试验系列中的性能有关。

注 2：重击穿或复燃后出现的现象不能代表运行条件，因为试验回路并不能完全再现事后的电压条件。

试验室试验，线路和电缆可以部分或全部用电容器、电抗器和电阻等集中元件组成的人工回路代替。

试验回路的频率应为额定频率，允差为±2%。

注 3：在 60 Hz 时进行的试验可以认为已证明了 50 Hz 时的开断特性。

注 4：只要能证明负荷开关断口上的电压在开断后的第一个 8.3 ms 内不低于规定电压下 60 Hz 试验时的情况，则认为 50 Hz 时的试验也可以验证 60 Hz 时的特性。如果重击穿出现在 8.3 ms 以后，因为其瞬时电压高于在 60 Hz 时规定电压试验的瞬态电压，则试验可在 60 Hz 时重复进行。

注 5：回路的要求可以用恢复电压的要求代替。

6.105.3 电源回路的特性

GB 1984—2014 中 6.111.3 适用。

6.105.4 电源回路的接地

GB 1984—2014 中 6.111.4 适用。

6.105.5 被开合的容性回路的特性

GB 1984—2014 中 6.111.5 适用。

6.105.5.1 线路充电和电缆充电电流开合试验(试验方式 4a 和 4b)

GB 1984—2014 中 6.111.5.1 适用。

6.105.5.2 电容器组电流开合试验(试验方式 4d 和 4e)

GB 1984—2014 中 6.111.5.2 适用。

6.105.6 电流波形

GB 1984—2014 中 6.111.6 适用。

6.105.7 试验电压

GB 1984—2014 中 6.111.7 适用，并作如下补充：

对于额定电压 252 kV 及以上，推荐只考虑中性点有效接地系统和中性点固定接地的电容器。对于较低电压的系统，应考虑非有效接地的电源和/或非有效接地的电容器组，制造厂应选择代表预定装置的试验回路。试验电压应等于$U_r/\sqrt{3}$和下列系数之一的乘积：

a) 1.0：适用的试验相应于中性点固定接地系统的正常运行条件，且容性回路相邻的相间无明显的相互影响，例如中性点接地的电容器组；

b) 1.75：对于逐极操作的负荷开关，试验相应于中性点非有效接地系统中的开断或者中性点非有效接地电容器组的电流开断；

c) 2.0：对于三极操作的负荷开关，试验相应于中性点非有效接地系统中的开断或者中性点非有效接地电容器组的电流开断。根据特定负荷开关的同期性，按照用户和制造厂之间的协议可以使用较低的数值。

6.105.8 试验电流

GB 1984—2014 中 6.111.8 适用。

6.105.9 试验方式

每一个试验系列的试验方式应在不经任何检修的一台试品上进行。采用下述缩写：

——线路充电电流，试验方式 4a1：LC1；

——线路充电电流，试验方式 4a2：LC2；

——电缆充电电流，试验方式 4b1：CC1；

——电缆充电电流，试验方式 4b2：CC2；

——电容器组充电电流，试验方式 4d1 或 4e1：BC1；

——电容器组充电电流，试验方式 4d2 或 4e2：BC2。

6.105.9.1 C2 级负荷开关的试验条件

6.105.9.1.1 C2 级试验方式

GB 1984—2014 中 6.111.9.1.1 适用并作如下修改：

因为负荷开关不具有短路开断额定值，因此，对 C2 级负荷开关不要求 T60 的预备试验。

6.105.9.1.2 三相线路充电和电缆充电电流开合试验

GB 1984—2014 中 6.111.9.1.2 适用。

6.105.9.1.3 单相线路充电和电缆充电电流开合试验

GB 1984—2014 中 6.111.9.1.3 适用。

6.105.9.1.4 三相电容器组(单个或背对背)电流开合试验

GB 1984—2014 中 6.111.9.1.4 适用。

6.105.9.1.5 单相电容器组(单个或背对背)电流开合试验

GB 1984—2014 中 6.111.9.1.5 适用。

6.105.9.2 C1 级负荷开关的试验条件

6.105.9.2.1 C1 级试验方式

GB 1984—2014 中 6.111.9.2.1 适用。

6.105.9.2.2 单相和三相容性电流开合试验

GB 1984—2014 中 6.111.9.2.2 适用。

6.105.9.3 存在接地故障时相应的开断试验条件

GB 1984—2014 中 6.111.9.3 适用。

6.105.10 规定 TRV 的试验

GB 1984—2014 中 6.111.10 适用。

6.105.11 通过试验的判据

GB 1984—2014 中 6.111.11 适用。

6.106 感性负载开合(试验方式 5)

6.106.1 空载变压器回路(试验方式 5a)

开合空载变压器,即开断变压器励磁电流在本标准中没有考虑。原因如下:

a) 由于变压器铁心的非线性,不可能在试验室中利用线性元件对开合变压器励磁电流正确建模。采用方便的变压器进行的试验,例如试验变压器,将仅对试验变压器有效且不能代表其他的变压器。

b) 如参考文献[1]中详述的,该方式的特征是严酷度通常小于其他感性电流开合方式。应该注意到,根据负荷开关的复燃特性和变压器绕组的谐振频率,该方式可能在变压绕组间产生严酷的过电压。

推荐采用特殊变压器,在给定的安装条件下进行现场试验。只要试验时过电压幅值符合实际情况,也可使用相同的变压器进行试验室试验。

6.106.2 并联电抗器电流开合试验(试验方式 5b)

GB/T 29489—2013 中 6.115 适用,并作如下补充:

试验方式基于采用选相脱扣来控制触头分离以获得不同的燃弧时间。如果由于负荷开关动作时间的分散性而不能采用选相控制时,应采用下述试验程序:

并联电抗器电流开合试验的试验方式 1 和试验方式 2 应分别由 40 个随机的开断操作组成。试验方式 3 不适用,试验方式 4 应由 20 个随机开断操作组成。

6.107 通用负荷开关的试验

通用负荷开关进行的试验要求如下。试验方式 1～5 可按任何方便的次序进行。在整个试验程序过程中负荷开关不应进行修整。

对于试验方式 1～5,应进行合-分操作循环。分闸操作应紧跟合闸操作,两次操作间的时间间隔至少应足以使瞬态电流在分闸操作时完全衰减。开断电流应符合 6.104.3。

三相试验和单相试验的试验电压和电流以及操作次数分别在表 9、表 6 和表 7 中给出。除此之外,试验应在各自的额定开断电流下进行。

试验方式 1——100%有功负载:

——要求 10 次合-分操作循环。

试验方式 2——闭环:

——试验方式 2a—输电回路—要求 10 次合-分操作循环；

——试验方式 2b—并联电力变压器回路—要求 10 次合-分操作循环。

注 1：如果试验方式 1 中获得的 TRV 参数等于或严于试验方式 2a 或 2b 中的要求，则试验方式 2a 或 2b 不需要进行。

试验方式 3——5%有功负载：

要求 20 次合-分操作循环。对于熄弧性能与开断电流幅值无关的负荷开关，不要求试验方式 3。

试验方式 4a 和 4b——电缆充电和线路充电：

GB 1984—2014 中 6.111.9.1.2 和 6.111.9.1.3 适用。

试验方式 4c——母线充电开合试验：

——GB 1985—2014 中附录 F 适用。

注 2：本试验方式通常仅对专用负荷开关要求。

注 3：典型地，开合功能由隔离开关完成。

试验方式 5a——空载变压器：

通常不要求进行这种方式的试验。如果要求试验，试验的次数应根据用户和制造厂之间的协议确定。

试验方式 6——短路关合试验：

短路关合试验应在至少经受过试验方式 1 的 10 次合-分操作循环后的负荷开关上进行。如果能够证明短路关合性能不受规定的开断试验的影响，则为了试验方便，试验方式 6 可以在一台新的负荷开关上进行。

要求两次合闸操作。操作之间的时间间隔取决于负荷开关的结构特征和试验站的限制。

由于预击穿，可能一直达不到要求的额定短路关合电流。在这种情况下，应给出证据说明达到的关合电流代表了负荷开关在额定电压下及最大预期峰值电流等于额定短路关合电流的回路中应用时所获得的电流。

6.108 专用负荷开关的试验

采用通用负荷开关所规定的试验，但专用负荷开关未规定额定值的试验方式除外。

6.109 特殊用途负荷开关的试验

具有频繁操作能力及额定电容器组开断电流、额定并联电抗器开断电流、或在接地故障条件下的额定开断电流的负荷开关，按照下述一个或几个试验方式进行试验。

试验方式 1——有功负载频繁操作：

具有频繁操作能力的特殊用途负荷开关，应根据制造厂和用户之间的协议，按照有关开断电流和操作次数的特殊要求进行试验。

试验方式 4d 和 4e——电容器组：

GB 1984—2014 中 6.111.9 适用。

试验方式 5b——并联电抗器：

GB/T 29489—2013 中 6.115 适用。

试验方式 7a——接地故障电流：

应在额定接地故障开断电流时进行 10 次合-分操作循环。

试验方式 7b——接地故障条件下的电缆或线路充电电流：

GB 1984—2014 中 6.111.9.3 适用。对于 C2 级负荷开关，GB 1984—2014 中 6.111.9.1 适用。

6.110 型式试验报告

所有型式试验结果都应记录在型式试验报告中，报告应有充分的数据证明满足本标准的要求。报告应包括足够的资料以便能确认受试负荷开关的基本零部件。

试验报告应包含6.103.2、6.104.2、6.104.3、6.104.4和6.104.5规定的内容。还应提供典型的示波图或类似的记录,以便能确定下述内容:

a) 试验电流;

b) 试验电压;

c) 每极接线端子间的电压,以便能够确定工频恢复电压和瞬态恢复电压;

d) 如果适用,对地电压,以便可以确定过电压;

e) 如果适用,脱扣线圈通电的时间。

试验报告中还应包括负荷开关支撑结构的一般资料。适用时,试验期间使用的操动机构的资料也应记录。

7 出厂试验

7.1 概述

GB/T 11022—2011第7章适用,并作如下补充。

7.2 主回路的绝缘试验

GB/T 11022—2011中7.2适用。

注:当带隔离断口的负荷开关或负荷开关处于分闸位置时,如果能够表明,在隔离间隙中的绝缘介质仅仅是大气,则对此种带隔离断口的负荷开关或负荷开关不要求进行这些试验。

7.3 辅助和控制回路的试验

GB/T 11022—2011中7.3适用。

7.4 主回路电阻的测量

GB/T 11022—2011中7.4适用。

7.5 密封试验

GB/T 11022—2011中7.5适用。

7.6 设计和外观检查

GB/T 11022—2011中7.6适用。

7.101 机械操作试验

进行操作试验是为了保证负荷开关在其操动机构规定的电源电压和压力范围内满足规定的性能。

在这些试验期间,主回路中没有电压和电流,尤其应该验证的是,负荷开关在其操动机构带电或储能的情况下能正确地分闸和合闸。而且还应证明这些操作不会引起负荷开关任何的损坏。

受试负荷开关的布置应遵照6.101.1有关机械寿命型式试验的规定。

具有动力操动机构的负荷开关应承受下述试验:

——在规定的最高电源电压和/或最高操作压力下:5次操作循环;

——在规定的最低电源电压和/或最低操作压力下:5次操作循环。

人力操作的负荷开关以及能用人力操作的动力操动的负荷开关应承受下述试验:10次人力操作

循环。

整台负荷开关的出厂试验可以在现场进行。在这些试验期间，不允许进行调整且动作无误。对每一次操作循环期间，负荷开关都应到达分闸和合闸位置。

8 负荷开关的选用导则

8.1 额定值的选择

GB/T 11022—2011 中 8.2 适用。

8.2 运行条件变化引起的连续和短时过载

GB/T 11022—2011 中 8.3 适用。

8.101 概述

本导则提出的关于使用方面的建议，以帮助获得额定电压 72.5 kV 及以上的负荷开关的满意性能。

在较高的系统电压等级上，当气体绝缘金属封闭开关设备(GIS)的隔离开关开合小的容性电流(例如用隔离开关接通或断开空载的母线(管)段或断路器的并联电容器)时，可能会发生对地破坏性放电。经过本标准试验方式 4c 验证的负荷开关，能够有效地限制 GIS 中出现的快速暂态过电压(VFTO)和 GIS 外壳的对地瞬态电压(TVE)，从而提高设备及运行的可靠性。这种用途在额定电压大于或等于 252 kV 的 GIS 中效果更明显。

在某些场合下，负荷开关可以代替断路器，与 SF_6 绝缘的其他 GIS 元件一起，组成各种简化接线的 GIS，有效和可靠地使用于无需开断线路短路电流的间隔中，具有使 GIS 总体布置简化，尤其是降低整个 GIS 工程造价等优点。

认为本导则作为通用导则还需要不断补充，但不能代替制造厂详尽的说明书。

正常使用条件下的要求参见 GB/T 11022—2011 中 2.2。

8.102 影响使用的情况

在制造厂的推荐书中应注意到可能存在的异常情况。这些情况的例子如下：

a) 污秽，例如破坏性的烟雾或蒸汽，过量的或腐蚀性的灰尘、灰尘或气体的易爆混合物、盐雾、过度的潮湿或滴水等；
b) 异常的振动、冲击、摆动或地震活动；
c) 过低或过高的周围空气温度；
d) 异常的运输和储存条件；
e) 异常的空间限制；
f) 不同于制造厂推荐的安装位置；
g) 高海拔；
h) 超过制造厂推荐的风速；
i) 异常的操作方式、操作频率、维护的难度、不平衡电压、特殊绝缘要求等；
j) 开合电容器或变压器时的谐振情况；
k) 用在不同于额定频率的场合，例如与滤波器组、电容器组和整流电路有关的谐波。负荷开关应该能够承载工频电流和谐波电流。

8.103 绝缘配合

负荷开关的额定绝缘水平应按照 GB/T 11022—2011 中 4.3 进行选择。

关于绝缘配合的一般讨论和推荐参见 GB/T 311。

9 查询、投标和订货时提供的资料

9.1 概述

GB/T 11022—2011 第 9 章适用，并作如下补充。

9.2 询问单和订单的资料

GB/T 11022—2011 中 9.2 适用。

9.3 标书的资料

GB/T 11022—2011 中 9.3 适用。

10 运输、储存、安装、运行和维护规则

GB/T 11022—2011 第 10 章适用。

11 安全

GB/T 11022—2011 第 11 章适用。

12 产品对环境的影响

GB/T 11022—2011 第 12 章适用。

参 考 文 献

[1] CIGRE Technical Brochure 305：Guide for application of IEC 62271-100 and IEC 62271-1. Part 2：Making and breaking tests (2006).